仿古建筑与园林工程
工程量清单计价

（第 2 版）

余潘璟　李　泉　等编著

东南大学出版社
·南京·

内容提要

本书系统地论述了仿古建筑与园林工程工程量清单计价的基本知识、费用组成及计价原理，介绍了与工程造价相关的仿古建筑与园林工程基础知识，依据工程量计算规范、工程量清单计价规范及江苏省仿古建筑与园林工程计价表，结合工程实例介绍了仿古建筑、园林绿化工程工程量清单编制方法、工程量清单计价编制方法，同时对仿古建筑与园林工程工程量清单计价条件下的造价管理作了简要的阐述。

本书依据《建设工程工程量清单计价规范》(GB 50500—2013)、《仿古建筑工程工程量计算规范》(GB 50855—2013)、《园林绿化工程工程量计算规范》(GB 50858—2013)的要求，结合江苏省仿古建筑与园林工程计价表编写，本书集理论与实务于一体，体系完整，有较强的可操作性，不仅可作为从事工程估价的相关人员的实用工具书，也可作为高等学校相关专业的教材和教学参考书籍。

图书在版编目(CIP)数据

仿古建筑与园林工程工程量清单计价/余璠璟，李泉等编著. —2版. —南京：东南大学出版社，2015.4（2025.1重印）

（工程造价系列丛书/刘钟莹，卜龙章主编）

ISBN 978-7-5641-5654-1

Ⅰ.①仿… Ⅱ.①余…②李… Ⅲ.①仿古建筑—工程造价②园林—工程造价 Ⅳ.①①TU723.3②TU986.3

中国版本图书馆CIP数据核字(2015)第068554号

书　　名：仿古建筑与园林工程工程量清单计价
著　　者：余璠璟　李　泉　等

出版发行：东南大学出版社
社　　址：南京市四牌楼2号　　邮　　编：210096
网　　址：http://www.seupress.com
出 版 人：江建中

印　　刷：苏州市古得堡数码印刷有限公司
开　　本：787 mm×1092 mm　1/16　　印张：20.75　　字数：512千
版　　次：2015年5月第2版　　2025年1月第3次印刷
书　　号：ISBN 978-7-5641-5654-1
定　　价：39.00元

经　　销：全国各地新华书店
发行热线：025-83790519　83791830

《工程造价系列丛书》编委会

第2版前言

为规范建设工程造价计价行为，统一建设工程计价文件的编制原则和计价方法，我国住房和城乡建设部、质量监督检验检疫总局联合颁布了《建设工程工程量清单计价规范》(GB 50500—2013)及包括《仿古建筑工程工程量计算规范》(GB 50855—2013)、《园林绿化工程工程量计算规范》(GB 50858—2013)在内的9本工程量计算规范(简称“2013规范”)。2013规范总结了《建设工程工程量清单计价规范》(GB 50500—2008)实施以来的经验，针对执行中存在的问题，修订了原规范正文中不尽合理、可操作性不强的条款及表格格式，特别增加了采用工程量清单计价如何编制工程量清单和招标控制价、投标报价、合同价款约定以及工程计量与价款支付、工程价款调整、索赔、竣工结算、工程计价争议处理等内容。2013规范的颁布实施标志着我国建设工程计价模式发生了质的变化，它的实施将有利于规范市场计价行为、规范建设市场秩序，同时对全面提高我国工程造价管理水平具有十分重要的意义。为了合理确定和有效控制工程造价，清单规范的实施还须与各地区的计价定额与费用定额相结合，因此，如何让工程造价人员对2013规范有个系统的认识，并能结合规范正确理解和应用江苏省的仿古建筑与园林工程计价表，成为编写本书的出发点。

本书在第1版的基础上修订而成，系统论述了建设工程造价的基本知识、费用组成及计价原理，介绍了与工程造价相关的仿古建筑与园林工程基础知识，依据2013规范及江苏省2007年版的仿古建筑与园林工程计价表，结合工程实例介绍了仿古建筑与园林绿化工程工程量清单的编制方法以及如何利用计价定额对已编制的清单进行计价的方法，同时对仿古建筑与园林工程工程量清单计价条件下的造价管理作了必要的阐述。本书内容丰富，资料翔实，对2013规范下仿古建筑与园林工程工程量清单计价的编制方法实施具有较强的指导性，可供工程造价编制与管理人员使用。

本书由余璠璟负责总体策划、构思及定稿，本书的第1章、第2章由余璠璟编写，第3章的第1～5节由余璠璟和孙子恒编写、第6～8节由李泉和孟家松编写，第4章由陶运河和孙子恒编写，第5章由余璠璟、孙子恒、李婉润编写，第6章由李泉、孟家松、张晶晶、韩苗编写，第7章由李泉和陶运河编写，附录一由孙子恒和李婉润编写，附录二由李泉、孟家松、张晶晶、韩苗编写。

本书在编写过程中查阅、检索了许多仿古建筑与园林绿化工程工程造价方面的信息资料和有关专家、学者的著作，在此一并表示衷心感谢。由于作者水平所限，书中难免有疏忽甚至错误之处，敬请读者、同行批评指正。

编著者

2015年2月

目　　录

1 概　论

1.1　工程建设概念与项目组成

1.1.1　工程建设概念

工程建设是指为了国民经济各部门的发展和人民物质文化生活水平的提高而进行的有组织、有目的的投资兴建固定资产的经济活动，即建造、购置和安装固定资产的活动以及与之相联系的其他工作，如工厂、商店、住宅、公园、广场、铁路等的建设。

工程建设的工作内容包括建筑安装工程、设备和工器具的购置及与其相联系的土地征购、勘察设计、研究试验等其他建设工作，其中建筑安装工程是创造价值的生产活动，由建筑工程和安装工程两部分组成。

1）建筑工程

建筑工程包括：

（1）各类房屋建筑工程和列入房屋建筑工程的供水、供暖、供电、卫生、通风、煤气等设备及其安装工程，以及列入建筑工程的各种管道、电力、电信和电缆导线敷设工程。

（2）设备基础、支柱、工作台、烟囱、水塔、水池等附属工程。

（3）为施工而进行的场地平整，工程和水文勘察，原有建筑物和障碍物的拆除以及施工临时用水、电、气、路和完工后的场地清理、环境绿化、美化等工作。

（4）矿井开凿，井巷延伸，石油、天然气钻井，以及修建铁路、公路、桥梁、水库、堤坝、灌渠及防洪等工程。

2）安装工程

安装工程包括：

（1）生产、动力、起重、运输、传动和医疗、试验等各种需要安装的机械设备的装配，与设备相连的工作台、梯子、栏杆等装设工程以及附设于被安装设备的管线敷设工程和被安装设备的绝缘、防腐、保温、油漆等工作。

（2）为测定安装工程质量，对单个设备进行单机试运行和对系统设备进行系统联动无负荷试运转而进行的调试工作。

古建筑主要指古代原始社会、奴隶社会和封建社会遗留的建筑物；仿古建筑是仿照古建筑式样而运用现代结构、材料及技术建造的建筑物、构筑物和纪念性建筑；纪念性建筑是为了纪念的目的，具有纪念性功能和纪念意义的表明某种特征的建筑；而园林绿化则是指在公园、庭园、住宅小区、广场等地域内运用工程及艺术的手段，通过改造地形、建造建筑（构筑）

物、种植花草树木、铺设园路、设置小品和水景等，使之达到一定的审美要求和艺术氛围。因此，仿古建筑与园林绿化工程属于建筑工程。

1.1.2　工程建设项目组成

为便于工程建设管理和确定工程建设产品的价格，人们将工程建设项目根据其组成进行科学的分解，划分为若干个单项工程、单位工程，每个单位工程又划分为若干分部工程、分项工程等。现分述如下。

1）建设项目

建设项目一般是指在一个场地或几个场地上，按照一个总体设计或初步设计建设的全部工程。如一所学校，一个住宅小区，一个四合院，一个公园，一座寺庙等均为一个建设项目。一个建设项目可以是一个独立工程，也可以包括若干个单项工程。建设项目在经济上实行统一核算，行政上具有独立的组织形式。

2）单项工程

单项工程亦称“工程项目”，一般是指具有独立的设计文件，建成后能够独立发挥生产能力或效益的工程。如一个四合院中的倒座房、垂花门、正房、东西配房等都是单项工程。

3）单位工程

单位工程一般是具有单独设计文件，具有独立的施工图，并且单独作为一个施工对象的工程。如一个正房中通常包括古建的土建工程、避雷及电气工程、给水排水工程等单位工程，一个公园通常包括园林假山置石、园林绿化、园林喷灌及给排水、园路广场、园林供电等单位工程。单位工程一般是进行工程成本核算的对象。

4）分部工程

分部工程是指单位工程中按工程结构、所用工种、材料和施工方法的不同而划分成的若干部分，其中的每一部分称为分部工程。如仿古建筑土建单位工程中包括基础工程、砖作工程、石作工程、琉璃砌筑工程、木作工程、屋面工程、地面工程、抹灰工程、油漆彩画工程等分部工程，园林假山置石单位工程中包括土山地形堆筑、假山置石、塑山石基架、瀑布跌水管泵、瀑布跌水电气等分部工程。分部工程是单位工程的组成部分，同时它又包括若干个分项工程。

5）分项工程

分项工程是分部工程的组成部分，一般是指通过较为单纯的施工过程就能生产出来，并且可以使用适当计量单位。如木作工程中的三架梁、五架梁、抱头梁等都是分项工程，假山置石工程中的假山堆筑、特置峰石安装、土山点石等也都是分项工程。分项工程是计算工料消耗的最基本的构造因素，是作为建筑产品预算价格计价的基础，即预算计价定额中的子目。

1.2　工程造价发展回顾

1.2.1　国际工程造价的产生与发展

1）国际工程造价的产生

现代意义上的工程造价是随着资本主义社会化大生产的出现而出现，最先产生于现代工业发展最早的英国。16～18世纪，一方面经济生产的发展促使大批工业厂房的兴建；另一方面许多农民在失去土地后向城市集中，需要大量住房，从而使建筑业逐渐得到发展，并且设计和施工逐步分离为独立的专业。工程数量和工程规模的扩大要求有专人对已完工程量进行测量、计算工料和造价。从事这些工作的人员逐步专门化，并被称为工料测量师。他们以工匠小组的名义与工程委托人和建筑师洽商，估算和确定工程价款。工程造价由此产生。

2）国际工程造价管理的第一次飞跃

历时23年的英法战争（1793—1815）几乎耗尽了英国的财力，军营建设不仅数量多，还要求速度快，价格便宜，建设中逐渐摸索出了通过竞争报价选择承包商的管理模式，这种方式有效地控制了造价，并被认为是物有所值的最佳方法。

竞争性招标要求业主和承包商分别进行工料测算和估价，后来，为避免重复计算工程量，参与投标的承包商联合雇佣一个测量师。到19世纪30年代，计算工程量、提供工程量清单成为业主方工料测量师的职责。投标人基于清单报价，使投标结果具有可比性，工程造价管理逐渐成为独立的专业。1881年英国皇家特许测量师学会成立，实现了工程造价管理的第一次飞跃。

3）国际工程造价管理的第二次飞跃

业主为了使投资更明智，迫切要求在初步设计阶段，甚至投资决策阶段进行投资估算，并对设计进行控制。20世纪50年代，英国皇家特许测量师协会的成本研究小组提出了成本分析与规划方法；英国教育部控制大型教育设施成本，采用了分部工程成本规划法，从而使造价管理从被动变为主动。这样可以在设计前作出估算，影响决策，设计中跟踪控制，于是实现了工程估价的第二次飞跃。承包商为适应市场，也强化自身的成本控制和造价管理。至20世纪70年代，造价管理涉及工程项目决策、设计、招标、投标及施工各阶段，工程造价从事后算账发展到事先算账，从被动地反映设计和施工，发展到能动地影响设计和施工，实现工程造价管理的第二次飞跃。

4）全生命周期工程造价管理

20世纪70年代末，建筑业有了一种普遍的认识，认为仅仅关注工程建设的初始（建造）成本是不够的，还应考虑到工程交付使用后的维修和运行成本。20世纪80年代，以英国工程造价管理学界为主，提出了“全生命周期造价管理（Life Cycle Costing, LCC）”的工程项目投资评估和造价管理的理论与方法。全生命周期造价管理是工程项目投资决策的一种分析工具，全生命周期造价管理是建筑设计方案比选的指导思想和手段，全生命周期造价管理关注项目建设前期、建设期、使用期、翻修改造期和拆除期等各个阶段的总造价最小化的方法。由于全生命周期造价的不确定因素太多，全生命周期造价管理主要应用于投资决策和设计方案比选。这一思想得到许多国际性投资组织的认可和大力推广，但是寻找合适和实用的全生命周期造价管理的方法是十分困难的。

5）全过程造价管理

20世纪80年代中后期，我国工程造价管理领域的实际工作者，先后提出了对工程项目进行全过程管理的思想。有人指出，造价管理与定额管理的根本区别就在于对工程造价开展全过程跟踪管理，从定额管理到造价管理，并不是单纯的名称变更，而是任务、职责的扩大和增加，要从可行性研究报告开始到结算全过程进行跟踪管理，把握工程造价的方向、标准，处理出现的纠纷。在此期间，国内外有很多学者从不同角度阐述和丰富了全过程造价管理的理论。相对而言，我国学者对工程造价全过程管理思想和观念给予了极高的重视，并将这一思想作为工程造价管理的核心指导思想，这是我们中国工程造价管理学界对工程造价管理科学的重要贡献。经过多年努力，中国工程造价管理协会 2009 年发布了《建设项目全过程造价咨询规程》，从而，我国建设项目全过程造价管理进入实际操作阶段。

6）全面造价管理

1991 年美国造价工程师协会学术年会上，提出了“全面造价管理(Total Cost Management，TCM)”的概念和理论，为此该协会于 1992 年更名为“国际全面造价管理促进协会(AACE-I)”。20 世纪 90 年代以来，人们对全面造价管理的理论与方法进行了广泛的研究，可以说 20 世纪 90 年代是工程造价管理步入全面造价管理的阶段。但直到今天，全面造价管理的理论及方法的研究依然处在初级阶段，建立全面造价管理系统的方法论尚待时日。

1.2.2 中国工程造价的产生与发展

1）我国古代工程造价

在生产规模小、技术水平低的生产条件下，生产者在长期劳动中积累起生产某种产品所需的知识和技能，也获得生产一件产品需要投入的劳动时间和材料的经验。这种生产管理的经验，其中也包括算工算料方面的方法和经验，常应用于组织规模宏大的生产活动之中，在古代的土木建筑工程中尤为多见。

春秋战国时期的科技名著《考工记》就创立了工程造价管理的雏形，认识到在建造工程之前计算工程造价的重要性；北宋李诫所著的《营造法式》共三十四卷，第十六卷至第二十五卷谈功限，第二十六卷至第二十八卷谈料例，功限和料例即工料定额，这是人类采用定额进行工程造价管理的最早的文字记录之一。明清两代，工程造价也随工程建设而发展，清工部《工程做法则例》是一部以算工算料为主要内容的书。

2）新中国成立以前的工程造价

我国现代意义上的工程造价的产生应追溯到 19 世纪末至 20 世纪上半叶。当时在外国资本侵入的一些口岸和沿海城市，工程投资的规模有所扩大，出现了招投标承包方式，建筑市场开始形成。伴随这一过程，国外工程造价方法和经验逐步传入。但是，由于受历史条件的限制，特别是受到经济发展水平的限制，工程造价及招投标仅在狭小的地区和少量的工程建设中采用。

3）1950—1997

1950 年到 1957 年是我国在计划经济条件下，工程造价管理体制的基本确立阶段。1958 年到 1966 年，工程造价管理的方法和支持体系受到重创。1967 年到 1976 年，工程造价管理体系遭受了毁灭性的打击。1977 年后至 90 年代初，工程造价管理工作得到恢复、整顿和发展。自 1992 年开始，工程造价管理的模式、理论和方法开始了全面的变革，变革的核心是顺应社会主义市场经济体系的建立与完善。1997 年开始了造价工程师执业资格考试与认证及工程造价咨询单位资质审查等工作，这些工作促进了造价咨询服务业的迅猛发展。

4）1997—

2001 年，我国顺利加入 WTO。为逐步建立起符合中国国情的、与国际惯例接轨的工程造价管理体制，《建设工程工程量清单计价规范》(GB 50500—2003)(简称《清单规范》)于 2003 年 2 月 17 日发布，GB 50500—2008 于 2008 年 7 月 9 日发布，GB 50500—2013 于 2012 年 12 月 25 日发布，自 2013 年 7 月 1 日起在全国范围内实施。《清单规范》的发布实施开创了工程造价管理工作的新格局，推动了工程造价管理改革的深入和体制的创新，建立了由政府宏观调控、市场有序竞争的新机制。

1.3 工程造价的概念与特点

1.3.1 工程造价的概念

1）工程造价的两种含义

工程造价是指进行某项工程建设所花费的全部费用。工程造价是一个广义的概念，它的范围、内涵具有很大的不确定性。一般认为工程造价有两种含义。

第一种含义：工程造价是指为某建设工程项目从筹建开始直到竣工验收交付使用为止花费(或预计花费)的全部费用，包括建筑安装工程费、设备工器具购置费和工程建设其他费用。这实质上是指建设项目的建设成本，也就是对建设项目的资金投入。这一含义是从投资者——业主的角度来定义的，投资者在工程建设活动中所支付的全部费用形成了固定资产和无形资产，因此工程造价就是工程投资费用，建设项目工程造价就是建设项目固定资产投资。

第二种含义：工程造价是指工程承发包价格，即为建成一项工程，预计或实际在建设工程交易活动中所形成的价格。在这里，工程的范围和内涵既可以是涵盖范围很大的一个建设项目，也可以是其中的一个单项工程或单位工程，也可以是整个建设工程程序中的某个阶段，如土地开发工程、装饰工程，或者其中的某个组成部分。

工程造价的两种含义实质是从不同角度把握同一事物的本质。对建设工程的投资者来说，工程造价就是项目的投资，是“购买”工程项目付出的价格，同时也是投资者在作为市场供给主体时“出售”工程项目时定价的基础。而对建设工程的承包者来说，工程造价是他们作为市场供给主体出售商品和劳务的价格总和。

2）工程造价管理

中国建设工程造价管理协会对造价管理的定义是：“建设工程造价管理系指运用科学、技术原理和经济与法律等管理手段，解决工程建设活动中的造价的确定与控制、技术与经济、经营与管理等实际问题，从而提高投资效益和经济效益。”造价管理从管理科学的角度出发，在注重管理方法科学性的同时，兼顾工程造价管理的艺术性，即注意到工程造价管理中的沟通、全团队协作等内容，因为任何管理都必须由人来完成。

1.3.2 工程造价计价特点

建设工程的周期长、规模大、造价高，可变因素多，因此工程造价具有下列特点：

1）单件计价

建设工程产品本身及其生产过程具有的单件性特征决定了在造价计算上的单件性，它不能像一般工业产品可以按品种规格批量生产、统一定价，而只能根据它们各自所需的物化劳动和活劳动消耗量，按国家统一规定的一整套特殊程序来逐项计价，即单件计价。

2）多次计价

建设工程周期长，按建设程序要分阶段进行，相应地也要在不同阶段多次计价，以保证工程造价确定与控制的科学性。多次计价是一个逐步深化、逐步细化和逐步接近实际造价的过程。其过程如图 1.3.1 所示。

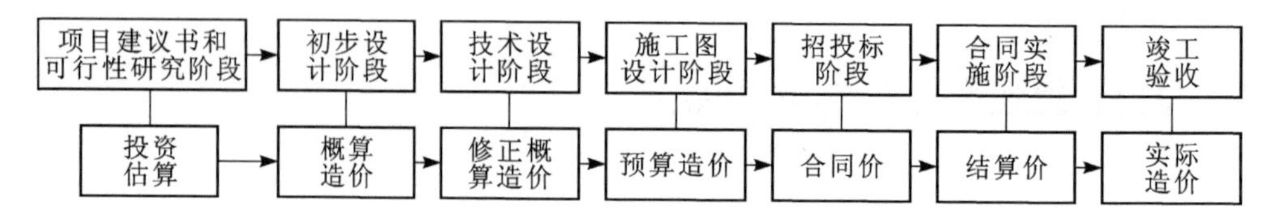

图 1.3.1　工程多次性计价示意图

① 投资估算。在编制项目建议书和可行性研究阶段,对投资需要量进行估算是一项不可缺少的组成内容。投资估算是指在项目建议书和可行性研究阶段对拟建项目所需投资,通过编制估算文件预先测算和确定的过程。也可以表示估算出的建设项目的投资额,或称估算造价。投资估算是决策、筹资和控制造价的主要依据。

② 概算造价。指在初步设计阶段,根据设计意图,通过编制工程概算文件预先测算和确定的工程造价。概算造价较投资估算造价准确性有所提高,但它受估算造价的控制。概算造价的层次性十分明显,分建设项目概算总造价、各个单项工程概算综合造价、各单位工程概算总造价。

③ 修正概算造价。指在采用三阶段设计的技术设计阶段,根据技术设计的要求,通过编制修正概算文件预先测算和确定的工程造价。它对初步设计概算进行修正调整,比概算造价准确,但受概算造价控制。

④ 预算造价。指在施工图设计阶段,根据施工图纸通过编制预算文件,预先测算和确定的工程造价。它比概算造价或修正概算造价更为详尽和准确。但同样要受前一阶段所确定的工程造价的控制。

⑤ 合同价。指在工程招投标阶段通过签订总承包合同、建筑安装工程承包合同、设备材料采购合同,以及技术和咨询服务合同等确定的价格。合同价属于市场价格的性质,它是由承发包双方,也即商品和劳务买卖双方根据市场行情共同议定和认可的成交价格,但它并不等同于实际工程造价。

⑥ 结算价。指在合同实施阶段,在工程结算时按合同调价范围和调价方法,对实际发生的工程量增减、设备和材料价差等进行调整后计算和确定的价格。结算价是该项合同工程的实际价格。

⑦ 实际造价。指竣工决算阶段,通过为建设项目编制竣工决算,最终确定的实际工程造价。

以上说明,多次性计价是一个由粗到细、由浅入深、由概略到精确的计价过程,是一个复杂而重要的管理系统。

3）动态计价

一项工程从决策到竣工交付使用,有一个较长的建设周期,由于不可控因素的影响,在预计工期内,有许多影响工程造价的动态因素,如工程的变更以及设备材料价格,工资标准和费率、利率、汇率等均会发生变化,这种变化必然会影响到造价的变动。此外,计算工程造价还应考虑资金的时间价值。所以,工程造价在整个建设期中处于不确定状态,直至竣工决算后才能最终确定工程的实际造价。

4）组合计价

一个建设项目可以分解为许多有内在联系的独立工程和不能独立的工程，从计价和工程管理的角度，分部分项工程还可以分解。由上可以看出，建设项目的这种组合性决定了计价的过程也是一个逐步组合的过程。这一特征在计算概算造价和预算造价时尤为明显，所以也反映到合同价和结算价。其计算过程和计算顺序是：分部分项工程单价→单位工程造价→单项工程造价→建设项目总造价。

5）市场定价

工程建设产品作为交易对象，通过招投标、承发包或其他交易方式，在进行多次预估的基础上，最终由市场形成价格。交易对象可以是一个建设项目，可以是一个单项工程，也可以是整个建设工程的某个阶段或某个组成部分。常将这种市场交易中形成的价格称为工程承发包价格，承发包价格或合同价是工程造价的一种重要形式，是业主与承包商共同认可的价格。

1.4 工程建设各阶段造价管理

1.4.1 投资决策阶段造价管理

在投资决策阶段，项目的各项技术经济决策对建设工程造价以及项目建成后的经济效益有着决定性的影响，是建设工程造价控制的重要阶段。这一阶段建设工程造价控制的难点是：第一，项目模型还没有，估算难以准确；第二，投资估算所选用的数据资料信息有时难以真实地反映实际情况，所以误差较大。

因此，这一阶段建设工程造价控制的重点是：协助业主或接受业主委托编制可行性研究报告，并对拟建项目进行经济评价，选择技术上可行、经济上合理的建设方案；在优化建设方案的基础上，编制高质量的项目投资估算，使其在项目建设中真正起到控制项目总投资的作用。

1.4.2 设计阶段造价管理

设计阶段，设计单位应根据业主的设计任务委托书的要求和设计合同的规定，努力将概算控制在委托设计的投资限额内。在设计阶段造价控制是一个全过程的控制，同时，又是一个动态的控制。在设计阶段，由于针对的是单体设计，是从方案到初步设计，又从初步设计到施工图，使建设项目的模型显露出来，并使之可以实施。因此，这一阶段控制造价比较具体、直观，似乎有看得见、摸得着的感觉。

首先，在方案阶段，可以利用价值工程原理对设计方案进行经济比较，对不合理的设计提出意见，从而达到控制造价、节约投资的目的。

其次，设计阶段是项目即将实施而未实施的阶段，为了避免施工阶段可能发生的修改，减少设计洽商引起的工程造价的增加，则应促使设计方提高设计质量，以达到降低工程成本的目的。据西方一些国家分析，设计费一般只相当于建设工程全寿命费用的1%以下，但正是这少于1%的费用对工程造价的影响度却占到75%以上。由此可见，设计质量对整个工程建设的效益是至关重要的。

1.4.3 建设工程施工招投标阶段造价控制

施工招投标阶段也是签订建设工程合同的阶段。建设工程合同包括工程范围和内容、工期、物资供应、付款和结算方式、工程质量标准和验收、安全生产、工程保修、奖罚条款、双方的责任等重要内容，是项目法人单位与建筑企业进行工程承发包的主要经济法律文书，是进行双方实施施工、监理和验收，享有权利和承担义务的主要法律依据，直接关系到建设单位和建筑企业的根本利益。招标、投标、定标实际是承发包双方合同的签订过程。业主发出的招标文件是要约邀请，投标人提交投标文件是要约，经过评标，定标是一个承诺的过程，最后签订施工合同，成为以该工程质量、工期、价格为主要内容的法律文件。

施工招投标文件中的主要条款，例如材料供应的方式、计价依据、付款方式等都是工程造价控制的直接影响因素。招标文件规定的合同条件和协议条款是投标单位中标后与甲方签订合同的依据，签订的合同内容与招标文件实质性内容不得相违背。合同中的定价，就是该工程的承发包价格，一旦甲乙双方在工程造价上出现争议，合同条款就是解决争议的重要依据之一，所以招标文件的编制直接影响最终的工程造价。

1.4.4 建设工程施工阶段造价控制

1）做好施工前期工作

（1）加强图纸会审工作

加强图纸会审，尽早发现问题，并在施工之前解决，也就是做好主动控制，从而尽量减少变更和洽商。如在设计阶段发现问题，则只需改图纸，损失有限；如果在采购阶段发现问题，不仅需要修改图纸，而且设备、材料还须重新采购；而若在施工阶段才发现问题，除上述费用外，已施工的工程还须采取补救措施，势必造成重大损失。

（2）慎重地选择施工队伍

施工队伍的优劣关系到建设单位工程造价控制的成败。选择承担过此类工程的项目经理，特别要求施工队伍资信可靠和有足够的技术实力，从而使建筑工程施工做到高效、优质、低耗，并在工程造价上给业主合理优惠。

（3）签订好施工合同

中标单位确定后，建设单位应根据中标价及时同中标单位签订合同，合同条款应严谨、细致，工期合理，尽量减少双方责任不清，以防引起日后扯皮。对直接影响工程造价的有关条款，要有详细的约定，以免造价失控。

2）加强建设工程变更管理

由于工程变更的复杂性和不确定性，处理工程变更会耗用建设项目参与各方的管理资源，降低项目管理效率，增大业主的管理费用和监理费用支出，对建设项目管理带来不利的影响。而且工程变更会影响工期和造价，一旦业主和监理工程师确定的变更价款和变更工期达不到承包商的期望值，而双方又协商不成或久拖不决，势必会带来承包商的索赔，若索赔不成，进而会发展为合同纠纷和争端，这将会加剧承包商、业主和监理工程师之间的矛盾，损坏承发包双方的共同利益。

在工程变更管理中，由于存在建设项目管理机构中变更管理职能虚空、缺乏对工程变更的科学评审、缺乏对工程变更责任的追究制度和激励机制等问题，致使我国建设项目长期以来投资失控，“三超”现象频频发生。因此应加强建设工程变更管理。

在建设项目工程变更的管理实践中，可按照工程变更的性质和费用影响实施分类控制，合理区分业主和监理工程师在处理不同属性变更问题上的职责、权限及其工作流程，以便提高工程变更管理的效率和效益。在工程变更产生后，则应合理确定工程变更价款，工程变更价款的确定，既是工程变更方案经济性评审的重要内容，也是工程变更发生后调整合同价款的重要依据。

3）重视工程项目的风险管理

工程风险是随机的，不以人的意志为转移，风险在任何工程项目中都有存在。工程项目作为集经济、技术、管理、组织等方面于一体的、综合性社会活动，在各方面都存在着不确定性，这些不确定性会造成工程项目实施的失控现象，因此，项目管理人员必须充分重视工程项目的风险管理。

4）工程造价控制及变更管理信息化

如何准确地反映动态的市场价格，最主要的因素在于及时、全面地收集现有市场价格信息。项目实施中所有发生的工程变更都应详细地记录，反映出变更内容（包括变更类型、变更范围）、变更原因、变更估算、受此变更影响的关键事件费用的变化情况、变更申请者、业主认可方式以及主管工程师和项目经理的审批意见等。

而实现工程变更管理信息化，必须构建以人员组织、变更流程和数据管理三大要素为核心的工程变更管理信息系统。建立以数据管理系统为基础、以变更流程为主线的工程变更管理策略是实施有效工程变更管理的关键所在。

1.4.5 竣工阶段的造价管理

竣工阶段的造价管理主要包含竣工验收、工程计量以及办理竣工结算等工作。这一阶段是工程实施的总结性阶段，所有建筑安装工程实际的投资，将在这一阶段进行汇总，进而分析投资是否超标。竣工结算阶段要检查隐蔽工程验收记录、落实变更洽商、按竣工图纸与设计变更等竣工资料重新准确计算实际完成工程量、核实各分项工程使用的综合单价是否与投标时或合同签订时的综合单价一致，并多到现场进行核对。在这一阶段结算时要有耐心细致的工作态度。

2　工程造价构成

2.1　建设项目投资构成

建设项目总投资含固定资产投资和流动资产投资两部分，其中，固定资产投资与建设项目的工程造价在量上相等。工程造价是工程项目按照确定的建设内容、建设标准、建设规模、功能要求和使用要求等全部建成并验收合格交付使用所需的全部费用，包括用于购买土地所需费用，用于委托工程勘察设计所需费用，用于购买工程项目所含各种设备的费用，用于建筑安装施工所需费用，用于建设单位自身项目进行项目筹建和项目管理所花费的费用，等等。

目前我国建设项目总投资构成内容如图 2.1.1 所示。

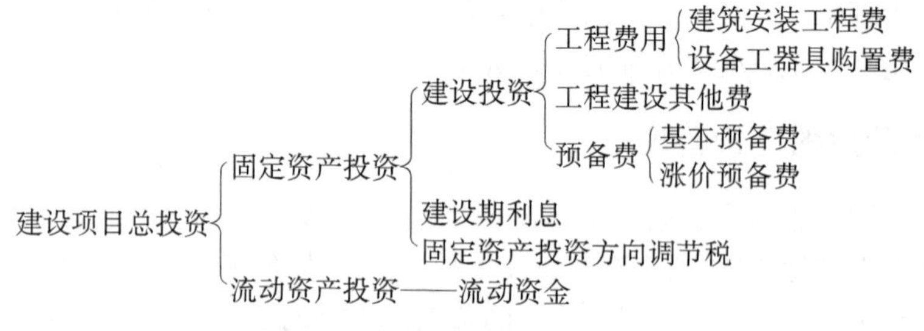

图 2.1.1　建设项目总投资构成图

根据建标〔2013〕44 号《建筑安装工程费用项目组成》，建筑安装工程费按照费用构成要素由人工费、材料费、施工机具使用费、企业管理费、利润、规费和税金组成，详见 2.2 节。

2.1.1　设备工器具购置费用

1）设备购置费

设备购置费是指为建设项目购置或自制的达到固定资产标准的各种国产或进口设备、工具、器具的购置费用，但不含工程设备。它由设备原价和设备运杂费构成。

$$设备购置费 = 设备原价 + 设备运杂费 \tag{2.1.1}$$

上式中，设备原价指国产设备或进口设备的原价；设备运杂费指除设备原价之外的关于设备采购、运输、途中包装及仓库保管等方面支出费用的总和。

(1) 国产设备原价

国产设备原价一般指的是设备制造厂的交货价，即出厂价，或订货合同价。它一般根据生产厂或供应商的询价、报价、合同价确定,或采用一定的方法计算确定。国产设备原价分为国产标准设备原价和国产非标准设备原价。

① 国产标准设备原价。国产标准设备是指按照主管部门颁布的标准图纸和技术要求,由我国设备生产厂批量生产的,符合国家质量检测标准的设备。有的国产标准设备原价有两种,即带有备件的原价和不带有备件的原价。在计算时,一般采用带有备件的原价。

② 国产非标准设备原价。国产非标准设备是指国家尚无定型标准,各设备生产厂不可能在工艺过程中采用批量生产,只能按一次订货,并根据具体的设计图纸制造的设备。非标准设备原价有多种不同的计算方法,如成本计算估价法、系列设备插入估价法、分部组合估价法、定额估价法等。

(2) 进口设备原价。进口设备的原价是指进口设备的抵岸价,即抵达买方边境港口或边境车站,且交完关税为止形成的价格。进口设备抵岸价的构成与进口设备的交货方式有关,进口设备的交货方式可分为内陆交货类、目的地交货类、装运港交货类。

2) 工具、器具及生产家具购置费

工具、器具及生产家具购置费,是指新建或扩建项目初步设计规定的,保证初期正常生产必须购置的没有达到固定资产标准的设备、仪器、工卡模具、器具、生产家具和备品备件的购置费用。一般以设备购置费为计算基数,按照部门或行业规定的工具、器具及生产家具费率计算。其计算公式为

$$\text{工具、器具及生产家具购置费} = \text{设备购置费} \times \text{定额费率} \quad (2.1.2)$$

2.1.2 工程建设其他费用

1) 土地使用费

土地使用费是指建设项目通过划拨或土地使用权出让方式取得土地使用权所需支付的土地征用及迁移补偿费或土地使用权出让金。

(1) 土地征用及迁移补偿费

土地征用及迁移补偿费,指建设项目通过划拨方式取得无限期的土地使用权,依照《中华人民共和国土地管理法》等所支付的费用。其总和一般不得超过被征土地年产值的 20 倍。土地年产值按该地被征日前 3 年的平均产量和国家规定的价格计算,内容包括土地补偿费;青苗补偿费和被征用土地上的房屋、水井、树木等附着物补偿费;安置补助费;缴纳的耕地占用税或城镇土地使用税、土地登记费及征地管理费;征地动迁费;水利水电工程水库淹没处理补偿费等。

(2) 土地使用权出让金

土地使用权出让金是指建设项目通过土地使用权出让方式取得有限期的土地使用权,依照《中华人民共和国城镇国有土地使用权出让和转让暂行条例》规定支付的土地使用权出让金。城市土地的出让和转让可采用协议、招标、公开、拍卖等方式。

2) 与项目建设有关的其他费用

(1) 建设单位管理费。建设单位管理费指建设项目从立项、筹建、建设、联合试运转到竣工验收交付使用及后评估等全过程所需的费用。其内容包括:

① 建设单位开办费。指新建项目为保证筹建和建设工作正常进行所需办公设备、生活

家具、用具、交通工具等的购置费用。

② 建设单位经费。包括工作人员的基本工资、工资性津贴、职工福利费、劳动保护费、劳动保险费、办公费、差旅交通费、工会经费、职工教育经费、固定资产使用费、工具用具使用费、技术图书资料费、生产人员招募费、工程招标费、合同契约公证费、工程质量监督检测费、工程咨询费、法律顾问费、审计费、业务招待费、排污费、竣工交付使用清理及竣工验收费、工程结束后评估费等费用。

(2) 勘察设计费。勘察设计费指为本建设项目提供项目建议书、可行性报告、设计文件等所需的费用。其内容包括：

① 编制项目建议书、可行性报告及投资估算、工程咨询、评价以及为编制上述文件所进行的勘察、设计、研究试验等所需费用。

② 委托勘察、设计单位进行初步设计、施工图设计、概预算编制等所需的费用。

③ 在规定范围内由建设单位自行完成的勘察、设计工作所需的费用。

(3) 研究试验费。研究试验费是指为本建设项目提供设计参数、数据资料等进行必要的研究试验，以及设计规定在施工中必须进行的试验、验证所需的费用。

(4) 建设单位临时设施费。建设单位临时设施费是指建设期间建设单位所需临时设施的搭设、维修、摊销费用或租赁费用。

临时设施包括临时宿舍、文化福利及公用事业房屋与构筑物、仓库、办公室、加工厂以及规定范围内的道路、水、电、管线等临时设施和小型临时设施。

(5) 工程监理费。工程监理费是指委托工程监理单位对工程实施监理工作所需的费用。

(6) 工程保险费。工程保险费是指建设项目在建设期间根据需要实施工程保险所需的费用。包括建筑工程一切险、安装工程一切险，以及机器损坏保险等。

(7) 引进技术和进口设备其他费。引进技术和进口设备其他费包括出国人员费用、国外工程技术人员来华费用、技术引进费、延期或分期付款利息、担保费以及进口设备检验鉴定费。

(8) 工程承包费。工程承包费是指具有总承包条件的工程公司，对工程建设项目从开始建设至竣工投产全过程的总承包所需的管理费用。具体内容包括组织勘察设计、设备原料采购、非标准设备设计制造与销售、施工招标、发包、工程预决算、项目管理、施工质量监督、隐蔽工程检查、验收和试车直至竣工投产的各种管理费用。

3) 与未来企业生产有关的费用

(1) 联合试运转费。联合试运转费是指新建企业或新增加生产工艺过程的扩建企业在竣工验收前，按照设计规定的工程质量标准，进行整个车间的负荷或无负荷联合试运转发生的费用支出大于试运转收入的亏损部分。不包括应由设备安装工程费项目开支的单台设备调试费及试车费用。

(2) 生产准备费。生产准备费是指新建企业或新增生产能力的企业，为保证竣工交付使用进行必要的生产准备所发生的费用。费用内容包括：

① 生产人员培训费，自行培训或委托其他单位培训人员的工资、工资性补贴、职工福利费、差旅交通费、学习资料费、学习费、劳动保护费。

② 生产单位提前进厂参加施工、设备安装、调试以及熟悉工艺流程与设备性能等人员

的工资、工资性补贴、职工福利费、差旅交通费、劳动保护费等。

(3) 办公和生活家具购置费。办公和生活家具购置费是指为保证新建、改建、扩建项目初期正常生产、使用和管理所必须购置的办公和生活家具、用具的费用。改、扩建项目所需的办公和生活用具购置费应低于新建项目。

2.1.3 预备费

按我国现行规定,预备费包括基本预备费和价差预备费。

1) 基本预备费

基本预备费是指针对项目实施过程中可能发生难以预料的支出而事先预留的费用,主要指设计变更及施工过程中可能增加工程量的费用,其主要内容如下:

(1) 在批准的初步设计范围内,技术设计、施工图设计及施工过程中所增加的工程费用;设计变更、工程变更、材料代用、局部地基处理等增加的费用。

(2) 一般自然灾害造成的损失和预防自然灾害所采取的措施费用。实行工程保险的工程项目,该费用应适当降低。

(3) 竣工验收时为鉴定工程质量对隐蔽工程进行必要的挖掘和修复费用。

(4) 超规超限设备运输增加的费用。

基本预备费计算公式为

$$\text{基本预备费} = (\text{工程费用} + \text{工程建设其他费用}) \times \text{基本预备费费率} \tag{2.1.3}$$

基本预备费费率的取值应执行国家及主管部门的有关规定。

2) 价差预备费

价差预备费是指为在建设期内利率、汇率或价格等因素的变化而预留的可能增加的费用,亦称为价格变动不可预见费。价差预备费的内容包括人工、设备、材料、施工机械的价差费,建筑安装工程费及工程建设其他费用调整,利率、汇率调整等增加的费用。

价差预备费一般根据国家规定的投资综合价格指数,按估算年份价格水平的投资额为基数,采用复利方法计算。其计算公式为

$$PF = \sum_{t=1}^{n} I_t[(1+f)^m (1+f)^{0.5} (1+f)^{t-1} - 1] \tag{2.1.4}$$

式中:PF——价差预备费;

n——建设期年份数;

I_t——建设期中第 t 年的投资计划额,包括工程费用、工程建设其他费用及基本预备费,即第 t 年的静态投资计划额;

f——年涨价率(政府部门有规定的按规定执行,没有规定的由可行性研究人员预测);

m——建设前期年限(从编制估算到开工建设,单位:年)。

例:某建设项目计划投资额 5 000 万元人民币(包括工程费用、工程建设其他费用、基本预备费)。项目建设前期准备时间为 1 年,建设期两年,根据投资计划,两年的投资比例分别为 60%、40%,预测建设期内年平均投资涨价率为 6%,试估算该建设项目的价差预备费。

解:(1) 第一年投资计划用款额:

$$I_1 = 5\,000 \times 60\% = 3\,000(\text{万元})$$

价差预备费：

$$\begin{aligned} PF_1 &= I_1[(1+f)^m(1+f)^{0.5}(1+f)^{t-1}-1] \\ &= 3\,000 \times [(1+6\%)^1 \times (1+6\%)^{0.5} \times (1+6\%)^{1-1}-1] \\ &= 274.01(\text{万元}) \end{aligned}$$

(2) 第二年投资计划用款额：

$$I_2 = 5\,000 \times 40\% = 2\,000(\text{万元})$$

价差预备费：

$$\begin{aligned} PF_2 &= I_2[(1+f)^m(1+f)^{0.5}(1+f)^{t-1}-1] \\ &= 2\,000 \times [(1+6\%)^1 \times (1+6\%)^{0.5} \times (1+6\%)^{2-1}-1] \\ &= 313.63(\text{万元}) \end{aligned}$$

建设期的价差预备费合计为 587.64 万元。

2.1.4 建设期利息

建设期利息主要是指在建设期内发生的为工程项目筹措资金的融资费用及债务资金利息。

当总贷款是分年均衡发放时，建设期利息的计算可按当年借款在年中支用考虑，即当年贷款按半年计息，上年贷款按全年计息。其计算公式为：

$$\text{建设期每年应计利息} = (\text{年初借款累计} + 1/2 \times \text{当年借款额}) \times \text{年利率} \quad (2.1.5)$$

国外贷款利息的计算中，还应包括国外贷款银行根据贷款协议向贷款方以年利率的方式收取的手续费、管理费、承诺费，以及国内代理机构经国家主管部门批准的以年利率的方式向贷款单位收取的转贷费、担保费、管理费等。

例：某新建仿古建筑工程，估算的静态投资为 15 620 万元，根据项目实施进度规划，项目建设期为三年，三年的投资分年使用比例分别为 30%、50%、20%，其中各年投资中贷款比例为年投资的 20%，预计建设期中三年的贷款利率分别为 5%、6%、6.5%，试求该项目建设期内的贷款利息。

解：第一年的利息 $= (0 + 1/2 \times 15\,620 \times 30\% \times 20\%) \times 5\% = 23.43(\text{万元})$

第二年的利息 $= (15\,620 \times 30\% \times 20\% + 23.43 + 1/2 \times 15\,620 \times 50\% \times 20\%) \times 6\% = 104.5(\text{万元})$

第三年的利息 $= (15\,620 \times 80\% \times 20\% + 23.43 + 104.5 + 1/2 \times 15\,620 \times 20\% \times 20\%) \times 6.5\% = 191.07(\text{万元})$

建设期贷款利息合计为 319 万元。

2.1.5 固定资产投资方向调节税

为了贯彻国家产业政策，控制投资规模，引导投资方向，调整投资结构，加强重点建设，促进国民经济持续稳定协调发展，国家根据国民经济的运行趋势和全社会固定资产投资状况,对进行固定资产投资的单位和个人(不含中外合资经营企业、中外合作经营企业和外商独资企业)征收固定资产投资方向调节税(简称投资方向调节税)。

投资方向调节税根据国家产业政策和项目经济规模实行差别税率,税率为0%、5%、10%、15%、30%五个档次,各固定资产投资项目按其单位分别确定适用的税率。

目前,固定资产投资方向调节税已停征。

2.1.6 铺底流动资金

经营项目铺底流动资金是指经营性建设项目为保证生产和经营正常进行而准备的流动资金。该资金应按规定列入建设项目总资金。

2.2 仿古建筑与园林绿化工程造价构成

为适应深化工程计价改革的需要,国家住建部、财政部根据国家有关法律、法规及相关政策,在总结原建标〔2003〕206号文执行情况的基础上,修订了《建筑安装工程费用项目组成》,且有按费用构成要素划分、按造价形成划分两种形式,同时还制定了《建筑安装工程费用参考计算方法》、《建筑安装工程计价程序》,明确规定自2013年7月1日起施行。

根据建标〔2013〕44号《建筑安装工程费用项目组成》,建筑安装工程费按照费用构成要素划分,由人工费、材料(包含工程设备,下同)费、施工机具使用费、企业管理费、利润、规费和税金组成。

1) 人工费

人工费是指按工资总额构成规定,支付给从事建筑安装工程施工的生产工人和附属生产单位工人的各项费用。其内容包括:

(1) 计时工资或计件工资:按计时工资标准和工作时间或对已做工作按计件单价支付给个人的劳动报酬。

(2) 奖金:对超额劳动和增收节支支付给个人的劳动报酬。如节约奖、劳动竞赛奖等。

(3) 津贴补贴:为了补偿职工特殊或额外的劳动消耗和因其他特殊原因支付给个人的津贴,以及为了保证职工工资水平不受物价影响支付给个人的物价补贴等。如流动施工津贴、特殊地区施工津贴、高温(寒)作业临时津贴、高空津贴等。

(4) 加班加点工资:按规定支付的在法定节假日工作的加班工资和在法定日工作时间外延时工作的加点工资。

(5) 特殊情况下支付的工资:根据国家法律、法规和政策规定,因病、工伤、产假、计划生育假、婚丧假、事假、探亲假、定期休假、停工学习、执行国家或社会义务等原因按计时工资标准或计时工资标准的一定比例支付的工资。

2) 材料费

材料费是指施工过程中耗费的原材料、辅助材料、构配件、零件、半成品或成品、工程设备的费用。其内容包括:

(1) 材料原价:材料、工程设备的出厂价格或商家供应价格。

(2) 运杂费:材料、工程设备自来源地运至工地仓库或指定堆放地点所发生的全部费用。

(3) 运输损耗费：材料在运输装卸过程中不可避免的损耗费用。

(4) 采购及保管费：为组织采购、供应和保管材料、工程设备的过程中所需要的各项费用，包括采购费、仓储费、工地保管费、仓储损耗费等。

其中，工程设备是指构成或计划构成永久工程一部分的机电设备、金属结构设备、仪器装置及其他类似的设备和装置。

3) 施工机具使用费

施工机具使用费是指施工作业所发生的施工机械、仪器仪表使用费或其租赁费。其内容包括：

(1) 施工机械使用费：以施工机械台班耗用量乘以施工机械台班单价计算，施工机械台班单价由下列七项费用组成：

① 折旧费：施工机械在规定的使用年限内，陆续收回其原值的费用。

② 大修理费：施工机械按规定的大修理间隔台班进行必要的大修理，以恢复其正常功能所需的费用。

③ 经常修理费：施工机械除大修理以外的各级保养和临时故障排除所需的费用。包括为保障机械正常运转所需替换设备与随机配备工具附具的摊销和维护费用，机械运转中日常保养所需润滑与擦拭的材料费用及机械停滞期间的维护和保养费用等。

④ 安拆费及场外运费：安拆费是指施工机械(大型机械除外)在现场进行安装与拆卸所需的人工、材料、机械和试运转费用以及机械辅助设施的折旧、搭设、拆除等费用；场外运费是指施工机械整体或分体自停放地点运至施工现场或由一施工地点运至另一施工地点的运输、装卸、辅助材料及架线等费用。

⑤ 人工费：机上司机(司炉)和其他操作人员的人工费。

⑥ 燃料动力费：施工机械在运转作业中所消耗的各种燃料及水、电等费用。

⑦ 税费：施工机械按照国家规定应缴纳的车船使用税、保险费及年检费等。

(2) 仪器仪表使用费：工程施工所需使用的仪器仪表的摊销及维修费用。

4) 企业管理费

企业管理费是指建筑安装企业组织施工生产和经营管理所需的费用。其内容包括：

(1) 管理人员工资：按规定支付给管理人员的计时工资、奖金、津贴补贴、加班加点工资及特殊情况下支付的工资等。

(2) 办公费：企业管理办公用的文具、纸张、账表、印刷、邮电、书报、办公软件、现场监控、会议、水电、烧水和集体取暖降温(包括现场临时宿舍取暖降温)等费用。

(3) 差旅交通费：职工因公出差、调动工作的差旅费、住勤补助费，市内交通费和误餐补助费，职工探亲路费，劳动力招募费，职工退休、退职一次性路费，工伤人员就医路费，工地转移费以及管理部门使用的交通工具的油料、燃料等费用。

(4) 固定资产使用费：管理和试验部门及附属生产单位使用的属于固定资产的房屋、设备、仪器等的折旧、大修、维修或租赁费等。

(5) 工具用具使用费：企业施工生产和管理使用的不属于固定资产的工具、器具、家具、交通工具和检验、试验、测绘、消防用具等的购置、维修和摊销费等。

(6) 劳动保险和职工福利费：由企业支付的职工退职金，按规定支付给离休干部的经费,集体福利费,夏季防暑降温、冬季取暖补贴,上下班交通补贴等。

(7) 劳动保护费:企业按规定发放的劳动保护用品的支出费用。如发放工作服、手套、防暑降温饮料以及在有碍身体健康的环境中施工的保健费用等。

(8) 检验试验费:施工企业按照有关标准规定,对建筑以及材料、构件和建筑安装物进行一般鉴定、检查所发生的费用,包括自设试验室进行试验所耗用的材料等费用。不包括新结构、新材料的试验费,对构件做破坏性试验及其他特殊要求检验试验的费用和建设单位委托检测机构进行检测的费用,对此类检测发生的费用,由建设单位在工程建设其他费用中列支。但对施工企业提供的具有合格证明的材料进行检测不合格的,该检测费用由施工企业支付。

(9) 工会经费:企业按《工会法》规定的全部职工工资总额比例计提的工会经费。

(10) 职工教育经费:企业按职工工资总额的规定比例计提,为职工进行专业技术和职业技能培训,专业技术人员继续教育、职工职业技能鉴定、职业资格认定以及根据需要对职工进行各类文化教育所发生的费用。

(11) 财产保险费:施工管理用财产、车辆等的保险费用。

(12) 财务费:企业为施工生产筹集资金或提供预付款担保、履约担保、职工工资支付担保等所发生的各种费用。

(13) 税金:企业按规定缴纳的房产税、车船使用税、土地使用税、印花税等。

(14) 其他:其他企业管理费包括技术转让费、技术开发费、投标费、业务招待费、绿化费、广告费、公证费、法律顾问费、审计费、咨询费、保险费等费用。

5) 利润

利润是指施工企业完成所承包工程获得的盈利。

6) 规费

规费是指按国家法律、法规规定,由省级政府和省级有关权力部门规定必须缴纳或计取的费用。其内容包括:

(1) 社会保险费

① 养老保险费:企业按照规定标准为职工缴纳的基本养老保险费。

② 失业保险费:企业按照规定标准为职工缴纳的失业保险费。

③ 医疗保险费:企业按照规定标准为职工缴纳的基本医疗保险费。

④ 生育保险费:企业按照规定标准为职工缴纳的生育保险费。

⑤ 工伤保险费:企业按照规定标准为职工缴纳的工伤保险费。

(2) 住房公积金:企业按照规定标准为职工缴纳的住房公积金。

(3) 工程排污费:企业按照规定缴纳的施工现场工程排污费。

其他应列而未列入的规费,按实际发生计取。

7) 税金

是指国家税法规定的应计入建筑安装工程造价内的营业税、城市维护建设税、教育费附加以及地方教育附加等。

2.3 仿古建筑与园林绿化工程费用计算规则

由于我国各地区的建筑经济水平不一致，费用计算规则没有全国统一的标准，一般是以国家有关部门颁发的《建筑安装工程费用项目组成》为依据，结合各地区的实际情况，编制费用计算规则。本节以《江苏省建设工程费用定额》(2014 年)为例，介绍仿古建筑与园林绿化工程费用的计算规则。

2.3.1 《江苏省建设工程费用定额》概况

根据《清单规范》(GB 50500—2013)及其 9 本计算规范和《建筑安装工程费用项目组成》(建标〔2013〕44 号)等有关规定，结合江苏省实际情况，江苏省住建厅组织编制了《江苏省建设工程费用定额》(简称费用定额)。

费用定额是建设工程编制设计概算、施工图预(结)算、招标控制价、标底以及调解处理工程造价纠纷的依据，是确定投标价、工程结算审核的指导，也可作为企业内部核算和制订企业定额的参考。

费用定额适用于在江苏省行政区域内新建、扩建和改建的建筑与装饰、安装、市政、仿古建筑及园林绿化、房屋修缮、城市轨道交通工程等，与江苏省现行的各相关专业计价表配套使用。

关于包工包料、包工不包料和点工的说明：

(1) 包工包料：包工包料是指施工企业承包工程用工、材料、机械的方式。

(2) 包工不包料：包工不包料是指只承包工程用工的方式。施工企业自带施工机械和周转材料的工程按包工包料标准执行。

(3) 点工：点工适用于在建设工程中由于各种因素所造成的损失、清理等不在定额范围内的用工。

(4) 包工不包料、点工的临时设施应由建设单位(发包人)提供。

2.3.2 建设工程费用的组成

建设工程费用内容参照《建筑安装工程费用项目组成》按造价形成顺序划分的形式，由分部分项工程费、措施项目费、其他项目费、规费和税金组成。其中，安全文明施工措施费、规费和税金为不可竞争费，应按规定标准计取。

1) 分部分项工程费

分部分项工程费是指各专业工程的分部分项工程应予列支的各项费用，由人工费、材料费、施工机具使用费、企业管理费和利润构成。

(1) 人工费、材料费、施工机具使用费的概念及费用内容，与建标〔2013〕44 号《建筑安装工程费用项目组成》按照费用构成要素划分中的一致。

(2) 企业管理费：企业管理费是指施工企业组织施工生产和经营管理所需的费用。其内容包括：

① 管理人员工资：按规定支付给管理人员的计时工资、奖金、津贴补贴、加班加点工资及特殊情况下支付的工资等。

② 办公费：企业管理办公用的文具、纸张、账表、印刷、邮电、书报、办公软件、监控、会议、水电、燃气、采暖、降温等费用。

③ 差旅交通费：职工因公出差、调动工作的差旅费、住勤补助费，市内交通费和误餐补助费，职工探亲路费，劳动力招募费，职工退休、退职一次性路费，工伤人员就医路费，工地转移费以及管理部门使用的交通工具的油料、燃料等费用。

④ 固定资产使用费：企业及其附属单位使用的属于固定资产的房屋、设备、仪器等的折旧、大修、维修或租赁费等费用。

⑤ 工具用具使用费：企业施工生产和管理使用的不属于固定资产的工具、器具、家具、交通工具和检验、试验、测绘、消防用具等的购置、维修和摊销费，以及支付给工人自备工具的补贴费等费用。

⑥ 劳动保险和职工福利费：由企业支付的职工退职金，按规定支付给离休干部的经费，集体福利费，夏季防暑降温、冬季取暖补贴，上下班交通补贴等费用。

⑦ 劳动保护费：企业按规定发放的劳动保护用品的支出。如工作服、手套、防暑降温饮料、高危险工作工种施工作业防护补贴以及在有碍身体健康的环境中施工的保健费用等。

⑧ 工会经费：企业按《工会法》规定的全部职工工资总额比例计提的工会经费。

⑨ 职工教育经费：企业按职工工资总额的规定比例计提，为职工进行专业技术和职业技能培训，专业技术人员继续教育、职工职业技能鉴定、职业资格认定以及根据需要对职工进行各类文化教育所发生的费用。

⑩ 财产保险费：企业管理用财产、车辆的保险费用。

⑪ 财务费：企业为施工生产筹集资金或提供预付款担保、履约担保、职工工资支付担保等所发生的各种费用。

⑫ 税金：企业按规定交纳的房产税、车船使用税、土地使用税、印花税等。

⑬ 意外伤害保险费：企业为从事危险作业的建筑安装施工人员支付的意外伤害保险费。

⑭ 工程定位复测费：工程施工过程中进行全部施工测量放线和复测工作的费用。建筑物沉降观测由建设单位直接委托有资质的检测机构完成，费用由建设单位承担，不包含在工程定位复测费中。

⑮ 检验试验费：施工企业按规定进行建筑材料、构配件等试样的制作、封样、送达和其他为保证工程质量进行的材料检验试验工作所发生的费用。

检验试验费不包括新结构、新材料的试验费，对构件（如幕墙、预制桩、门窗）做破坏性试验所发生的试样费用和根据国家标准和施工验收规范要求对材料、构配件和建筑物工程质量检测检验发生的第三方检测费用。对此类检测发生的费用，由建设单位承担，在工程建设其他费用中列支。但对施工企业提供的具有合格证明的材料进行检测不合格的，该检测费用由施工企业支付。

⑯ 非建设单位所为四小时以内的临时停水停电费用。

⑰ 企业技术研发费：建筑企业为转型升级、提高管理水平所进行的技术转让、科技研发，信息化建设等费用。

⑱ 其他：业务招待费、远地施工增加费、劳务培训费、绿化费、广告费、公证费、法律顾问费、审计费、咨询费、投标费、保险费、联防费、施工现场生活用水电费等等。

（3）利润：利润是指施工企业完成所承包工程获得的盈利。

2）措施项目费

措施项目费是指为完成建设工程施工，发生于该工程施工前和施工过程中的技术、生活、安全、环境保护等方面的费用。

根据现行工程量清单计算规范，措施项目费分为单价措施项目费与总价措施项目费。

（1）单价措施项目是指在现行工程量清单计算规范中有对应工程量计算规则，按人工费、材料费、施工机具使用费、管理费和利润形式组成综合单价的措施项目。单价措施项目根据专业不同，包括项目有所不同。

① 仿古建筑工程的单价措施项目有脚手架工程，混凝土模板及支架，垂直运输，超高施工增加，大型机械设备进出场及安拆，施工降水排水等。

② 园林绿化工程的单价措施项目有脚手架工程，模板工程，树木支撑架、草绳绕树干、搭设遮阴（防寒）棚工程，围堰、排水工程等。

单价措施项目中各措施项目的工程量清单项目设置、项目特征、计量单位、工程量计算规则及工作内容均按现行工程量清单计算规范执行。

（2）总价措施项目是指在现行工程量清单计算规范中无工程量计算规则，以总价（或计算基础乘费率）计算的措施项目。其中各专业都可能发生的通用的总价措施项目如下：

① 安全文明施工：为满足安全、文明、绿色施工以及环境保护、职工健康生活所需要的各项费用。本项为不可竞争费用。

其中环境保护包含范围是：现场施工机械设备降低噪音、防扰民措施费用；水泥和其他易飞扬细颗粒建筑材料密闭存放或采取覆盖措施等费用；工程防扬尘洒水费用；土石方、建渣外运车辆冲洗、防洒漏等费用；现场污染源的控制、生活垃圾清理外运、场地排水排污措施的费用；其他环境保护措施费用等。

文明施工包含范围是："五牌一图"的费用；现场围挡的墙面美化（包括内外粉刷、刷白、标语等）、压顶装饰费用；现场厕所便槽刷白、贴面砖，水泥砂浆地面或地砖费用，建筑物内临时便溺设施费用；其他施工现场临时设施的装饰装修、美化措施费用；现场生活卫生设施费用；符合卫生要求的饮水设备、淋浴、消毒等设施费用；生活用洁净燃料费用；防煤气中毒、防蚊虫叮咬等措施费用；施工现场操作场地的硬化费用；现场绿化费用、治安综合治理费用、现场电子监控设备费用；现场配备医药保健器材、物品费用和急救人员培训费用；用于现场工人的防暑降温费、电风扇、空调等设备及用电费用；其他文明施工措施费用等。

安全施工包含范围是：安全资料、特殊作业专项方案的编制，安全施工标志的购置及安全宣传的费用；"三宝"（安全帽、安全带、安全网）、"四口"（楼梯口、电梯井口、通道口、预留洞口）、"五临边"（阳台围边、楼板围边、屋面围边、槽坑围边、卸料平台两侧），水平防护架、垂直防护架、外架封闭等防护的费用；施工安全用电的费用，包括配电箱三级配电、两级保护装置要求、外电防护措施；起重机、塔吊等起重设备（含井架、门架）及外用电梯的安全防护措施（含警示标志）费用及卸料平台的临边防护、层间安全门、防护棚等设施费用；建筑工地起重机械的检验检测费用；施工机具防护棚及其围栏的安全保护设施费用；施工安全防护通道的费用；工人的安全防护用品、用具购置费用；消防设施与消防器材的配置费用；电气保护、安全照明设施费；其他安全防护措施费用等。

绿色施工包含范围是：建筑垃圾分类收集及回收利用费用；夜间焊接作业及大型照明灯具的挡光措施费用；施工现场办公区、生活区使用节水器具及节能灯具增加费用；施工现场基坑降水储存使用、雨水收集系统、冲洗设备用水回收利用设施增加费用;施工现场生活区厕所化粪池、厨房隔油池设置及清理费用;从事有毒、有害、有刺激性气味和强光、噪音施工人员的防护器具;现场危险设备、地段、有毒物品存放地安全标志和防护措施;厕所、卫生设施、排水沟、阴暗潮湿地带定期消毒费用;保障现场施工人员劳动强度和工作时间符合国家标准《体力劳动强度分级》(GB 3869—1997)的增加费用等。

② 夜间施工:规范、规程要求正常作业而发生的夜班补助,夜间施工降效,夜间照明设施的安拆、摊销、照明用电以及夜间施工现场交通标志、安全标牌、警示灯安拆等费用。

③ 二次搬运:由于施工场地限制而发生的材料、成品、半成品等一次运输不能到达施工要求的堆放地点,必须进行的二次或多次搬运费用。

④ 冬雨季施工:在冬雨季施工期间所增加的费用。包括冬季作业、临时取暖、建筑物门窗洞口封闭及防雨措施、排水、工效降低、防冻等费用。不包括设计要求混凝土内添加防冻剂的费用。

⑤ 地上、地下设施、建筑物的临时保护设施:在工程施工过程中,对已建成的地上、地下设施和建筑物进行的遮盖、封闭、隔离等必要保护措施。在园林绿化工程中,还包括对已有植物的保护。

⑥ 已完工程及设备保护费:对已完工程及设备采取的覆盖、包裹、封闭、隔离等必要保护措施所发生的费用。

⑦ 临时设施费:施工企业为进行工程施工所必需的生活和生产用的临时建筑物、构筑物和其他临时设施的搭设、使用、拆除等费用。

临时设施包括:临时宿舍、文化福利及公用事业房屋与构筑物、仓库、办公室、加工场等,建筑、装饰、安装、修缮、古建园林工程规定范围内(建筑物沿边起 50 m 以内,多幢建筑两幢间隔 50 m 内)围墙、临时道路、水电、管线和轨道垫层等。

建设单位同意在施工就近地点临时修建混凝土构件预制场所发生的费用,应向建设单位结算。

⑧ 赶工措施费:施工合同工期比江苏省现行工期定额提前,施工企业为缩短工期所发生的费用。

如施工过程中,发包人要求实际工期比合同工期提前时,由发承包双方另行约定。

⑨ 工程按质论价:施工合同约定质量标准超过国家规定,施工企业完成工程质量达到经有权部门鉴定或评定为优质工程所必须增加的施工成本费。

⑩ 特殊条件下施工增加费:地下不明障碍物、铁路、航空、航运等交通干扰而发生的施工降效费用。

总价措施项目中,除通用措施项目外,仿古建筑及园林绿化工程还有下列专业措施项目。

非夜间施工照明:为保证工程施工正常进行,仿古建筑工程在地下室、地宫等,园林绿化工程在假山石洞等特殊施工部位施工时所采用的照明设备的安拆、维护及照明用电等。

反季节栽植影响措施:因反季节栽植在增加材料、人工、防护、养护、管理等方面采取的种植措施以及保证成活率措施。

3) 其他项目费

(1) 暂列金额:建设单位在工程量清单中暂定并包括在工程合同价款中的一笔款项。用于施工合同签订时尚未确定或者不可预见的所需材料、工程设备、服务的采购,施工中可能发生的工程变更、合同约定调整因素出现时的工程价款调整以及发生的索赔、现场签证确认等的费用。由建设单位根据工程特点,按有关计价规定估算。施工过程中由建设单位掌握使用,扣除合同价款调整后如有余额,归建设单位。

(2) 暂估价:建设单位在工程量清单中提供的用于支付必然发生但暂时不能确定价格的材料的单价以及专业工程的金额。包括材料暂估价和专业工程暂估价。材料暂估价在清单综合单价中考虑,不计入暂估价汇总。

(3) 计日工:在施工过程中,施工企业完成建设单位提出的施工图纸以外的零星项目或工作所需的费用。

(4) 总承包服务费:总承包人为配合、协调建设单位进行的专业工程发包,对建设单位自行采购的材料、工程设备等进行保管以及施工现场管理、竣工资料汇总整理等服务所需的费用。总包服务范围由建设单位在招标文件中明示,并且发承包双方在施工合同中约定。

4) 规费

规费是指有权部门规定必须缴纳的费用。

(1) 工程排污费:包括企业因产生废气、污水、废渣及危险废物和噪声等应交纳的相关排污费。

(2) 社会保险费:企业应为职工缴纳的养老保险、医疗保险、失业保险、工伤保险和生育保险等五项社会保障方面的费用。为确保施工企业各类从业人员社会保障权益落到实处,省、市有关部门可根据实际情况制定管理办法。

(3) 住房公积金:企业应为职工缴纳的住房公积金。

5) 税金

税金是指国家税法规定的应计入建筑安装工程造价内的营业税、城市维护建设税、教育费附加及地方教育附加。

(1) 营业税:以产品销售或劳务取得的营业额为对象的税种。

(2) 城市建设维护税:为加强城市公共事业和公共设施的维护建设而开征的税,它以附加形式依附于营业税。

(3) 教育费附加及地方教育附加:为发展地方教育事业,扩大教育经费来源而征收的税种。它以营业税的税额为计征基数。

2.3.3 工程类别的划分

1) 仿古建筑及园林绿化工程类别划分

仿古建筑及园林绿化工程类别划分见表 2.3.1。

表 2.3.1 仿古建筑及园林绿化工程类别划分表

序号	类别 项目(单位)			一类	二类	三类
一	楼阁庙宇厅堂廊	单层	屋面形式	重檐或斗拱	—	—
			建筑面积(m^2)	≥500	≥150	<150
		多层	屋面形式	重檐或斗拱	—	—
			建筑面积(m^2)	≥800	≥300	<300
二	古塔高度(m)			≥25	<25	—

续表 2.3.1

<table>
<tr><th>序号</th><th colspan="3">类别
项目(单位)</th><th>一类</th><th>二类</th><th>三类</th></tr>
<tr><td>三</td><td colspan="3">牌楼</td><td>有斗拱</td><td>—</td><td>无斗拱</td></tr>
<tr><td>四</td><td colspan="3">城墙高度(m)</td><td>≥10</td><td>≥8</td><td><8</td></tr>
<tr><td>五</td><td colspan="3">牌科墙门、砖细照墙</td><td>有斗拱</td><td>—</td><td>—</td></tr>
<tr><td rowspan="2">六</td><td colspan="3" rowspan="2">亭</td><td>重檐亭</td><td rowspan="2">其他亭、水榭</td><td rowspan="2">—</td></tr>
<tr><td>海棠亭</td></tr>
<tr><td>七</td><td colspan="3">古戏台</td><td>有斗拱</td><td>无斗拱</td><td>—</td></tr>
<tr><td>八</td><td colspan="3">船舫</td><td>船舫</td><td>—</td><td>—</td></tr>
<tr><td>九</td><td colspan="3">桥</td><td>≥三孔拱桥</td><td>≥单孔拱桥</td><td>平桥</td></tr>
<tr><td>十</td><td colspan="3">大型土石方工程</td><td colspan="3">挖或填土(石)方容量≥5 000 m³</td></tr>
<tr><td rowspan="4">十一</td><td rowspan="4">园林工程</td><td>公园广场</td><td rowspan="4">园路、园桥、园林小品及绿化部分占地面积(m²)</td><td>≥20 000</td><td>≥10 000</td><td><10 000</td></tr>
<tr><td>庭园</td><td>≥2 000</td><td>≥1 000</td><td><1 000</td></tr>
<tr><td>屋顶</td><td>≥500</td><td>≥300</td><td><300</td></tr>
<tr><td>道路及其他</td><td>≥8 000</td><td>≥4 000</td><td><4 000</td></tr>
</table>

2) 仿古建筑及园林绿化工程类别划分说明

工程类别划分是根据不同的单位工程，按施工难易程度，结合江苏省建筑市场近年来施工项目的实际情况而确定。

(1) 仿古建筑工程：仿照古代式样而运用现代结构材料技术建造的建筑工程。例如宫殿、寺庙、楼阁、厅堂、古戏台、古塔、牌楼(牌坊)、亭、船舫等。

(2) 园林绿化工程：指公园、庭园、游览区、住宅小区、广场、厂区等处的园路、园桥、园林小品及绿化，市政工程项目中的景观及绿化工程等。本费用计算规则不适用大规模的植树造林以及苗圃内项目。

(3) 古塔高度系指设计室外地面标高至塔刹(宝顶)顶端高度。

城墙高度系指设计室外地面标高至城墙墙身顶面高度，不包括垛口(女儿墙)高度。

(4) 园林工程的占地面积为标段内设计图示园路、园桥、园林小品及绿化部分的占地面积，其中包含水面面积。小区内绿化按园林工程中公园广场的工程类别划分标准执行。

市政道路工程中的景观绿化工程占地面积以绿地面积为准。

(5) 树坑挖土、园林小品的土方项目不属于大型土石方工程项目。

(6) 预制构件制作工程类别划分按相应的仿古建筑工程标准执行。

(7) 与仿古建筑物配套的零星项目，如围墙等按相应的主体仿古建筑工程类别标准确定。

(8) 工程类别划分标准中未包括的仿古建筑按照三类工程标准执行。

(9) 工程类别标准中未包括的特殊工程，由当地工程造价管理部门根据具体情况确定，报上级工程造价管理部门备案。

2.3.4 工程费用取费标准及有关规定

1) 企业管理费、利润取费标准及规定

企业管理费、利润计算基础按费用定额规定执行。包工不包料、点工的管理费和利润包含在工资单价中。仿古建筑及园林绿化工程的企业管理费、利润取费标准见表 2.3.2。

表 2.3.2 仿古建筑及园林绿化工程企业管理费、利润取费标准表

序号	项目名称	计算基础	企业管理费率(%)			利润率(%)
			一类工程	二类工程	三类工程	
一	仿古建筑工程	人工费+施工机具使用费	47	42	37	12
二	园林绿化工程	人工费	29	24	19	14
三	大型土石方工程	人工费+施工机具使用费	6			4

2) 措施项目取费标准及规定

(1) 单价措施项目以清单工程量乘以综合单价计算。综合单价按照计价表中的规定,依据设计图纸和经建设方认可的施工方案进行组价。

(2) 总价措施项目中部分以费率计算的措施项目费率标准见表 2.3.3;其他总价措施项目,按项计取,综合单价按实际或可能发生的费用进行计算。

表 2.3.3 仿古建筑及园林绿化工程措施项目费取费标准表

项目	夜间施工	非夜间施工照明	冬雨季施工	已完工程及设备保护	临时设施	赶工措施	按质论价
计算基础	分部分项工程费+单价措施项目费−工程设备费						
费率(%)	0~0.1	0.3	0.05~0.2	0~0.1	1.5~2.5 (0.3~0.7)	0.5~2	1~2.5

注:在计取非夜间施工照明费时,仿古工程仅地下室(地宫)部分可计取;园林绿化工程仅特殊施工部位内施工项目可计取。

(3) 安全文明施工措施费取费标准参见表 2.3.4。

表 2.3.4 仿古建筑及园林绿化工程安全文明施工措施费取费标准表

专业工程	计费基础	基本费率(%)	省级标化增加费(%)
仿古建筑工程	分部分项工程费+单价措施项目费−工程设备费	2.5	0.5
园林绿化工程		0.9	—
大型土石方工程		1.4	—

注:① 对于开展市级建筑安全文明施工标准化示范工地创建活动的地区,市级标化增加费按照省级费率乘以 0.7 系数执行。
② 大型土石方工程适用各专业中达到大型土石方标准的单位工程。

3) 其他项目取费标准及规定

(1) 暂列金额、暂估价按发包人给定的标准计取。

(2) 计日工:由发承包双方在合同中约定。

(3) 总承包服务费:应根据招标文件列出的内容和向总承包人提出的要求,参照下列标准计算:

① 建设单位仅要求对分包的专业工程进行总承包管理和协调时,按分包的专业工程估算造价的 1%计算。

② 建设单位要求对分包的专业工程进行总承包管理和协调，并同时要求提供配合服务时，根据招标文件中列出的配合服务内容和提出的要求，按分包的专业工程估算造价的2%～3%计算。

4）规费取费标准及有关规定

(1) 工程排污费：按工程所在地环境保护等部门规定的标准缴纳，按实计取列入。

(2) 社会保险费及住房公积金按表 2.3.5 标准计取。

表 2.3.5 仿古建筑与园林绿化工程社会保险费及公积金取费标准表

专业工程	计费基础	社会保险费率(%)	公积金费率(%)
仿古建筑与园林绿化	分部分项工程费＋单价措施项目费＋其他项目费－工程设备费	3	0.5
大型土石方工程		1.2	0.22

注：(1) 社会保险费包括养老保险费、失业保险费、医疗保险费、工伤保险费、生育保险费。
(2) 点工和包工不包料的社会保险费和公积金已经包含在人工工资单价中。
(3) 大型土石方工程适用各专业中达到大型土石方标准的单位工程。
(4) 社会保险费费率和公积金费率将随着社保部门要求和建设工程实际缴纳费率的提高适时调整。

5）税金计算标准及有关规定

税金包括营业税、城市建设维护税、教育费附加及地方教育附加，按有权部门规定计取。

2.3.5 工程造价计算程序

1）工程量清单法计算程序（包工包料）（见表 2.3.6）

表 2.3.6 包工包料工程造价计算程序

序号	费用名称		计算公式
一	分部分项工程费		清单工程量×综合单价
	其中	1. 人工费	人工消耗量×人工单价
		2. 材料费	材料消耗量×材料单价
		3. 施工机具使用费	机械消耗量×机械单价
		4. 管理费	(1＋3)×费率或(1)×费率
		5. 利 润	(1＋3)×费率或(1)×费率
二	措施项目费		
	其中	单价措施项目费	清单工程量×综合单价
		总价措施项目费	(分部分项工程费＋单价措施项目费－工程设备费)×费率或以项计费
三	其他项目费		
四	规 费		
	其中	1. 工程排污费	(一＋二＋三－工程设备费)×费率
		2. 社会保险费	
		3. 住房公积金	
五	税 金		(一＋二＋三＋四－按规定不计税的工程设备金额)×费率
六	工程造价		一＋二＋三＋四＋五

2）工程量清单法计算程序(包工不包料)(见表 2.3.7)

表 2.3.7　包工不包料工程造价计算程序

序号	费用名称		计算公式
一	分部分项工程费人工费		清单人工消耗量×人工单价
二	措施项目费中人工费		
	其中	单价措施项目中人工费	清单人工消耗量×人工单价
三	其他项目费		
四	规 费		
	其中	工程排污费	(一+二+三−工程设备费)×费率
五	税 金		(一+二+三+四)×费率
六	工程造价		一+二+三+四+五

3 仿古建筑与园林绿化工程基础知识

建设工程造价与建设工程产品的组成及施工工艺密切相关，要确定仿古建筑与园林工程的造价，就必须掌握其构造做法、施工工艺等与造价确定相关的基础知识。仿古建筑是运用现代结构、材料及技术仿照古建筑建造的建筑物、构筑物或纪念性建筑。其外观、内部细节等仿造古建筑，但实质上还是当代建筑，因此其具有当代建筑工程的造价特征，同时又具有仿古建筑自身的特殊性，如所仿的古建筑时期、建筑风格等元素也是和造价相关的。仿古建筑是我国园林工程中的重要构成要素。中国园林具有独特的、鲜明的民族风格，是极为生动具体的文化信息载体。仿古建筑与园林中蕴藏着我国博大精深的文化渊源，不同时代、不同地区都有着不同的风格类别，不过从工程造价的角度来看，它们都是由简单的单位工程及分部分项工程构成，其造价原理是相通的。

清工部《工程做法则例》是清代官方颁布的关于建筑标准的书籍，作为官方营建工程的执行文件。我国《仿古建筑及园林工程预算定额》(简称定额)第三册《营造则例做法项目》即以此为基础，按明清仿古建筑形式所做的营造项目。《营造法原》是记述中国江南(以苏州、无锡、浙江地区为代表)地区古建筑营造作法的专著。《仿古建筑及园林工程预算定额》第二册《营造法原作法项目》即以此为基础，按江南仿古建筑形式所做的营造项目。《江苏省仿古建筑与园林工程计价表》(简称《计价表》)第二册仿古部分主要是以《营造法原》为主设计、建造的仿古建筑工程。本章对在编制工程量清单和工程计价时应用较多的部分古建项目的构造作法、位置用途作适当说明解释。

3.1 砖细与石作工程项目

3.1.1 砖细工程

“砖细”一词源于《营造法原》的“做细清水砖作”一章，是指将砖料根据不同的要求进行锯、截、刨、磨等加工，并对施工项目进行放线、砌筑、安装、洁面等施工工艺的高要求做法称为“做细”。因此，仿古建筑中的“细砖”是指经砍磨加工后的砖件，“糙砖”是指未经砍磨加工的砖件，而并非是指砖料材质的糙细。

1) *砖檐*

砖檐俗称“檐子”。仿古建筑中，将砖墙砌到檐口，用加工好的细砖，拼砌成不同形式的砖檐，将檐口封闭起来，称为“砖细包檐”，图 3.1.1 所示称为四层冰盘檐。

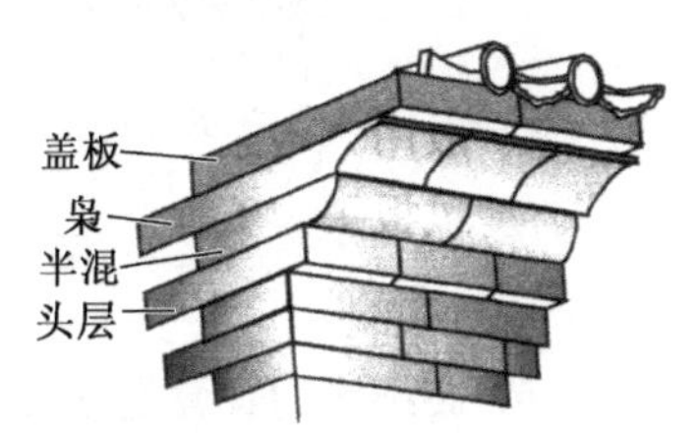

图 3.1.1 砖檐

2) *砖细抛方、台口抛方*

“抛方”是指将墙体露明部分的装饰砖加工成需要的枋

面或其他形状。具体分以下两种：

(1) 砖细抛方：指用于各种平台的台面和边缘所进行的砖加工，又分为两种：

① 平面抛方：是指对砖面进行刨磨加工，包括截锯、刨光、孔隙补油灰、打磨洁面等使之成为大面光整、侧边方正平整的砖件。

② 平面带枭混线脚抛方：指将砖面刨平，侧边加工成带弧形线脚，线脚的形式有枭形(图3.1.1)、半混(1/4圆弧面，见图3.1.1)、圆混(半圆)、炉口("炉口"是一种凹弧面，凹半圆，常作为混砖、枭砖之间的过渡砖件)。其中，半混、圆混、炉口等均是一道线脚，枭形为二道线脚。

(2) 台口抛方："台口"原指石栏杆、柱下面的锁口石外边挑出去的部分，台口抛方则是指对砖露台、砖驳岸等最上层边缘砖细外挑的部分进行平面加工，将其边缘做圆混线者称为"圆线台口"；仅对平面加工的称为"一般台口"。

3) 月洞、地穴、门窗套、砖细镶边

(1) 月洞：月洞是我国古代园林建筑中窗洞形式，《营造法原》称，"墙垣上开有空宕，而不装窗户者，谓之月洞"，如图3.1.2所示。月洞的外框形状主要有几何图形、梅花形、海棠花形、栀子花形、葵花形等。

(2) 地穴：地穴是江南苏州一带的称谓，也称"粉墙门洞"，《营造法原》中地穴是指在墙垣上做有门洞而不装门扇，只留空洞，如图3.1.3所示。地穴的外观形式很多，如方形、壶形、宝瓶形、葫芦形等。在地穴和月洞的边框侧面镶砌清水磨砖，两边凸出墙面寸许的如同画框的形式称为"门景"。

(3) 门窗套：在门窗洞口周边镶嵌凸出墙面砖细者称为"门窗套"，而在洞内侧壁与顶面满嵌砖细者称为"内樘"，《计价表》按位置分为侧壁和顶板。

砖细月洞、地穴、门窗套线框起线分单、双线和单、双出口。线是线条，单、双线是指在砖细镶嵌的门窗洞口边的砖细线框周边上凿出的凹凸线条的道数，线条边棱是一个棱角的是"单线"，线条边棱是两个棱角的是"双线"。出口指侧壁，在墙的一面侧壁镶贴砖细线条是"单出口"，两侧面都镶贴是"双出口"。

图3.1.2 月洞

图3.1.3 地穴

(4) 砖细镶边：《营造法原》中"厅堂内部精美之作，其勒脚、墙面，俱以做细清水砖嵌砌，墙面四周以凸凹起线，称为'镶边'"，因此，砖细镶边是指在墙面上用砖细镶嵌成边框的一种装饰。

4) 影壁、廊墙、槛墙

(1) 影壁:“影壁”又称“照壁”,是一个独立的墙体,其作用是让门内的情况不直接暴露于外,具有遮蔽功能,则称“隐”,门外的视线受墙堵截,称为“避”。影壁按材质分有琉璃影壁和砖雕影壁;按构造形式分有一字影壁、八字影壁、撇山影壁等。

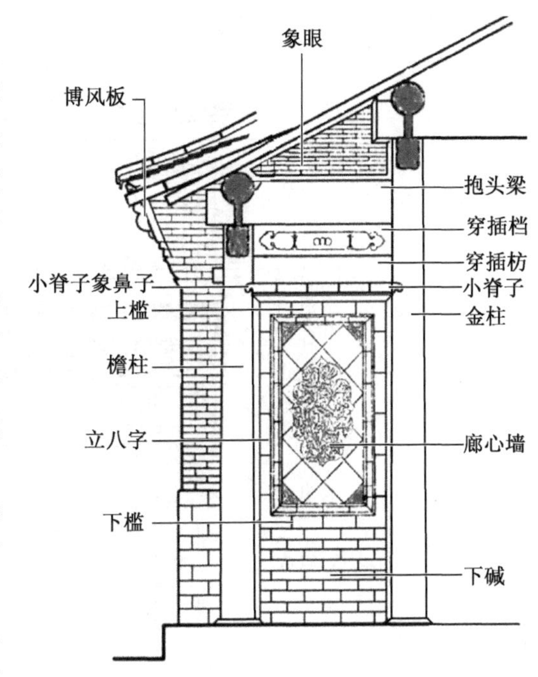

图 3.1.4 廊墙

(2) 廊墙:廊墙是古建墙壁体中颇具装饰性的部分,位于金柱与檐柱之间。廊墙包括下碱和上身部分,由于上身(即廊心部分)常为布满雕刻艺术的砖雕,也称“廊心墙”。廊墙基本构造如图 3.1.4 所示。

(3) 槛墙与砖细坐槛:古建筑中凡窗下矮墙均称为“槛墙”,位于木装修槛窗以下(图 3.1.5)。

《营造法原》中将一般矮墙都统称为“半墙”,有些亭、廊周边的栏杆,改用砖砌矮墙,在矮墙顶面铺一平整的坐板,此坐板称为“坐槛”,用砖细做成的坐槛即为坐槛面。

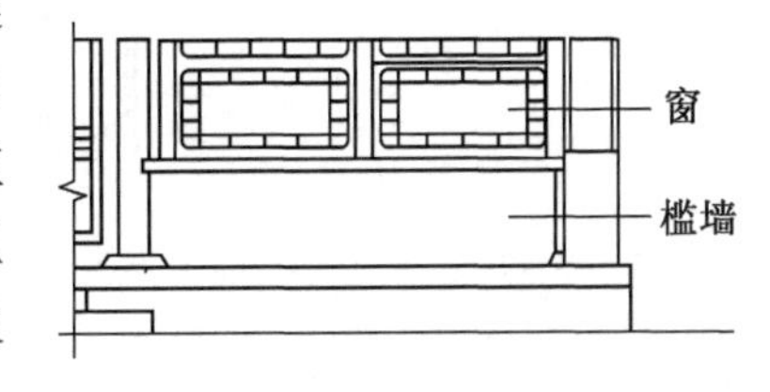

图 3.1.5 槛墙

矮墙坐槛面分为有雀簧和无雀簧两种,雀簧是指小连接木。因为有些砖细坐槛面要与木构件(如木柱、木栏等)连接,这时应在砖的背面剔凿槽口以安连接木。针对坐槛面的侧边情况又有所区分。如果坐槛面的侧边加工圆弧线脚的,称为“有线脚”;如果坐槛面的侧边不另行加工,仅保持平整的,称为“无线脚”。

如果用砖栏杆代替矮墙,并在其上设有坐板的称为“砖细坐槛栏杆”,实际上这是一种设有坐板的空花矮墙,其形式仿照石栏杆做法。砖栏杆由四部分组成:顶面的坐槛面、栏杆柱、栏杆芯和栏板底脚。

5) 门楼及墙门

门楼与墙门的区别,在于两旁墙垣(塞口墙)衔接的不同:屋顶高出墙垣,耸然兀立者称门楼;两旁墙垣高出屋顶者,则称墙门。它们的构造做法完全相同。“挂落三飞砖墙门”是一种较豪华的墙门名称,基本构造名称如图 3.1.6 所示。

(1) 八字垛头

墙门两旁作砖蹬,称为垛头,深同门宽,墙面内侧作八字形扇堂,作为门开启时依靠之所,称为“八字垛头”。八字垛头由拖泥、勒脚、墙身组成:垛头下部做勒脚,即“八字垛头勒脚”;垛头部(墙身)即“八字垛头墙身”;《营造法原》称露台下的须弥座的底脚石为“拖(托)泥”,拖泥在这里是指勒脚底垫。“锁口”是指最边缘的护边构件,用石护边者称为锁口石,用砖护边者称为锁口砖,“八字垛头拖泥锁口”是指墙门抱框到垛头转角为斜八字形的底垫锁口构件。

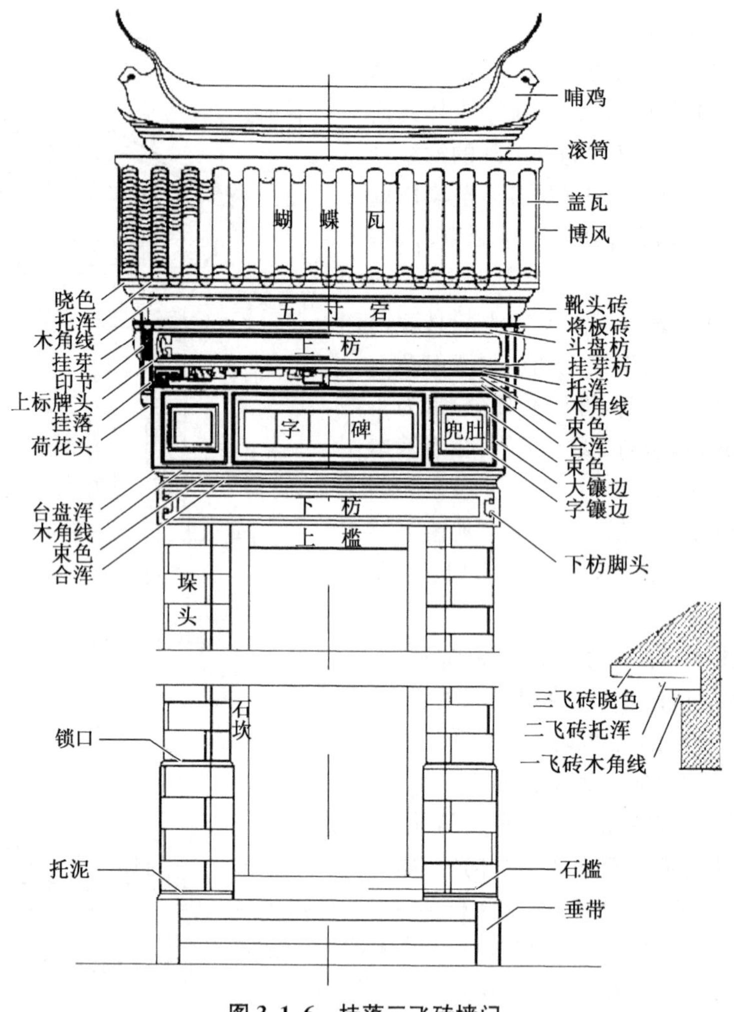

图 3.1.6 挂落三飞砖墙门

(2) 下枋、托混(浑)线脚、宿塞

"下枋"是门洞顶上的过梁,在砖细墙门中,门顶过梁先用横木担置,再在其上包砖做成枋形。"上下托混线脚",带 1/4 圆弧形凸出的断面称为混面,覆置者为仰浑(上托混),仰置者为合浑(下托混)。"宿塞(束色)"为带状矩形的条砖,置于上下托混之间,起着过渡变形的效果。

(3) 大镶边、兜肚、字碑

托混以上则为大镶边,因该部分四周以寸许之镶边,镶边起线、组合不一。大镶边分作三部分,两端方块砖或漏空砖雕部分称"兜肚",中部用以雕刻文字的砖细称"字碑"。《计价表》中的大镶边仅指外框线的砖细,"木角小圆线台盘浑"是包裹在大镶边最外框的一道线脚。

(4) 上枋、挂落、荷花柱

大镶边之上再施仰浑、宿塞、托浑等,再上则为"上枋"。上枋与下枋相同,是用来承托屋顶以下重量的横枋,枋底开槽用以悬挂挂落。上枋的两端呈垂荷状的短柱称作"荷花柱"。荷花柱的下端刻垂荷状或作花篮称为荷花柱头。

(5) 斗盘枋、五寸堂、三飞砖、将板砖

上枋之上承托斗拱的平面板是"斗盘枋",如果斗盘枋上不置斗者则称为"定盘枋"。砖细门楼中套住荷花柱的顶部、与斗盘枋紧密相连接的扁方形构件称“将板砖”。“挂芽”是位于荷花柱上端侧面、类似于花芽子(角芽)的装饰性构件。“五寸(时)堂”又称“五寸宕”,它是相当于五寸高的薄斜板,在墙门上是上枋与斗盘枋之间的过渡材料。较枋面稍进,随加浑砖二路,方板砖一路,逐皮挑出,称为“三飞砖”(每层有不同线脚,参见图 3.1.6)。三飞砖是装饰正面墙的弧形线脚,为美化三飞砖的两个端头,在其侧面两端的靴形构件称“靴头砖”。

6) 博风、墀头

(1) 博风(缝):博风的起因来源于悬山屋顶,因为悬山屋顶的檩子是伸出两端山墙外的,为保护它免受日晒雨淋的腐蚀,用一块长板钉在檩子头端做护板用,而两山墙经常遭受风吹雨打,首当其冲与风雨搏斗的就是檩子端头的保护板,故对此板取名为“博风板”。该板不仅起保护檩头作用,并且美化了山墙的山尖,因而人们在硬山屋顶的山墙上,也用砖细砌成此装饰面,如图 3.1.7 所示。

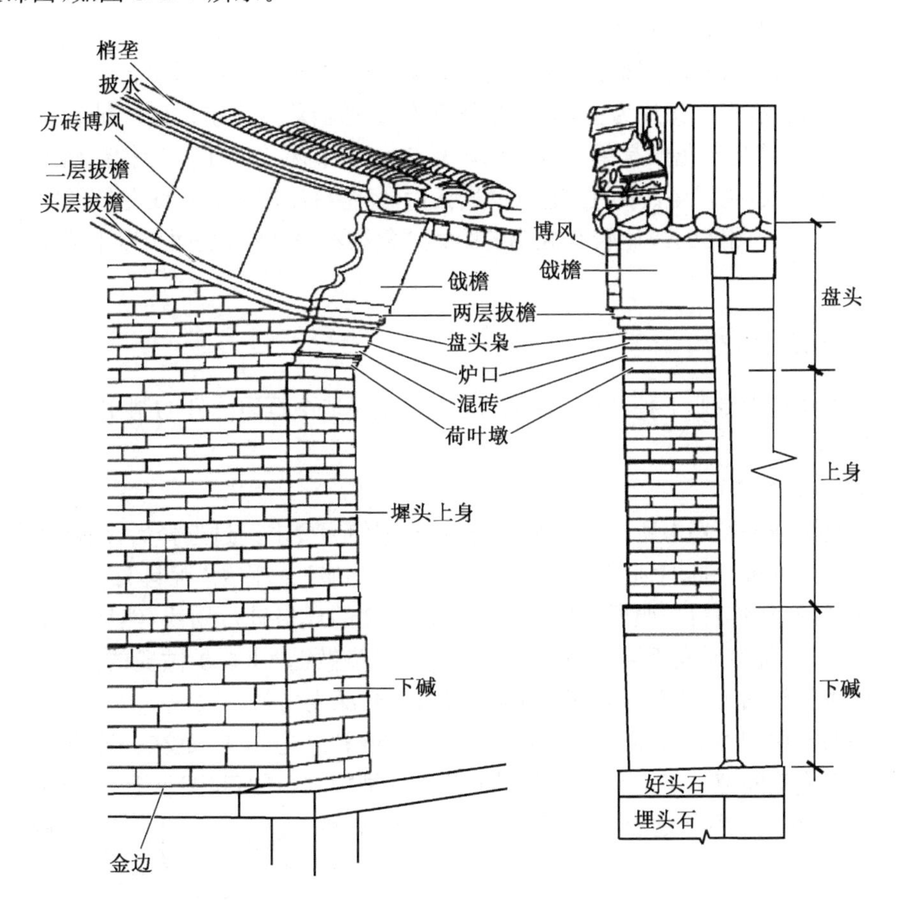

图 3.1.7 硬山建筑墀头

(2) 墀头(垛头):是山墙各部位的总称,俗称“腿子”,清《营造则例》中称“山墙伸至檐柱外的部分”。《营造法原》中称其为“垛头”。墀头从台基到屋檐,包括盘头(梢子)、上身、下碱三大部分,基本构造如图 3.1.7 所示。盘头内侧面也称为象眼,俗称“腮帮”。

7) 砖细牌科

砖细牌科是用砖加工成的斗拱构件,砖细斗拱只能做些最简单的一斗三升、一斗六升,参见图 3.3.15。

8）漏窗

漏窗与月洞都是没有窗扇的窗洞，但月洞是空洞，漏窗还带有窗框和遮挡空洞的砖瓦芯子。

(1) 砖细漏窗

① 砖细漏窗边框：砖细漏窗边框与月洞边框线条相同，也分单、双线和单、双线出口，其含义也相同。

② 砖细漏窗芯子：指窗洞中用砖细砌成的花纹格子。《计价表》中的“普通型”是指平直线条拐弯简单、花形单一的，“复杂型”是指平直线条拐弯较多或不规律，由两个以上单一花形拼接而成的。

(2) 一般漏窗：指用普通砖随墙砌筑留出的窗洞，边框一般为抹灰，但洞内砌窗芯形成的漏窗。按窗芯结构不同有以下分类：

① 全张瓦片：指窗洞内用整张瓦(一般用蝴蝶瓦)组拼砌成不同图案。

② 软景式条纹：指以瓦片为主，辅以部分望砖，经适当裁减后组拼砌成带有弧线花纹的图案，其中“普通型”是指花形是单一图案的，“复杂型”是指两个以上花形拼接而成的。

③ 平直式条纹：指以望砖为主，辅以少量瓦片，经组拼砌成带有直线花纹图案，其中“普通型”指花形是单一图案的或比较有规律的图案，“复杂型”指花形是两个以上或带弧线花形组拼成的图案。

3.1.2 石作工程

石作是古建筑中专业工种与施工制度，是古建筑建造中石质构件的制作、安装、名称、形状、尺寸的总称。

1）石料加工工艺

“打荒”是将在采石场中所开采出来的石料，根据使用要求经过选择后，用铁锤和铁凿将棱角高低不平之处进行打剥到基本均匀一致的程度，此加工品称为“荒料”。

“一步做糙”指将荒料按照所需要尺寸加预留尺寸的规格进行划线，然后用锤和凿将线外部分打剥去，使荒料形成所需规格的初步轮廓；“二步做糙”在一步做糙的基础上，用锤凿将轮廓表面进行细加工，使石料表面的凿痕变浅，凹凸深浅均匀一致。

“一遍剁斧”用剁斧消除凹凸凿痕，间隙小于 3 mm；“二遍剁斧”是在一遍剁斧的基础上再加以细剁使剁痕间隙小于 1 mm；“三遍剁斧”是一种精剁，剁痕间隙小于 0.5 mm。

“扁光”是将三遍剁斧之石加水磨光，使其表面平整光滑。

2）台基

台基也称为基座，是高出地面的建筑物底座，用以承托建筑物，并使其防潮、防腐，同时可弥补中国古建筑单体建筑不甚高大雄伟的欠缺。较高级的台基即须弥座。台基高出室外地面部分称为台明，地下部分则称为埋深。台基中的石构件如图 3.1.8 所示。

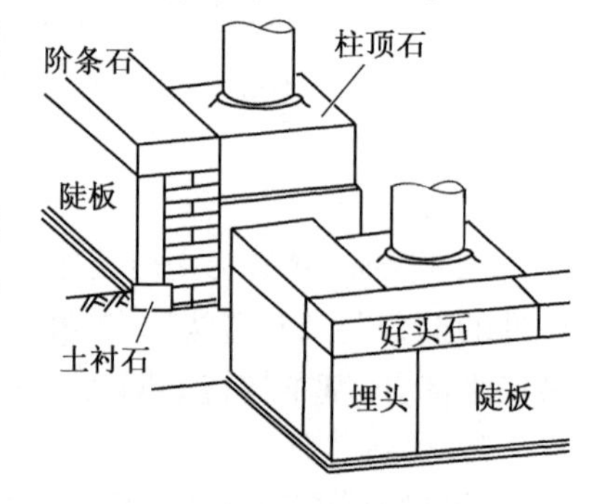

图 3.1.8　台基石构件

(1) 土衬石：土衬石是古建筑石作台基石中最下面一

层石构件，这层构件稍宽出台明，一般与地面平。由于它是台基最底层的一道与土层相接触的衬垫，故称“土衬石”。

(2) 埋头：即角柱石，位于台基四角处土衬石之上，是转角变向处的主要构件。

(3) 陡板：台基陡板在土衬石之上、阶条之下，它是侧立砌筑的一种构件。用石侧立称“陡板石”，《营造法原》称为“侧塘石”；用砖侧立称“陡板砖”。

(4) 阶条石：阶条石又称阶沿石，指台基最上层的筑砌台边的一种石件，阶条石位于不同建筑位置其名称有所不同，如位于前、后檐两端的称为“好头石”，位于前、后檐正中间位置的称为“坐中落心”，位于山墙侧的称为“两山条石”等。

(5) 柱顶石：又称“柱础”、“鼓磴石”，是位于柱下承受并传递结构荷载至基础柱底的方形、鼓形或覆盆、莲花等形状的石制构件。

3) 须弥座

须弥座也称金刚座，其名称来源于佛教。据说佛祖的宝座是用须弥山来做的，须弥山是一座很高大的山，佛教称为“修迷楼山”（据传即指喜马拉雅山），拿这个山做佛座才能显示佛的崇高伟大，故以后凡是比较高贵的建筑基座都采用须弥座。须弥座所用的材料有雕砖、木刻、石作、琉璃、铜铁等，须弥座的形式因朝代和材料不同而式样繁多。石制须弥座构造如图3.1.9所示。

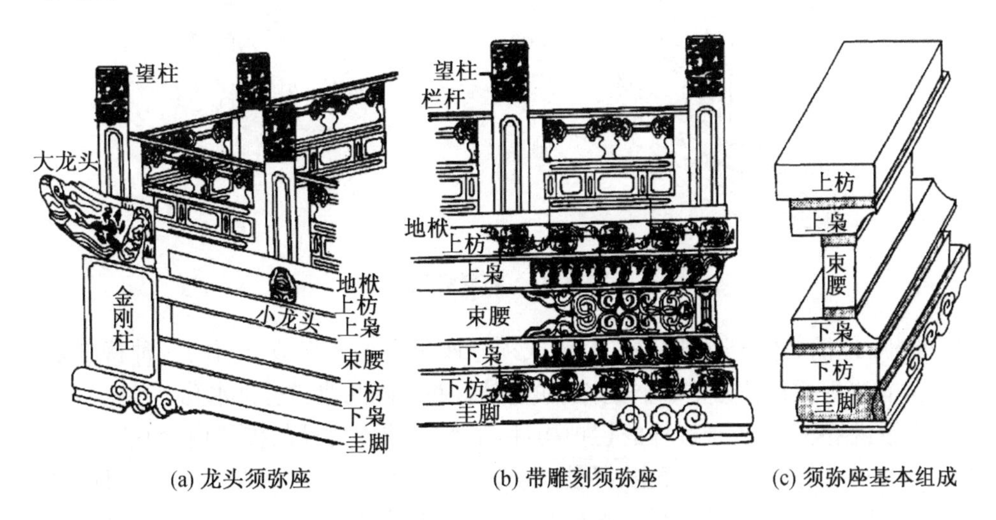

(a) 龙头须弥座 (b) 带雕刻须弥座 (c) 须弥座基本组成

图 3.1.9 石制须弥座

石制须弥座不仅用于基座，还常用于墙体的下碱部位，也可成为独立须弥座。独立须弥座常见于庭院中，专用做陈设如日晷、兽座、太湖石等饰物。

须弥座龙头：是指带有龙头雕饰物的须弥座，在须弥座上枋部位、栏杆柱下面安放挑出的石雕龙头。龙头又叫螭首，俗称喷水兽，用于四角位置的龙头称为大龙头，它的挑出长度和体积都较大，其他柱下的龙头称为小龙头，它的挑出长度约为大龙头挑出的一半。小龙头石是压在地袱下面的，而大龙头石的压面同地袱面同面。

4) 台阶

台阶是上下台明的通道。石台阶有三种形式，即如意踏垛、垂带踏垛和礓礤（图3.1.10）。

如意踏垛是中间安放一级一级条石，并且从下到上逐步减短。

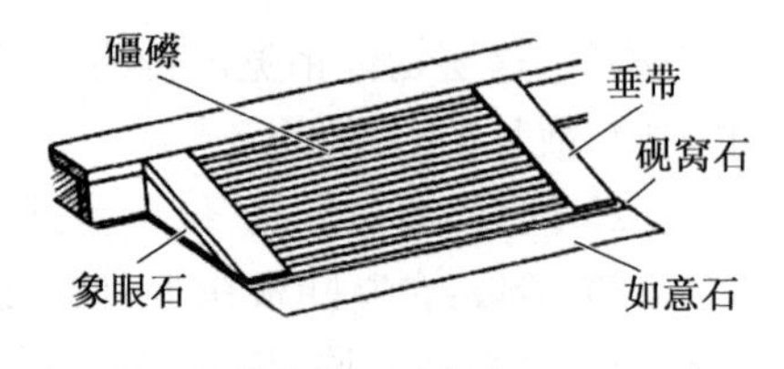

图 3.1.10　礓碴

垂带踏垛的垂带是指台阶两边的拦边石，礓碴中也有；踏跺是指阶石（即踏步板）；砚窝是指最下一级的踏蹉石（即起步跺板），与土衬石齐平。

礓碴是不用踏跺而将斜面做成锯齿形的石道，即相当于现代的防滑斜坡，供车马行驶之用；“象眼石”是在垂带踏跺或礓碴两侧垂带石之下的三角形石件，也称“菱角石”。

5）*石栏杆*

古建筑的石栏杆又称“栏板”“勾栏”等，主要由地栿、栏板、望柱和抱鼓石组成，如图 3.1.11 所示。

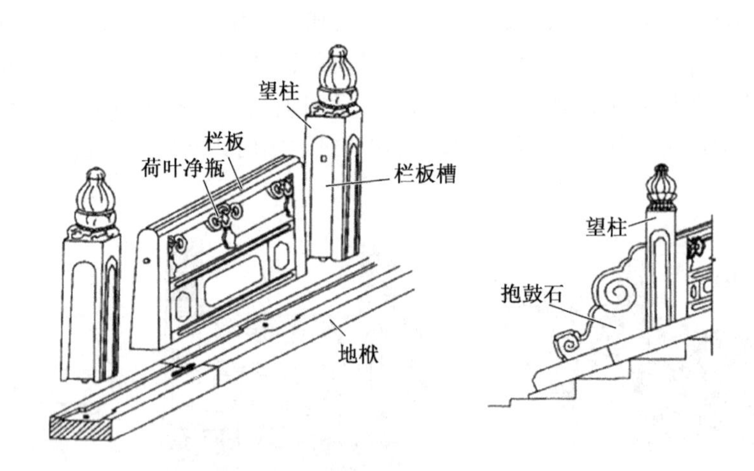

图 3.1.11　石栏杆组成

（1）地栿：地栿是位于台基栏杆下面，或须弥座平面上栏杆板下面的一种特制条石，在此石面上凿有嵌立栏杆柱方槽和嵌立栏板的凹槽，并每隔几块凿有排水孔。

（2）栏板：栏板是安置于栏杆的拦护构件，下部安装于地袱的榫槽内，两端嵌入望柱的榫槽内。栏板的式样分为几何镂空、寻仗、罗汉等。其中，寻杖栏板是指在两栏杆柱之间的栏板中，最上面为一根圆形横杆的扶手（即寻杖），其下由雕刻云朵状石块承托，此石块称为云拱，再下为各种花饰的板件；罗汉栏板是指只有栏板而不用望柱的栏杆，在栏杆端头用抱鼓石封头。

（3）望柱：望柱也称莲柱，是栏板和栏板之间的短柱。望柱分柱身和柱头两部分，柱头常雕饰有龙凤狮猴等动物形象，或草叶花果等植物形象，或几何图案纹样等。

（4）抱鼓石、门枕石：“抱鼓石”处于石栏杆的前后两端，中间为一鼓形，两端由云纹合围，形似抱的动作，所以称“抱鼓石”，抱鼓石多见于须弥座的栏杆和桥梁栏杆处的使用。

另外，在祠堂和古民居大门的两侧抱框边设置的起夹持稳固作用的圆鼓形石雕构件，也称为“抱鼓石”，也称“门墩”。门墩由门枕石和抱鼓两部分组成，“门枕石”位于大门内侧，为箱形石座，是承托门轴转动、固定门扇的轴窝石；抱鼓石位于大门外侧。门墩也即旧时称“门当户对”中的“门当”。

6) 磉石、砷石

(1) 磉石:指放置于鼓磴石下面的垫基石,一般用于方砖地面,以代替鼓磴石下的地面砖。

(2) 砷石:《营造法原》中所记载的“砷石”是用于装饰的石质构件,位于宅第大门两侧(图 3.1.12),上部多为几何造型,以圆鼓形多见,下部多为长方形石座并予以雕刻装饰。砷石与北方民居中的门墩石可谓异曲同工。

图 3.1.12 砷石

3.2 混凝土及钢筋混凝土工程

3.2.1 混凝土及钢筋混凝土简介

混凝土是由水泥与砂石子等骨料按一定比例加水混合后凝固成形的混合物。混凝土具有较强的抗压能力,但是混凝土的抗拉强度较低,通常抗拉能力只有其抗压能力的十分之一左右,任何显著的拉弯作用都会使其损坏,而绝大多数结构构件内部都有受拉作用的需求,故未加钢筋的混凝土极少被单独使用于工程。而钢筋抗拉强度非常高,而且由于钢筋与混凝土有着近似的线膨胀系数,使钢筋和混凝土之间有着可靠的粘结力,能相互牢固地结成整体,在外荷载作用下,钢筋与相邻混凝土能够协调变形,共同受力。同时钢筋被混凝土所包裹,从而防止了钢筋的锈蚀,保证了结构的耐久性。钢筋混凝土结构具有强度高、耐久性能较好、可模性好、抗地震性较好和可就地取材等优点,因此其应用范围极广,当前钢筋混凝土结构形式是现代建筑中应用最多的一种结构形式。另外,对比在古建筑中应用较多的木构件,钢筋混凝土构件不仅具有较强的强度、耐久性,同时还能更好地防腐、防火、防虫蛀,基本无形变,成形质量好,便于批量制造,工程造价低,安装施工速度快,因此在仿古建筑中也有着极广泛的应用。

钢筋混凝土结构在浇筑混凝土之前,先进行钢筋工程,即将制作好的钢筋按设计绑扎固定;再搭设模板、支撑,模板是使新浇筑的混凝土成形并养护、使之达到一定强度的模型板,支撑是保证模板形状和位置并承受模板、钢筋、新浇混凝土自重及施工荷载的结构；最后将混凝土浇筑，经养护达到强度标准后拆模，所得即钢筋混凝土。

钢筋混凝土结构工程按施工方法分为现浇混凝土结构和预制混凝土结构。现浇混凝土结构是按工程部位就地浇筑混凝土，作业以现场为主。这种方法施工的结构优点是整体性能好，刚度大，抗震抗冲击性能好，防水性能好，对不规则平面的适应性较强；缺点是需要大量的模板，现场的作业量大，工期也较长。因此，在仿古建筑中，柱、梁、屋面板等承重结构的钢筋混凝土仿木制构件常采用现浇方式进行施工。

预制混凝土结构即在工厂或施工现场预先制成的钢筋混凝土构件，再在现场拼装而成。这种方法施工的优点是可以节省模板、改善制作时的施工条件、提高劳动生产率、加快施工进度；缺点是结构整体性、刚度、抗震性能较差。因此，仿古建筑钢筋混凝土仿木制装饰性构件，可采用预制方式施工。

3.2.2 仿古建筑的混凝土构件

1）柱

柱是房屋建筑中最为重要的承重构件之一。仿古建筑中的柱大多采用钢筋混凝土制作，只是仿照古建筑的形，部分名称还采用古建筑中的名称。

（1）童柱：中国古代建筑木构架中搁置在梁上的柱子，也称“矮柱”，如图 3.3.3 所示。

（2）雷公柱：多用于庑殿顶和攒尖亭梁架中，有圆柱、八角柱和方柱等形式。庑殿顶中，为了营造庑殿顶垂脊的弧线，在三架梁外侧增设太平梁做推山，雷公柱置于太平梁上，起支托桁架和正吻的作用(参见图 3.3.1)；在攒尖顶结构中的“雷公柱”，于梁架正中悬挂，下端雕刻花瓣或其他造型，在南方建筑的攒尖顶结构中称之为“灯芯木”。

2）梁

梁是跨越一定空间并承受屋盖、楼板、上部墙体等传递的荷载的构件，梁主要承受弯矩和剪力，截面多为矩形、T 形、花篮形。

（1）圈梁：圈梁是砌体结构房屋中，在砌体内沿水平方向设置封闭的钢筋混凝土梁，以提高房屋空间刚度、增加建筑物的整体性、提高砌体的强度，防止由于地基不均匀沉降、地震或其他较大振动荷载对建筑的破坏。

（2）过梁：当墙体上开设门窗洞口时，且墙体洞口宽大于 300 mm 时，为了支撑洞口上部砌体所传来的各种荷载，并将这些荷载传递给门窗等洞口两边的墙，常在门窗洞口上设置横梁，该梁称为过梁。过梁的形式有钢筋砖过梁、砖砌平拱、砖砌弧拱和钢筋混凝土过梁、砖砌楔拱过梁、砖砌半圆拱过梁、木过梁等，采用最多的是钢筋混凝土过梁。

（3）老嫩戗：这是江南建筑翼角构件，老戗位于建筑转角处，呈 45°方向向外挑出，同北方建筑中的老角梁、龙背；老戗端部支承嫩戗、菱角木等构件，共同构成翼角上翘的态势；嫩戗同北方建筑的“仔角梁”，位置形状参见图 3.3.1 和图 3.3.14。仿古建筑中将建筑物该处构件仿其形连成一体制作的钢筋混凝土构件称为“老嫩戗”或“老、仔角梁”。

（4）柁墩：位置在两梁之间，搁置于下层梁背上、上层梁头下，起承托传递上部荷载的作用。其高度与宽度接近，形状如“墩”，参见图 3.3.1。

（5）预留部位浇捣：为防止跨度较大而变形设立的近似于现代建筑中的后浇带的浇捣混凝土的部分。

3）板

（1）钢筋混凝土有梁板：《江苏省建筑与装饰工程计价定额》中将梁和板连成一体整体浇筑的结构称为有梁板。

（2）钢筋混凝土平板：《江苏省建筑与装饰工程计价定额》中将支承在墙（圈梁）上的板称为平板。

（3）戗翼板：古建筑中在翘角部位并连有摔网椽的翼角板称之为戗翼板。

（4）混凝土亭屋面板：指仿古建筑中亭屋面板为曲面形体的板体。

4）其他构件

（1）鹅颈靠背：鹅颈靠背也称美人靠或吴王靠，因其靠背侧面图形似鹅颈而得名，是廊亭建筑内的一种围栏坐凳的靠背。

（2）混凝土古式零件：指用混凝土制作的如梁垫、蒲鞋头、云头、水浪机、插角、宝顶、莲花头子、花饰块等以及单件体积小于 0.05 m^3的古式小构件。

（3）预制混凝土地面块、假方块：采用无筋混凝土预制的与行道砖类似的块状板用以铺设地面的混凝土块，称为预制混凝土地面块；预制的混凝土或钢筋混凝土四方块板，其面上呈现出九个或四个小豆腐块状的小方块称为预制混凝土假方块。

3.3 木作工程

3.3.1 木构架及木基层

古建筑木构架常用的基本构造方式有五种：硬山建筑木构架、悬山建筑木构架、庑殿建筑木构架、歇山建筑木构架和攒尖建筑木构架。这几种构架所对应的屋顶外形参见图 3.4.1。图 3.3.1 和图 3.3.2 分别是庑殿建筑和歇山建筑的木构架。木构架中最基本的组成构件是柱、梁、桁（檩）、枋。

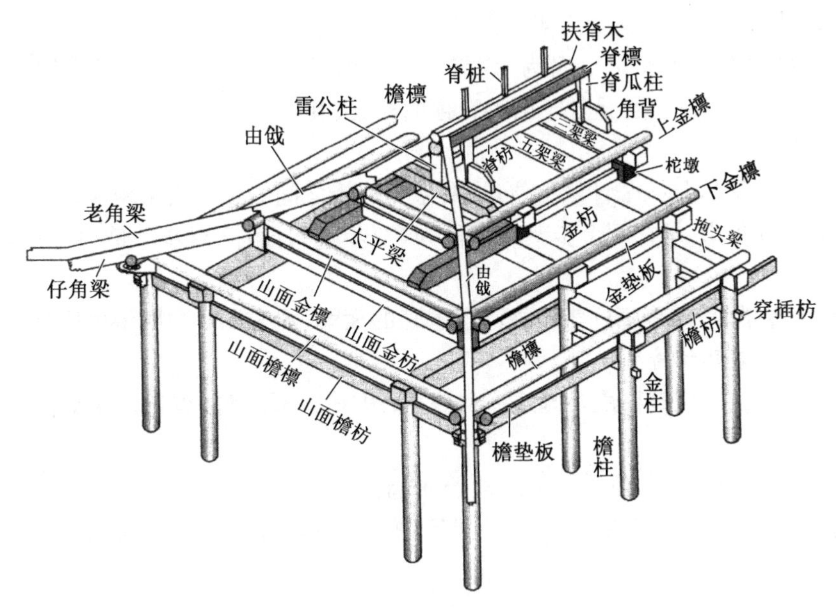

图 3.3.1 庑殿建筑木构架

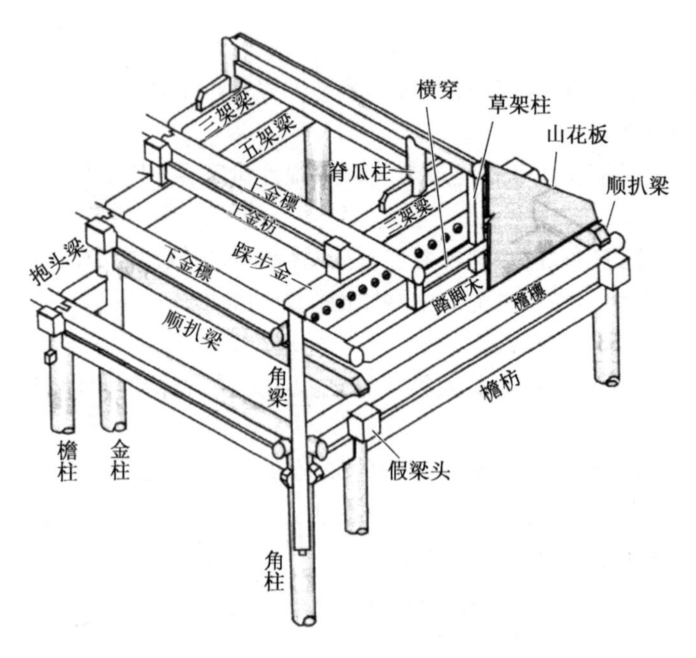

图 3.3.2 歇山建筑木构架

1) 立帖式屋架

“帖”即“贴”。《营造法原》叙述为“在一纵线上，即横剖面部分，梁桁所构成之木架谓之贴，营造法式称为缝。其式样称为贴式”。一贴屋架由柱、梁、枋、桁、椽和斗拱组成，一个开间有两贴屋架。一栋房子两端山墙位置的屋架称为“边帖”，其余轴线上的屋架称为“正帖”，图 3.3.3 为六界平房正帖。

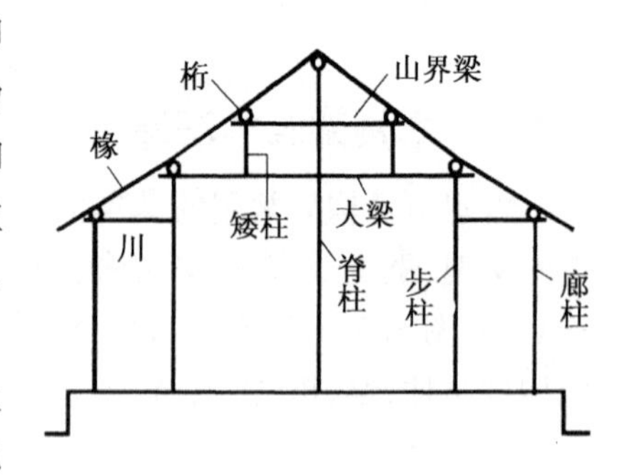

图 3.3.3 六界平房正帖

“界”是指屋架顶上桁条之间的空档，如本屋架顶上桁条之间的空档共有六个，即为六界。屋架上的正梁也常以界命名，如本图中大梁可命名为“四界梁”。“山界梁”特指承托有山界柱的梁，是处于山尖脊顶的横梁(其实只有二界梁)。

“步”也称“步架”，是一个计量单位，指两条相邻桁之间的水平投影距离。承托三个步架的梁即称为“三步梁”；承托两个步架的梁称为“双步梁”，简称“双步”；最少是一步梁，但称其为“川”。

“川”是指界梁以外，将廊柱与步柱穿连起来的横梁，图 3.3.3 中所示也称“廊川”。

2) 柱类构件名称构造

(1) 檐柱(步柱)：建筑物最外侧的一列柱子，用来支撑屋檐的重量。通常古建筑有前后两列檐柱。

(2) 金柱：在檐柱以里，位于内侧的柱子称“金柱”。

(3) 重檐金柱：重檐(二层以上屋檐)建筑中的金柱，它的下段是底层金柱，上段是上层的檐柱。

（4）中柱、山柱："中柱"是指位于建筑物中轴线上的柱子，用作支撑屋脊，也称为"脊柱"，中柱用于跨度较大结构中；"山柱"是房屋两端部的山墙部位的中柱，也称为"山脊柱"。

（5）通柱：除檐柱和金柱以外，贯穿两层以上的柱子，用一根木料做成，从下到上不断开，如楼层房屋中的中柱。

（6）擎檐柱：用以支撑屋面出檐的柱子称为擎檐柱。多用于重檐或重檐带平座的建筑物上，用来支撑挑出较长的屋檐及角梁翼角等。柱子断面有圆、方之分，通常为方形，柱径较小。

（7）草架柱子：歇山建筑山面踏脚木之上的柱子，用以承托脊檩上金檩，如图 3.3.2 所示。

（8）瓜柱：也称"童柱"，一种比较特别的短柱，立于两层梁架、梁檩之间。瓜柱与柁墩的区别是：瓜柱的高大于自身的宽，而柁墩正相反。位于金步的瓜柱称为金瓜柱，位于脊步的瓜柱称为脊瓜柱。如图 3.3.1、图 3.3.2 所示。

（9）抱柱：柱旁用以安置窗户的木框称为"抱柱"，也称为"抱框"。较高大的建筑物在柱侧所附加截面为方形的辅柱，下端直立在柱础上，上端支顶在梁枋的榫卯节点下，以辅助支承荷载。其断面如图 3.3.4 所示。

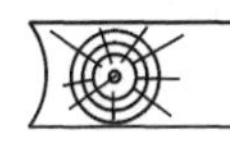

图 3.3.4 抱柱

3）梁类构件名称构造

梁承托着建筑物上部构架中构件及屋面的全部重量，是古建筑木构架中最重要的组成部分。梁下面主要支承物是柱子，较小型建筑中，梁直接搁置在柱头，较大型建筑中，梁是放在斗拱上，斗拱下面是柱。依据梁的位置、作用的不同，梁有不同的名称。

（1）三架梁：《工程做法则例》将承托三根檩木的梁称为三架梁（图 3.3.2），五架梁、七架梁等含义可依此类推。因此，五架梁即四界梁。

（2）卷棚四架梁：承托四根檩木的梁称为四架梁，且设有两条平行的脊檩，用于圆山式建筑。卷棚六架梁、卷棚八架梁等含义也可依此类推，如图 3.3.5 所示。

（3）抱头梁：设在檐柱和金柱之间的短梁。其一端放在檐柱顶，而另一端则插入金柱内（图 3.3.1、图 3.3.2）。

（4）扒梁：又称"趴梁"，它既可算是梁，也可认作是枋。它不直接架在柱头上，而是趴在枋或梁上面（图 3.3.2）。如果是安放在两个上金檩上，与三架梁作用相同，承托雷公柱的扒梁，称为"太平梁"（图 3.3.1）。

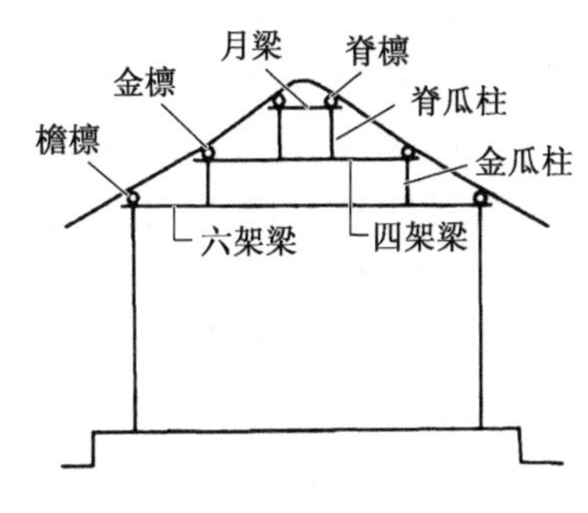

图 3.3.5 卷棚结构构架简图

（5）承重：又称承重梁，此构件在建筑中承托楞木、木楼板及上层空间的全部重量，由于它上皮不设桁檩，故称"承重梁"，而不称几架梁。承重梁沿房屋进深方向布置，一般为矩形截面，《营造法原》中称为"扁作梁"。

（6）轩梁：轩梁也是扁作梁，"轩"是指带有弯弧形顶篷的一种结构，承托该篷顶的梁便称为"轩梁"，如图 3.3.6 所示。

（7）荷包梁：《营造法原》中称用于美化并代替月梁用以承托桁条的弧面梁为"荷包梁"，其梁背中间隆起如荷包形状（图 3.3.6），它多用于船篷轩顶和脊尖下的回顶，一般为矩形截面。

(8) 月梁:南方的木结构做法中将梁侧稍加弯曲,形如月亮,故称“月梁”。

4) 枋类构件名称构造

枋是连接柱头或柱脚的水平构件,是一种辅助性构件,可以加强木构架的整体稳定性。

(1) 额枋、平板枋:“额枋”是柱头部的水平联系构件,并可承托斗拱和横向梁架。位于檐柱头上的额枋又称“檐枋”。

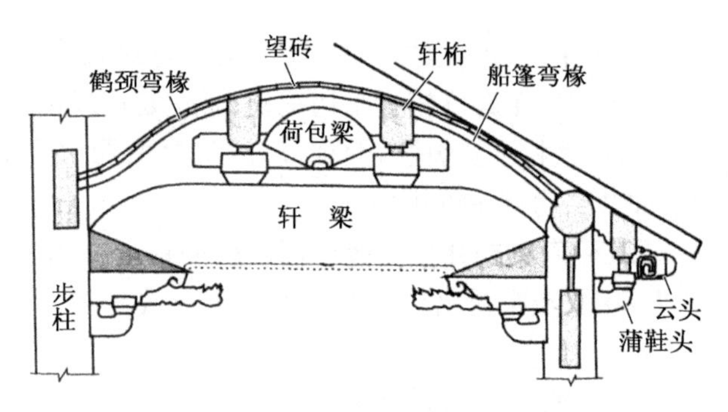

图 3.3.6 轩梁、荷包梁

有些檐枋做上下两层额枋,上面的称为“大额枋”,下层的称为“小额枋”,也称为“由额”,大、小额枋之间构件为“由额垫板”。大额枋和柱头上水平放置的一块长度与每间屋面阔相同的木板,称为“平板枋”, 平板枋也称为“斗盘枋”,平板枋上面承托斗拱(图 3.3.7)。

(2) 脊枋、金枋:如图 3.3.1 所示,在正脊处,脊檩(桁)下面的枋子称“脊枋”。在脊檩(桁)与脊枋之间有“脊垫板”。位于檐枋和脊枋之间,沿屋面坡度逐层放置的枋子都称为“金枋”。按金枋所处的位置不同,又有“上金枋”“中金枋”“下金枋”之别。每根金枋对应一根金檩。在金枋与金檩之间为金垫板。脊枋或金枋的两端或交于金柱,或交于瓜柱(包括金瓜柱或脊瓜柱),或交于梁架的侧面。

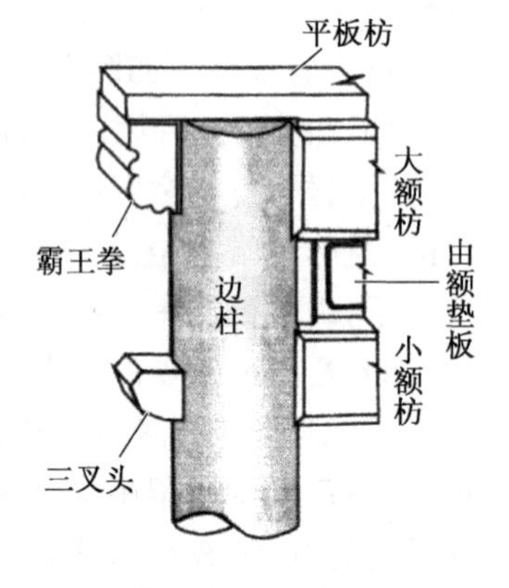

图 3.3.7 额枋

(3) 穿插枋:连系檐柱与金柱的枋称“穿插枋”(图 3.3.1),因其里端作榫插入金柱内,外端穿过檐柱而出,故得名。

(4) 天花枋:天花枋是承托天花的主要构件,它与天花梁共同构成室内天花的承托构架,其两端交于金柱中(位于进深方向的称为“天花梁”)。

(5) 承椽枋:重檐建筑中上下层交界处,承托下层檐椽后端的枋木。在承椽枋木外侧,安装椽子位置处剔凿有椽窝。

(6) 随梁枋:随附在大梁下、与大梁同向且紧贴在梁下的枋,起稳固梁的作用,是不承重的联系构件。《营造法原》中称为枋子、夹底、斗盘枋,基于位置、功能不同而称呼不同,其共同点是都为矩形截面。

5) 桁及木构架其他构部件

(1) 桁:也称檩。它设置在枋上边,是安放在梁头之间或斗拱之间的木构件,搭在桁(檩)上面的是椽子(椽子的作用是将瓦的重量传递给桁,椽子垂直于屋脊)。按其位置有脊桁(檩)、上金桁(檩)、下金桁(檩)、檐桁(檩)等(图 3.3.1、图 3.3.2)。

(2) 扶脊木:又称“帮脊木”,其横截面呈六边形,在脊檩之上附加的与之平行的用以承托脑椽的木构件(脑椽指木构架最上一段椽,一端在扶脊木上,一端在上金桁上),如图 3.3.1 和图 3.3.8 所示。

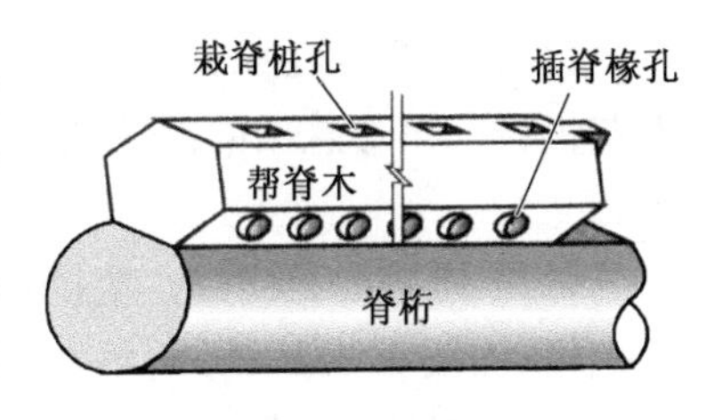

图 3.3.8 帮脊木

(3) 由戗:角梁的后续构件称为“由戗”(图 3.3.1),依位置不同又分“下花架由戗”(用于下步金的由戗)、“上花架由戗”(用于上步金的由戗)和“脊由戗”等。

(4) 踏脚木:是歇山木构架中的辅助构件,主要为供草架柱落脚之用,所以在金桁上放置一道扒梁,称为“踏脚木”(图 3.3.2)。

(5) 踩步金:歇山建筑山面的特有构件。其正身似梁,两端似檩,位于距山面正心桁(或檐檩)一步架之处,具有梁、檩等多种功能。如图 3.3.2 所示。

(6) 角背:为了瓜柱的稳定,瓜柱脚下两侧设置的支撑木称为“角背”,如图 3.3.1 所示。

(7) 连机:“机”是较枋木为小的枋子,是用于桁条下面的辅助枋木。它能对界梁或童柱等起横撑木作用,又能陪衬桁条起着美观作用。

脊桁下约 80 cm 长的厚木板似的短连机,有的雕刻有花纹,因所雕花纹的不同,称为“水浪机”“蝠云机”“金钺如意机”等;也有的不雕刻花纹,则称为“光面机”。

(8) 山雾云、抱梁云、蒲鞋头:“山雾云”是屋顶山界梁上空处两旁的木板,刻流云仙鹤予以装饰;“抱梁云”是山雾云的陪衬装饰板,它与山雾云平行同向,架于升口,板上刻行云图案,以陪衬山雾云的立体感;“蒲鞋头”是半个拱件,是指在柱梁接头处,由柱端伸出的丁字拱,在轩中用得较多,如图 3.3.9 所示。

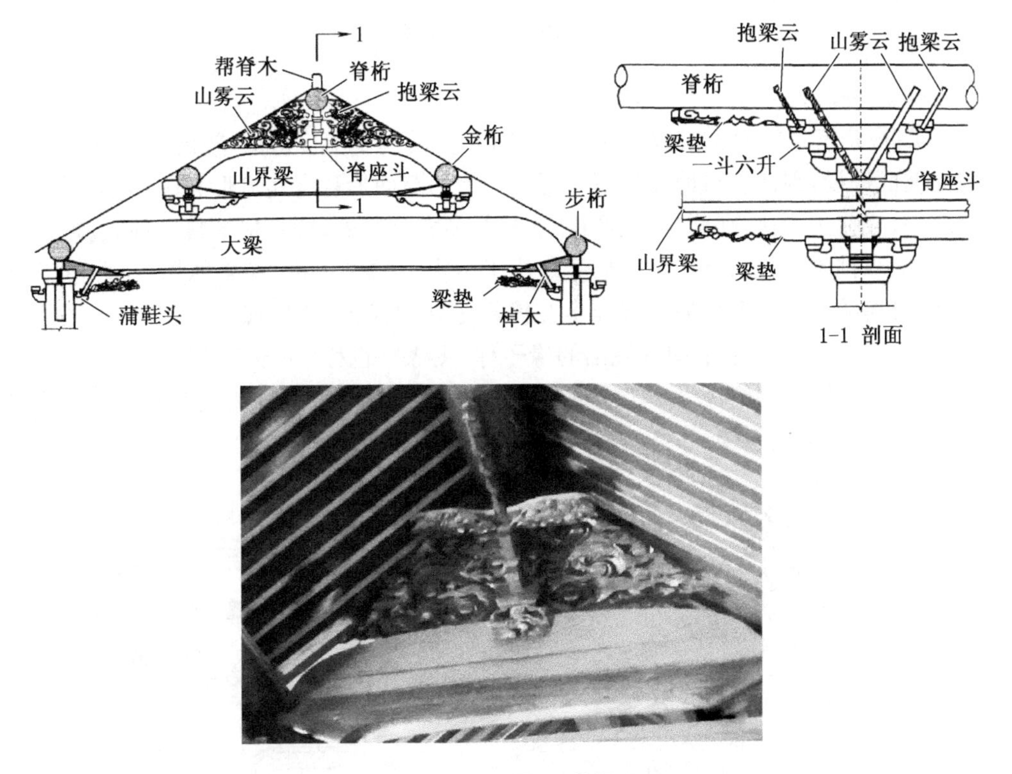

图 3.3.9 山雾云、抱梁云

(9) 博脊板:用于重檐建筑的上额枋和承椽枋之间的板子(不是博脊后边的板子)。

(10) 山花板(山花):歇山式殿庭山尖内、前后博风板之下三角形木板,称为“山花板”。山花板将三角形悬山的部分整个封护起来,如果该木板表面带有雕刻,则称“有雕立闸山花板”。

(11) 风拱板:又称为“垫拱板”“拱垫板”,即挡风填空板,它是填补两个斗拱之间空档的遮挡板,如图 3.3.15(b)所示。

(12) 雀替下云墩:牌楼雀替之下云朵形装饰件,以增加雀替断面。

(13) 燕尾枋、替木:“燕尾枋”是悬山式梁架中位于山以外伸出的桁檩之下的部分;替木是被中柱分割的横梁下面所增加的支撑,如图 3.3.10 中所示。

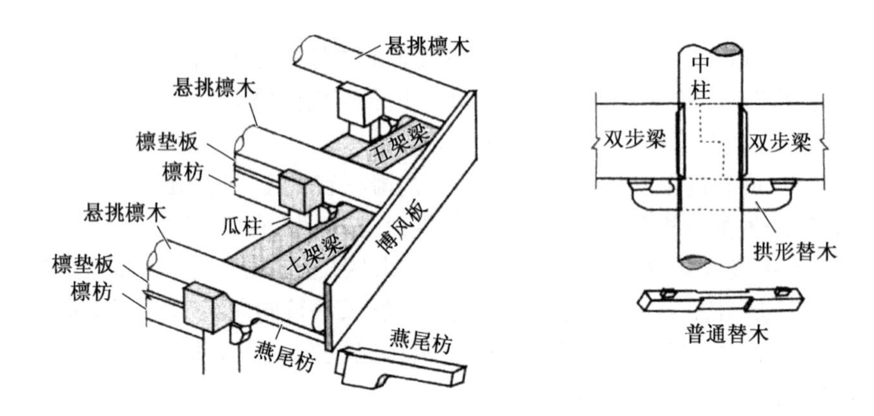

图 3.3.10 燕尾枋和替木

6) 椽及配件构造名称

(1) 椽:椽是密集排列于桁檩上并与桁檩成正交的用于承接望板(望砖)和瓦的构件,椽沿着屋面坡面铺设,因此它与地面是不平行的。椽的断面形状有扁方形和圆形,圆形顶面去掉四分之一,成荷包形状,则称“荷包形椽”。椽从屋脊到屋檐,同一根木料,不同位置有不同名称:最顶上一排屋脊处的椽子称“脑椽”; 位于金步上的椽子称“花架椽”; 一端位于金桁上(或重檐修建的承椽枋上),另一端伸出在檐桁之外的椽子称“檐椽”; 伸出檐桁之外的局部称“出檐”。附着于檐椽之上向外挑出的椽子称“飞椽”(也称“飞子”, 如图 3.3.11 所示)。飞椽后尾呈楔形,钉附在檐椽之上。普通椽子多为圆形断面,而飞椽用矩形断面。飞椽按其位置分正身飞椽和翼角飞椽。

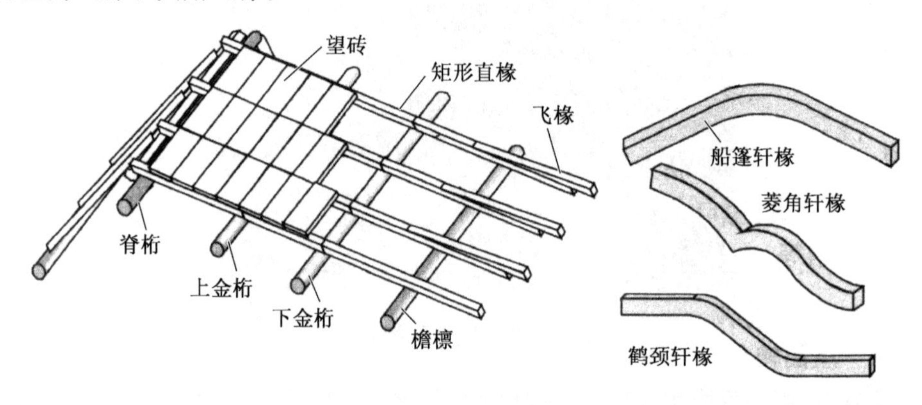

图 3.3.11 矩形椽子

在屋顶角部的檐椽称为“翼角椽”，呈放射状排列，断面有方、圆两种。叠附在翼角椽上、在屋顶角部如翼形或扇形展出而翘起的椽则称为“翘飞椽”。翘飞椽以靠近角梁的第一翘为最长，翘起也最大，以下依次递减，直至最末一翘近似正身飞椽，似摔网状，称“摔网椽”，如图3.3.14所示。

位于卷棚两根顶桁檩间的圆弧形椽子称为“顶椽”，俗称“罗锅椽”，卷棚顶檩上，罗锅椽下所垫的木条称为机枋条。在《营造法原》中将圆弧形椽子分为矩形单弯椽、半圆单弯轩椽和矩形双弯轩椽。“矩形单弯椽”即指矩形截面，长度方向带弧形的椽子；“半圆单弯轩椽”是指半圆形截面的单弯椽，包括船篷轩椽、弓形轩椽等弧形椽子；“矩形双弯轩椽”是指包括鹤颈轩椽、菱角轩椽等有两个弯度的弧形椽子，截面是矩形，形状如图3.3.11所示。

茶壶档椽(图3.3.12)多用于廊道结构的屋顶中，直接在廊桁和步枋上架椽。此椽为直椽式，中部略微高出，其弯曲突起部分相似于茶壶盖口形式，故称为“茶壶档椽”。

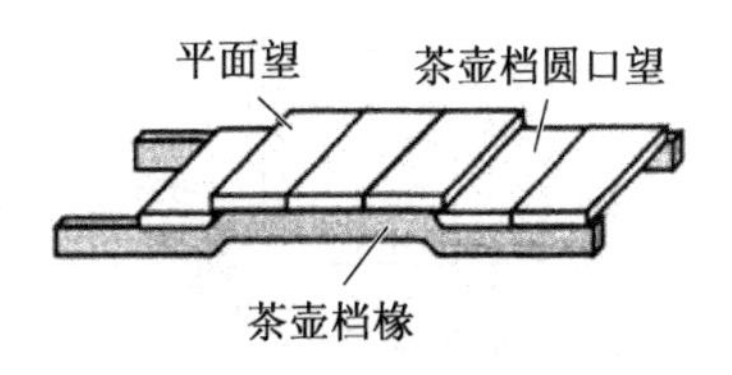

图 3.3.12 茶壶档椽

(2) 大连檐、小连檐：连檐是固定檐椽头和飞椽头的连接横木，作用是连接并固定椽头且防止望板滑落。连接飞椽的称为“大连檐”，断面多为直角梯形，长按通面阔(古建筑中开间称“面阔”，各开间总和称“通面阔”)，高度同檐椽径。连接檐椽的称为“小连檐”，断面也是直角梯形，长度随面阔，宽度同椽径。如图3.3.13中所示。

(3) 闸挡板：是指用以堵塞飞椽之间空档的闸板(图3.3.13)。其厚同望板，高同飞椽高，宽为飞椽空档净宽加两侧入槽尺寸。闸挡板与小连檐配合使用。如安装里口木则不再用小连檐和闸挡板。

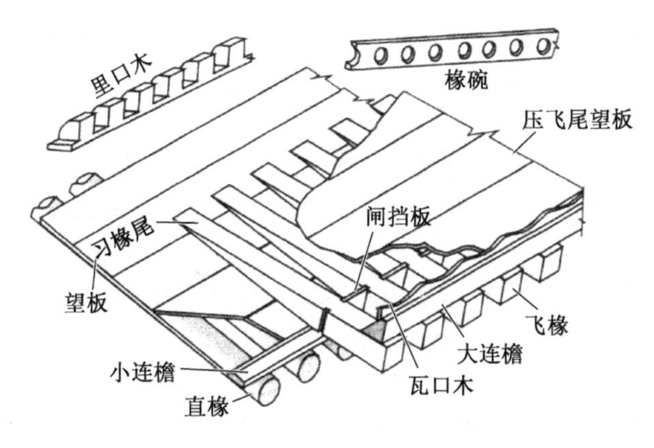

图 3.3.13 屋面木基层

(4) 里口木：“里口木”可以看作是小连檐和闸挡板的结合体。其长同通面阔。高为小连檐厚加飞椽高，宽同椽径，如图3.3.13所示，里口木需按飞椽位置凿出凹口，飞椽即从凹口内穿出。

(5) 椽碗：“椽碗”是封堵檐椽间空档的挡板。椽碗侧立钉在檐檩中线内侧，其外皮与檩中线齐，檐椽即从碗洞内穿过，如图3.3.13所示。

(6) 椽中板：“椽中板”又称为“隔椽板”，当在金柱间设装修，划分室内外时，需在金檩上安设椽中板。其作用与椽碗相同，它位于檩中线外侧，里皮与檩中线齐。并夹设在檐椽与花架椽之间，故名“椽中”。其长随通面阔，厚同望板，宽 1.5 椽径或按实际定。

(7) 封檐板、瓦口木：“封檐板”是将飞椽连接固定，并使飞椽檐口整齐的木条板，相当于北方地区的大连檐，在檐口瓦下钉于檐椽(或飞椽)端部，是封闭屋面檐口的装饰板。“瓦口木”是指钉附在大连檐上，遮挡檐口瓦的瓦穹遮挡板，如图 3.3.13 所示。

(8) 搁栅：即楞木，放在梁或大梁上来支承铺板、铺面、铺瓦或者顶棚(天花板)的板条。

(9) 望板：钉铺于椽子上面以支承屋瓦的板材。

7) 戗角

戗角指房屋的四个斜角，戗角的基本构造如图 3.3.14 所示。

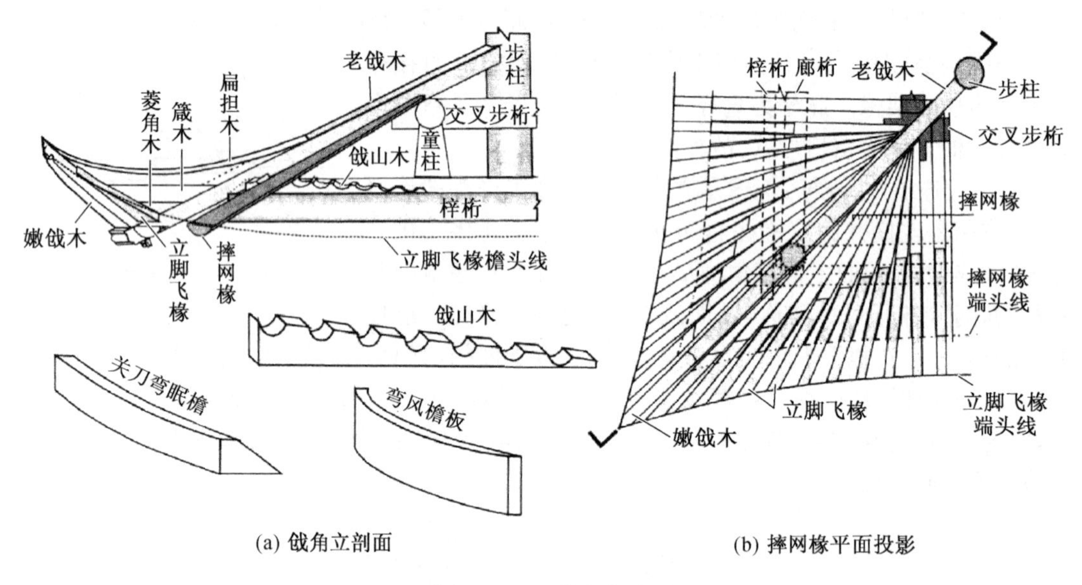

(a) 戗角立剖面　　(b) 摔网椽平面投影

图 3.3.14　戗角构造

(1) 老、嫩戗木：“戗木”是屋面转角处的承受屋面荷载的受力构件，《营造则例》中称“角梁”，老戗木即老角梁，嫩戗木即仔角梁。其中老戗木主要承受屋面荷载，嫩戗木主要增加梁的起翘度。

(2) 戗山木、摔网椽、立脚飞椽：“戗山木”是承接摔网椽的底座木，按摔网椽的间距挖成若干椽槽，钉在梓桁和廊桁上面用以承放椽子；“摔网椽”即指转角部分的椽子，因为椽子之间的间距，由尾至头是逐渐斜着岔开成斜撒网状，为与正身部分椽子相区别，故得名。摔网椽的截面有半圆形和矩形，半圆形称为半圆荷包形摔网椽。“立脚飞椽”也称“翼角飞椽”，是戗角部位的飞椽，因戗角上翘，戗角飞椽的前端，由正身也逐渐慢慢上翘，使飞椽的脚端离原正身飞椽的脚线，形成一个逐渐加大的角度，有斜立之势，故称为“立脚飞椽”。

(3) 关刀里口木、关刀弯眼檐、弯风檐板：在戗角部位的里口木，因其挡板做成带弧尖形，并随立脚飞椽逐渐上斜，因此称为“关刀里口木”。“眼檐”木是钉在飞椽檐口端头上面，遮挡望砖或望板并防止下滑的檐口木板，相当于“大连檐”。由于在戗角部位的檐口是带弧形的檐口线，故眼檐板需要弯成弧形，又因为檐口线由正身向戗角是呈斜线上升，凡在该线上木构件都带有斜角形刀状，故称为“关刀弯眼檐”。“弯风檐板”是指随戗角做成弧形的封檐板。

(4) 摔网板、卷戗板、鳖角壳板：“摔网板”又称“翼角板”，是指戗角部位钉在摔网椽上的压飞望板。“卷戗板”也称“摘檐板”，是指戗角部位的弯遮檐板，钉在飞椽端头做遮盖板。“鳖壳”指厅堂屋脊部分装有弧形弯椽的木结构(《营造法原》称为“回顶结构”)，它是在月梁上的双脊桁上钉置弯椽而成，在弯椽上所钉的望板称为“鳖角壳板”。

(5) 菱角木与千斤销：菱角木又名龙径木，是使老戗木和嫩戗木之间紧密连接并填补戗角起翘基座的木构件。千斤销是贯穿老嫩戗、菱角木的加固木销，使相互间紧固而不能动摇，一般用较硬质材料制成。

3.3.2 斗拱

斗拱在江南地区称作牌科，是主要分布在柱子的上部、屋檐之下，从木构架至木基层的过渡性构件。斗拱起着均衡构架荷载，传递屋顶荷载至柱头的承压作用。斗拱由若干木杆件合理组合，且具有中国传统建筑构件特征，是我国古建筑木结构的代表性构件之一。

1) 斗拱的组成

斗拱主要由水平放置的斗与升和矩形的拱及斜放的昂等部件组成，每组斗拱称“一攒”。

(1) 斗与升：斗是斗拱中承托拱与昂的方形木块，因其形如同旧时量米的斗而得名；升是位于拱的两端，界于上下两层拱或拱与枋之间的方形木块(实际是种小斗)。在全部设有横拱的斗拱中，升上只承托与建筑物表面平行的拱或枋一种构件，所以只开一面口，叫做“顺身口”；而斗拱则承托相交的拱与翘昂，所以斗上开的是“十字口”。

(2) 拱：拱是与建筑物表面平行的弓形构件。

(3) 翘：翘是与建筑物表面垂直或成45度或60度夹角的弓形构件，其形式与拱相同，放置方向与拱不同，翘因前后翘起而得名。

(4) 昂：昂指位于斗拱前后中线，且前后纵向伸出的斜置构件，翘向外的一端特别加长，并斜向下垂(或斜向上挑出)。

2) 斗拱的分类

(1) 按斗拱的平面形状区分

① 一字斗拱，亦称一字牌科。斗拱平面呈一字状，前、后均无拱、昂构件伸出，其中一斗三升一字牌科是斗拱中做法最简单的一种。一字斗拱的排列形式与排条一致，其分构件名称自下而上分别为坐斗、三升斗拱、六升斗拱等。如图3.3.15中(a)、(b)所示。

② 丁字斗拱，一种平面呈丁字形的斗拱。该类斗拱除具备一字形斗拱各构件之外，尚有与一字形斗拱呈直角的外挑构件，外挑构件的名称分别为三升丁字拱、六升丁字拱。丁字斗拱的后立面与一字斗拱相同，如图3.3.15中(c)、(d)所示。

③ 十字斗拱。十字斗拱是平面呈十字状的斗拱，是斗拱中较为复杂的一类，是在一字斗拱的基础上，前后均设有拱、昂等悬挑构件，如图3.3.15中(e)所示。

(2) 按斗拱的使用部位区分

① 柱头科：柱头科是设置在梁架底面、柱头顶面的斗拱，是梁底到柱顶的过渡物件。柱头科常为十字斗拱，因其功能上具有传承屋架荷载、扩大梁底承压面的作用，在加上该构件时，与梁类构件平行之拱、昂应适当加厚。

② 角科：角科是设置在建筑转角处的斗拱，它是十字斗拱中最为复杂的一种斗拱，除了具有正、侧两个立面上的十字斗拱所有的构件外，尚在对角位置设置斜出构件，斜出构件的名称、形状与立面相同，但需适当加长，使其构件外露端与相邻构件在平面上平齐。

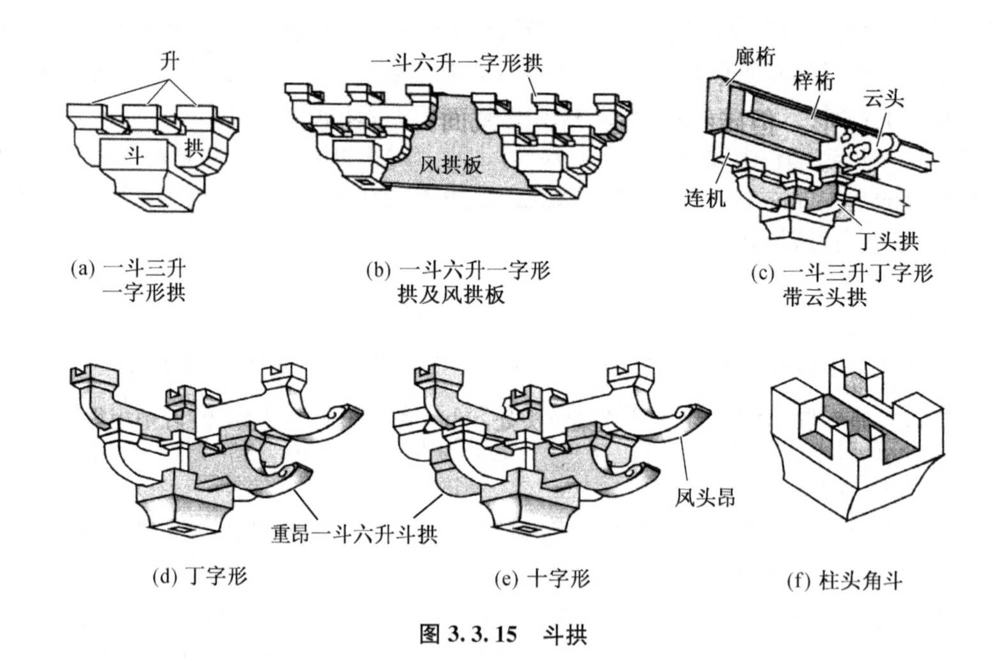

(a) 一斗三升一字形拱　(b) 一斗六升一字形拱及风拱板　(c) 一斗三升丁字形带云头拱

(d) 丁字形　(e) 十字形　(f) 柱头角斗

图 3.3.15　斗拱

③ 平身科:平身科是设置于两柱之间的额枋或平板枋上的斗拱,其外观功能是填补了梁与枋之间的空间,在构造效果上使梁与枋成一整体,同时使枋类构件在梁类构件受弯时能配合与其共同工作。平身科具有承压与观赏的双重功能,与柱头科有相似的作用。

④ 柱头座斗:也称"柱头角斗",是常设置于角柱顶上的座斗,它与其他斗拱的座斗不同之处,是需要在三个方向开口,如图 3.3.15 中(f)所示。

⑤ 牌楼斗拱:牌楼斗拱是构件最繁多、复杂程度最高的斗拱,为提高牌楼的观赏效果,还有采用斜昂的网眼牌科,但终其根源仍是十字斗拱的拓展。

⑥ 撑拱:撑拱是位于檐柱外侧,斜向支撑挑檐枋的檐下木构件,也称"托座",因其形似牛的腿,民间也称"牛腿"。

3.3.3　木装修

(1) 槛框:古建筑中将安装门窗的外框架子统称为槛框。在槛框中横的部分称为"槛",竖的部分称"框"。槛因位置高低而有不同名称,由上而下为上槛、中槛、下槛。普通建筑物多在中槛至下槛之间安装横披。门窗和横披都是格扇,其不同点为:门窗是可以启闭的,而横披是固定的(在大门上用木板代替横披叫走马板)。分隔两樘门窗框的中间立框叫间框。

(2) 风槛、窗榻板:风槛是槛窗的下槛,其长度均同下槛尺寸,高为下槛高的 7/10,是槛窗的一个组成部分;窗榻板是指槛墙上皮、风槛下皮之间的一块平板,相当于现代的木墙台板,起保护墙和装饰作用。

(3) 门头板、余塞板:门头板又称走马板,是大门槛框内代替横披格扇的遮挡板。门框与抱框之间的空当称为余塞,遮挡空隙的木板称为余塞板。

(4) 门簪:"簪"是旧时妇女扎发结的一种别针,头大杆细,门簪类似发簪,是一种将门笼固于中槛的梢木。门簪也是旧时称"门当户对"中的"户对"。

(5) 木门枕:它是一矩形断面木块,中间留有承接下槛的扣槽,被压在下槛下面,在槛内的一端钻有海窝,以承接门轴。

(6) 帘架:它是用于门窗上的一种辅助性框架,用于格扇门上的称为门帘架,用于槛窗上的称为窗帘架,其主要功能是便于挂门窗帘子,并减少透风面积。

(7) 槅扇:又称格门、格扇,是带有空栏格子的门扇或窗扇,由立向的边挺和横向的抹头组成木构框架。槅扇因抹头的多少可分为四抹头、五抹头、六抹头等。抹头又将槅扇分成槅心、绦环板和裙板三部分。槅心是主要部分,占整个槅扇高度的五分之三,由棂条(细木条)拼成各种图案。

《营造法原》中称长短窗。“长窗”是指高度为通长的落地窗;“短窗”指安装在矮墙上的木窗。长短窗芯仔图案的“宫式”是指以直线加直角形拐弯的花饰;“葵式”是在宫式基础上,花纹的头尾都带有钩形装饰头的花饰;“万字式” 是指以卍字连接而成的花饰;“乱纹式”是自由式,它可以是带有弯曲线条的图案,也可以是花形的组合图案;“六八方槟式”,槟即拼,是指以六角形或八角形为主所拼成的花纹图案;“各方槟式”是以六角形、八角形以外的带角形图案拼成花式,如冰裂纹、步步锦等;“满天星”是指花形密度较密的花纹。

(8) 支摘窗:它是指在槛墙榻板以上的框内分上、下两段的窗,上段窗扇做成向外撑出支起(相似于上悬窗),下段窗扇做成可装可摘的活动扇,装上去用插销固定,拿走插销即可摘下,故称支摘窗。支扇多用棂条做成简单花纹心仔,摘扇有花纹心仔,也有用木板的,用木板的称为护板窗。

(9) 实榻门和撒带门:实榻门又称实踏大门,它是以门扇的规格而命名的。它的门板厚,体量大,门扇实在而结实,多用于城门、宫殿和庙宇的大门。实踏大门的门扇是由若干块木板拼接而成,再在背面用横托木固接起来。

撒带门是用 1～1.5 寸厚的木板,凭穿带锁合拼装起来的大门。这种大门除门轴一侧外,其他三边都不做边框,且穿带均明露,故称为撒带大门,多用于通行车马的大门。

(10) 攒边门:又称棋盘门,由边框、门心板和穿带三部分组成。多用于府邸、民舍的大门。边框的上、下横边称抹头,靠外边带门轴的立边称攒边,靠门缝的立边为大门。门心板为薄板作企口缝拼接,由穿带锁固起来。

(11) 将军门:将军门是古代显贵之家或寺庙宫观才能使用的一种门的形式,用材较多,门的形体与气势都很大。门扇装在脊桁下,门扇上部为额枋,枋与柱相连,额枋上悬置门匾,门的下面是高高的门槛,高度约占门的四分之一。因将军门宽度较大,所以除了正中的两扇门板外,在其两侧还各设一扇带束腰形式的门板,使形式显得较丰富。

“将军门刺”是指装于将军门额枋上的阀阅,圆柱形装饰品,端头凿有葵花等装饰,用于承托竖匾和横匾。

(12) 直拼库门、拱式樘子对子门:这是一种厚板的门扇。库门是装于门楼上的大门,用较厚木板实拼而成,因拼缝不裁企口而是直缝,故称“直拼库门”。拱式即“贡式”,“贡式樘子对子门”是一种窗形门,在大门两侧成对安装,故取名为对子门。

当直拼库门用于做大门时,多在门板外表面钉以竹条镶成万字、回纹等各种“福”“禄”“寿”“喜”图案,以增添板门的美观,此作即为“门上钉竹线”。

(13) 直拼屏门、单面敲框档屏门:这是一种薄板的门扇。“直拼屏门”相当于现代的镶板木板门,即先将门扇做成三至四格空档的木框,然后在空档处镶钉直缝拼板而成。“单面敲框档屏门”是在屏门框档上的一面整个镶钉木板，比直拼屏门更为结实。屏门框即门扇板的木框，是作为门扇尺寸不大的屏门或其他门的门扇骨架。

(14) 楣子、飞罩与落地罩：“楣子”是安装于檐柱间、由边框和棂条组成的装饰构件。依使用部位不同，有倒挂楣子和坐凳楣子之分，倒挂楣子(即南方“挂落”)装于檐枋之下的柱间，主要起装饰作用；坐凳楣子由坐凳板及板下楣子组成，装于柱子间下部，供人休息及围栏之用。飞罩和挂落相似，悬装于屋内部，依附于柱间或梁下，多用于室内装饰和隔断，只是飞罩与柱相连的两端下垂更低一些，使两柱门形成拱门状，但不落地。“落地罩”是指将飞罩两端的罩脚做成落地，使之形成圈洞形式。

(15) 寻杖栏杆、花栏杆：“寻杖”也作“巡杖”，指圆形的扶手横杖，寻杖栏杆是最早出现的一种栏杆，寻杖以下的装饰由简单到复杂。花栏杆最上面一根横木部位寻杖，多为带圆角的矩形截面，其下有棂条拼成各种花纹，如冰裂纹等。

(16) 什锦窗：指院墙和围墙上一种装饰性的空窗或漏窗，造型精美，样式丰富，具有美化环境、沟通空间、框景借景等作用。窗的高度与人的视线高度相近，便于人们游赏时透过窗洞观赏景致。

(17) 藻井：天花是遮蔽建筑顶部的构件，而建筑内呈穹隆状的天花则称为“藻井”，这种天花的每一方格为一井，并饰以雕刻、彩画等，故得名。藻井与普通天花一样是室内装饰的一种，但在古建筑中，藻井只能用于最尊贵的建筑中。

(18) 雨达板：雨达板即指挡雨板，主要用于两处，一是用于墙外伸出作为遮挡雨的部分，二是有些窗下带栏杆，在栏杆外钉立的挡雨板。

3.4 屋面工程

3.4.1 屋顶形式

屋顶是建筑物最基本的一个组成部分，从我国古建筑的整体外观上来看，屋顶则是其中最富特色的部分。中国古建筑的屋顶式样丰富，变化多端(图 3.4.1)，且屋顶形式还与其等级有关，主要屋顶形式的等级由高至低分下列 6 种：

(1) 庑殿顶：四坡屋顶，多用于殿堂式建筑(宋称四阿顶)。

(2) 歇山顶：上半部硬山或悬山，下半部庑殿所组成，基本上只准官署使用(宋称九脊殿)。

(3) 攒尖顶：包括圆攒尖、四角攒尖、三角攒尖及八角攒尖等(宋称撮尖)。

(4) 悬山顶(挑山顶)：屋顶两侧突出于山墙。

(5) 硬山顶：屋顶两侧不突出于山墙。

(6) 卷棚顶：又称元宝顶，为双坡屋顶，两坡相交处没有中脊，由瓦垄直接卷过屋面成弧形的曲面。卷棚顶整体外貌与硬山、悬山相同，只是没有明显的正脊，屋面前坡与脊部呈弧形滚向后坡。

次要屋顶形式有清水脊、盝顶、盔顶、十字脊顶、单坡、平顶等等。

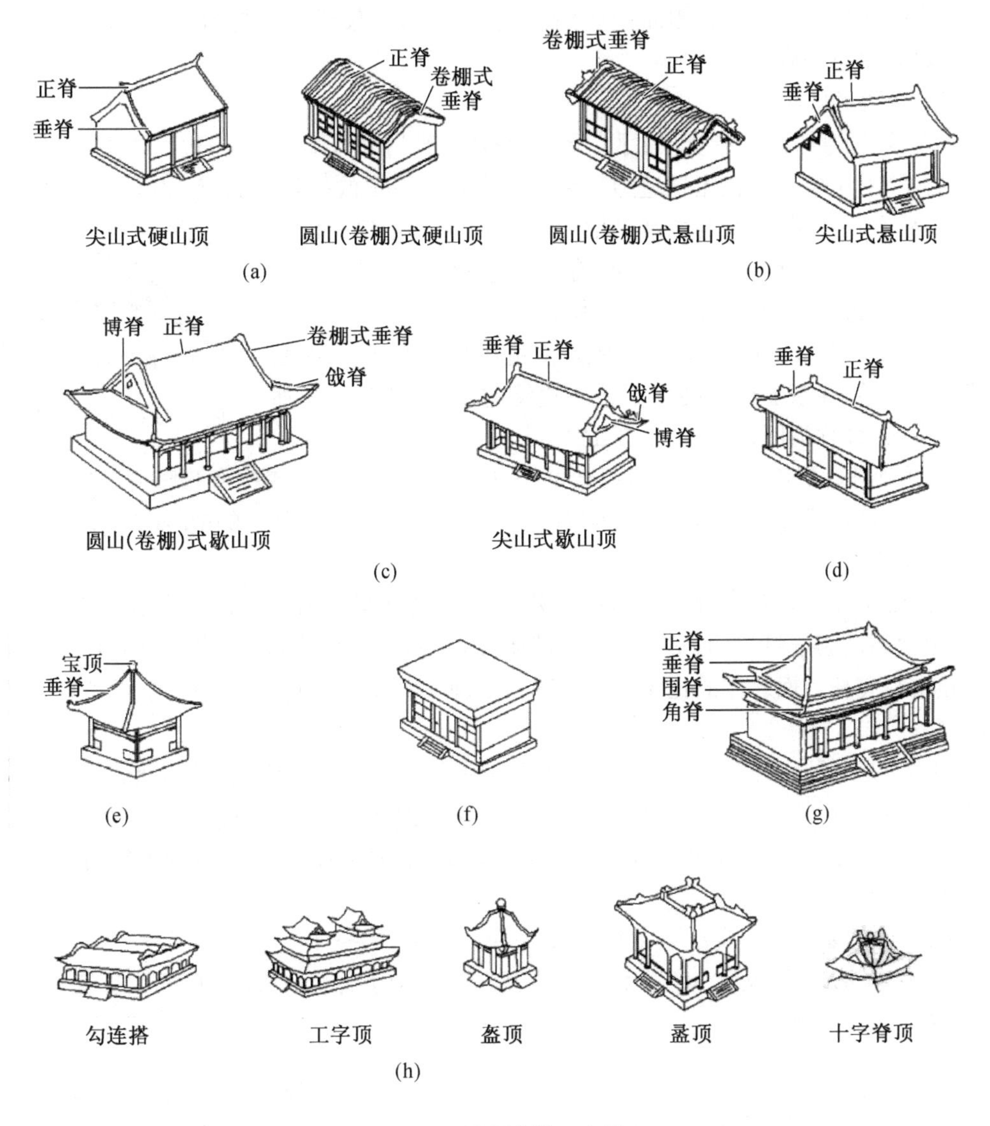

图 3.4.1 屋顶式样示意图

(a) 硬山顶;(b)悬山顶;(c)歇山顶;(d)庑殿顶;
(e)攒尖顶;(f)平顶;(g)重檐顶;(h)几种变化形式

3.4.2 屋面项目

屋面即建筑物屋顶的表面,是指屋面木基层桁条、椽子以上的瓦作部分。

1) *望砖*

“望砖”即指仰望屋顶所看见的基底面砖,用于代替木望板的作用。屋面的望砖是铺在椽子上的薄砖,用以承受瓦片,阻挡瓦楞中漏下的雨水和防止透风落尘,并使室内的顶棚整洁美观。做细望砖是指在望砖铺砌前,对望砖进行加工处理,分平面形和弯弧形两类。

(1) 平面形望砖

① 粗直缝:指对望砖的拼缝面(砖侧面)进行砍平取直,使其能拼拢合缝。

② 平面望:指对望砖的侧面和底面都进行加工,不仅要求拼拢合缝,而且要求其底面(室内)高低平整一致。

(2) 弯弧形望砖

① 船篷轩弯望:南方建筑的厅堂多布置成“前轩后廊”,即进门是轩厅,再进为正厅。轩厅的结构特点主要体现在屋顶造型。船篷轩是轩厅屋顶的一种,指在轩梁上支立两根矮童柱,用童柱承托月梁,月梁的两端刻槽置双轩桁,桁上铺钉船篷形弯弧椽子,从而形成船篷形篷顶。而铺在船篷形椽弯曲部分的望砖便称为“船篷轩弯望”,如图 3.4.2 所示。

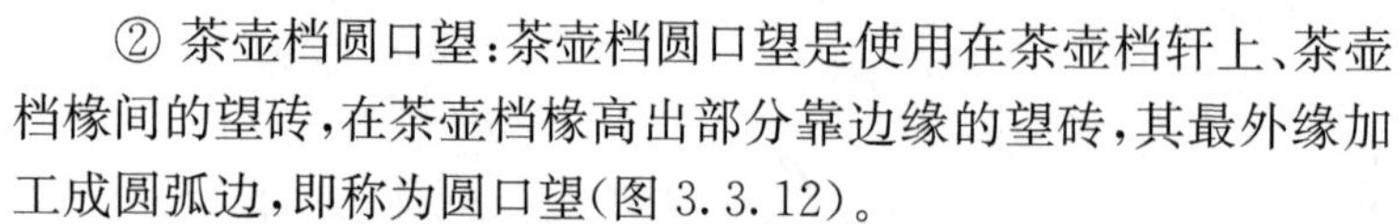

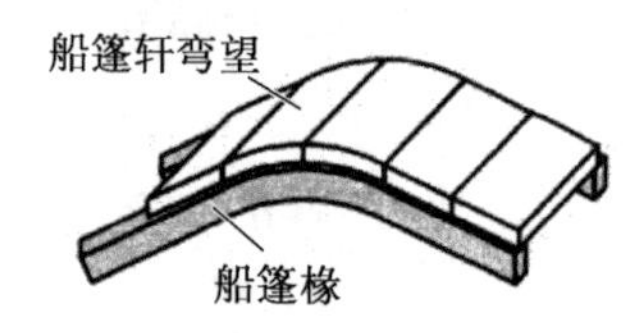

图 3.4.2　船篷轩弯望

② 茶壶档圆口望:茶壶档圆口望是使用在茶壶档轩上、茶壶档椽间的望砖,在茶壶档椽高出部分靠边缘的望砖,其最外缘加工成圆弧边,即称为圆口望(图 3.3.12)。

③ 鹤颈轩弯望:“弯望”是指带弓形的望砖。将椽子做成仙鹤颈弯弧形称为“鹤颈弯椽”(图 3.3.11),由鹤颈弯椽组成的篷顶叫“鹤颈轩”,铺砌在鹤颈轩弯椽上的望砖称“鹤颈轩弯望”。

2) 苫背

中国幅员辽阔,南北气候悬殊,屋面建筑构造也有所区别。南方的建筑由于空气湿度大,瓦顶常不用胶结材料,通常在椽子上铺望砖,在望砖上直接布瓦,使屋面更有透气性,也可防止木材腐朽。而北方的瓦屋面多在椽子上铺席箔或荆笆或木望板等,然后苫草泥背,作为屋面的底层。

“苫背”是用防水保温材料,按一定要求在屋面望板上,铺筑成隔热保温和防水层的操作工艺,并可就木屋架的举架作出坡度,使整个屋顶的曲线更加柔美自然。官式瓦屋面施工时苫背的施工工序为:①在望板上抹护板麻刀灰;②抹麻刀灰背;③铺锡背或油纸防水层;④抹青灰背。

3) 瓦屋面分类

(1) 蝴蝶瓦屋面:又称为“合瓦”“阴阳瓦”,是一种小青瓦,蝴蝶瓦屋面由盖瓦和底瓦组成,如图 3.4.3(a)所示。

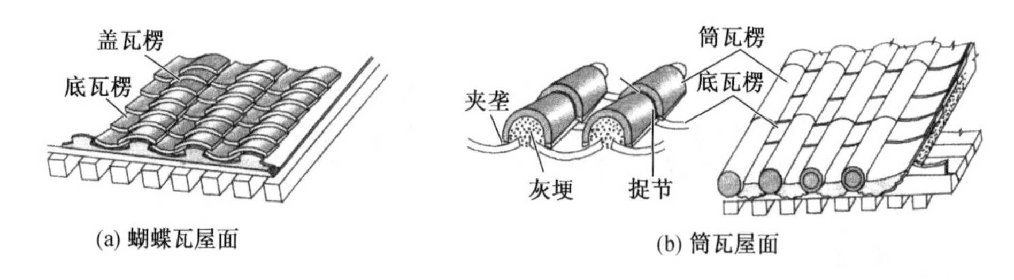

(a) 蝴蝶瓦屋面　　(b) 筒瓦屋面

图 3.4.3　瓦屋面

《计价表》中将蝴蝶瓦屋面按屋面形式分为走廊平房、厅堂、大殿、四方亭、多角亭等项目。其中走廊平房是结构最简单的房屋,规模较小,木屋架结构为四界,或带前廊成为五界,屋顶为人字坡屋顶。厅堂较平房复杂,一般木屋架在四界基础上,前面设轩后面设廊,在轩之外还可设前廊,房屋进深常为六界至九界,屋顶形式除人字坡屋顶外,还有歇山屋顶。大殿较厅堂规模更大,房屋进深由六界、八界直至十二界,房屋开间一般为五间至九间,最大可达十一间。

(2) 黏土筒瓦屋面:黏土筒瓦是指无釉筒瓦,黏土筒瓦屋面是用黏土筒瓦作盖瓦、蝴蝶瓦作底瓦配合组成。筒瓦因搭接面积较少,需要用石灰砂浆嵌缝抹面,即“捉节裹垄”,如图3.4.3(b)所示。

(3) 琉璃瓦屋面:琉璃瓦屋面所用瓦材是以铝硅酸化合物经高温窑制而成的釉面瓦材。

4) *屋脊分类及构造做法*

屋脊是屋顶两坡瓦面的接缝部分,需用屋脊骑缝压盖,以防漏雨。

(1) 正脊:又叫大脊、平脊,位于屋顶前后两坡相交处,是屋顶最高处的水平屋脊。正脊两端有吻兽或望兽,中间可以有宝瓶等装饰物。卷棚顶、攒尖顶、盝顶建筑没有正脊。十字脊顶则为两条正脊垂直相交,盝顶则由四条正脊围成一个平面。

“清水脊”是中国传统建筑的一种屋脊形式,是民间住宅用得最多的一种正脊。其两侧无吻兽,而是斜向上翘起,称蝎子尾或朝天笏。有些蝎子尾下面有花砖,雕有吉祥图案。

(2) 过垄脊:卷棚顶屋顶处没有正脊,对应的是一圆弧形脊,一般称为“过垄脊”。

(3) 垂脊:在歇山顶、悬山顶、硬山顶的建筑上自正脊两端沿着前后坡向下,在攒尖顶中自宝顶至屋檐转角处的脊,也可称为“排山脊”。对庑殿顶的正脊两端至屋檐四角的屋脊称为“垂脊”,但也有称之为“戗脊”。垂脊在江南俗称为“竖带”。

(4) 博脊:歇山顶山花下重檐顶底层坡顶的脊称“博脊”。

(5) 戗脊:歇山屋面上与垂脊相交位于角梁上的脊称为“戗脊”,又称“岔脊”,和垂脊成45度,对垂脊起支戗作用。重檐屋顶的下层檐(如重檐庑殿顶和重檐歇山顶的第二檐)的檐角屋脊也是戗脊,称“重檐戗脊”。戗脊端部高度较低的脊称为“岔脊”,其上多安小兽。

戗脊上安放的兽件称“戗兽”,以戗兽为界分为兽前和兽后两段,兽前部分安放蹲兽,数量根据等级大小各有不同。

(6) 围脊:围脊是重檐式建筑的下层檐和屋顶相交的脊,由于围绕着屋顶,故名围脊。围脊四角有脊兽,根据等级不同,分别为合角吻(吻兽)或合角兽。

(7) 蝴蝶瓦脊:指以蝴蝶瓦为主要材料所筑的屋脊。按等级分为游脊、黄瓜环、一瓦条、二瓦条筑脊盖头灰。

游脊:“游脊” 也称为“釉脊”,是蝴蝶瓦脊中最简单的一种屋脊,它是由蝴蝶瓦相叠斜铺而成。

黄瓜环:黄瓜环瓦是瓦的一种,弯形如黄瓜状。“黄瓜环”是指用黄瓜环瓦铺筑而成的脊,分别盖于两坡相交的底瓦垄和盖瓦垄上,形成凹凸起伏之状,以代脊用。如图3.4.4(a)所示。

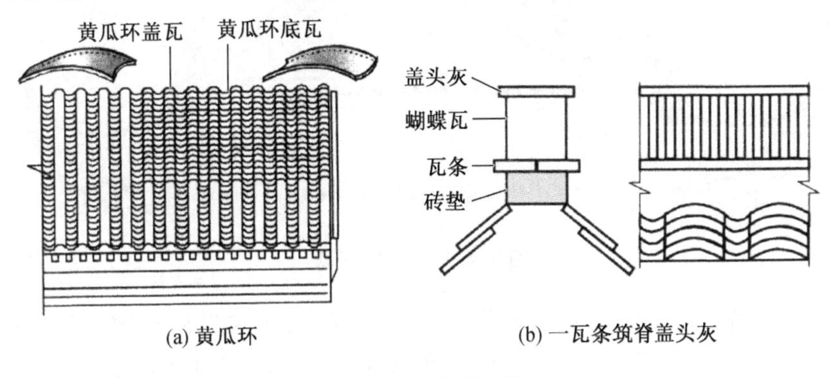

(a) 黄瓜环　　(b) 一瓦条筑脊盖头灰

图3.4.4　蝴蝶瓦脊

一瓦条、二瓦条筑脊盖头灰："瓦条"是脊面以砖砌出的方形起线，厚约一寸。这种脊是在脊线上先用砂浆铺砌机砖找平，然后用望砖挑出起线，再在其上立砌蝴蝶瓦，最后抹灰盖面，称为"盖头灰"。如图 3.4.4(b)所示为一瓦条筑脊盖头灰。

(8) 滚筒脊："滚筒脊"是用两筒瓦对合而筑成圆弧形的底座，而脊顶仍是蝴蝶瓦和盖头灰，按瓦条数量分为二瓦条、三瓦条滚筒脊，如图 3.4.5 所示。

(9) 筒瓦脊：这是一种脊身较高的屋脊，脊身分两部分：在脊长两端部分，是用普通砖砌筑脊身，用望砖铺砌瓦条线，使脊端结实不透空，此称为"暗筒"；在两端暗筒之间的部分，用瓦片摆成花纹做成框边，芯子用砖实砌，此为"亮花筒"。由暗筒、亮花筒组成的屋脊称为"暗亮花筒"，分别有：用于正脊的四、五、七、九等瓦条暗亮花筒；四瓦条竖带、三瓦条干塘。

四瓦条暗亮花筒做法是在滚筒之上，于亮花筒上下筑有四道瓦条线的屋脊，如图 3.4.6 所示。其余瓦条暗亮花筒做法与此类似，是在亮花筒上下边框线外增加数道瓦条线。

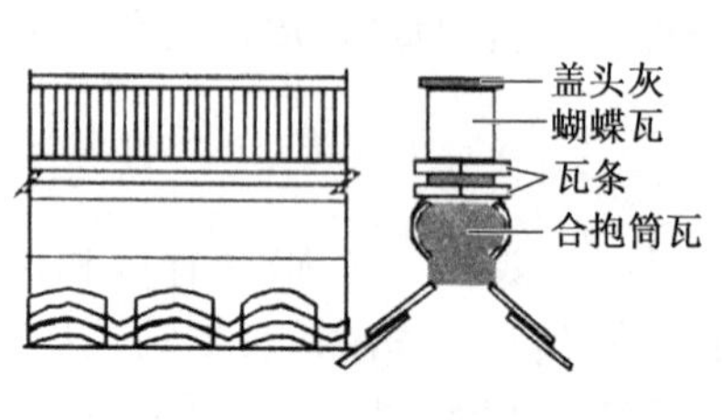

图 3.4.5 二瓦条滚筒脊

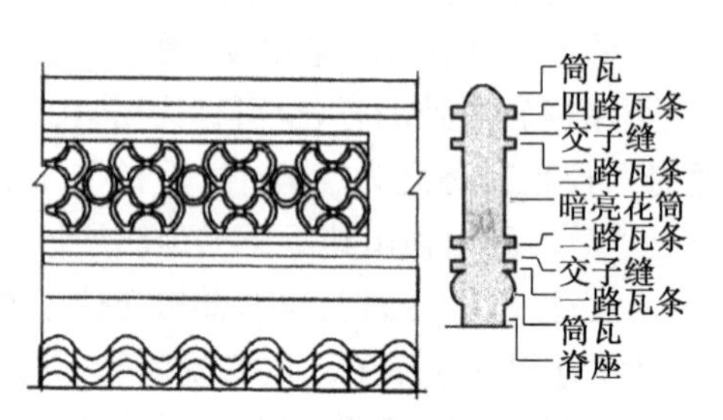

图 3.4.6 四瓦条暗亮花筒脊

"四瓦条竖带"是在滚筒之上作有三道瓦条线间隔二交子缝，脊顶作一道瓦条线。"干塘"是歇山屋顶两侧三角形山面下屋脊，即"博脊"，也称"赶宕脊"。"三瓦条干塘"是在四瓦条竖带基础上减掉一道瓦条线而成，如图 3.4.7 所示。

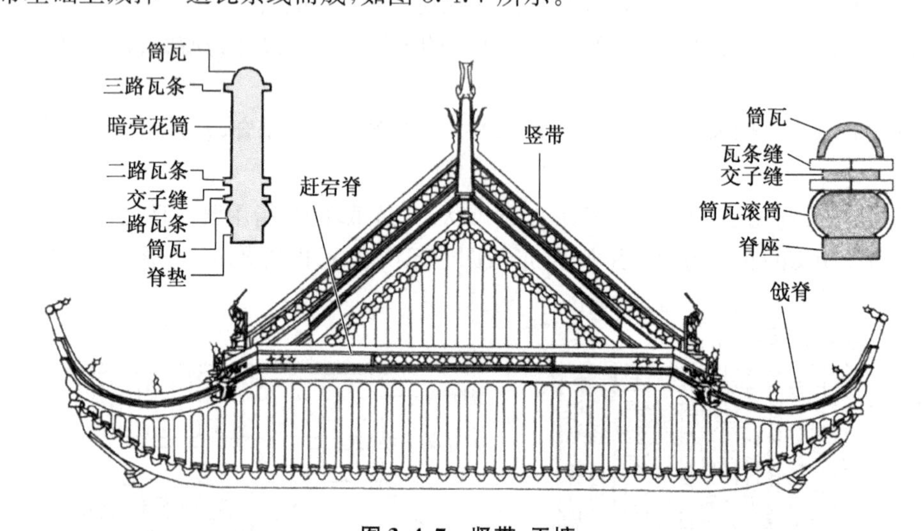

图 3.4.7 竖带、干塘

(10) 滚筒戗脊、环抱脊："滚筒戗脊"是一种弯曲上翘的二瓦条滚筒脊，其构造如图 3.4.7 所示。"环抱脊"是用筒瓦作盖顶的三瓦条脊，结构如图 3.4.8 所示。

(11) 花砖脊：是指脊身主要由花砖为主，配以蝴蝶瓦和砂浆砌筑而成的脊。分为一皮花砖二线脚正垂戗脊、二皮花砖二线脚正垂脊、三皮花砖三线脚正脊、四皮花砖三线脚正脊和五皮花砖三线脚正脊。

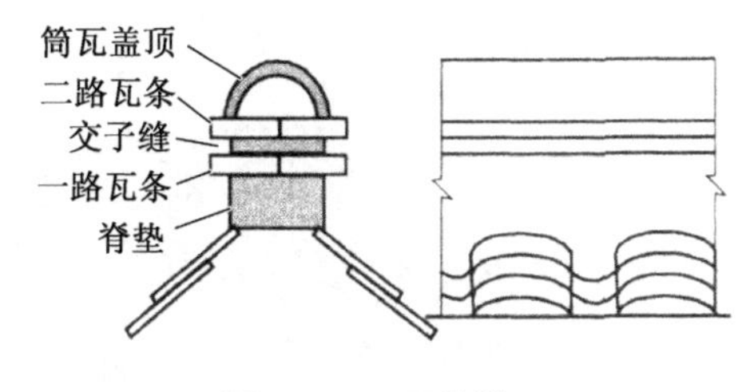

图 3.4.8 环抱脊

一皮花砖二线脚做法是在脊垫上铺砌一道望砖线脚，再在其上于线脚两边平行侧立两块雕花方砖，再用望砖线脚覆盖后，用披水砖和筒瓦作盖顶。此脊可用于正脊、垂脊和戗脊。其余几种花砖脊做法与此相似，只是花砖层数与线脚道数有不同，如图 3.4.9 所示。

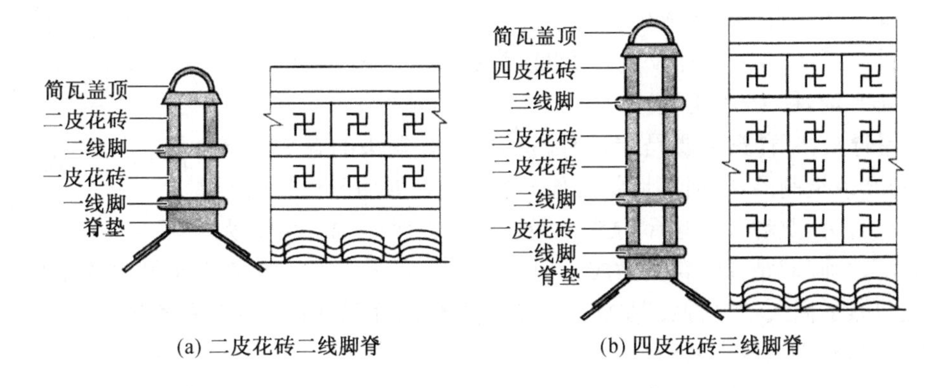

(a) 二皮花砖二线脚脊　(b) 四皮花砖三线脚脊

图 3.4.9 花砖脊

(12) 单面花砖博脊：这是专用于歇山屋顶山花板下的博脊，它是一种半边脊，朝里一边紧贴山花板，所以称为“单面花砖脊”，分为一皮花砖二线脚(图 3.4.10)、二皮花砖二线脚。

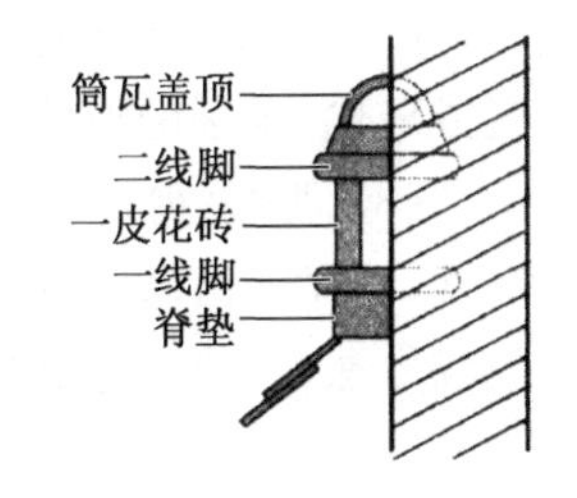

图 3.4.10 单面花砖博脊

(13) 板瓦叠脊：指用蝴蝶瓦层层平叠砌筑而成的屋脊，五层左右，垒叠好后上面加扣盖脊瓦，两侧用纸筋灰抹平。

(14) 围墙瓦顶：仿古建筑、园林的围墙一般都做围墙帽顶，南方地区多做瓦顶，普通的用蝴蝶瓦顶，较豪华的围墙采用筒瓦围墙顶，分别有单落水和双落水，单落水即单侧排水，双落水即双侧排水。

5) *屋面其他构件及构造做法*

(1) 筒瓦排山沟滴

筒瓦排山：“排山”是指山墙顶檐的排水措施，“筒瓦排山”是指用筒瓦做成的硬山、歇山屋顶山面的排水措施，指檐口沟头筒瓦和滴水瓦以上的部分，如图 3.4.11 所示。

筒瓦檐口沟头滴水：是指筒瓦屋面在檐口处的收头筒瓦和屋面底瓦垄在檐口处的收头底瓦，即沟头筒瓦和滴水瓦，如图 3.4.11 所示。

(2) 蝴蝶瓦檐口花边滴水：指蝴蝶瓦屋面在檐口处的特制的收头盖瓦和收头底瓦，称为花边瓦(简称花边)和滴水瓦。如图 3.4.12 所示。

(3) 砖砌泛水：“泛水”是指使雨水顺着檐边流淌的砖作，“砖砌泛水”是指靠墙面搭盖的

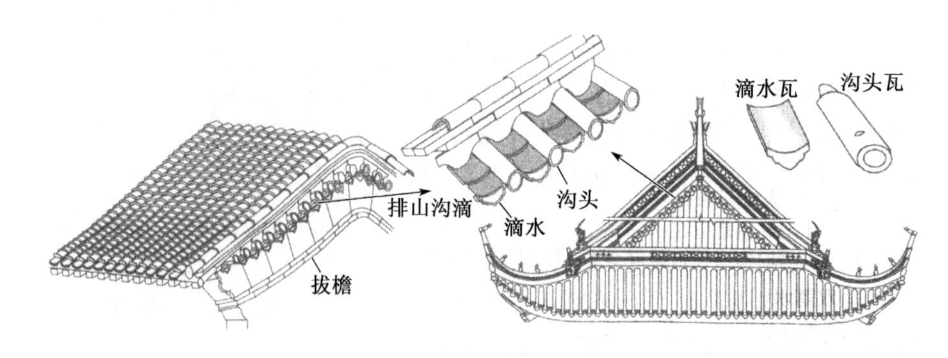

图 3.4.11　筒瓦排山

斜坡屋面，在与墙面接缝的上方，用砖砌一突出墙面的挑砖线，借此以避开墙面的雨水直接流入缝内。

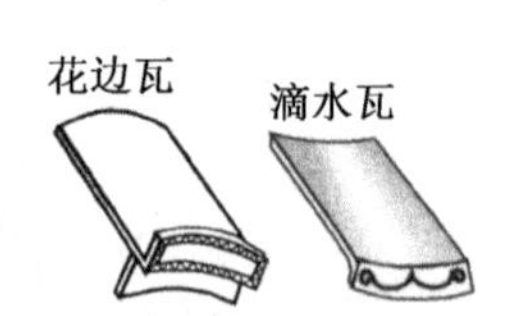

图 3.4.12　蝴蝶瓦檐口花边滴水

(4) 斜沟：两个坡屋面相交的阴角处，沿此角用蝴蝶瓦、沟筒瓦等所做的排水沟，称为“斜沟”。

(5) 屋脊头：屋脊头主要是指正脊、垂脊、戗脊端头的脊头装饰物，多为雕塑或烧制品，根据其形状区分为若干种。如用于正脊的龙形装饰脊头称为“龙吻”，它是屋脊头中最豪华的一种装饰，又称“大吻”；“哺龙”、“哺鸡”是指将脊头做成小型龙首或鸡头形；“纹头”是将脊头做成各种不同的花纹或比较复杂的回纹；“方脚头”是将脊头做成矩形断面形式；“云头”是将脊头做成云纹状；“果子头”是将脊头做成水果形状。

(6) 竖带吞头、戗根吞头：“竖带吞头”是指竖带端头的装饰物，实际上是人物造型；“戗根吞头”是指戗脊与竖带交接处的一种兽形饰物，张口作吞物状。

(7) 宝顶：宝顶位于攒尖屋顶正中的上端，是封闭雷公柱的防水构件。所用材料多为金属或琉璃，宝顶的形状有圆形、束腰圆形、宝塔形或六角短柱形等，具有极强的装饰性。

(8) 剪边：剪边是屋面做法的一种。即在屋脊和檐口部分使用色彩、种类与屋面不同的瓦件，明显突出屋面的边际线。琉璃瓦剪边一般用于屋面边缘、屋脊、转角等处。另有一种集锦做法，即将剪边瓦拼成菱形、双喜、福寿等图案或文字。

3.5　抹灰与油漆彩画工程

说到我国古建筑，首先映入人们脑海的应该就是“雕梁画栋”了，建筑彩画是我国古建筑的显著特征之一。古建筑中的油漆彩画不仅起着保护木结构、美化装饰的作用，还体现着建筑的等级。

3.5.1　油灰地仗

油灰地仗，简称地仗，是指在被漆物体表面，为加强油漆的坚硬度而作的硬壳底层。地仗主要起保护被漆物体的作用，它是油漆彩画的基层。

1) 麻布地仗

麻布地仗经常使用在古建筑的上架大木、山花博风板、挂檐板、下架柱子、槛框、榻板、大门、走马板、门窗大边及绦环板、裙板等木构件相对较大的部位。麻布地仗做法很多，等级从高到低分别有三麻二布九灰、两麻一布七灰、两麻六灰、一麻一布六灰、一麻五灰、一布五灰和一布四灰等。其中麻即一层麻丝，布为夏布，灰是由不同材料配制而成，其中最基本材料为灰油（用土籽灰、樟丹粉、生桐油等按一定比例配制）、血料（用鲜猪血经搓研成血浆后，以石灰水点浆而成）、油满（用灰油、石灰水、面粉等按一定比例调和而成）等。例如，一麻五灰的基本施工工艺如下：

（1）捉缝灰：在清理好基层后，用"粗油灰"（油满、灰油、血料按 0.3∶0.7∶1 的比例再加适量砖灰调和）满刮一遍，填满所有缝隙，待干硬后用磨石磨平，然后扫净浮尘。

（2）通灰：在捉缝灰上再用"粗油灰"满刮一遍，干后磨平、除尘、擦净。

（3）压麻灰：在通灰上先刷一道"汁浆"（用灰油、石灰浆、面粉加水调制而成），再将梳理出的麻丝，横着木纹的方向均匀地粘在一面，边粘边轧实；然后用油满和水（1∶1）混合液糊刷涂其上；待干硬后，用磨石磨表面，使麻茸浮起但不得将麻丝磨断；再除尘洁净，盖抹一道"粘麻灰"（油满、灰油、血料按 0.3∶0.7∶1.2 的比例加适量砖灰调和而成），用轧子来回轧实与麻结合，再度复灰，让其干燥。

（4）做中灰：压麻灰干后用磨石磨平，掸净灰尘，满刮"中灰"（油满、灰油、血料按 0.3∶0.7∶2.5 的比例加适量砖灰调和而成）一道，轧实轧平。

（5）做细灰：中灰干后，用磨石磨平且扫净浮尘，满刮"细灰"（油满、灰油、血料按 0.3∶1∶7 的比例加适量砖灰调和）一道，让其干燥。

（6）磨细钻生：细灰干后，以细磨石磨平磨光，除尘洁净后涂刷生桐油一道，待油干透后，用砂纸精心细磨平滑而成。

2）单披灰地仗

不施麻或布的地仗称为"单披灰地仗"，根据披灰的层数有二道灰、三道灰和四道灰等。

二道灰的工艺流程是：汁浆、中灰、细灰、磨细钻生。

三道灰的工艺流程是：汁浆、捉缝灰、中灰、细灰、磨细钻生。

四道灰的工艺流程是：汁浆、捉缝灰、通灰、中灰、细灰、磨细钻生。

只做一道细灰的地仗称"靠骨灰"。

3）磨生刮浆灰

指在地仗的最后一道工序"磨细钻生"基础上进行刮浆灰。

4）满刮血料腻子

血料腻子是用血料、土粉子、滑石粉等按一定比例加水调制而成，"满刮血料腻子"是在做有地仗的构件平面（素面）或雕刻面上，进行通刮腻子后，打磨平滑使其漆面更加光亮的工艺。

3.5.2 油漆

1）国漆、广漆

"国漆"又称为生漆、大漆、老漆等，是我国有名的一种天然植物漆树的液汁，呈乳白色或米黄色。它是从漆树上割收下来后，经过精细过滤，除去杂质后而成，与空气接触后，将由乳白色逐渐变成米黄色的粘稠液体。"广漆"是由生漆加入一定比例的熟桐油配制而成。由于受气候变化的影响，一般都采用现场配制。江苏地区常用的配合比随季节而变化。梅雨季节：

生漆∶熟桐油＝8∶1;伏天季节:生漆∶熟桐油＝1∶1;秋天季节:生漆∶熟桐油＝1.2∶1。

2）广漆（国漆）的明光、退光

“明光”是指木材油漆面带有一定半透明的光亮表面，即主要用广漆作为底漆和罩面漆。“退光”是指木材油漆面不透明，但表面仍具有光泽，即主要用生漆加入一定的掺和物（砖灰、血料和颜料等）作为底料，然后再在其上涂刷生漆。

3）清漆、调和漆

一般油漆是由多种原料配制而成，它包括成膜物质（如油料、树脂等）、次要成膜物质（如着色颜料、体质颜料等）、辅助成膜物质（如稀释溶剂、催干剂等）三大部分。油漆按其组成形态分为清漆和调和漆两大类。在成膜物质（如油料、树脂等）中没有掺入着色颜料或体质颜料的透明液体称为“清漆”，如油基清漆，常用的有酯胶清漆、酚醛清漆等。树脂清漆，常用的有醇酸清漆、氨基清漆、硝基清漆等。

“调和漆”是由若干液体混合调配而成，通用的调和漆主要是指在油基清漆中加入着色颜料、体质颜料和其他溶剂配制而成的混合液体。而对在其他主要成膜物质掺入颜料和溶剂的液体，均不称为调和漆，而是依其主要成膜物质名称而命名，如以醇和酸为主要成膜物质的，称其为醇酸树脂漆。以酚醛和树脂为主要成膜物质的，称为酚醛树脂漆。以植物油料和树脂为主要成膜物质的称为磁漆等。

4）油漆工序中底油和油色包含的工作内容

一般木材面的油漆施工包括三大部分：底层处理、嵌补腻子、涂刷油漆。其中，底层处理包括基层洁面和刷底液。基层洁面是指将木材表面打磨干净，除去污垢；刷底液是在洁面基础上涂刷底油或润粉，以增加木材面的结合能力，当木材面油漆为普通要求时，多采用刷底油，要求较高的多采用润粉。

底油是由熟桐油、清油、溶剂油等按一定比例调和而成的液体，涂刷在木材表面后，能增加木材与腻子的亲和能力。

油色是一种带有较淡颜色的稀释油漆，它是在嵌补腻子的平面上所涂刷的着色液体，由熟桐油加入少许调和漆及一定稀释溶剂配制而成，其作用是用来固定油漆面所需要的颜色。

5）油漆工序中润粉和刮腻子包括的工作内容

当木材面的油漆要求较高时，多用润粉来代替底油。润粉是以大白粉为主要材料，掺和一定的颜色和其他液料，调制成糨糊状物体，用棉纱团或麻纱团沾其揩擦木材表面的施工工艺。润粉根据掺入其他液料种类的不同，分为润油粉和润水粉两种：润油粉是用大白粉加颜料、熟桐油、松香水等调和成糨糊状而成；润水粉是用大白粉加颜料、水胶（骨胶）等调和成糨糊状而成。在《江苏省仿古建筑与园林工程计价表》中是润油粉。

刮腻子又称刮灰，使用的是根据底漆和面漆的性质及颜色，专门配制的一种膏灰。粉满批腻子和嵌补腻子，都统称为刮腻子。

3.5.3 彩画的基本做法及名词术语

1）古建彩画的颜料与其他材料

（1）巴黎绿：巴黎绿又称洋绿（氧化铬绿），是近代由国外进口的一种化学性质不活泼的矿物颜料，在酸碱和硫化物的作用下都不起变化，它具有耐光照、耐高温、耐氧化的特性。洋绿品种较多，其彩度、明度都较高，色彩艳丽耐久，不易褪色。

(2) 银朱:国产鲜红色粉末状化工颜料,具有较好的化学稳定性,在日光、大气及酸碱类作用下都很稳定,只有在浓酸中加热浸泡时才能把它溶解。银朱的学名为硫化汞,颜色明度彩度都较高,色彩鲜艳,半透明,有较强的着色力,颜色较为耐久。主要用做彩画大色,其次用做调配小色及攒退活色等。因银朱色呈半透明,涂刷较大面积银朱色时,必须先垫刷樟丹色,后罩刷银朱色。清代彩画主要崇尚运用广银朱。

(3) 石黄(雄黄、雌黄):国产天然颜料,学名为三硫化二砷。因成分纯杂不同,颜色也随之有深浅,古人称颜色发红而结晶者为雄黄,其色正黄不甚结晶者为雌黄。颜色明度高,彩度中,色彩柔和,细腻,遮盖力强。与其他颜色相重叠或相混合涂刷,不易起化学变化,颜色经久不易褪色。主要用做某些做法彩画的主体轮廓线、攒退活色及白活绘画条等。

(4) 群青:清代早期从国外进口,后来我国自行生产。颜料成细颗粒状,色彩明度中等,鲜艳,呈深蓝色,彩度较高,耐碱、高温,不怕酸,颜色呈半透明,颜色持久性远不如天大青。清代早、中期用于较低等级无金苏画的大色及调配某些小色。清晚以来的各种彩画,较普遍地代替天大青用做大色调配小色等。

(5) 松烟:国产颜料,是由木材经燃烧后而产生的无机黑色颜料,细粉状,质量很轻,覆盖力极强,与其他任何颜色混合或相重叠运用,不起化学变化,颜色经久不变、不褪色。主要运用于清代各类彩画的某些特定部位的基底色及某些做法彩画的轮廓线等。

(6) 高丽纸:早期从高丽国进口,后国产。产品分手工造和机器造,古建彩画施工崇尚运用手工造高丽纸,高丽纸手感绵软,具有较强拉力韧性,纸色洁白。主要用做软作天花、朽样、刮擦拓描老彩画纹饰等用纸。

(7) 牛皮纸:国产,品种较多。牛皮纸为褚黄色,具有较强的拉力韧性。古建彩画施工,一般采用薄厚适中、拉力较强的牛皮纸。主要用于各种彩画的起扎谱子的用纸。

2) 彩画的基本做法术语

(1) 叠晕:叠晕是将同一种颜色调出几种深浅不同的色阶,按顺序排列绘成装饰色带的方法。一般用在构件外缘时,深色在外;用在构件中图案四周时,浅色在外。当叠晕由浅至深时称为"对晕";当叠晕由深至浅时称为"退晕";用深颜色(老色)将花饰的中心部分表现出来(称作攒色),并向外用同一色系的颜色由深到浅作退晕称为"攒退"。

(2) 间色:在建筑相邻各间的同类构件上,或在同一构件的不同段落或分件上,有规律地交替使用冷暖、深浅不同的底色的方法。

(3) 沥粉:用胶、油、粉调成膏,将其挤成细条状粘着在地仗上,以形成凸起的彩画纹线,再覆上明亮的颜色的方法称为"沥粉"。沥粉可加强彩画的立体感。

(4) 爬粉:爬粉是指将素色花纹中沥粉线用毛笔描成白色。彩画工一般将白色称为"粉"。

(5) 纠粉:纠粉是在木雕(如雀替、花牙子)上绘制彩画的技法。先将花纹颜色刷齐,然后按木雕花纹的纹理,在花饰边缘的高光处(叶子边、花瓣的尖)用白粉由外向里晕染,使花饰纹理的层次感更强,更富于质感。

(6) 润粉:润粉是指在木装修表面刷水溶性颜色(地板黄等),以改变木质颜色。

(7) 贴金:贴金是指在彩画的线或图案上贴金箔的方法。可以平贴片金,也可在沥粉上贴金(称"沥粉贴金"),贴金可使彩画显得金碧辉煌,高贵富丽。

金箔依其品质分为库金箔(也称库金)和赤金箔(也称赤金),库金品质较好,不易变色,常用于室外构件的沥粉贴金;赤金品质较次,受风吹日晒后容易变色,故多用于室内构件的沥粉贴金。

近年来也常用“铜箔”代替金箔用于建筑物，由于铜箔易氧化变黑，需在表面涂透明涂料加以防护，故不适应环境湿度大的地方，也不宜使用在文物建筑上。

(8) 片金、浑金做法：用沥粉的方法绘出纹路线和花饰的轮廓线，并只将纹路线和花饰全部饰以金箔，在金色花饰周围涂以颜料或油漆作底色的做法称为“片金”做法，这是清式彩画做法之一。在雕刻或沥粉纹饰构造的表面满饰金箔者，称“浑金”做法。浑金做法可用单色金，也可用两色金。

(9) 金琢墨、烟琢墨：“金琢墨”属较高级别彩画做法之一，花饰为攒退画法，花饰轮廓及主要纹线均为金线，并在金线旁描白粉线。“烟琢墨”属中等级彩画做法，仅次于金琢墨，区别是图案纹饰以墨线勾描轮廓，并在墨线旁描白粉线。

(10) 切活：切活是彩画做法术语，做法特点是一般不起谱子，各种图案由作者根据地子面积情况灵活多变地绘制，大多在二青、二绿或丹色地子上用单一黑色完成切活画面。所谓“切”，并非是简单地画，而是经过切黑后，使人直观地感到原来的青、绿、丹地色已不再是地而成了图案，而所切的黑色则反而成了地子色的效果。

(11) 规矩活：在清代中叶后，匠师们将每类彩画按照等级划分为几种做法，并按照每种彩画的制度安排色彩和图案，习惯上称之为“规矩活”。所谓规矩就是各种彩画的构图、颜色、工序以及操作技巧都形成了一个统一的法式。

3.5.4 木构架彩画

彩画均以梁枋大木和一些面积较大的构件为主作构图基础，其他部位则随大木彩画作相应配合；按工程部位可分为椽望彩画、木构架彩画、斗拱及垫拱板彩画、天花彩画等。我国《清单规范》参照《清式营造则例》将木构架分成上架构件、下架构件。

上架构件是指檩(桁)枋下皮以上(包括柱头)的枋、梁、随梁，瓜柱、柁墩(驼峰)、角背、雷公柱、撑弓、桁檩、角梁、由戗、垫板、燕尾枋、博脊板、棋枋板、镶嵌柁档板、镶嵌象眼山花板、角科斗拱的宝瓶、楼阁的承重、楞木，木楼板底面及枋、梁、桁檩等露明的榫头、箍头。

下架构件是指各种柱、抱柱、槛框、窗榻板、什锦窗的筒子板、过木、坐凳。

上架构件彩画的观赏面最为特出，影响最大的地方是檐(金)柱之间的额枋表面，特别是规格较大的建筑，往往由大、小额枋相辅相成，因此作画时，会将大、小额枋、由额垫板连成一体布局，作为绘制彩画的重点部位。

绘制图案时，将额枋分为约略相等的三段(如图 3.5.1)，中段为“枋心”，左右两端两段竖条为“箍头”，两条箍头带间的略似方形部分内的绘画称作“盒子”，箍头与枋心之间为“藻头”(俗称“找头”)。枋心长度约为梁枋长度的三分之一，两端的箍头、盒子与藻头长度之和约等于枋心长。箍头与藻头之间的小三角形部分称为“岔角”，岔角内多画菱花。这几部分的分界线条称为“锦枋线”。

1) *和玺彩画*

和玺彩画(如图 3.5.1)是古建彩画中等级最高的一种彩画，多用于宫殿、坛庙等处的主殿的建筑。和玺彩画构图上以“Σ” 形线条进行分段，在箍头、藻头、枋心上绘以龙凤花饰，主要线条沥粉贴金，在金线的一侧衬白粉线(也称“大粉”)或运用晕色技法，并以青、绿、红等作底色衬托出金色图案，显得非常华贵。和玺彩画根据图案内容有金龙和玺、龙凤和玺、龙草和玺、和

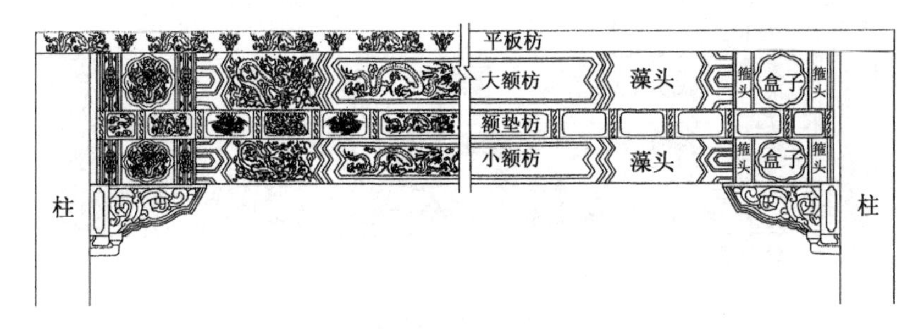

图 3.5.1 和玺彩画

玺加苏画等。

2）旋子彩画

旋子彩画是以在藻头上画带卷涡纹的花瓣（旋子）而得名，等级上仅次于和玺彩画，多用于官衙、庙宇主殿，坛庙配殿和牌楼建筑等处。旋子彩画构图上以“＜”形线条分段，箍头内不画图案，枋心部分根据绘画题材常有龙饰枋心、锦枋心、一字枋心和空枋心等形式。旋子彩画按退晕和用金的多少分为金琢墨石碾玉、烟琢墨石碾玉、金线大点金、墨线大点金、墨线小点金、雅伍墨、雄黄玉彩画等。

3）苏式彩画

苏式彩画因源于苏州而得名，以构图灵活自由、丰富多彩、色调清雅而著名。苏式彩画与和玺、旋子彩画的主要区别在于枋心。它由图案与绘画两部分组成，图案多绘成回纹、万字、夔纹、汉瓦、连珠、卡子、锦纹等，其绘画内容多为人物山水、花卉草木、鸟兽虫鱼、亭台楼阁等。苏式彩画常用于园林和住宅庭院。

（1）苏式彩画的构图

苏式彩画的构图形式分为枋心式彩画（图 3.5.2）、包袱式彩画（图 3.5.3）和海墁式彩画（图 3.5.4）三种。

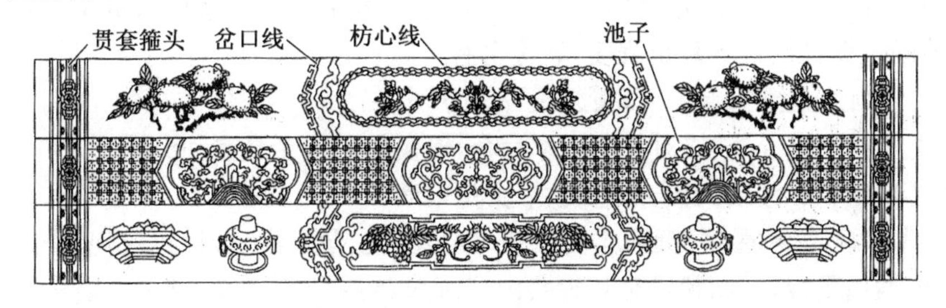

图 3.5.2 枋心式苏画

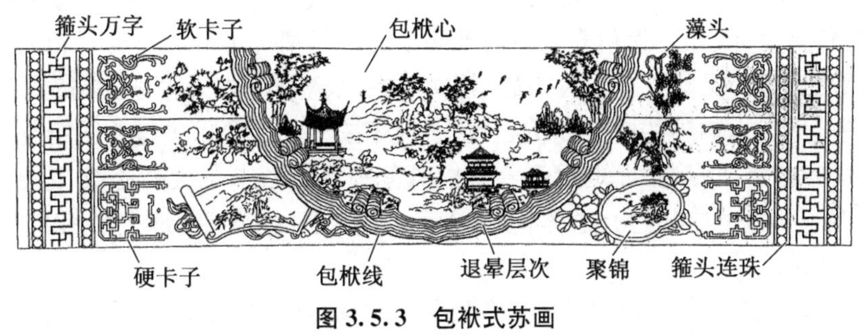

图 3.5.3 包袱式苏画

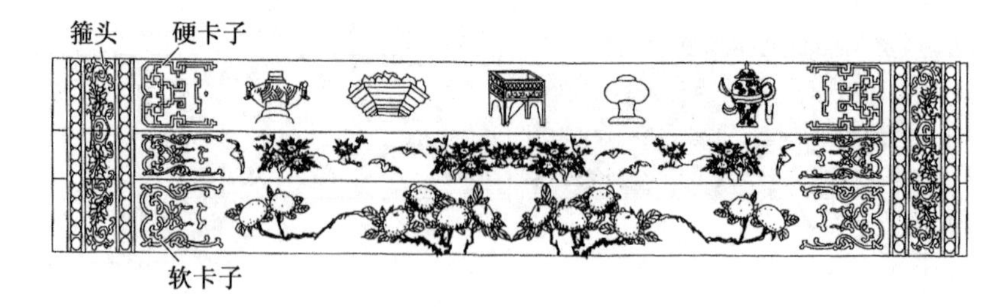

图 3.5.4 海墁式苏画

① 包袱:清苏式彩画典型的构图中,将檩、垫、枋上下三件为一体,在每开间中间一段用退晕方法画的一近似半圆形向上开口的退晕画框,内画各种风格的彩墨画,称作包袱。

② 卡子:绘在苏式彩画找头部位的一种图案,因其形状似开口相对的"卡子"而得名。由直折线组成者为硬卡子,由曲线组成者为软卡子。

③ 池子:旋子彩画、苏式彩画绘在垫板上或平板枋上的小画框,其上下以垫板、平板枋的边缘为界不绘边框线,只绘左右边框线。

④ 聚锦:苏式彩画的卡字与包袱(或枋心)之间绘在桁檩和枋上的小画框,多以器物、动物或植物阔叶、果实的剪影为其外轮廓,内画各种彩墨画。

⑤ 白活:苏式彩画中的包袱(或枋心)、聚锦、池子内的彩画常常是在白底色上作画,俗称为"白活";与此相对应,箍头、卡子及包袱、枋心、聚锦、池子的外廓线则统称为"规矩活"。

(2) 金琢墨苏式彩画(规矩活部分):是苏式彩画中最华丽的一种,工艺最考究。彩画中的主要线条和图案作沥粉贴金,包袱线外层作金边,向内作多层退晕处理(包袱线的内层线称为"烟云",外层线称"托子"),退晕层次 7 至 13 层,包袱内底讲究者满用金箔衬底。

(3) 金线苏画:金线苏画是最常用的苏式彩画,对彩画的主要线条如枋心线、包袱线、聚锦线等规矩部分均作沥粉贴金;箍头、卡子灵活处置作片金。包袱烟云退晕层次为 5 至 7 道。金线苏画根据灵活处置片金程度,名称也有所区别:

① 金线苏画片金箍头卡子:箍头、卡子都作片金。

② 金线苏画片金卡子:只对其卡子作片金,箍头作色或者是素面。

③ 金线苏画卡子:只对卡子作色线,箍头是素面。

(4) 黄线苏画:又称墨线苏画,主要线条(如枋心线、包袱线、聚锦线等规矩部分)均用黄色线条,其他均用墨线,不沥粉贴金。箍头内多画单色退晕的回纹、万字。藻头青底配香色硬卡子,绿底配红色或紫色软卡子。烟云退晕层次 5 道以下。

(5) 海墁苏画:海墁苏画指对箍头和卡子的形式,按规矩要求绘制,其他空地均可自由构图,最主要特征是无枋心、无包袱。海墁苏画根据卡子情况可分为有卡子和无卡子。

(6) 和玺加苏画(规矩活):指对枋心、箍头、藻头、盒子等内外框线,都按照和玺彩画的规矩图案绘制,而线框内外的空地如枋心、盒子内等按苏画的要求进行构图绘制。

(7) 金线大点金加苏画(规矩活部分):指对藻头、箍头、卡子及枋心线、盒子线等,按照金线大点金旋子彩画的规矩进行总体构图、配色,而枋心、盒子等空地上采用苏式彩画。

4) 新式彩画

新式彩画是在传统彩画基础上,结合民族艺术特点和环境功能要求而绘制的彩画,

新式彩画没有固定的"法式"约束,能体现当今时代感。根据用金量的多少分成以下几种彩画:

(1) 新式油地沥粉贴金彩画:这是以黄白调和漆为底色的沥粉贴金彩画,色调的深浅根据需要灵活调制。根据贴金范围分满做和掐箍头。满做即指图案线条均为沥粉贴金;掐箍头即指仅仅箍头部分沥粉贴金。

(2) 新式金琢墨彩画:是指不拘泥于和玺彩画、旋子彩画的规矩形式而作的金琢墨彩画,即彩画的构图自由灵活,但图画的主要轮廓线(如箍头线、藻头线、图案框等)为沥粉贴金,其他线条和图案均为墨线。根据贴金范围分素箍头活枋心和素箍头素枋心。

"素箍头活枋心"是指箍头内无图案或是墨线图案,枋心为沥粉贴金;"素箍头素枋心"是指箍头、枋心均为墨线图案。

(3) 新式满金琢墨彩画:这是在新式金琢墨彩画基础上,扩大贴金范围内的彩画,即除轮廓线外,箍头内、藻头内、枋心内及盒子内的图案,均为沥粉贴金。

(4) 新式局部贴金彩画、新式各种无金彩画:"新式局部贴金彩画"是指只在重点突出部位(如箍头线、岔口线、枋心线、花蕊等处)贴金的彩画;"新式各种无金彩画"是指完全不贴金的彩画。

3.6 绿化工程

绿化工程是指树木、花卉、草坪、地被植物等的植物种植工程。该部分从园林绿化工程工程量计算规范的大类上划分又包括绿地整理、栽植花木、绿地喷灌三个部分。

3.6.1 绿地整理

绿地整理不仅指整理绿化用地,还包括砍伐乔木、挖树根(蔸)、砍挖灌木丛及根、砍挖竹及根、砍挖芦苇(或其他水生植物)及根、清除草皮、清除地被植物以及屋面清理、种植土回(换)填、绿地起坡造型、屋顶花园基底处理内容。这些内容比较容易理解,只是在计价时要注意对应子目的准确选套。

3.6.2 栽植花木

栽植花木主要应掌握绿化植物的品种,下面介绍常见的绿化植物。

针叶树:叶针形或近似针形树木。一般指叶小型的裸子树种,常见的有雪松、白皮松、水杉、云杉、侧柏、龙柏等。

阔叶树:叶形宽大,不呈针形、鳞形、线形、钻形的树木。大部分是被子植物,既有乔木也有灌木。常见的有广玉兰、海棠、碧桃、丁香、合欢、石榴等。

常绿树:四季常绿的树木,它们的树叶是在新叶长开之后老叶才逐渐脱落,常见的有松、柏、杉、苏铁、黄杨等。

落叶树:春季发芽,冬季落叶的树。包括的种类很多,如部分裸子植物、部分被子植物、乔灌木等。

乔木:树体高大,而具有明显主干的树种。常见的有银杏、雪松、云杉等。

庭荫树：栽植在庭院里、广场上用以遮蔽阳光的一种树木。常见的有玉兰、合欢、银杏、白蜡等。

攀援植物：攀附或顺着别的物体方可向高处生长的植物。是园林绿化中用做垂直绿化的一类常见植物。按攀援方式可分为：缠绕式、卷曲式、吸附式、攀附式。常见的植物有紫藤、牵牛、葡萄、五叶地锦、常春藤等。

观赏植物：形、叶、花、枝、果的任何部分都具有观赏价值，专以审美为目的而培植的植物。常见的有龙柏、龙爪槐、牡丹、菊花、龟背竹、秋海棠、变叶木、法国梧桐等。

观花植物：以植物的花朵艳丽，花形奇特或具有香气而可供观赏的植物。常见的有牡丹、石榴、米兰、樱花、桂花、木槿等。

观果植物：以果实为主要观赏对象的植物。常见的有罗汉松、山楂、佛手、柑橘、石榴、金银木等。

观叶植物：以叶形、叶色为观赏对象的植物。常见的有金叶女贞、无花果、常春藤、文竹、吊兰、芦荟等。

露地花卉：凡生长与发育等生命活动能在露地条件下完成的花卉。常见的有百日草、凤仙花、一串红、牵牛花、美人蕉、水仙、杜鹃、月季等。

宿根花卉：多年生草本观赏植物，是当年开花后地上部分的茎叶全部枯死，地下部分的根茎进入冬眠状态，转年春季继续萌芽生长，生命可延续多年的花卉。常见的有石竹、牡丹、菊花等。

球根花卉：多年生草本观赏植物中，凡根与地下茎发生变态而膨大成球形或块状的花卉。常见的有郁金香、水仙、美人蕉、晚香玉、唐菖蒲等。

一年生花卉：早春播种，夏秋开花，秋季种子成熟，整个生命周期在当年完成，直至冬季枯死的草本观赏植物。常见的有百日草、鸡冠花、万寿菊、凤仙花等。

两年生花卉：秋季播种，转年春季开花，夏季结实，而后枯死，整个生命周期需要跨年度完成的草本观赏植物。常见的有三色堇、雏菊、紫罗兰、石竹等。

水生植物：在旱地里不能生存，只能自然生长在水中，多数为宿根或球茎的多年生植物。常见的有荷花、睡莲、菱角、旱伞草等。

地被植物：株形低矮，枝叶茂盛，能覆盖地面，可保持水土，改善气候，并有一定的观赏价值的植物。常见的有铺地柏、小叶黄杨、紫穗槐等。

草坪植物：适合于草坪生长、应用的一类植物。常见的有结缕草、早熟禾、黑麦草等。

3.6.3 园林绿化植物配置形式

园林绿化植物常见的配置形式有下列若干种。

孤植：园林绿地中配置单株的树木，以其姿态、色彩构成独有的景色。它往往位于构图中心成为视线焦点。它一般种植于草坪中、林缘外、水塘边或建筑物的一旁。

群植：植物配置中选择几株或十几株同一种树木或种类不同的乔木、灌木组成相对紧密的构图。这种种植的搭配要符合美学规律，并要掌握各种植物不同的习性，利用它们之间不同的色彩、体形和姿态组成丰富多彩的观感。

绿篱：密集种植的园林植物经过修剪整形而形成的篱垣。常用的植物有常绿桧柏、大叶黄杨、紫叶小檗、金叶女贞等。

绿廊：用攀援植物覆盖的走廊式通道。一般通廊取其绿荫或植物的花朵、叶色供游人休息和观赏，或作为分割空间增加景物层次。常用骨架材料有木制、铁制或混凝土。常用植物有五叶地锦、爬山虎、紫藤、七里香等。

花坛：把花期相同的多种花卉或不同颜色的同种花卉种植在一定轮廓的范围内，并组成图案的配置方法。一般设置在空间开阔、高度在人的视平线以下的地带。所种植的花草要与地被植物和灌木相组合，给人以层次分明、色彩明亮的感觉。

花台：将地面抬高几十厘米，以砖石矮墙围合，其中栽植花木的景观设施。它能改变人的欣赏角度，发挥枝条下垂物的姿态美，同时可以和坐凳相结合供人们休息。

花钵：把花期相同的多种花卉或不同颜色的同种花卉种植在一个高于地面、具有一定几何形状的钵体之中。常用构架材料有花岗石材、玻璃钢。常见的钵体形状有圆形高脚杯形、方形高脚杯形等。钵体常与其他花池相连构成一组错落有致的景观。

草坪：栽植或撒播人工选育的草种、草籽，作为矮生密集型的植被，经养护修剪形成整齐均匀的表层植被，具有改善环境，阻滞降水的地表的径流，防止水土流失，补充地下水，净化地面水的作用。草坪一般分为观赏型、功能型和覆盖型。常见草种有高羊茅、白三叶等。

模纹：用多种常绿植物以自然式风格交错配置，种植在一些大型广场和立交桥下，形成不同的自然式的曲形绿带。

垂直绿化：利用攀援植物绿化墙壁、栏杆、棚架等。攀援植物有缠绕类、卷须类、攀附类和吸附类。利用垂直绿化可降低墙面温度，对室内起降温和保温作用，减少噪声反射。

山石景观：用自然石截砌的假山和人工塑造的山体形成的山石景观。（园林植物配置可参见图3.6.1、图3.6.2、图3.6.3）

图 3.6.1 园林植物配置(一)

图 3.6.2 园林植物配置(二)

图 3.6.3 园林植物配置(三)

3.6.4 绿化参数

1）基本的绿化参数

(1) 绿化率:绿地在一定用地范围中所占面积的比例。它是城市绿地规划的重要指标之一。

(2) 绿化覆盖率:各种植物垂直投影占一定范围土地面积的比例,它是衡量绿化量和反映绿化程度的数据。

2）与绿化工程相关的知识

胸径:距地面 1.2 m 处的树干直径,也称为干径。

苗高:从地面到顶梢的高度。

冠径:展开枝条幅度的水平直径。

条长:攀援植物,从地面起到顶梢的长度。

年生:从繁殖起到刨苗时止的树龄。

树木养护:城市园林乔、灌木的整形、修剪及越冬保护。

色带:由苗木栽成带状,并配置有序具有一定的观赏价值。

栽植:园林栽种植物的一种作业,包括起苗、搬运和种植。根据季节又可分为春季栽植(三月中旬到四月下旬)、雨季栽植(七月上旬到八月上旬)和秋季栽植(八月下旬到十一月中旬)。

植树工程:包括乔灌木的栽植,土壤改良和排水,灌溉设施的铺设。工作内容包括放线定位、起苗、运输、修剪、栽植和养护管理。

裸根栽植:落叶树冬春季节一般采用的栽植方法。其特点是:重量轻、包装简单、省功力、成本低、可以保留较多的根系。应注意搬运时要包裹严密,不能及时栽植时要假植,干燥多风时要对树根蘸浆保护。

带土栽植:一般用于常绿树或须根极细易损伤的落叶树。此法不损伤根系,并可保持水分,根与土壤不易分离,易成活。但是,包装、搬运成本较高。

大树移植:移植已定植多年的大树。移植时,应尽量多带根系,土质为黏土时带土移植可用软包装材料,沙质土或移植较大的树木时需要板箱包装。栽植时应严格掌握深度。

树木假植:移植裸根果树木,如不能及时栽植,要用湿润的土壤暂时掩埋根部。

植树季节:一般分为春季栽植、冬季栽植、秋季栽植、雨季栽植和非休眠期栽植。选择树根能再生和枝叶蒸腾量最小的时期。

草坪的铺种:种草可采用播种、栽根和铺草块的方法。施工时要考虑当地的气候条件和土壤条件,并考虑不同地段的光照情况。

3.6.5 绿化养护

1）乔木修剪

乔木修剪包括整理树形、理顺枝条,使树冠枝繁叶茂,疏密适宜,能充分发挥观赏效果的同时又能通风透光,减少病虫害的发生。一般可分为无主轴形和有主轴形。同时行道树还要解决好与交通、电线之间的矛盾。

2) 灌木修剪

灌木修剪为保持灌丛状态的一种修剪方法。主要是更新老枝,使上下枝叶都能丰满。对当年生枝上开花的应在花开后剪去过长的枝条,对秋季孕蕾的应在夏季休眠期剪去长枝。

3) 绿篱修剪

绿篱修剪是按照所需高度截取主干并逐年剪侧枝,使上下侧枝茂密,株形整齐丰满。一般修剪应在每年的春季萌动前和雨季休眠期。

4) 草坪养护

草坪养护包括灌水、施肥、剪草、打洞、除杂草、清枯草、虫害防治和维护等工作。目的是使草坪生长茂盛,并满足观赏和功能方面的各种要求。

5) 园林植物虫害防治

园林植物虫害防治是根据虫害的生物学特征和发生发展规律而制定综合防治的技术措施,适时展开化学防治、生物防治的防治方法。

3.7 园路园桥工程

3.7.1 园路

园路是联系景区、景点及活动场所的纽带,具有引导浏览、分散人流的功能。一般分为主干道、次干道和游步道。园路的基本构成包括垫层、结合层和面层。又由于不同景观的需要,面层可采用片石、卵石、水泥砖、镶草砖等材料。

园林中的路是联系各景区景点的纽带和脉络,在园林中起着组织交通的作用,它与城市的马路是截然不同的概念,园林中的路是随地形环境、自然景色的变化而布置,引导并组织游人在不断变化的景物中观赏到最佳景观,从而获得轻松、自然、幽静的感受。园林中的路不仅仅有组织交通的功能,它本身也是园林景观的组成部分,它的面材和式样是丰富多彩的,常采用的有石、砖、水泥预制块、各种瓷砖等。庭院的地面常采用方砖铺砌;曲折的小径则常采用砖、卵石、青石等材料配合。各种园路的基层、底层做法基本相同,只不过是层数不同、厚度不同,基本构造做法与图 3.7.1 类似。

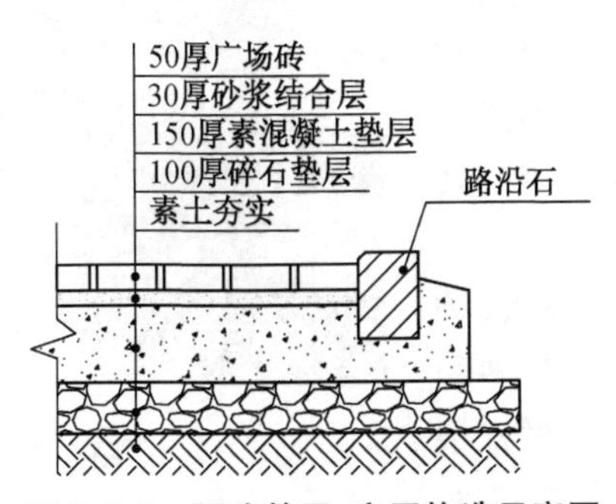

图 3.7.1 园路基层、底层构造示意图

踏(蹬)道是指通向厅堂、走廊和主要建筑物的道路,在园林景观中多用砖、石砌成笔直的或蜿蜒起伏的小路。为增加其视觉效果,可用彩色卵石或青步石作面材。(见图 3.7.2、图 3.7.3)

图 3.7.2　踏道(一)

图 3.7.3　踏道(二)

3.7.2　园桥

在园林工程中组织与水有关的景观时大多采用桥的布局。桥是水中的路,是人工美的建筑物,造型设计精美的桥能成为自然水景中的重要点缀和园中主景。园林中的桥和路一样起着联系景点、景区,组织浏览路线的作用。与路不同的是桥为了使其跨度尽可能小,常选择水面和溪谷较狭窄的地方,并设计成曲折的形式。桥的形式除平桥外还有拱形桥、亭桥、廊桥等。(参见图 3.7.4、图 3.7.5)

图 3.7.4　园桥(一)

园林中的水面上还常采用汀步作为水中的路。它的作用类似桥,但比桥更贴近水面,使游人与水的距离感更小,行走其上,能有平水而过之感。它在平面布局上,更显现造型美和图案美,使其成为点缀水面的一种常用的造园手法。

图 3.7.5　园桥(二)

园桥由桥基、桥身、桥台、桥墩、护坡、桥面、栏杆等组成。其桥身有多种形式,如拱形、曲折形、水平形。栏杆根据桥身的材料不同有多种形式和造型,如汉白玉、青白石、钢筋混凝土、铁艺花式、木材等。

栏杆的主要功能是防护。园林中的栏杆除了起防护作用外,还用于分隔不同活动内容的空间,划分活动范围以及组织人流。栏杆同时还是园林的装饰小品,用以点景和美化环境。但在园林中不宜普遍设置栏杆，特别是在浅水池、小平桥、小路两侧，能不设置的地方尽量不设置。在必须设置的地方应把围护、分隔的作用与美化、装饰的功能有机结合起来。栏杆的高度要因地制宜，要考虑功能的要求，但不能简单地以高度来适应管理上的要求。防护栏的高度一般为 1.1 m，栏杆搁栅的间距要小于 12 cm，其构造应粗壮、结实。台阶、坡地的一般防护栏、扶手栏杆的高度常在 90 cm 左右。设在花坛、小水池、草坪地边以及道路绿化带边缘的装饰性镶边栏杆的高度为 15～30 cm，其造型应纤细、轻巧、简洁、大方。

3.7.3 驳岸、护岸

驳岸是一面临水的挡土、护坡防止岸壁坍塌的构筑物。根据驳岸在水位中的位置，一般可以分为四个部分：一是高水位以上部分，该部分是不淹没部分，主要承受风浪撞击和淘刷、日晒风化；二是常水位至高水位部分，该部分是周期性淹没部分，主要承受风浪拍击和周期性冲刷、日晒风化等；三是低水位至常水位部分，该部分是常年被淹，受潮水浸渗冻胀；四是低水位以下部分，该部分一般是驳岸的基础。

驳岸根据其造型不同，可分为规则式驳岸（重力式驳岸、半重力式驳岸、扶壁式驳岸）、自然式驳岸（假山石驳岸、卵石驳岸）、混合式驳岸等。根据所用材料不同，驳岸又可分为桩基驳岸、混凝土驳岸、浆砌块石驳岸、竹篱驳岸、板墙驳岸、原木桩驳岸等。

护岸是对河水底面及河岸边的一种防护措施。它不同于驳岸，一般适用于边坡坡度大、水流小、风浪小的部分，能承受的荷载较小，根据位置和材料不同，可分为满（散）铺砂卵石护岸（自然护岸）、点（散）布大卵石护岸和框格花木护岸等。

3.8 园林景观工程

园林景观工程是园林工程中重要的组成部分，它包括堆砌石假山、塑假山、点风景石、原木构件、竹构件、亭廊屋面、园林桌椅、喷泉安装等各种杂项。

3.8.1 堆塑假山

假山是以造景、游览为主要目的，以自然山水为蓝本，经过艺术提炼、概括、夸张形成的山系水系，是用人工再造的山景或山水景物的统称。其中有堆假山（见图 3.8.1）和塑假山。

图 3.8.1 堆假山

置石是以具有一定观赏价值的自然山石，进行独特造景或作为配景布置，更接近自然雕塑，但又不具备完整山形的山石景物。

1）常用的假山材料

（1）湖石类：太湖石、房山石、象皮

石、英石、灵璧石、宣石。

(2) 黄石。

(3) 青石。

(4) 石笋。

(5) 其他石品。

2) 堆假山施工程序

(1) 选石:一般就地取材,这样既经济又易形成地方特点。

(2) 采运:无论人抬、机吊、车船运输都应以保护奇石外形为原则,避免损伤。

(3) 相石:施工前对现场石料反复观察,区别颜色、形状和体量,按照掇山的部位和造型要求分类排队,以免滥用。

(4) 立基:立基就是奠定基础,基础深度取决于山石的高度和土的状况,常用基础有桩基、灰土基础、毛石基础、混凝土基础等。

(5) 拉底:指在基础上铺置假山造型的山脚石。这部分石头大部分在地面以下,需要强度高,而对其形状没有要求。但是,这一层是立山之本,假山的空间变化都取决于这一层。施工时可在周边底石以内填土以节约石材。

(6) 中层:位于基层以上,顶层以下的大部分山体,是主要的观赏区,山体的各种形态变化多出自此层。

(7) 结顶:又称收头,专指假山顶层的堆砌。顶层是掇山效果的重点部位。收头峰势因地而异,常有北雄、中秀、南奇、西险之说。就单体形象而言收头又有仿山、仿云、仿生、仿器设之别。掇山顶层有峰、峦、泉、洞等 20 多种。其中“峰”就有多种形式。峰石需选最完美丰满石料,或单或双,或群或拼。立峰必须以自身重心平衡为主,支撑胶结为辅。石体要顺应山势,但立点必须求实避虚,峰石要主、次、宾、配,彼此有别,前后错落有致,忌笔架香烛、刀山剑树之势。“洞”按结构可分为梁柱式、券拱式、叠涩式等。掇洞古称理洞。理洞要起脚如立柱,巧掇仿门户,明暗留风孔,梁、卷成洞顶,撑石稳洞壁,垂石仿钟乳,涉溪做汀步。洞口有隐有现,洞体弥合隙缝,以防渗水松动。

3) 堆假山常见的置石手法

堆假山常见的置石手法有特置,对置,散置,山石器设置,与建筑、小品结合和与植物结合等。

4) 塑假山的工作内容

塑假山的工作一般包括放样、挖土方、浇捣混凝土垫层、浇筑混凝土基础、浇筑骨架或焊接钢骨架、挂钢网、山皮料安装、刷防护材料等。

3.8.2 原木、竹构件

原木、竹构件是指用原木、竹经过制作、加工用来作为柱、梁、檩、椽的承载构件,另一种是指用原木、竹经过制作、加工用来作为装饰构件。

3.8.3 亭廊屋面

1) 与亭相关的知识介绍

亭是我国园林中最常见的一种园林建筑。它常与其他建筑、山水、植物相结合,装点着园景。亭的占地面积较小,也很容易与园林中各种复杂的地形地貌相结合成为园中一景,在自然风景区和游览胜地，亭以它自由、灵活、多变的特点把大自然点缀得更加引人入胜。

亭的体形较小，造型却是多种多样。从平面形状看有圆形、方形、多边形、扇形等。从体量看有单体的也有组合式的。从亭顶的形式看有攒尖顶和歇山顶。从亭的立面造型看有单檐的、重檐的(见图 3.8.2)。从亭子位置看有山亭、桥亭、半亭、廊亭等。从建亭的材料看有木构架的瓦亭、石材亭、竹亭、仿木亭、钢筋混凝土亭、不锈钢亭、膜构亭等。

图 3.8.2 亭

2) 亭的构造组成

不管哪类亭其基本的构造组成均包括以下几部分：

(1) 基础：垫层、基础(独立基础、条形基础、整板基础)等。

(2) 亭的地面：素土夯实、垫层、找平层、结构层、面层。

(3) 上部结构：柱、梁等。

(4) 亭的屋面：结构层(屋架、屋面板)、防水层等。

(5) 亭面装饰：地面、柱梁面、屋面等。

3) 亭的屋面

亭的屋面根据其所用材料的不同可分为草屋面、竹屋面、树皮屋面、油毡瓦屋面、预制混凝土穹顶、彩色压型钢板(夹芯板)攒尖亭屋面板、彩色压型钢板(夹芯板)穹顶、玻璃屋面、木(防腐木)屋面等，不同的屋面一般有不同的构造做法。

4) 廊

廊又称游廊，是联系交通、连接景点的一种狭长的棚式构筑物。它可长可短，可直可曲，随形而弯。廊是亭的延伸，是联系景点建筑的纽带。它的基本构造与亭相同。

3.8.4 花架

花架是园林景观工程中不可缺少的一部分，它用来攀爬绿色植物、遮阳，供人们休闲漫步、小坐休息之用。花架一般由基础、柱、梁、表面装饰几部分内容组成。花架根据所用的材料或施工方法的不同，可分为现浇混凝土花架柱、梁，预制混凝土花架柱、梁，金属花架柱、梁，木花架柱、梁，竹花架柱、梁等。其基本造型见图 3.8.3。

图 3.8.3 花架和方形凳

3.8.5 园林桌椅

园林桌椅、园凳是各种园林绿地及城市广场中心必备的设施。它们常被设置在人们需要就座歇息、环境优美、有景可赏之处。园林桌椅、园凳既可单独设置，也可成组布置；既可自由分散布置，也可有规则的连续布置。园林桌椅、园凳也可与花坛等其他小品组合形成一个整体。园林桌椅、园凳的造型轻巧美观，形式活泼多样，构造简单。园林桌椅、园凳的高度一般取为 35～40 cm。常用的做法有钢管为支架、木板为面的，铸铁为支架、木条为面的，钢筋混凝土现浇的，水磨石预制的，竹材或木材制作的。也有就地取材的，利用自然山石稍经加工而成。当然还可采用其他材料，如大理石、塑料、玻璃纤维等。

园林桌椅、园凳的形状各式各样，常见的有方形、长条形、圆形等。（见图 3.8.3、图 3.8.4、图 3.8.5）

图 3.8.4 长条椅

图 3.8.5 圆条凳

3.8.6 喷泉安装

1）与园林水景相关的知识介绍

园林中以水为主题形成的景观即所谓的水景。水的声、形、色、光都可以成为人们观赏的对象。园林中的水有动静之分，园中的水池是静水，而溪涧、瀑布是动水（见图 3.8.6）。

图 3.8.6 水景

静水给人以安详、宁静的感受;而动水则给人以活泼、灵动的感觉。园林水景一般常见的有池沼、戏水、水洞、瀑布、喷泉、壁泉、叠水等。

喷泉是在园林景观中设计的一种独立的景观。一般常见的有普通的装饰型喷泉,是由各种普通的水花图案组成的固定喷水型喷泉;与雕塑结合的喷泉,是由各种喷水花型与雕塑、水盘、观赏柱共同组成的喷泉;用人工或机械塑造出的水雕塑;利用各种电子技术按照程序来控制的成变换状态(指水、声、音、色)的自控喷泉等。

2) 园林水景的构造组成

园林水景部分与工程造价相关的内容,一般可分为以下几个部分:

(1) 土方工程:挖土方、运土、回填土。

(2) 基础工程:垫层、基础、基础底板。

(3) 防水工程:找平层、防水层。

(4) 饰面工程:找平层、贴面。

(5) 给排水工程:给水、排水、给排水设备。

(6) 喷泉安装工程:喷泉管道、喷泉电缆、水下艺术装饰灯具、电气控制柜、喷泉设备、闸阀、配电箱、管线等。

3.8.7 杂项

杂项是园林景观工程中各项零星设施的总称,包括石灯、石球、塑仿石音箱、塑树皮梁、塑树皮柱、塑竹梁、塑竹柱、铁艺栏杆、塑料栏杆、钢筋混凝土艺术围栏、标志牌、景墙、景窗、花饰、博古架、花盆(坛、箱)、摆花、花池、垃圾箱、砖石砌小摆设、其他景观小摆设、柔性水池等。下面选择部分内容作简单介绍。

1) 园林小品

园林小品主要就是供人们休息、观赏,方便游览活动,供人们使用的饰品。园林小品以其丰富的内容、轻巧美观的造型点缀在绿草鲜花之中,美化了景色,烘托了气氛,加深了意境,同时由于它们又各具一定的使用功能,所以满足了人们的各种游园游览活动需求,是园林中不可缺少的重要组成部分。

园林小品的内容丰富,按其功能的不同可以分为:

(1) 供人们休息之用的园林小品:如园林桌椅、园凳等。

(2) 服务性的园林小品:如园灯、指示牌、道路牌、小卖部等。

(3) 管理类的园林小品:如垃圾箱(图 3.8.7)、鸟舍、栏杆等。

(4) 装饰性的园林小品:如景窗、门洞、花池、花钵等。

(5) 供人们观赏休息之用的园林小品:如亭、廊、花架、雕塑、小溪等。

(6) 供儿童游乐之用的园林小品:如攀藤架、滑梯、跷跷板等。

(7) 供人们通行之用的园林小品:如甬路、曲桥、汀步等。

图 3.8.7 小品(垃圾箱)

2）相关知识介绍

景墙、景窗：园林中的墙有分隔空间、组织浏览、衬托景物、装饰美化和遮蔽视线的作用，是园林空间构图的一个重要的因素。景墙的形式有云墙、钢筋混凝土花格墙、竹篱笆墙、梯形墙、漏明墙等。墙上的漏窗又叫透花窗，可以用它分隔景区，使空间似隔非隔，景物若隐若现，富有层次，达到虚中有实、实中有虚、隔而不断的艺术效果。漏窗的窗框常见的形式有方形、长方形、圆形、菱形、多边形、扇形等。园林中的墙上还常有不装窗扇的窗孔，称为空窗，它具有采光和取框景的作用，常见的形式有方形、长方形、多边形、花瓶形、扇形、圆形。园林景观中的墙还可与其他景观，比如花池、花架、山石、雕塑等组合成独立的风景。

在园林建筑中，各种花格广泛使用于墙垣、濯窗、门罩、门扇、栏杆等处。花格既可用于室外，也可用于室内；既可用于装饰墙面，又可用于分隔空间。在形式上花格可作为整幅的自由式，又可采用变化、有规律的几何图案。其内容可以包含传说、叙事，也可仅包含花卉、鸟兽甚至抽象图形。花格构件可根据不同材料特性，形成纤巧的形态或粗犷的风格。按制作材料可分为砖瓦花格、水泥制品花格（见图 3.8.8）、琉璃花格、玻璃花格、金属花格等。

图 3.8.8　水泥制品花格

影壁是景墙的一种特殊形式，它一般设计在小区和公园的进口处或广场处。它是我国古典园林和私家园林中常见的一种表现方式，在影壁的墙面一般雕有浮雕和刻文。在传统观念中它有一种避邪的作用，而如今它更多的用来分隔空间、装饰美化和遮蔽视线。（见图 3.8.9）

图 3.8.9　影壁

3）景观围墙的构造组成

景观围墙（见图 3.8.10）部分与工程造价相关的内容，一般可分为以下几个部分：

图 3.8.10 景观围墙

（1）土方工程：挖土方、运土、原土打夯、回填土。

（2）基础工程：各类垫层、基础、防潮层等。

（3）砌筑工程：墙体砌筑、砖柱砌筑。

（4）混凝土工程：混凝土柱、混凝土梁、混凝土压顶等。

（5）金属工程：柱、栏杆、预埋件等。

（6）饰面工程：粉刷层、贴面、油漆涂料。

4）与花船相关的知识介绍

花船就是花坛的一种改型方式，它以船的形式作为池钵。它是用来种植花卉的一种特殊形式的并具有观赏价值的种植床，一般设置在视线比较开阔处或是视线焦点处。它可布置成花丛状或模纹状，全部种植花草、地被、灌木等。

在园林景观中花坛、花池是很常见的，不论是平面形式还是立体效果都是千姿百态的。它是随着景观造景的需要而设置的，其所用材料简易的用砖砌，稍复杂的采用钢筋混凝土浇筑。为配合景观和种植，花坛的饰面还采用了一些不同颜色和不同材质的做法。

花坛是把花期相同的多种花卉或不同颜色的同种花卉种植在一定轮廓的范围内，并组成图案的配置方法。一般设置在空间开阔，高度在人的视平线以下的地带。所种植的花草要与地被植物和灌木相结合，给人以层次分明、色彩明亮的感觉。花坛是观赏花卉的一种形式，它的平面形式是多种多样的，有简有繁。大型的一般形式比较宽大，利用多颜色多品种的花卉使得景观的视觉比较开阔。小巧型的而是利用花篮、花瓶、卡通造型、动物造型等式样适时种植花卉和花草。又以盛花花坛、立体花坛、草皮花坛、独立花坛、带状花坛、混合花坛等不同的式样组成不同颜色、不同组合、不同效果的造型。

花池一般是指景观中的种植池，低为池高为台，外形形状也是多种多样的。一般常做成景点的造景点缀或是与其他景观山石相结合又成一景。

花台是将地面抬高几十厘米，以砖石矮墙围合，其中再植花木的景观设施。它能改变人的欣赏角度，发挥枝条下垂植物的姿态美，同时可以和坐凳相结合供人们休息。

花钵是把花期相同的多种花卉或不同颜色的同种花卉种植在一个高于地面具有一定几何形状的钵体之中。常用构架材料有花岗石材、玻璃钢。常见的钵体形状有圆形高脚杯形、方形高脚杯形等。钵体常与其他花池相连构成一组错落有致的景观。(见图3.8.11)

图 3.8.11　花钵

树池:在铺装地面上需要栽植树木时,在需要种植的树木周围预留一块土地,并把它围圈起来,这就是树池(见图 3.8.12)。当树池池壁与铺装地面的标高一致时称为平树池,它一般可用普通砖直砌或用混凝土浇筑。当树池池壁高出地面并做成树珥时,就是高树池,它一般是为了保护池内土壤和苗木的正常生长。在绿地周边也常见用混凝土块围成的围牙,主要作用就是保护绿地中的苗木花草的正常生长,防止人员或牲畜和其他外界因素对花草树木造成伤害。

图 3.8.12　树池

4 建设工程造价计价依据

建设工程造价计价依据是据以计算造价的各类基础资料的总称。由于影响工程造价的因素很多，每一工程的造价都要根据工程的用途、类别、结构特征、建设标准、所在地区、市场价格信息，以及政府的产业政策、税收政策和金融政策等等作具体计算。因此就需要与确定上述各项因素相关的定额或指标等作为计价的基础，建设工程定额是工程造价计价的重要依据。

计价依据除国家或地方法律规定的以外，一般以合同形式加以确定。建设工程造价计价依据必须满足以下要求：准确可靠，符合实际；可信度高，有权威性；数据化表达，便于计算；定性描述清晰，便于正确利用。

4.1 建设工程定额概述

建设工程定额是指在工程建设中单位产品的人工、材料、机械、资金消耗的规定额度。建设工程定额可以按照不同的原则和方法进行科学的分类。

4.1.1 按生产要素分

按定额反映的生产要素消耗内容，建设工程定额划分为：

(1) 劳动定额。劳动定额也称人工定额，是指在正常施工技术组织条件下，生产单位合格产品所需要的劳动消耗量标准。

(2) 材料消耗定额。材料消耗定额是指在合理和节约使用材料的前提下，生产单位合格产品所必须消耗的建筑材料(半成品、配件、燃料、水、电)的数量标准。

(3) 机械台班消耗定额。机械台班消耗定额是指在正常的施工、合理的劳动组织和合理使用施工机械的条件下，生产单位合格产品所必需的一定品种、规格施工机械作业时间的消耗标准。

4.1.2 按编制程序和用途分

按定额的编制程序和用途分类，建设工程定额划分为：

(1) 施工定额。指施工企业(建筑安装企业)组织生产和加强管理在企业内部使用的一种定额，属于企业定额的性质。这是工程建筑定额中分项最细、定额子目最多的一种定额，也是基础性定额。施工定额由劳动定额、材料定额和机械定额 3 个相对独立的部分组成。

(2) 预算定额。它是以建筑物或构筑物各个分部分项工程为对象编制的定额，内容包括劳动定额、材料定额、机械定额三个基本部分，并列有工程费用，是一种计价性定额。预算定额是编制概算定额的基础。

(3) 概算定额。它是以扩大的分部分项工程为对象编制的，计算和确定该工程项目的劳动、材料、机械所使用的定额，同时它也列有工程费用，也是一种计价性定额。概算定额是编制扩大初步设计概算、确定建设项目投资额的依据。

(4) 概算指标。它是概算定额的扩大与合并，是以整个建筑物和构筑物为对象，以更为扩大的计量单位来编制的。概算指标的内容包括劳动、材料、机械定额三个基本部分，同时还列出了各结构分部的工程量及单位建筑工程(以体积计或以面积计)的造价，是一种计价定额。

(5) 投资估算指标。它是在项目建议书和可行性研究阶段编制投资估算、计算投资需要量时使用的一种定额，但其编制基础仍然离不开预算定额和概算定额。

4.1.3 按投资费用性质分

按照投资的费用性质，建设工程定额划分为：

(1) 建筑工程定额。这是建筑工程的施工定额、预算定额、概算定额和概算指标的统称。建筑工程一般理解为房屋和构筑物工程。建筑工程定额在整个建设工程定额中占有突出的地位。

(2) 设备安装工程定额。这是安装工程的施工定额、预算定额、概算定额和概算指标的统称。设备安装工程一般是指对需要安装的设备进行定位、组合、校正、调试等工作的工程。在通用定额中有时把建筑工程定额和安装工程定额合二为一，称为建筑安装工程定额。建筑安装工程定额属于直接费定额，仅仅包括施工过程中人工、材料、机械台班消耗的数量标准。

(3) 建筑安装费用定额。建筑安装费用定额包括措施费定额和间接费定额。

(4) 工器具定额。这是为新建或扩建项目投产运转首次配置的工具、器具的数量标准。工具和器具是指按照有关规定不够固定资产标准而起劳动手段作用的工具、器具和生产用具。

(5) 工程建设其他费用定额。这是指从工程筹建起到工程竣工验收交付使用的整个建设期间，除了建筑安装工程费用和设备、工器具购置费以外的，为保证工程建设顺利完成和交付使用后能够正常发挥效用而发生的各项费用开支的标准。

4.1.4 按专业性质分

按照专业性质，建设工程定额划分为以下几方面：

(1) 全国通用定额是指部门间和地区间都可以使用的定额。

(2) 行业通用定额是指具有专业特点在行业部门内可以通用的定额。

(3) 专业专用定额是指特殊专业的定额，只能在指定的范围内使用。

4.1.5 按编制单位和执行范围分

按定额的编制单位和执行范围，建设工程定额划分为以下几方面：

(1) 全国统一定额。由国家建设行政主管部门，综合全国工程建设中技术和施工组织管理的情况编制，并在全国范围内执行的定额。

(2) 行业统一定额。由行业建设行政主管部门，考虑到各行业部门专业工程技术特点以及施工生产和管理水平所编制的，一般只在本行业和相同专业性质的范围内使用。

(3) 地区统一定额。由地区建设行政主管部门,考虑地区性特点,对全国统一定额水平作适当调整和补充而编制的,仅在本地区范围内使用。

(4) 企业定额。由施工单位考虑本企业具体情况,参照国家、部门或地区定额的水平制定的定额。企业定额指建设、安装企业在其生产经营过程中用自己积累的资料,结合本企业的具体情况自行编制的定额,供本企业内部管理使用和企业投标报价用,是企业素质的一个标志。企业定额水平一般应高于国家现行定额,只有这样,才能满足生产技术发展、企业管理和市场竞争的需要。

(5) 补充定额。指随着设计、施工技术的发展,现行定额不能满足需要的情况下,为了补充缺陷所编制的定额。补充定额只能在指定的范围内使用,可以作为以后修订定额的基础。

4.2 施工定额

施工定额是以同一性质的施工过程(工序)作为研究对象,表示生产产品数量与时间消耗综合关系的定额。它是建筑安装工人在合理的劳动组织或工人小组在正常施工条件下,为完成单位合格产品,所需劳动、机械、材料消耗的数量标准。它由劳动定额、机械定额和材料定额三个相对独立的部分组成。

4.2.1 施工定额作用

施工定额的作用主要表现在以下几个方面:

(1) 施工定额是企业计划管理的依据。施工定额是企业编制施工组织设计的依据,又是企业编制施工作业计划的依据。施工组织设计是指导拟建工程进行施工准备和施工生产的技术经济文件,其基本任务是根据招标文件及合同协议的规定,确定出经济合理的施工方案,在人力和物力、时间和空间、技术和组织上对拟建工程作出最佳安排。

(2) 施工定额是组织和指挥施工生产的有效工具。企业组织和指挥施工队、组进行施工,是按照作业计划通过下达施工任务书和限额领料单来实现的。

(3) 施工定额是计算工人劳动报酬的依据。

(4) 施工定额有利于推广先进技术。

(5) 施工定额是编制施工预算、加强企业成本管理和经济核算的基础。

(6) 施工定额是编制工程建设定额体系的基础。

4.2.2 劳动定额

1) 劳动定额的概念

劳动定额也称人工定额,指在正常施工条件下,某等级工人在单位时间内完成合格产品的数量或完成单位合格产品所需的劳动时间,是确定工程建设定额人工消耗量的主要依据。

按其表现形式的不同,劳动定额可分为时间定额和产量定额。

时间定额是指某工种某一等级的工人或工人小组在合理的劳动组织等施工条件下,完成单位合格产品所必须消耗的工作时间。

产量定额是指某工种某等级工人或工人小组在合理的劳动组织等施工条件下，在单位时间内完成合格产品的数量。时间定额与产量定额互为倒数。

2）工作时间

工作时间是指工作班的延续时间。建筑企业工作班的延续时间为8小时(每个工日)。

工作时间的研究，是将劳动者整个生产过程中所消耗的工作时间，根据其性质、范围和具体情况进行科学划分、归类，明确规定哪些属于定额时间，哪些属于非定额时间，找出非定额时间损失的原因，以便拟定技术组织措施，消除产生非定额时间的因素，以充分利用工作时间，提高劳动生产率。

(1) 工人工作时间

① 定额时间。定额时间是指工人在正常施工条件下，为完成一定数量的产品或任务所必须消耗的工作时间。包括：

A. 准备与结束工作时间：工人在执行任务前的准备工作(包括工作地点、劳动工具、劳动对象的准备)和完成任务后的整理工作时间。

B. 基本工作时间：完成与产品生产直接有关的工作时间。如砌砖施工过程的挂线、铺灰浆、砌砖等工作时间。基本工作时间一般与工作量的大小成正比。

C. 辅助工作时间：为了保证基本工作顺利完成而与技术操作无直接关系的辅助性工作时间。如修磨校验工具、移动工作梯、工人转移工作地点等所需时间。

D. 休息时间：工人为恢复体力所必需的休息时间。

E. 不可避免的中断时间：由于施工工艺特点所引起的工作中断时间。如汽车司机等候装货的时间，安装工人等候构件起吊的时间等。

② 非定额时间

A. 多余和偶然工作时间：在正常施工条件下不应发生的时间消耗，如拆除超过施工图规定高度的多余墙体的时间。

B. 施工本身造成的停工时间：由于气候变化和水、电源中断而引起的停工时间。

C. 违反劳动纪律的损失时间：在工作班内工人迟到、早退、闲谈、办私事等原因造成的工时损失。

(2) 机械工作时间

机械工作时间的分类与工人工作时间的分类相比，有一些不同点，这不同点是由机械施工本身的特点所决定的。

① 定额时间

A. 有效工作时间：包括正常负荷下的工作时间、有根据的降低负荷下的工作时间。

B. 不可避免的无负荷工作时间：由施工过程的特点所造成的无负荷工作时间。如起重机吊完构件后返回构件堆放地点的时间等。

C. 不可避免的中断时间：与工艺过程的特点、机械使用中的保养、工人休息等有关的中断时间。如汽车装卸货物的停车时间，给机械加油的时间。

② 非定额时间

A. 机械多余的工作时间：机械完成任务时无须包括的工作占用时间，如灰浆搅拌机搅拌时多运转的时间。

B. 机械停工时间：由于施工组织不好及由于气候条件影响所引起的停工时间，如未及时给机械加水、加油而引起的停工时间。

C. 违反劳动纪律的停工时间：由于工人迟到、早退等原因引起的机械停工时间。

3）劳动定额的编制方法

(1) 经验估计法。根据定额专业人员、经验丰富的工人和施工技术人员的实际工作经验，对施工管理组织和现场技术条件进行调查、讨论和分析，制定定额的方法，叫做经验估计法。经验估计法通常用于一次性定额。

(2) 统计计算法。统计计算法是一种运用过去统计资料确定定额的方法。

(3) 技术测定法。技术测定法是通过对施工过程的具体活动进行实地观察，详细记录工人和机械的工作时间消耗、完成产品数量及有关影响因素，并将记录结果予以研究、分析，去伪存真，整理出可靠的原始数据资料，为制定定额提供科学依据的一种方法。

(4) 比较类推法。比较类推法也叫典型定额法，是在相同类型的项目中，选择有代表性的典型项目，然后根据测定的定额用比较和类推的方法编制其他相关定额。

4.2.3 材料消耗定额

1）材料消耗定额的概念

材料消耗定额是指先进合理的施工条件和合理使用材料的情况下，生产质量合格的单位产品所必须消耗的材料的数量标准。

材料消耗包括净用量和损耗量。直接构成建筑工程实体的材料称为材料净用量，不可避免的施工废料和材料施工操作损耗量称为材料损耗量。

材料损耗量常用计算方法是：

$$材料损耗量 = 材料消耗量 \times 材料损耗率 \tag{4.2.1}$$

所以，材料消耗量计算方式为

$$材料消耗量 = \frac{材料净用量}{1 - 材料损耗率} \tag{4.2.2}$$

2）确定材料消耗定额的基本方法

(1) 现场技术测定法

用该方法主要是为了取得编制材料损耗定额的资料。材料消耗中的净用量比较容易确定，但材料消耗中的损耗量不能随意确定，需通过现场技术测定来区分哪些属于难于避免的损耗，哪些属于可以避免的损耗，从而确定出较准确的材料损耗量。

(2) 试验法

试验法是在实验室内采用专用的仪器设备，通过试验的方法来确定材料消耗定额的一种方法，用这种方法提供的数据，虽然精确度高，但容易脱离现场实际情况。

(3) 统计法

统计法是通过对现场用料的大量统计资料进行分析计算的一种方法。用该方法可获得材料消耗的各项数据，用以编制材料消耗定额。

(4) 理论计算法

理论计算法是运用一定的计算公式计算材料消耗量，确定消耗定额的一种方法。这种方法较适合计算块状、板状、卷状等材料的消耗量。

建筑工程施工中除了耗用直接构成工程实体的各种材料、成品、半成品外，还需要耗用一些工具性的材料，如脚手架及模板等周转性材料。周转性材料在定额中是按照多次使用、多次摊销的方法计算。建设工程定额表中规定的数量是使用一次摊销的实物量。

4.2.4 机械台班消耗定额

1）机械台班消耗定额概念

机械消耗定额是指在正常的生产条件下，完成单位合格施工作业过程（工作过程）的施工任务所需机械消耗的数量标准。机械消耗定额以“台班”为计量单位，即一台机械工作一个作业班时间（8小时），所以也称为“机械台班消耗定额”。

机械消耗定额也有机械时间定额和机械产量定额两种形式，同样，两者互为倒数。

机械时间定额，是指在合理劳动组织与合理使用机械条件下，完成单位合格产品所必需的工作时间，包括有效工作时间、不可避免的中断时间、不可避免的无负荷工作时间。

机械产量定额，是指在合理劳动组织与合理使用机械条件下，机械在每个台班时间内应完成合格产品的数量。

2）机械台班消耗定额编制

施工机械台班消耗定额是施工机械生产率的反映，编制高质量的机械台班定额是合理组织机械化施工，有效地利用施工机械，进一步提高机械生产率的必备条件。主要内容如下：

（1）拟定正常的施工条件。包括工作地点的合理组织，施工机械作业方法的拟定，确定配合机械作业的施工小组的组织，以及机械工作班制度等。

（2）确定机械生产率，即确定出机械纯工作一小时的正常生产率。

（3）确定机械的正常利用系数，即机械在施工作业班内对作业时间的利用率，即

$$机械利用系数 = \frac{工作班内机械纯工作时间}{机械工作班延续时间} \tag{4.2.3}$$

（4）计算施工机械定额台班。

$$施工机械台班产量定额 = 机械生产率 \times 工作班延续时间 \times 机械利用系数 \tag{4.2.4}$$

4.3 预算定额、概算定额、概算指标

4.3.1 预算定额

1）预算定额的概念

预算定额是计算和确定一个规定计量单位的分项工程或结构构件的人工、材料和施工机械台班消耗的数量标准。

预算定额的作用主要表现在以下几个方面：

（1）预算定额是施工企业编制施工图预算、确定工程造价的依据。

(2) 预算定额是建筑安装工程在工程招投标中确定标底和标价的依据。

(3) 预算定额是建设单位拨付工程价款、建设资金和施工企业编制竣工结算的依据。

(4) 预算定额是施工企业编制施工计划,确定劳动力、材料、机械台班需用量计划和统计完成工程量的依据。

(5) 预算定额是施工企业实施经济核算制、考核工程成本的参考依据。

(6) 预算定额是有关方对设计方案和施工方案进行技术经济评价的依据。

(7) 预算定额是建设单位编制概算定额的基础。

预算定额反映的是社会平均水平,即在正常施工条件下,以平均的劳动强度、平均的技术熟练程度,在平均的技术装备条件下,完成单位合格产品所需的劳动消耗量就是预算定额的消耗量水平。这种以社会平均劳动时间来确定的定额水平,就是通常所说的社会平均水平。预算定额编制时注重简明适用的原则。

2) 预算定额消耗量指标的确定

预算定额是根据劳动定额、材料消耗定额、机械台班定额来确定其消耗量指标。

(1) 人工消耗指标的确定。预算定额中的人工消耗指标是指完成该分项工程必须消耗的各种用工。包括基本用工、材料超运距用工、辅助用工和人工幅度差。

① 基本用工。基本用工指完成该分项工程的主要用工,如砌砖工程中的砌砖、调制砂浆、运砖等的用工。

② 材料超运距用工。预算定额中的材料、半成品的平均运距要比劳动定额的平均运距远,因此超过劳动定额运距的材料要计算超运距用工。

③ 辅助用工。辅助用工指施工现场发生的加工材料等的用工,如筛沙子、淋石灰膏的用工。

④ 人工幅度差。人工幅度差主要指正常施工条件下,劳动定额中没有包含的用工因素。例如各工种交叉作业配合工作的停歇时间,工程质量检查和工程隐蔽、验收等所占的时间。

(2) 材料消耗指标的确定。预算定额项目中的材料消耗指标,应以施工定额中的材料消耗指标为计算基础,由于预算定额是在基础定额的基础上综合而成的,所以其材料用量也要综合计算。

(3) 施工机械台班消耗指标的确定。预算定额中的机械台班消耗指标应按全国统一劳动定额中各种机械施工项目所规定的台班产量进行计算。

预算定额中以使用机械为主的项目(如机械挖土等),其工人组织和台班产量应按劳动定额中的机械施工项目综合而成,此外,还要相应增加机械幅度差。

预算定额项目中的施工机械是配合工人班组工作的,所以,施工机械要按工人小组配置使用。如砌墙是按工人小组配置塔吊、卷扬机、砂浆搅拌机等,配合工人小组施工的机械则不增加机械幅度差。

3) 预算定额中的"三价"确定

"三价"是指人工、材料和机械三者的单价,也称为预算价格。

(1) 人工单价

人工单价是指一个生产工人一个工作日在工程造价中应计入的全部人工费用,也称为人工工资标准。按照《建筑安装工程费用项目组成》(建标〔2013〕44 号),人工单价的费用组成如下：

① 计时工资或计件工资：按计时工资标准和工作时间或对已做工作按计件单价支付给个人的劳动报酬。

② 奖金：对超额劳动和增收节支支付给个人的劳动报酬。如节约奖、劳动竞赛奖等。

③ 津贴补贴：为了补偿职工特殊或额外的劳动消耗和因其他特殊原因支付给个人的津贴，以及为了保证职工工资水平不受物价影响支付给个人的物价补贴。如流动施工津贴、特殊地区施工津贴、高温(寒)作业临时津贴、高空津贴等。

④ 加班加点工资：按规定支付的在法定节假日工作的加班工资和在法定日工作时间外延时工作的加点工资。

⑤ 特殊情况下支付的工资：根据国家法律、法规和政策规定，因病、工伤、产假、计划生育假、婚丧假、事假、探亲假、定期休假、停工学习、执行国家或社会义务等原因按计时工资标准或计时工资标准的一定比例支付的工资。

目前我国人工工日单价的组成内容，在各部门、各地区之间并不完全相同，但其中每一项内容都是根据有关法规、政策文件的精神，结合本部门、本地区的特点，参考建筑劳务市场动态，通过反复测算确定，且实行动态管理。如根据江苏省住房和城乡建设厅通知，关于人工工资指导价，从 2014 年 3 月 1 日起包工包料工程，苏州市执行《江苏省仿古建筑与园林工程计价表》第一册的人工单价为 76 元/工日，第二册的人工单价为 85 元/工日，第三册的人工单价为 73 元/工日。

(2) 材料单价

材料单价一般称为材料预算价格，指材料(包括构件、半成品及成品)由其来源地(或交货地)运至工地仓库堆放场地后的出库价格。

材料预算价格由下列费用组成：材料原价、运杂费、运输损耗费、采购及保管费等。

① 材料原价：材料、工程设备的出厂价格或商家供应价格。在确定材料原价时，如同一种材料，因来源地、供应单位或生产厂家不同，有几种价格时，要根据不同来源地的供应数量比例，采取加权平均的方法计算其材料的原价。

② 运杂费：材料、工程设备自来源地运至工地仓库或指定堆放地点所发生的全部费用。包括车船等的运输费、调车费、出入仓库费、装卸费等。

③ 运输损耗费：材料在运输装卸过程中不可避免的损耗费用。

④ 采购及保管费：为组织采购、供应和保管材料、工程设备的过程中所需要的各项费用，包括采购费、仓储费、工地保管费、仓储损耗。

$$\text{采购及保管费} = (\text{材料原价} + \text{运杂费} + \text{运输损耗费}) \times \text{采购及保管费率} \quad (4.3.1)$$

所以，材料预算价格计算公式为

$$\text{材料预算价格} = (\text{材料原价} + \text{运杂费} + \text{运输损耗费}) \times (1 + \text{采购及保管费率}) \quad (4.3.2)$$

(3) 施工机械台班单价

施工机械台班单价亦称施工机械台班使用费，它是指单位工作台班中为使机械正常运转所分摊和支出的各项费用。施工机械台班单价应由下列七项费用组成：

① 折旧费：施工机械在规定的使用年限内，陆续收回其原值的费用。

② 大修理费：施工机械按规定的大修理间隔台班进行必要的大修理，以恢复其正常功能所需的费用。

③ 经常修理费：施工机械除大修理以外的各级保养和临时故障排除所需的费用。包括为保障机械正常运转所需替换设备与随机配备工具附具的摊销和维护费用，机械运转中日常保养所需润滑与擦拭的材料费用及机械停滞期间的维护和保养费用等。

④ 安拆费及场外运费：安拆费指施工机械（大型机械除外）在现场进行安装与拆卸所需的人工、材料、机械和试运转费用以及机械辅助设施的折旧、搭设、拆除等费用；场外运费指施工机械整体或分体自停放地点运至施工现场或由一施工地点运至另一施工地点的运输、装卸、辅助材料及架线等费用。

⑤ 人工费：机上司机（司炉）和其他操作人员的人工费。

⑥ 燃料动力费：施工机械在运转作业中所消耗的各种燃料及水、电等费用。

⑦ 税费：施工机械按照国家规定应缴纳的车船使用税、保险费及年检费等。

在我国现行体制条件下，政府授权部门根据以上所述的机械台班单价的费用组成及确定方法，经综合平均后统一编制，并以全国统一施工机械台班费用定额的形式作为一种经济标准，要求在编制工程估价（如施工图预算、设计概算、标底报价等）及结算工程造价时必须按该标准执行，不得任意调整及修改。所以，目前在国内编制工程估价时，均以全国统一施工机械台班费用定额或该定额在某一地区的单位估价表所规定的台班单价作为计算机械费的依据。

4.3.2 概算定额、概算指标

概算定额又称扩大结构定额，规定了完成单位扩大分项工程或结构构件所必须消耗的人工、材料和机械台班的数量标准。概算定额是由预算定额综合而成的。按照《建设工程工程量清单计价规范》的要求，为适应工程招标投标的需要，有的地方的预算定额项目的综合有些已与概算定额项目一致，如挖土方只一个项目，不再划分一、二、三、四类土。砖墙也只有一个项目，综合了外墙、半砖、一砖、一砖半、二砖、二砖半墙等。

概算指标则是以整个建筑物或构筑物为对象，以“m^3”“m^2”或“座”等为计量单位，规定人工、材料、机械台班的消耗指标的一种标准。

概算定额或概算指标作为计价性定额，反映在一般社会平均生产力发展水平及一般社会平均生产效率水平的条件下完成单位合格工程建设产品所需人工、材料、机械的消耗标准。它是在项目建议书可行性研究和编制设计任务书阶段编制投资估算、计算投资需要量的重要依据，也是在编制扩大初步设计概算阶段计算和确定工程概算造价，计算劳动力、机械台班、材料需要量的重要依据。

概算定额或概算指标非常概略，其定额项目划分很粗，定额对象所包括的工程内容很综合，一般以完成工程扩大结构构件甚至整个单位工程的施工任务为计算对象，以适应在项目建议书可行性研究和编制设计任务书阶段编制投资估算或在扩大初步设计阶段编制扩大初步设计概算的需要。概算定额或概算指标是建设项目的投资主体控制项目投资的重要依据，在工程建设的投资管理中发挥着重要作用。

4.3.3 投资估算指标

投资估算指标是编制建设项目建议书、可行性研究报告等前期工作阶段投资估算的依据，也可以作为编制固定资产长远规划投资额的参考。投资估算指标为完成项目建设的投资估算提供依据和手段，它在固定资产的形成过程中起着投资预测、投资控制、投资效益分析的作用，是合理确定项目投资的基础。

估算指标中的主要材料消耗量也是一种扩大材料消耗量的指标，可以作为计算建设项目主要材料消耗量的基础。估算指标的正确制定对于提高投资估算的准确度，对于建设项目的合理评估正确决策具有重要意义。

投资估算指标是确定和控制建设项目全过程各项投资支出的技术经济指标，其范围涉及建设前期、建设实施期和竣工验收交付使用期等各个阶段的费用支出。其内容因行业不同各异，一般可分为建设项目综合指标、单项工程指标和单位工程指标三个层次。

1）建设项目综合指标

建设项目综合指标指按规定应列入建设项目总投资的从立项筹建开始至竣工验收交付使用的全部投资额，包括单项工程投资、工程建设其他费用和预备费等。

建设项目综合指标一般以项目的综合生产能力单位投资表示，如元/t、元/kW。

2）单项工程指标

单项工程指标指按规定应列入能独立发挥生产能力或使用效益的单项工程内的全部投资额，包括建筑工程费、安装工程费、设备及生产工器具购置费和其他费用。

单项工程指标一般以单项工程生产能力单位投资，如元/t 或其他单位表示。

3）单位工程指标

单位工程指标是指按规定应列入能独立设计、施工的工程项目的费用，即建筑安装工程费用。

4.4 江苏省仿古建筑与园林工程计价表

4.4.1 计价表概述

建设工程定额是确定工程造价的重要依据，建设部《仿古建筑及园林工程预算定额》（1988 年）是由国家颁发的建设工程计价定额。在此基础上，由全国各省市，按各阶段时期的市场物价水平，编制出本地区的定额计价表。目前各省市的仿古与园林工程的预算定额，都是以计价表的形式作为当地主管部门颁发的计价文件之一，如江苏省的《江苏省仿古建筑与园林工程计价表》。

为了贯彻执行建设部《建设工程工程量清单计价规范》，适应本省建设工程计价改革的需要，江苏省建设厅组织有关人员，根据建设部《仿古建筑及园林工程预算定额》（1988 年），对《江苏省仿古建筑及园林工程单位估价表》（1990 年）进行修订，形成了《江苏省仿古建筑与园林工程计价表》（2007 年）。《江苏省仿古建筑与园林工程计价表》与《江苏省建设工程费用定额》配套使用。

4.4.2 编制依据、作用

1）计价表的主要编制依据

（1）《江苏省仿古建筑及园林工程单位估价表》（1990年）。

（2）建设部《仿古建筑及园林工程预算定额》（1988年）。

（3）《江苏省建筑与装饰工程计价表》（2004年）。

（4）部分外省市《仿古建筑及园林工程预算定额》。

（5）国家《古建筑修建工程施工及验收规范》（送审稿）。

（6）南京、苏州、无锡等市2007年上半年工程材料指导价及信息价。

2）计价表的作用

（1）编制工程标底、招标工程结算审核的指导。

（2）工程投标报价、企业内部核算、制定企业定额的规则和消耗量的参考。

（3）一般工程（依法不招标工程）编制与审核工程预结算的依据。

（4）编制仿古建筑及园林工程设计概算的依据。

（5）建设行政主管部门调解工程造价纠纷的依据。

4.4.3 适用范围

计价表适用于江苏省行政区域范围内新建、扩建的仿古建筑及园林工程，同时也适用于市政工程中的景观绿化工程。但是不适用于改建工程和临时性工程，对于修缮工程预算定额缺项项目，可以参考计价表相应子目使用。

计价表由三册二十章及八个附录组成。计价表中的第一册与第二册项目配套使用。第一册是通用项目，是指按现代工艺进行施工的常用项目，包括土石方打桩基础垫层工程、砌筑工程、混凝土及钢筋混凝土工程、木作工程、楼地面及屋面防水工程、抹灰工程、脚手架工程、模板工程等内容。这些内容适用于仿古建筑工程中在第二册中没有或套用不上的项目，如仿古建筑的挖土项目，在第二册中便没有该项目。该册的定额编号的第一个数字为“1”。

第二册主要适用于以《营造法原》为主设计、建造的仿古建筑工程及其他建筑工程的仿古部分，主要包括砖细工程，石作工程、屋面工程、抹灰工程、木作工程、油漆工程、彩画工程等内容。该册适用的仿古建筑形式一般为仿汉代建筑、仿宋代建筑、江南地方传统建筑等，它们的特点是屋脊为凹弧形，翼角有不同程度的起翘。

第三册适用于城市园林工程，也适用于厂矿、机关、学校、宾馆、居住小区等的园林工程，以及市政工程中的景观绿化工程。其主要内容包括绿化种植工程、绿化养护工程、堆砌假山及塑假石山工程、园路及园桥工程、园林小品工程等。

计价表中未包括的拆除、零星修补等项目，应按照2009年《江苏省房屋修缮工程计价表》及其配套费用定额执行；未包括的安装工程项目，应按照2014年《江苏省安装工程计价表》及其配套费用计算规则执行。

4.4.4 计价表使用说明

（1）计价表中的综合单价由人工费、材料费、机械费、管理费、利润等五项费用组成。

仿古建筑及园林工程的管理费与利润，已按照三类工程标准计入综合单价内。一、二类工程应根据《江苏省仿古建筑与园林工程费用计算规则》规定，对管理费和利润进行调整后计入综合单价内。

计价表项目中带括号的定额项目和材料价格供选用，未包含在综合单价内。

部分计价表项目在引用了其他项目综合单价时，引用的项目综合单价列入材料费一栏，但其五项费用数据在项目汇总时已作拆解分列，使用中应予注意。

(2) 每个仿古建筑的单位工程(不包括一般建筑带有部分仿古装饰的单位工程)，建筑面积在 50 m^2 以内时，人工费乘系数 1.25。

(3) 计价表是按正常的施工条件，合理施工组织设计，使用合格的材料、成品、半成品，以我省现行的常规施工做法进行编制。计价表中规定的工作内容，均包括完成该项目过程的全部工序以及施工过程中所需的人工、材料、半成品和机械台班数量，次要工序虽未一一说明，但已包括在内。除计价表中有规定允许调整外，其余不得因具体工程的施工组织设计、施工方法和工、料、机等耗用与计价表有出入而调整计价表用量。

(4) 计价表中的檐高是指设计室外地面至檐口屋面板底或椽子上表面的高度(重檐以最上一层檐口为准)。

(5) 计价表人工工资，第一册与第三册为 37.00 元/工日，第二册为 45.00 元/工日。工日中包括基本用工、材料场内运输用工、部分项目的材料加工及人工幅度差等。

(6) 计价表中石构件按照成品考虑，定额仅编制了成品石构件安装项目。计价表中砖件和石料加工、砖浮雕与石浮雕部分的定额项目，仅作为参考性定额使用，实际工作中应考虑当时的市场行情，由双方协商后确定其价格。

(7) 材料说明及有关规定。

① 计价表中材料预算价格的组成：

材料预算价格 =［采购原价(包括供销部门手续费和包装费)+ 场外运输费］
×1.02(采购保管费)

② 计价表项目中主要材料、成品、半成品均按合格的品种、规格加施工场内运输损耗及操作损耗以数量列入定额，次要和零星材料以“其他材料费”按“元”列入。

③ 计价表中的材料、成品、半成品，除注明者外，均包括了施工现场范围以内的全部水平运输及檐高在 20 m 以内的垂直运输。场内水平运输，除另有规定外，实际距离不论远近，不作调整，但遇工程上山或过河等特殊情况，应另行处理。

④ 工地以外集中加工或加工厂制作的钢筋混凝土构件、金属构件、木构件、石作及砖细加工好的成品件，运到施工现场的费用，需要另行计算时，按照第一册第三章相关定额项目执行。

⑤ 周转性材料已按规范及操作规程的要求以摊销量列入定额项目中。

⑥ 计价表中，混凝土以现场搅拌常用的强度等级列入项目。计价表按 C25 以下的混凝土以 32.5 级水泥、C25 以上的混凝土以 42.5 级水泥、砌筑砂浆与抹灰砂浆以 32.5 级水泥的配合比列入综合单价。混凝土实际使用水泥级别与计价表取定不符，竣工结算时以实际使用的水泥级别按配合比的规定进行调整。砌筑、抹灰砂浆使用水泥级别与计价表取定不符，水泥用量不调整，价差应调整。计价表各章项目综合单价取定的混凝土、砂浆强度等级，

设计与计价表取定不符时可以调整。抹灰砂浆厚度、配合比与计价表取定不符时，除各章已有规定的外均不调整。

⑦ 计价表项目中的黏土材料，如就地取土者，应扣除黏土价格，另增挖、运土方人工费用。

⑧ 现浇、预制混凝土构件内的预埋铁件，应另列预埋铁件项目进行计算。

⑨ 计价表中，凡注明规格的木材及周转木材单价中，均已包括方板材改制成定额规格木材或周转木材的加工费。方板材改制成定额规格木材或周转木材的出材率按91%计算(所购置方板材＝定额用量×1.098 9)，圆木改制成方板材的出材率及加工费按各市造价处(站)规定执行。

⑩ 计价表项目中的综合单价、附录中的材料及苗木预算价格是作为编制预算的参考，工程实际发生(确定)的价格与定额取定价格之价差，计算时应列入综合单价内。

⑪ 凡建设单位供应的材料，其税金的计算基础按税务部门规定执行。建设单位完成了采购和运输并将材料运至施工工地仓库交施工单位保管的，施工单位退价时应按材料预算价格除以1.01退给建设单位(1%作为施工单位的现场保管费)；凡甲供木材中板材(25 mm厚以内)到现场退价时，按计价表分析用量和每立方米预算价格除以1.01再减49元后的单价退给甲方。

⑫ 使用商品混凝土时，应按计价表中的相应规定和项目执行。

(8) 施工机械台班及进(退)场费和组装、拆卸费的说明及规定。

① 计价表机械费用是综合考虑编制的。不论实际使用何种机械或不使用机械，均不得调整。

② 计价表的机械台班单价中的人工工资单价为37.00元/工日；汽油5.70元/kg；柴油5.30元/kg；煤0.58元/kg，电0.75元/(kW·h)；水4.10元/m^3。工程实际发生的燃料动力价差由各市造价处(站)另行处理。

③ 中小型机械的进(退)场费和组装、拆卸费已包括在机械费定额内；大型机械的进(退)场费和组装、拆卸费按照本定额中的有关项目执行。

④ 垂直运输机械使用费，分部分项工程项目已采用括号形式列出，实际工作中其作为措施费用应另行计列；措施项目已列入定额机械费中，不得另外计算。

⑤ 凡檐高在3.6 m内的平房、围墙等，不得计取垂直运输机械费。

(9) 计价表各章节均按檐口高度在20 m以内编制。檐口高度超过20 m时，超过20 m部分的工程项目增加人工与机械降效系数：20～30 m为5%，20～40 m为7.5%，20～50 m为10%，依此类推，檐口高度每升高10 m，降效系数递增2.5%。

(10) 为方便发承包双方的工程量计量，计价表在附录一中列出了混凝土构件模板与钢筋含量表，供参考使用。按设计图纸计算模板接触面积或使用混凝土含模量折算模板面积，同一工程两种方法仅能使用其中一种，不得混用。竣工结算时，使用含模量者，模板面积不调整；使用含钢量者，钢筋应按设计图纸计算的重量进行调整。

(11) 市区沿街建筑在现场堆放材料有困难、汽车不能将材料运入巷内的建筑、材料不能直接运到单位工程周边需再次中转，建设单位不能按正常合理的施工组织设计提供材料、构件堆放场地和临时设施用地的工程而发生的二次搬运费用，按照《江苏省建设工程费用计算规则》规定计算。

(12) 工程施工用水、电,应由建设单位在现场装置水、电表,交施工单位保管使用。施工单位按电表读数乘以预算单价付给建设单位。如无条件装表计量,由建设单位直接提供水电,在竣工结算时按定额含量乘以预算单价付给建设单位。生活用水、电按实际发生金额支付。

(13) 同时使用两个或两个以上系数时,采用连乘方法计算。

(14) 计价表未列定额项目的工程量及消耗量可以按照建设部《仿古建筑及园林工程预算定额》(1988年)执行;计价表(定额)缺项项目,由施工单位提出实际耗用的人工、材料、机械含量测算资料,经工程所在市工程造价管理处(定额站)批准并报省定额总站备案后方可执行。

(15) 计价表中凡注有"×××以内"均包括×××本身,"×××以上"或"×××以外"均不包括×××本身。

4.5 工程量清单计价规范

4.5.1 工程量清单计价规范概述

1) 工程量清单计价方式

工程量清单计价,是在建设工程招投标中,招标人自行或委托具有资质的中介机构编制反映工程实体消耗和措施性消耗的工程量清单,并作为招标文件的一部分提供给投标人,由投标人依据工程量清单自主报价的计价方式。在工程招标中采用工程量清单计价是国际上较为通行的做法。

工程量清单报价是指在建设工程投标时,招标人依据工程施工图纸,按照招标文件的要求,按现行的工程量计算规则为投标人提供实物工程量项目和措施项目的数量清单,供投标单位逐项填写单价,并计算出总价,再通过评标,最后确定合同价。工程量清单计价作为一种较为客观合理的计价方式,它能够消除以往计价模式的一些弊端,具有以下特征:

(1) 工程量清单均采用综合单价形式,综合单价中包括了工程直接费、间接费、管理费、风险费、利润、国家规定的各种规费等,一目了然,更适合工程的招投标。

(2) 工程量清单报价要求投标单位根据市场行情、自身实力报价。这就要求投标人注重工程单价的分析,在报价中反映出本投标单位的实际能力,从而能在招投标工作中体现公平竞争的原则,选择最优秀的承包商。

(3) 工程量清单具有合同化的法定性,本质上是单价合同的计价模式,中标后的单价一经合同确认,在竣工结算时是不能调整的,即量变价不变。

(4) 工程量清单报价详细地反映了工程的实物消耗和有关费用,因此易于结合建设项目的具体情况,改变以预算定额为基础的静态计价模式为将各种因素考虑在单价内的动态计价模式。

(5) 工程量清单报价有利于招投标工作,避免招投标过程中的盲目压价、弄虚作假、暗箱操作等不规范行为。

(6) 工程量清单报价有利于项目的实施和控制,报价的项目构成、单价组成必须符合项日实施要求,工程量清单报价增加了报价的可靠性,有利于工程款的拨付和工程造价的最终确定。

(7) 工程量清单报价有利于加强工程合同的管理,明确承发包双方的责任,实现风险的合理分担,即量由发包方或招标方确定,工程量的误差由发包方承担,工程报价的风险由投标方承担。

(8) 工程量清单报价将推动计价依据的改革发展,推动企业编制自己的企业定额,提高自己的工程技术水平和经营管理能力。

2) 工程量清单计价规范简介

为规范建设工程造价计价行为,统一建设工程计价文件的编制原则和计价方法,根据《中华人民共和国建筑法》、《中华人民共和国合同法》、《中华人民共和国招标投标法》等法律规范,建设部于 2003 发布了《建设工程工程量清单计价规范》(简称 2003 规范),编号为 GB 50500—2003,自 2003 年 7 月 1 日起执行。《清单规范》的实施,在建设工程计价领域,彻底改变了我国实施多年的以定额为根据的计价管理模式,从而走上了一个全新的阶段。

2008 年 7 月 29 日住建部发布了《建设工程工程量清单计价规范》(GB 50500—2008)(简称 2008 规范),自 2008 年 12 月 1 日起执行。2003 规范 同时废止。历经 4 年,2013 版《建设工程工程量清单计价规范》(GB 50500—2013)(简称 2013 规范)、《仿古建筑工程工程量计算规范》(GB 50855—2013)(简称《仿古建筑规范》)、《园林绿化工程工程量计算规范》(GB 50858—2013)(简称《园林绿化规范》)等计量规范于 2013 年 1 月 6 日正式发布,2013 年 4 月 1 日正式实施。

“2008 规范”是以整个建设工程项目为出发点,涵盖 6 个相关专业工程所制定的条款项目及其规定,而“2013 规范”除了对整体建设工程项目制定出具有指导性条款项目之外,另外对 9 个相关专业工程制定出本身的条款规定,即“2013 规范”比“2008 规范”更详细、更全面。以后本书提到的《清单规范》皆指“2013 规范”。

《清单规范》适用于建设工程发承包及实施阶段的计价活动。使用国有资金投资的建设工程发承包,必须采用工程量清单计价。非国有资金投资的建设工程,宜采用工程量清单计价。不采用工程量清单计价的建设工程,应执行本规范除工程量清单等专门性规定外的其他规定。

《清单规范》规定:

(1) 建设工程发承包及实施阶段的工程造价应由分部分项工程费、措施项目费、其他项目费、规费和税金组成。这里建设工程发承包及实施阶段的计价活动包括:招标工程量清单、招标控制价、投标报价的编制,工程合同价款的约定,竣工结算的办理以及施工过程中的工程计量、合同价款支付、施工索赔与现场签证、合同价款调整和合同价款争议的解决等活动。

(2) 招标工程量清单、招标控制价、投标报价、工程计量、合同价款调整、合同价款结算与支付以及工程造价鉴定等工程造价文件的编制与核对,应由具有专业资格的工程造价人员承担。

工程量清单应采用综合单价计价。措施项目中的安全文明施工费必须按国家或省级、行业建设主管部门的规定计算,不得作为竞争性费用。规范和税金必须按国家或省级、行业建设主管部门的规定计算,不得作为竞争性费用。

(3) 承担工程造价文件的编制与核对的工程造价人员及其所在单位,应对工程造价文件的质量负责。

(4) 建设工程发承包及实施阶段的计价活动应遵循客观、公正、公平的原则。

(5) 建设工程发承包及实施阶段的计价活动，除应符合本规范外，尚应符合国家现行有关标准的规定。

3) 工程量清单

“工程量清单”是建设工程实行工程量清单计价的专用名词，表示拟建工程的分部分项工程、措施项目的名称及其相应数量和其他项目、规费项目、税金项目的明细清单。

招标人应负责编制招标工程量清单，若招标人不具有编制招标工程量清单的能力，可委托具有工程造价咨询资质的工程造价咨询企业编制。采用工程量清单方式招标发包的工程，招标人必须将工程量清单作为招标文件的组成部分，连同招标文件一并发(或售)给投标人。招标人对编制的招标工程量清单的准确性和完整性负责，投标人依据招标工程量清单进行投标报价。

招标工程量清单是工程量清单计价的基础，应作为编制招标控制价、投标报价、计算或调整工程量、索赔等的依据之一。

编制招标工程量清单的依据是：

(1)《建设工程工程量清单计价规范》(GB 50500—2013)、《仿古建筑工程工程量计算规范》(GB 50855—2013)和《园林绿化工程工程量计算规范》(GB 50858—2013)。

(2) 国家或省级、行业建设主管部门颁发的计价定额和办法。

(3) 建设工程设计文件及相关资料。

(4) 与建设工程有关的标准、规范、技术资料。

(5) 拟定的招标文件。

(6) 施工现场情况、地勘水文资料、工程特点及常规施工方案。

(7) 其他相关资料。

招标工程量清单以单位(项)工程为单位编制，由分部分项工程项目清单、措施项目清单、其他项目清单、规费和税金项目清单组成。

在编制工程量清单时，当出现规范附录中未包括的清单项目时，编制人应作补充。在编制补充项目时应注意以下三个方面：

(1) 补充项目的编码应按规范的规定确定。具体做法是：仿古建筑补充项目的编码由02B和三位阿拉伯数字组成，从02B001起顺序编制；园林绿化工程补充项目的编码由05B和三位阿拉伯数字组成，从05B001起顺序编制。同一招标工程的项目不得重码。

(2) 在工程量清单中应附补充项目的项目名称、项目特征、计量单位、工程量计算规则和工作内容。

(3) 将编制的补充项目报省级或行业工程造价管理机构备案。

4.5.2 工程量清单的编制

1) 分部分项工程项目清单

分部分项工程项目是形成建筑产品的实体部位的工程分项，因此也可称分部分项工程量清单项目是实体项目。它也是决定措施项目和其他项目清单的重要依据，分部分项工程项目清单必须根据相关工程现行国家计量规范规定的项目编码、项目名称、项目特征、计量单位和工程量计算规则进行编制。

(1) 项目编码

工程量清单的项目编码,应采用十二位阿拉伯数字表示,一至九位应按附录的规定设置,十至十二位应根据拟建工程的工程量清单项目名称和项目特征设置,同一招标工程的项目编码不得有重码。

各位数字的含义是:一、二位为专业工程代码(01—房屋建筑与装饰工程;02—仿古建筑工程;03—通用安装工程;04—市政工程;05—园林绿化工程;06—矿山工程;07—构筑物工程;08—城市轨道交通工程;09—爆破工程。);三、四位为附录分类顺序码;五、六位为分部工程顺序码;七、八、九位为分项工程项目名称顺序码;十至十二位为清单项目名称顺序码,由工程量清单编制人编制。

当同一标段(或合同段)的一份工程量清单中含有多个单位工程且工程量清单是以单位工程为编制对象时,在编制工程量清单时应特别注意对项目编码十至十二位的设置不得有重码的规定。例如一个标段(或合同段)的工程量清单中含有三个单位工程,每一单位工程中都有项目特征相同的细砖砖檐,在工程量清单中又需反映三个不同单位工程的细砖砖檐工程量时,则第一个单位工程细砖砖檐的项目编码应为020103001001,第二个单位工程细砖砖檐的项目编码应为020103001002,第三个单位工程细砖砖檐的项目编码应为020103001003,并分别列出各单位工程细砖砖檐的工程量。

(2) 项目名称

工程量清单的项目名称应按规范附录的项目名称结合拟建工程的实际确定。即在附录项目名称基础上,可以增加补充施工图纸上所应该显示或描述的名称,如墙面贴砖八角景、砖骨架塑假山等。

(3) 项目特征

工程量清单的项目特征是确定一个清单项目综合单价不可缺少的重要依据。在编制工程量清单时,必须按规范附录中规定的项目特征,结合拟建工程项目的实际予以准确和全面的描述。当有些项目特征用文字难以准确和全面地描述时,为达到规范、简洁、准确、全面描述项目特征的要求,在描述工程量清单项目特征时则按以下原则进行:

① 项目特征描述的内容应按规范附录中的规定,结合拟建工程的实际,满足确定综合单价的需要。

② 若采用标准图集或施工图纸能够全部或部分满足项目特征描述的要求,项目特征描述可直接采用详见××图集或××图号的方式。对不能满足项目特征描述要求的部分,仍应用文字描述。

(4) 计量单位

工程量清单的计量单位应按规范附录中规定的计量单位确定。当规范附录中有两个或两个以上计量单位的,应结合拟建工程项目的实际情况、计价表的规定,确定其中一个为计量单位。同一工程项目的计量单位应一致。

(5) 工程量计算规则

工程量清单中所列工程量应按规范附录中规定的工程量计算规则根据经审定通过的施工设计图纸及其说明计算,另外还需依据经审定通过的施工组织设计或施工方案、经审定通过的其他有关技术经济文件。

2）措施项目清单

措施项目是为完成工程项目施工，发生于该工程施工前和施工过程中技术、生活、安全等方面的非工程实体项目。

措施项目清单必须根据相关工程现行国家计量规范的规定编制，根据拟建工程的实际情况列项。计量规范将措施项目划分为两类：一类是不能计算工程量的项目，如文明施工和安全防护、临时设施等，就以"项"计价，称为"总价项目"，这类项目按规范中的规定列出其项目编码、项目名称；另一类是可以计算工程量的项目，如脚手架、降水工程等，就以"量"计价，更有利于措施费的确定和调整，称为"单价项目"，这类项目按规范中分部分项工程的规定列出项目编码、项目名称、项目特征、计量单位、工程量计算规则。

编制措施项目清单时，因工程情况不同，出现计量规范附录中未列的措施项目，可根据工程的具体情况对措施项目清单作补充。

3）其他项目清单

（1）暂列金额：暂列金额为招标人暂定并包括在合同中的一笔款项。由于工程建设本身的特性决定了工程的设计需要根据工程进展不断地进行优化和调整，业主需求可能会随工程建设进展而出现变化，工程建设过程可能存在的一些不能预见、不能确定的因素。应对这些因素必然会影响合同价格的调整，暂列金额正是因这类不可避免的价格调整而设立，以便达到合理确定和有效控制工程造价的目标。暂列金额根据工程特点按有关计价规定估算。

（2）暂估价：暂估价是指招标阶段直至签订合同协议时，招标人在招标文件中提供的用于支付必然要发生但暂时不能确定价格的材料以及专业工程的金额。暂估价包括材料暂估单价、工程设备暂估单价、专业工程暂估价。

暂估价中的材料、工程设备暂估单价应根据工程造价信息或参照市场价格估算，列出明细表；专业工程暂估价应分不同专业，按有关计价规定估算，列出明细表。

（3）计日工：计日工是在施工过程中，承包人完成发包人提出的工程合同范围以外的零星项目或工作，按合同中约定的单价计价的一种方式。计日工应列出项目名称、计量单位和暂估数量。

（4）总承包服务费：总承包服务费是为了解决招标人在法律、法规允许的条件下进行专业工程发包以及自行供应材料、工程设备，并需要总承包人对发包的专业工程提供协调和配合服务，对甲供材料、工程设备提供收发和保管服务以及进行施工现场管理时发生并向总承包人支付的费用。招标人应预计该项费用，并按投标人的投标报价向投标人支付该项费用。

总承包服务费应列出服务项目及其内容等。

4）规费

规费项目清单应按照下列内容列项：社会保障费（包括养老保险费、失业保险费、医疗保险费、工伤保险费、生育保险费）、住房公积金、工程排污费，出现上述未列的项目应根据省级政府或省级有关部门的规定。

5）税金

税金项目清单应包括下列内容：营业税、城市维护建设税、教育费附加和地方教育附加。

4.5.3 工程量清单计价步骤

工程量清单计价编制过程可以分为两大阶段:工程量清单的编制和利用工程量清单计价。招标控制价和投标报价就计价的基本方法和步骤来说是相同的。工程量清单计价步骤如下:

(1) 熟悉招标方案、设计图纸、工程现场情况。

(2) 根据清单规范,招标人按照“五统一”原则(即统一项目编码、项目名称、项目特征、计量单位、工程量计算规则)编制表现拟建工程的分部分项工程项目、措施项目、其他项目名称和相应数量的明细清单。

(3) 按照招标文件规定,利用计价定额或企业定额进行清单标价。

① 计算分部分项清单工程费。分部分项清单工程费由拟建工程的各分部分项清单工程量与单价相乘结果汇总而成,其中的单价是综合单价,即指完成一个规定清单项目所需的人工费、材料和工程设备费、施工机具使用费和企业管理费、利润以及一定范围内的风险费用。

② 计算措施项目清单费。按照各地主管部门的规定计价方式计取。

③ 计算其他项目清单费。按照招标文件规定方式计取。

④ 计算规费和税金。按照各地主管部门的规定计价方式计取。

(4) 校核与汇总。单位工程报价应由分部分项工程费、措施项目费、其他项目费、规费和税金组成;单项工程报价则由各单位工程报价汇总形成。

(5) 编制说明与封面填写。

5 仿古建筑工程清单与计价

5.1 概述

5.1.1 仿古建筑工程量清单规范

《仿古建筑工程工程量计算规范》(GB 50855—2013)是为规范仿古建筑工程造价计量行为,统一仿古建筑工程工程量计算规则、工程量清单的编制方法而制定。该规范适用于仿古建筑物、构筑物和纪念性建筑等工程发承包及实施阶段计价活动中的工程计量和工程量清单编制。仿古建筑工程计价,必须按规范规定的工程量计算规则进行工程计量。仿古建筑工程计量活动,除应遵守本规范外,还应符合国家现行有关标准的规定。

工程量计算是指建设单位项目以工程设计图纸、施工组织设计或施工方案及有关技术经济文件为依据,按照相关工程国家标准的计算规则、计量单位等规定,进行工程数量的计算活动,在工程建设中简称工程计量。

工程量计算除依据规范、各项规定外,还应依据以下文件:经审定通过的施工设计图纸及其说明;经审定通过的施工组织设计或施工方案;经审定通过的其他有关技术经济文件。

工程实施过程中的计量应按照现行国家标准《建设工程工程量清单计价规范》(GB 50500—2013)的相关规定执行。

规范附录中有两个或两个以上计量单位的,应结合拟建工程项目的实际情况,确定其中一个为计量单位。同一工程项目的计量单位应一致。

工程计量时每一项目汇总的有效位数应遵守下列规定:以“t”为单位,应保留小数点后三位数字,第四位小数四舍五入;以“m”“m^2”“m^3”“kg”为单位,应保留小数点后两位数字,第三位小数四舍五入;以“个”“只”“块”“根”“件”“对”“份”“樘”“座”“攒”“榀”等为单位,应取整数。

规范各项目仅列出了主要工作内容,除另有规定和说明外,应视为已经包括完成该项目所列或未列的全部工作内容。

规范中现浇混凝土工程项目“工作内容”中包括模板工程的内容,同时又在措施项目中单列了混凝土模板工程项目。对此,应由招标人根据工程实际情况选用,若招标人在措施项目清单中未编列混凝土模板项目清单,即表示现浇混凝土模板项目不单列,现浇混凝土工程项目的综合单价中应包括模板工程费用。

规范对预制混凝土构件按现场制作编制项目，“工作内容”中包括模板工程的内容，不再另列。若采用成品预制混凝土构件时，构件成品价(包括模板、钢筋、混凝土等所有费用)应计入综合单价中。

门窗按现场制作编制项目，若采用成品，其门窗成品价应计入综合单价中。

仿古建筑工程涉及土石方工程、地基处理与边坡支护工程、桩基工程、钢筋工程、小区道路等工程项目时，按照现行国家标准《房屋建筑与装饰工程工程量计算规范》(GB 50854)的相应项目执行；涉及电气、给排水、消防等安装工程的项目，按照现行国家标准《通用安装工程工程量计算规范》(GB 50856)的相应项目执行；涉及市政道路、室外给排水等工程的项目，按照现行国家标准《市政工程工程量计算规范》(GB 50857)的相应项目执行；涉及园林绿化工程的项目，按照现行国家标准《园林绿化工程工程量计算规范》(GB 50858)的相应项目执行。采用爆破法施工的石方工程按照现行国家标准《爆破工程工程量计算规范》(GB 50862)的相应项目执行。

5.1.2 仿古建筑的建筑面积计算规则

仿古建筑工程中建筑物的建筑面积计算，依据国家原有规定精神，结合仿古建筑的特点及传统的习惯计算方法规定如下。

1) 计算建筑面积的范围

(1) 单层建筑不论其出檐层数及高度如何，建筑面积均按一层计算面积。

其中有台明者按台明外围水平面积计算建筑面积；无台明有围护结构的以围护结构水平面积计算建筑面积；围护结构外有檐廊柱的，按檐廊柱外边线水平面积计算建筑面积；围护结构外边线未及构架柱外边线的，按构架柱外边线计算建筑面积；无围护结构的按构架柱外边线计算面积。

(2) 有楼层分界的两层或多层建筑，不论其出檐层数如何，按自然结构层的分层水平面积总和计算建筑面积。

其首层的建筑面积计算方法分有、无台明两种，按上述单层建筑物的建筑面积计算方法计算；两层及两层以上各层建筑面积计算方法，按上述单层无台明建筑的建筑面积计算方法执行。

(3) 单层建筑中或多层建筑的两自然结构楼层间局部有楼层者，按其水平投影面积计算建筑面积。

(4) 碉楼式建筑物的碉台内无楼层分界的，按一层计算建筑面积，碉台内有楼层分界的分层累计计算建筑面积。

单层碉台及多层碉台的首层有台明的按台明外围水平面积计算建筑面积，无台明的按围护结构底面外围水平面积计算建筑面积。

多层碉台的两层及两层以上均按各层围护结构底面外围水平面积计算建筑面积。

(5) 两层或多层建筑构架柱外有围护装修或围栏的挑台部分，按构架柱外边线至挑台外围线间的水平投影面积的二分之一计算建筑面积。

(6) 坡地建筑、临水建筑或跨越水面建筑的首层构架柱外有围栏的挑台部分，按构架柱外边线至挑台外围线间的水平投影面积的二分之一计算建筑面积。

2）不计算建筑面积的范围

以下构筑物和构件均不计算建筑面积：

（1）有台明的单层或多层建筑中的无柱门罩、窗罩、雨篷、挑檐、无围护的挑台、台阶等。

（2）无台明建筑或多层建筑的两层或两层以上突出墙面或构架柱外边线以外的部分，如墀头、垛、窗罩等。

（3）牌楼、实心或半实心的砖、石塔等。

（4）月台、环丘台、城台、院墙及随墙门、花架等。

（5）碉台的平台。

5.2 砖作工程清单项目与计价

5.2.1 砖作工程清单规则

1）砌砖墙

砌砖墙工程量清单项目设置、项目特征描述的内容、计量单位及工程量计算规则应按表5.2.1的规定执行。

表 5.2.1 砌砖墙（编码：020101）

<table>
<tr><th>项目编码</th><th>项目名称</th><th>项目特征</th><th>计量单位</th><th>工程量计算规则</th><th>工作内容</th></tr>
<tr><td>020101001</td><td>城砖墙</td><td>1. 砌墙厚度
2. 砌筑方式
3. 用砖品种规格
4. 灰浆品种及配合比</td><td rowspan="5">m^3</td><td rowspan="4">按设计图示尺寸以体积计算，不扣除伸入墙内的梁头、桁檩头所占体积，扣除门窗洞口、过人洞、嵌入墙体内的柱梁及细砖面所占体积</td><td rowspan="3">1. 选砖及砖件加工
2. 调制灰浆
3. 支拆券胎
4. 砌筑
5. 勾缝
6. 材料运输
7. 渣土清运</td></tr>
<tr><td>020101002</td><td>细砖清水墙</td><td>1. 砌墙厚度
2. 砌筑方式
3. 砖墙勾缝类型
4. 用砖品种规格
5. 灰浆品种及配合比</td></tr>
<tr><td>020101003</td><td>糙砖实心墙</td><td rowspan="2">1. 砌墙厚度
2. 砌筑方式
3. 用砖品种规格
4. 灰浆品种及配合比</td></tr>
<tr><td>020101004</td><td>糙砖空斗墙</td><td rowspan="2">1. 选砖
2. 调制灰浆
3. 砌筑
4. 勾缝
5. 材料运输
6. 渣土清运</td></tr>
<tr><td>020101005</td><td>糙砌空花墙</td><td>1. 砌墙厚度
2. 砌筑方式
3. 砖墙花墙类型
4. 用砖品种规格
5. 灰浆品种及配合比</td><td>按设计图示尺寸以立方米计算，扣除门窗洞口、过人洞、嵌入墙体内的柱梁及细砖面所占体积</td></tr>
</table>

2）贴砖

贴砖工程量清单项目设置、项目特征描述的内容、计量单位及工程量计算规则应按表5.2.2的规定执行，四周如有镶边者，按镶边项目编码列项。

表5.2.2 贴砖(编码:020102)

<table>
<tr><th>项目编码</th><th>项目名称</th><th>项目特征</th><th>计量单位</th><th>工程量计算规则</th><th>工作内容</th></tr>
<tr><td>020102001</td><td>贴陡板</td><td>1. 陡板高度、厚度
2. 用砖品种、规格、强度等级
3. 铁件种类、规格
4. 砂浆种类、强度等级及配合比
5. 防护剂名称、涂刷遍数</td><td rowspan="5">m^2</td><td>按设计图示尺寸以面积计算；计算工程量时应扣除门窗洞口和空洞所占的面积</td><td rowspan="5">1. 砖料做细、做榫
2. 油灰加工
3. 铁件制作
4. 材料运输
5. 砖、铁件安装
6. 砖内侧灌砂浆
7. 砖表面刷防护剂</td></tr>
<tr><td>020102002</td><td>贴墙面</td><td rowspan="2">1. 贴面分块尺寸
2. 用砖品种、规格、强度等级
3. 铁件种类、规格
4. 砂浆种类、强度等级及配合比
5. 防护剂名称、涂刷遍数</td><td rowspan="4">按设计图示尺寸以面积计算；计算工程量时应扣除门窗洞口和空洞所占的面积，但不扣除面积≤0.3 m^2的空洞面积</td></tr>
<tr><td>020102003</td><td>贴勒脚</td></tr>
<tr><td>020102004</td><td>贴角景墙面</td><td>1. 角景类型
2. 角景贴面分块尺寸
3. 用砖品种、规格、强度等级
4. 铁件种类、规格
5. 砂浆种类、强度等级及配合比
6. 防护剂名称、涂刷遍数</td></tr>
<tr><td>020102005</td><td>其他砖贴面</td><td>1. 砖贴面位置
2. 砖贴面分块尺寸
3. 用砖品种、规格、强度等级
4. 铁件种类、规格
5. 砂浆种类、强度等级及配合比
6. 防护剂名称、涂刷遍数</td></tr>
</table>

3）砖檐

砖檐工程量清单项目设置、项目特征描述的内容、计量单位及工程量计算规则应按表5.2.3的规定执行。

表5.2.3 砖檐(编码:020103)

<table>
<tr><th>项目编码</th><th>项目名称</th><th>项目特征</th><th>计量单位</th><th>工程量计算规则</th><th>工作内容</th></tr>
<tr><td>020103001</td><td>细砖砖檐</td><td rowspan="2">1. 砖檐种类、层数
2. 砌筑方式
3. 用砖品种及规格
4. 灰浆品种及配合比</td><td rowspan="2">m</td><td rowspan="2">按设计图示尺寸以盖板外皮长度计算</td><td rowspan="2">1. 砖件砍制
2. 调制灰浆
3. 砌筑(制安)
4. 材料运输
5. 渣土清运</td></tr>
<tr><td>020103002</td><td>糙砖砖檐</td></tr>
</table>

4）墙帽

墙帽工程量清单项目设置、项目特征描述的内容、计量单位及工程量计算规则应按表 5.2.4 的规定执行。

表 5.2.4 砖帽(编码:020104)

<table>
<tr><th>项目编码</th><th>项目名称</th><th>项目特征</th><th>计量单位</th><th>工程量计算规则</th><th>工作内容</th></tr>
<tr><td>020104001</td><td>细砖墙帽</td><td rowspan="2">1. 墙帽种类
2. 砌筑方式
3. 用砖品种及规格
4. 灰浆品种及配合比</td><td rowspan="2">m</td><td rowspan="2">按设计图示尺寸以墙帽中心线长度计算</td><td rowspan="2">1. 砖件砍制
2. 调制灰浆
3. 砌筑(制安)
4. 材料运输
5. 渣土清运</td></tr>
<tr><td>020104002</td><td>糙砖墙帽</td></tr>
<tr><td>020104003</td><td>滚水</td><td>1. 规格
2. 材质
3. 砌筑方式
4. 灰浆品种及配合比</td><td>份</td><td>按设计图示数量计算</td><td>1. 调制灰浆
2. 砌筑
3. 材料运输
4. 渣土清运</td></tr>
</table>

5）砖券(拱)、月洞、地穴及门窗套

砖券(拱)、月洞、地穴及门窗套工程量清单项目设置、项目特征描述的内容、计量单位及工程量计算规则应按表 5.2.5 的规定执行，其中门窗套构件部位内容可分为侧板、顶板两种，构件形式内容可分为直线、曲线两种。

表 5.2.5 砖券(拱)、月洞、地穴及门窗套(编码:020105)

<table>
<tr><th>项目编码</th><th>项目名称</th><th>项目特征</th><th>计量单位</th><th>工程量计算规则</th><th>工作内容</th></tr>
<tr><td>020105001</td><td>砖券(拱)</td><td rowspan="2">1. 砌筑部位
2. 砌筑方式
3. 用砖品种及规格
4. 灰浆品种及配合比
5. 勾缝要求</td><td>m^3</td><td>按设计图示尺寸以体积计算</td><td rowspan="2">1. 选砖及砖件加工
2. 调制灰浆
3. 支拆券胎
4. 砌筑
5. 勾缝
6. 材料运输
7. 渣土清运</td></tr>
<tr><td>020105002</td><td>砖券脸</td><td>m^2</td><td>按设计图示尺寸以券脸的垂直投影面积计算</td></tr>
<tr><td>020105003</td><td>月洞、地穴砌套</td><td rowspan="2">1. 构件规格尺寸
2. 构件部位
3. 构件形式
4. 线脚类型
5. 方砖品种、规格、强度等级
6. 铁件种类、规格
7. 砂浆种类、强度等级及配合比
8. 防护剂名称、涂刷遍数</td><td rowspan="3">m</td><td rowspan="3">按设计图示外围周长以延长米计算</td><td rowspan="3">1. 方砖做细、做榫
2. 油灰加工
3. 铁件制作
4. 材料运输
5. 方砖、铁件安装
6. 砖内侧灌砂浆
7. 砖表面刷防护剂</td></tr>
<tr><td>020105004</td><td>门窗砌套</td></tr>
<tr><td>020105005</td><td>镶边</td><td>1. 线脚宽度、线脚形式
2. 方砖品种、规格、强度等级
3. 铁件种类、规格
4. 砂浆种类、强度等级及配合比
5. 防护剂名称、涂刷遍数</td></tr>
</table>

6）漏窗

漏窗工程量清单项目设置、项目特征描述的内容、计量单位及工程量计算规则应按表5.2.6的规定执行。

表5.2.6 漏窗(编码:020106)

项目编码	项目名称	项目特征	计量单位	工程量计算规则	工作内容
020106001	砖细漏窗	1. 窗框出口形式 2. 框边刨边形式 3. 窗芯形式 4. 窗规格尺寸 5. 方砖品种、规格、强度等级 6. 防护剂名称、涂刷遍数	1. m^2 2. 樘	1. 以平方米计量，按设计图示尺寸以面积计算 2. 以樘计量，按设计图示数量计算	1. 方砖做细、做榫 2. 油灰加工 3. 起线 4. 锯砖 5. 刨缝 6. 补磨 7. 安拆模撑 8. 材料运输 9. 方砖安装 10. 砖表面刷防护剂
020106002	砖瓦漏窗				1. 方砖做细、做榫 2. 瓦件加工 3. 油灰加工 4. 起线 5. 锯砖 6. 刨缝 7. 补磨 8. 安拆模撑 9. 材料运输 10. 砖瓦安装 11. 砖瓦表面刷防护剂
020106003	砂浆漏窗	1. 漏窗形式 2. 窗规格尺寸 3. 钢丝规格 4. 砂浆种类、强度等级及配合比			1. 调制砂浆 2. 安拆模撑 3. 材料运输 4. 抹面、刷水(包括边框)

7）须弥座

须弥座工程量清单项目设置、项目特征描述的内容、计量单位及工程量计算规则应按表5.2.7的规定执行。

表5.2.7 须弥座(编码:020107)

项目编码	项目名称	项目特征	计量单位	工程量计算规则	工作内容
020107001	细砌须弥座	1. 砌筑方式 2. 用砖品种及规格 3. 线脚断面尺寸 4. 灰浆品种及配合比 5. 勾缝要求	m	按设计图示长度以延长米计算	1. 选砖 2. 调制灰浆 3. 砌筑 4. 勾缝 5. 材料运输 6. 渣土清运
020107002	糙砌须弥座				

8）影壁、看面墙、廊心墙

影壁、看面墙、廊心墙工程量清单项目设置、项目特征描述的内容、计量单位及工程量计算规则应按表 5.2.8 的规定执行。

表 5.2.8　影壁、看面墙、廊心墙(编码:020108)

<table>
<tr><th>项目编码</th><th>项目名称</th><th>项目特征</th><th>计量单位</th><th>工程量计算规则</th><th>工作内容</th></tr>
<tr><td>020108001</td><td>壁(墙)心</td><td>1. 投影面积
2. 砌筑部位
3. 花饰要求
4. 砌筑方式
5. 各部位用砖品种及规格
6. 灰浆品种及配合比</td><td>m^3</td><td>按设计图示尺寸以体积计算</td><td>1. 砖件砍制雕作
2. 调制灰浆
3. 砌筑
4. 打点
5. 材料运输
6. 渣土清运</td></tr>
<tr><td>020108002</td><td>壁(墙)柱、枋子</td><td rowspan="9">1. 方砖品种、规格、强度等级
2. 构件断面尺寸
3. 铁件种类、规格
4. 防护剂名称、涂刷遍数</td><td rowspan="3">m</td><td rowspan="3">按设计图示长度以延长米计算</td><td rowspan="9">1. 砖料砍磨
2. 调制灰浆
3. 砌筑灌缝
4. 材料运输
5. 打点背里
6. 渣土清运</td></tr>
<tr><td>020108003</td><td>墙上、下槛</td></tr>
<tr><td>020108004</td><td>墙立八字</td></tr>
<tr><td>020108005</td><td>马蹄磉</td><td rowspan="3">对</td><td rowspan="6">按设计图示数量计算</td></tr>
<tr><td>020108006</td><td>壁(墙)三岔头</td></tr>
<tr><td>020108007</td><td>壁(墙)耳子</td></tr>
<tr><td>020108008</td><td>墙穿插档</td><td rowspan="2">份</td></tr>
<tr><td>020108009</td><td>墙小脊子</td></tr>
<tr><td>020108010</td><td>壁(墙)其他小件</td><td>份、个</td></tr>
</table>

9）槛墙、槛栏杆

槛墙、槛栏杆工程量清单项目设置、项目特征描述的内容、计量单位及工程量计算规则应按表 5.2.9 的规定执行，其中栏杆包括面砖四角起木角线、侧柱、芯子砖、双面起木角线拖泥等。

表 5.2.9　槛墙、槛栏杆(编码:020109)

<table>
<tr><th>项目编码</th><th>项目名称</th><th>项目特征</th><th>计量单位</th><th>工程量计算规则</th><th>工作内容</th></tr>
<tr><td>020109001</td><td>砖细半墙坐槛面</td><td>1. 坐槛面规格尺寸
2. 线脚类型
3. 方砖品种、规格、强度等级
4. 防护剂名称、涂刷遍数</td><td rowspan="2">m</td><td>砖细半墙坐槛面按设计图示尺寸以水平延长米计算</td><td rowspan="2">1. 方砖做细、做榫
2. 油灰加工
3. 起线、凿空
4. 制木芯
5. 材料运输
6. 方砖安装
7. 砖表面刷防护剂</td></tr>
<tr><td>020109002</td><td>砖细(坐槛)栏杆</td><td>1. 线脚类型
2. 方砖品种、规格、强度等级
3. 木径设置及材质</td><td>砖细坐槛面砖、拖泥、芯子砖按设计图示尺寸以水平延长米计算；坐槛栏杆侧柱按高度以延长米计算</td></tr>
</table>

10）砖细构件

砖细构件工程量清单项目设置、项目特征描述的内容、计量单位及工程量计算规则应按表5.2.10的规定执行。

表5.2.10 砖细构件(编码:020110)

<table>
<tr><th>项目编码</th><th>项目名称</th><th>项目特征</th><th>计量单位</th><th>工程量计算规则</th><th>工作内容</th></tr>
<tr><td>020110001</td><td>砖细抛方</td><td>1. 抛方类型及高度
2. 刨面方砖品种、规格、强度等级
3. 铁件种类、规格</td><td rowspan="2">m</td><td rowspan="2">按设计图示外包尺寸以延长米计算</td><td rowspan="2">1. 方砖做细
2. 油灰加工
3. 铁件制作
4. 材料运输
5. 方砖、铁件安装</td></tr>
<tr><td>020110002</td><td>圆线台口砖</td><td>1. 台口砖高度
2. 刨面方砖品种、规格、强度等级
3. 铁件种类、规格</td></tr>
<tr><td>020110003</td><td>八字垛头拖泥锁口</td><td>1. 方砖品种、规格、强度等级
2. 构件的断面尺寸
3. 铁件种类、规格
4. 防护剂名称、涂刷遍数</td><td rowspan="2">m^2</td><td>按设计图示尺寸以延长米计算</td><td rowspan="10">1. 方砖做细、做榫
2. 油灰加工
3. 起线
4. 锯砖
5. 刨缝
6. 补磨
7. 材料运输
8. 方砖安装
9. 砖表面刷防护剂</td></tr>
<tr><td>020110004</td><td>八字垛头勒脚、墙身</td><td>1. 方砖品种、规格、强度等级
2. 墙体厚度
3. 铁件种类、规格
4. 防护剂名称、涂刷遍数</td><td>按设计图示尺寸以面积计算</td></tr>
<tr><td>020110005</td><td>下枋</td><td>1. 构件规格
2. 方砖品种、规格、强度等级
3. 铁件种类、规格
4. 砂浆种类、强度等级及配合比
5. 防护剂名称、涂刷遍数</td><td rowspan="6">m</td><td rowspan="5">按设计图示尺寸以延长米计算</td></tr>
<tr><td>020110006</td><td>上下托浑线脚</td><td rowspan="4">1. 方砖品种、规格、强度等级
2. 构件断面尺寸
3. 防护剂名称、涂刷遍数</td></tr>
<tr><td>020110007</td><td>宿塞</td></tr>
<tr><td>020110008</td><td>木角小圆线台盘浑</td></tr>
<tr><td>020110009</td><td>大镶边</td></tr>
<tr><td>020110010</td><td>字碑镶边</td><td>1. 方砖品种、规格、强度等级
2. 构件断面尺寸
3. 铁件种类、规格
4. 防护剂名称、涂刷遍数</td><td>按设计图示尺寸外围周长以延长米计算</td></tr>
<tr><td>020110011</td><td>兜肚</td><td rowspan="2">1. 构件规格
2. 方砖品种、规格、强度等级
3. 构件断面尺寸
4. 铁件种类、规格
5. 砂浆种类、强度等级及配合比
6. 防护剂名称、涂刷遍数</td><td>块</td><td>按设计图示数量计算</td></tr>
<tr><td>020110012</td><td>字碑</td><td>m</td><td>按设计图示尺寸以延长米计算</td></tr>
</table>

续表 5.2.10

项目编码	项目名称	项目特征	计量单位	工程量计算规则	工作内容
020110013	出线一路托浑木角线单线	1. 方砖品种、规格、强度等级 2. 构件断面尺寸 3. 防护剂名称、涂刷遍数	m	按设计图示尺寸以延长米计算	1. 方砖做细、做榫 2. 油灰加工 3. 起线 4. 锯砖 5. 刨缝 6. 补磨 7. 材料运输 8. 方砖安装 9. 砖表面刷防护剂
020110014	上枋	1. 构件规格 2. 方砖品种、规格、强度等级 3. 构件断面尺寸 4. 铁件种类、规格 5. 砂浆种类、强度等级及配合比 6. 防护剂名称、涂刷遍数			
020110015	斗盘枋				
020110016	五寸堂				
020110017	一飞砖木角线	1. 方砖品种、规格、强度等级 2. 构件断面尺寸 3. 防护剂名称、涂刷遍数			
020110018	二飞砖托浑				
020110019	三飞砖晓色				
020110020	荷花柱头		1. 根 2. m	1. 以根计量，按设计图示数量计算 2. 以米计量，按设计图示尺寸以延长米计算	
020110021	将板砖		只（块）	以只或块计量，按设计图示数量计算	
020110022	挂芽				
020110023	靴头砖				
020110024	砖细包檐	1. 砖细包檐每道厚度 2. 包檐种类 3. 包檐道数 4. 方砖品种、规格、强度等级 5. 防护剂名称、涂刷遍数	m	按设计图示尺寸以水平延长米计算	
020110025	砖细屋脊头	1. 脊头型式 2. 规格尺寸 3. 方砖品种、规格、强度等级 4. 防护剂名称、涂刷遍数	只	按设计图示数量计算	
020110026	砖细戗头板虎头牌	1. 砖细戗头板虎头牌型式 2. 规格尺寸 3. 宽度尺寸 4. 方砖品种、规格、强度等级 5. 铁件种类、规格 6. 防护剂名称、涂刷遍数			
020110027	带雕刻枫拱板	1. 方砖品种、规格、强度等级 2. 枫拱板规格尺寸 3. 铁件种类、规格 4. 防护剂名称、涂刷遍数	块		
020110028	矩形桁条、梓桁	1. 构件截面尺寸 2. 方砖品种、规格、强度等级 3. 防护剂名称、涂刷遍数	m	按设计图示尺寸以水平延长米计算	1. 方砖做细、做榫 2. 油灰加工 3. 起线 4. 锯砖 5. 刨缝 6. 补磨 7. 材料运输 8. 方砖安装 9. 砖表面刷防护剂
020110029	矩形椽子、飞椽			按设计图示尺寸以水平延长米计算（深入墙内部分工程量并入工程量计算）	
020110030	雀替	1. 构件的规格尺寸 2. 方砖品种、规格、强度等级 3. 铁件种类、规格 4. 防护剂名称、涂刷遍数	个	按设计图示数量计算	
020110031	其他配件		块（个）		

11）小构件及零星砌体

小构件及零星砌体工程量清单项目设置、项目特征描述的内容、计量单位及工程量计算规则应按表 5.2.11 的规定执行。

表 5.2.11 小构件及零星砌体(编码:020111)

<table>
<tr><th>项目编码</th><th>项目名称</th><th>项目特征</th><th>计量单位</th><th>工程量计算规则</th><th>工作内容</th></tr>
<tr><td>020111001</td><td>砖细斗拱</td><td>1. 斗拱型式
2. 方砖品种、规格、强度等级
3. 铁件种类、规格
4. 防护剂名称、涂刷遍数</td><td>攒(座)</td><td>按设计图示数量计算</td><td>1. 方砖做细、做榫
2. 油灰加工
3. 起线
4. 锯砖
5. 刨缝
6. 补磨
7. 材料运输
8. 方砖安装
9. 砖表面刷防护剂</td></tr>
<tr><td>020111002</td><td>博风</td><td>1. 博风宽度
2. 方砖品种、规格、强度等级
3. 铁件种类、规格
4. 防护剂名称、涂刷遍数</td><td rowspan="2">m</td><td rowspan="2">按设计图示尺寸以上皮长度计算，方砖博风扣除博风头所占长度</td><td rowspan="2">1. 砖件砍制
2. 调制灰浆
3. 砌筑(制安)
4. 材料运输
5. 渣土清运</td></tr>
<tr><td>020111003</td><td>挂落</td><td>1. 方砖品种、规格、强度等级
2. 构件断面尺寸
3. 防护剂名称、涂刷遍数</td></tr>
<tr><td>020111004</td><td>墀头、垛头、腮帮</td><td>1. 墙体厚
2. 雕刻要求
3. 规格尺寸
4. 方砖品种、规格、强度等级
5. 铁件种类、规格
6. 防护剂名称、涂刷遍数</td><td>m³</td><td>按设计图示尺寸以体积计算</td><td>1. 方砖做细、做榫
2. 油灰加工
3. 起线
4. 锯砖
5. 刨缝
6. 补磨
7. 材料运输
8. 方砖安装
9. 砖表面刷防护剂</td></tr>
<tr><td>020111005</td><td>梢子、盘头</td><td>1. 梢子盘头层数及做法
2. 雕刻要求
3. 后续尾做法
4. 砌筑方式
5. 用砖品种及规格
6. 灰浆种类及配合比</td><td rowspan="2">份</td><td rowspan="2">按设计图示数量计算</td><td>1. 砖件砍制加工(雕刻)
2. 调制灰浆
3. 砌筑
4. 材料运输
5. 渣土清运</td></tr>
<tr><td>020111006</td><td>砖细博风板头</td><td>1. 砖细博风板头型式
2. 规格尺寸
3. 方砖品种、规格、强度等级
4. 铁件种类、规格
5. 防护剂名称、涂刷遍数</td><td>1. 方砖做细、做榫
2. 油灰加工
3. 起线
4. 锯砖
5. 刨缝
6. 补磨
7. 材料运输
8. 方砖安装
9. 砖表面刷防护剂</td></tr>
<tr><td>020111007</td><td>零星仿古砌体</td><td>1. 项目名称及做法
2. 砌筑方式
3. 用砖品种及规格
4. 灰浆品种及配合比</td><td>1. m
2. m³
3. 个</td><td>1. 以米计量，按设计图示尺寸以延长米计算
2. 以立方米计量，按设计图示尺寸以体积计算
3. 以个计量，按设计图示数量计算</td><td>1. 砖件砍制
2. 调制灰浆
3. 砌筑
4. 材料运输
5. 渣土清运</td></tr>
</table>

12）砖浮雕及碑镌字

砖浮雕及碑镌字工程量清单项目设置、项目特征描述的内容、计量单位及工程量计算规则应按表5.2.12的规定执行。

表5.2.12　砖浮雕及碑镌字(编码:020112)

项目编码	项目名称	项目特征	计量单位	工程量计算规则	工作内容
020112001	砖雕刻	1. 方砖雕刻形式 2. 雕刻深度 3. 图案加工形式	m^2	按设计图示尺寸以面积计算	1. 构图放样 2. 雕琢洗练 3. 修补清理
020112002	砖字碑镌字	1. 字碑镌字形式 2. 字的规格尺寸	个	按设计图示以镌字数量计算	

5.2.2　砖作工程计价表规则

1）说明

(1) 标准砖墙不分清、混水墙及艺术形式复杂程度。砖券、砖过梁，砖圈梁、腰线、砖垛、砖挑沿、附墙烟囱等因素已综合在定额内，不得另立项目计算。阳台砖隔断按相应内墙定额执行。

(2) 标准砖砌体如使用配砖，仍按《计价表》执行，不作调整。

(3) 空斗墙中门窗立边、门窗过梁、窗台、墙角、檩条下、楼板下、踢脚线部分和屋檐处的实砌砖已包括在定额内，不得另立项目计算。空斗墙遇有实砌钢筋砖圈梁及单面附墙垛时，应另列项目按小型砌体定额执行。

(4) 砌块墙、多孔砖墙中，窗台虎头砖、腰线、门窗洞边接茬用标准砖已包括在定额内。

(5) 各种砖砌体的砖、砌块按下表规格(单位:mm)编制，规格不同时，可以换算。

表5.2.13　各种砖砌体的砖、砌块规格

砖名称	长×宽×高
普通黏土(标准)砖	240×115×53
八五砖	216×105×43
KP1黏土多孔砖	240×115×90
KM1黏土空心砖	190×190×90
加气混凝土块	600×240×150

(6) 除标准砖墙外，其他品种砖弧形墙其弧形部分每立方米砌体按相应项目人工增加15%，砖增加5%，其他不变。

(7) 砌砖、块定额中已包括了门、窗框与砌体的原浆勾缝在内，砌筑砂浆强度等级按设计规定应分别套用。

(8) 砖砌体内的钢筋加固及转角、内外墙的搭接钢筋以“吨”计算，按《计价表》第一册第三章的“砌体、板缝内加固钢筋”定额执行。

(9) 砖砌挡土墙以顶面宽度按相应墙厚内墙定额执行，顶面宽度超过1砖按砖基础定额执行。

(10) 小型砌体系指砖砌门蹲、房上烟囱、地垅墙、水槽、水池脚、垃圾箱、台阶面上矮墙、花台、垃圾箱、容积在 3 m^3 内的水池、大小便槽(包括踏步)、阳台栏板等砌体。

(11) 墙中心线处距混凝土(木)圆柱边 120 mm 范围内砌体为含半柱砌体。半柱砌体厚度为 1 砖厚,实际不同时可按比例调整综合单价。

(12) 砖细制作以机械加工为主,手工操作为辅,按厂方提供半成品考虑。直线线脚加工以现场小型机械加工为主,部分用手工;异形线脚加工按手工加工考虑。

(13) 如各地区砖的规格与定额不同时,可按砖细加工相应定额项目进行人工工日换算,但定额材料消耗量不调整。

(14) 砖细表面刷有机硅防水剂时,每 10 m^2 增加人工 0.216 工日、有机硅外墙防水剂(原液)0.5 kg、水 0.004 m^3。

2) *砌筑工程量计算规则*

(1) 砌筑墙体工程量一般规则

① 计算墙体工程量时,应扣除门窗洞口、过人洞、空圈、嵌入墙身的钢筋混凝土柱、梁、过梁、圈梁、挑梁、混凝土墙基防潮层和暖气包、壁龛的体积,不扣除梁头、梁垫、外墙预制板头、檩条头、垫木、木楞头、沿椽木、木砖、门窗走头、砖砌体内的加固钢筋、木筋、铁件、钢管及每个面积在 0.3 m^2 以下的孔洞等所占的体积。凸出墙面的窗台虎头砖、压顶线、山墙泛水、烟囱根、门窗套及三砖以内的腰线、挑檐等体积亦不增加。

② 附墙砖垛、三皮砖以上的腰线、挑檐等体积,并入墙身体积内计算。

③ 附墙烟囱、通风道、垃圾道等按其外形体积,并入所依附的墙体体积内合并计算,不扣除每个横截面在 0.1 m^2 以内的孔洞体积。

④ 弧形墙按其弧形墙中心线部分的体积计算。

(2) 基础与墙身的划分

① 砖墙基础与墙身使用同一种材料时,以设计室内地坪(有地下室者以地下室设计室内地坪)为界,以下为基础,以上为墙身;基础、墙身使用不同材料时,位于设计室内地坪±300 mm以内,以不同材料为分界线,超过±300 mm,以设计室内地坪分界。

② 砖围墙以设计室外地坪为分界,以下为基础,以上为墙身。

③ 台明墙按墙身计算。

(3) 砖基础长度的确定

① 外墙墙基按外墙中心线长度计算。

② 内墙墙基按内墙基最上一步净长度计算。基础大放脚 T 形接头处重叠部分以及嵌入基础钢筋、铁件、管道、基础防水砂浆防潮层、通过基础单个面积在 0.3 m^2 以内孔洞所占的体积不扣除,但靠墙暖气沟的挑檐亦不增加。附墙垛基础宽出部分体积,并入所依附的基础工程量内。

(4) 墙身长度的确定:外墙按外墙中心线,内墙按内墙净长线计算。

(5) 墙身高度的确定设计有明确高度时以设计高度计算,未明确时按下列规定计算:

① 外墙:坡(斜)屋面无檐口天棚者,算至墙中心线屋面板底,无屋面板,算至椽子顶面;有屋架且室内外均有天棚者,算至屋架下弦底面另加 200 mm,无天棚,算至屋架下弦底面另加 300 mm;有现浇钢筋混凝土平板楼层者,应算至平板底面;有女儿墙应自外墙梁(板)顶面至图示女儿墙顶面,有混凝土压顶者,算至压顶底面,分别以不同厚度按外墙定额执行。

② 内墙:内墙位于屋架下,其高度算至屋架底,无屋架,算至天棚底另增加 120 mm;有

钢筋混凝土楼隔层者，算至钢筋混凝土底板，有框架梁时，算至梁底面；同一墙上板厚不同时，按平均高度计算。

(6) 框架间砌体，分别按内、外墙及不同砂浆强度，以框架间净面积乘墙厚计算，套相应定额。框架外表面镶包砖部分也并入墙身工程量内一并计算。

(7) 空花墙按空花部分的外形体积以立方米计算，空花墙外有实砌墙，其实砌部分应以立方米另列项目计算。

(8) 填充墙按外形体积以立方米计算，其实砌部分及填充料已包括在定额内，不另计算。

砖柱基、柱身不分断面均以设计体积计算，柱身、柱基工程量合并套“砖柱”定额。柱基与柱身砌体品种不同时，应分开计算并分别套用相应定额。

(9) 砖砌地下室墙身及基础按设计图示以立方米计算，内、外墙身工程量合并计算按相应内墙定额执行。墙身外侧面砌贴砖按设计厚度以立方米计算。

(10) 加气混凝土砌块墙按图示尺寸以立方米计算，砌块本身空心体积不予扣除。砌体中设计钢筋砖过梁时，应另行计算。套“小型砌体”定额。

(11) 其他

① 含半柱砌体按图示砌筑高度以米计算。

② 墙基防潮层按墙基顶面水平宽度乘以长度以平方米计算，有附垛时，将附垛面积并入墙基内。

③ 砖砌台阶按水平投影面积以平方米计算。

④ 砖砌地沟沟底与沟壁工程量合并以立方米计算。

3) 砖细工程量计算规则

(1) 砖细工程量除注明者外，均按净长、净宽、净面积计算。

(2) 砖细望砖工程量以块计算，刨面望砖规格如下：210 mm×95 mm×15 mm。

(3) 砖细抛方、台口，高度按图示尺寸和水平长度，分别以延长米计算。

(4) 砖细贴墙面，按材料不同规格，均按图示尺寸，分别以平方米计算；四周如有镶边者，镶边工程量按相应的镶边定额另行计算；计算工程量时应扣除门窗洞口和空洞所占的面积，但不扣除 0.3 m^2 以内的空洞面积。

(5) 月洞、地穴、门窗套、镶边宽度，按图示尺寸和外围周长，分别以延长米计算。

(6) 砖细半墙坐槛面宽度，按图示尺寸分别以延长米计算。

(7) 砖细坐槛栏杆：坐槛面砖、拖泥、芯子砖按水平长度，以延长米计算；坐槛栏杆侧柱，按高度以延长米计算。

(8) 砖细其他小配件：

① 砖细包檐，按三道线或增减一道线的水平长度，分别以延长米计算。

② 屋脊头、垛头、梁垫，分别以只计算。

③ 博风、板头、戗头板、风拱板分别以块(套)计算。

④ 桁条、梓桁、椽子、飞椽按长度分别以延长米计算，椽子、飞椽深入墙内部分的工程量并入椽子、飞椽的工程量计算。

(9) 砖细漏窗：漏窗边框，按外围周长分别以延长米计算；漏窗芯子，按边框内净尺寸以平方米计算。

(10) 一般漏窗按洞口外围面积以平方米计算。

(11) 砖细方砖铺地,按材料不同规格和图示尺寸,分别以平方米计算;柱磉石所占面积,均不扣除。

(12) 挂落三飞砖砖墙门:

① 砖细勒脚,墙身按图示尺寸,以平方米计算。

② 拖泥、锁口、线脚、上下枋、台盘浑、斗盘枋、五吋堂、字碑、飞砖、晓色、挂落、托浑、宿塞、荷花柱头、将板砖、挂芽、靴头砖分别以延长米计算。

③ 大镶边、字镶边工程量按外围周长,以延长米计算。

④ 兜肚以块计算,字碑镌字以字计算,雕刻以平方米计算,牌科以座计算。

5.2.3 砖作工程实例

例 5.2.1 某城门楼城墙砖砌体如图 5.2.1 所示,厚度 40 cm,城墙砖规格为 400 mm×200 mm×65 mm,采用 M7.5 混合砂浆砌筑,其中一段长度为 2.2 m,试计算该段城砖墙的工程量、编制清单并按江苏省计价规则计价。

说明:为方便阅读,本书中例题除非说明,所有材料价格、人工单价、机械台班单价暂按《江苏省仿古建筑与园林工程计价表》(2007 年)中计算,不作调整。

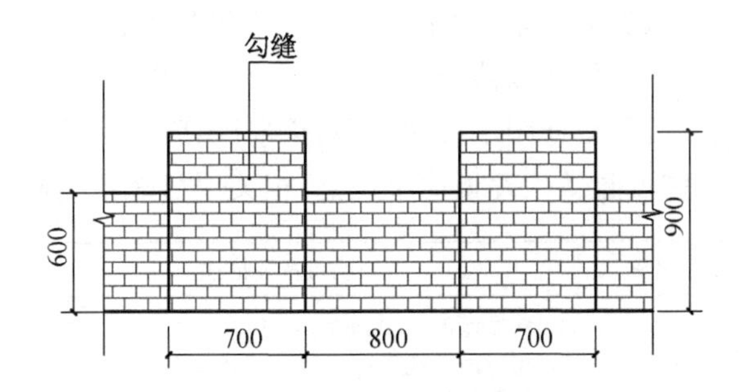

图 5.2.1 城门楼城墙砖砌体

解:1) 工程量清单编制

(1) 清单工程量计算:

根据清单工程量计算规则,城砖墙按设计图示尺寸以体积计算:

$$V = (0.7 \times 0.9 \times 2 + 0.6 \times 0.8) \times 0.4 = 0.696(\mathrm{m}^3)$$

(2) 编制清单:按照仿古建筑工程量清单规范,应选择清单项目编码为 020101001,相关项目清单编制如下表:

序号	项目编码	项目名称	项目特征描述	计量单位	工程量
1	020101001001	城砖墙	1. 砖品种、规格、强度等级:城墙砖 400 mm×200 mm×65 mm 2. 墙体类型:外墙 3. 墙体厚度:400 mm 4. 墙体高度:0.9 m 5. 砂浆强度等级、配合比:M7.5 混合砂浆	m^3	0.696

2）计价

（1）江苏省计价表工程量：同清单工程量 0.696 m³。

（2）套用 2007《江苏省仿古建筑与园林工程计价表》子目计价。

分析：计价表中 1-243 城砖墙项目中砂浆等级为 M5，图示为 M7.5，应将材料费中的 M5 混合砂浆换算成 M7.5 混合砂浆。

子目 1-243 换算单价：395.72－21.33＋134.9×0.164＝396.51（元/ m³）。

套价：子目 1-243 换　396.51×0.696＝275.97（元）。

（3）城砖墙的工程量清单综合单价 275.97/0.696＝396.51（元/ m³）。

例 5.2.2　某廊上砖细坐凳墙如图 5.2.2，墙长 2.5 m，墙体内侧抹 20 厚混合砂浆，白色弹性涂料 2 遍，墙体外侧贴青砖片（240 mm×53 mm×12 mm），上面为砖细半墙坐槛面（带线脚），试计算该段砖细坐凳墙的砖砌体、坐槛面的工程量，编制清单并按江苏省计价规则计价。

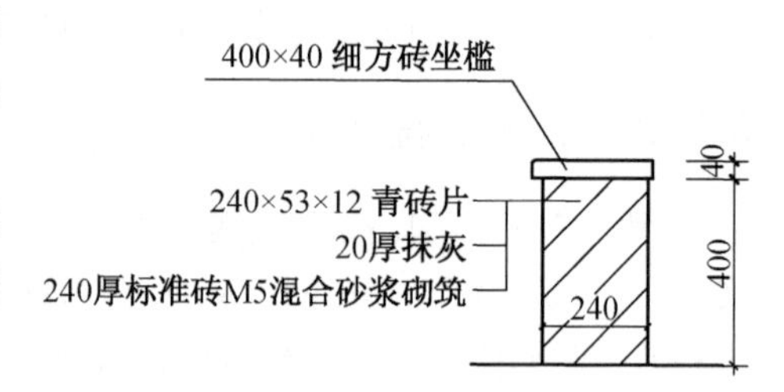

图 5.2.2　砖细坐凳

解：1）工程量清单编制

（1）清单工程量计算：

根据清单工程量计算规则，砖细坐凳墙项目的工程量如下：

① 标准砖墙，按设计图示尺寸以体积计算：$V = 2.5 \times 0.4 \times 0.24 = 0.24(\text{m}^3)$。

② 砖细半墙坐槛面，按照设计图示尺寸，以延长米计算：$L = 2.5$ m。

（2）编制清单：按照仿古建筑工程量清单规范，相关项目清单编制如下表：

序号	项目编码	项目名称	项目特征描述	计量单位	工程量
1	020101003001	糙砌实心墙	1. 砖墙厚度：240 mm 2. 用砖品种规格：标准砖 240 mm×115 mm×53 mm 3. 灰浆品种及配合比：M5 混合砂浆	m³	0.24
2	020109001001	砖细半墙坐槛面	1. 坐槛面规格尺寸：400 mm 宽 2. 线脚类型：单线 3. 方砖品种、规格、强度等级：400 mm×400 mm×40 mm方砖，油灰	m	2.5

2）计价

（1）砖砌体、坐槛面的计价表工程量同清单工程量。

（2）套用 2007《江苏省仿古建筑与园林工程计价表》子目计价。

① 糙砖实心墙

套子目 1-205，M5 标准砖 1 砖砌外墙　294.12×0.24＝70.589（元）

糙砖实心墙的工程量清单综合单价为 294.12 元/ m³。

② 砖细半墙坐槛面

分析：可套子目 2-41，半墙坐槛面（无雀簧有线脚），不用换算：

$$157.959 \times 2.5 = 394.898(\text{元})$$

半墙坐槛面（无雀簧有线脚）的工程量清单综合单价为 157.959 元/ m。

例 5.2.3 某厅馆局部装饰如图 5.2.3 所示，窗下墙高 0.9 m，长 3.3 m。单线单出口砖细窗台板长 3.3 m；窗下墙外侧贴砖细六角景，长 3.02 m，高 0.62 m；四周镶半圆浑线脚，长3.1 m，高 0.7 m；10 cm 厚砖细镶边长 3.3 m，高 0.9 m。试计算该段砖细窗下墙砖细贴面及线条的工程量，编制清单并按江苏省计价规则计价。

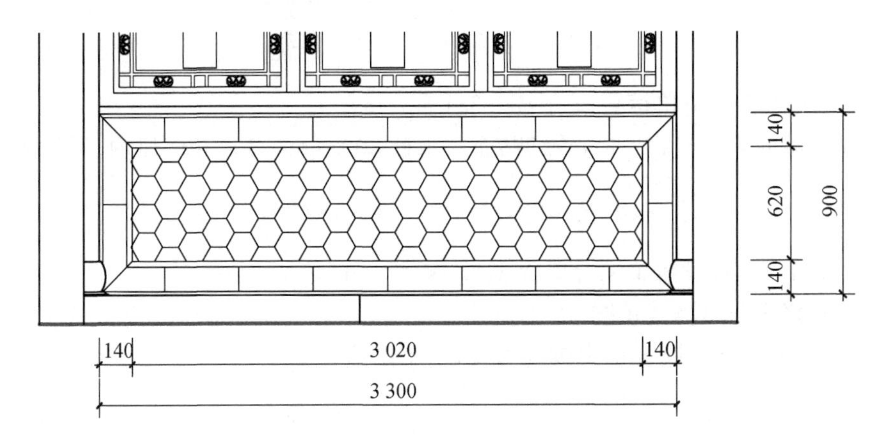

图 5.2.3 砖细六角景

解：1) 工程量清单编制

(1) 清单工程量计算：

根据清单工程量计算规则，该部分砖细项目及工程量如下：

① 砖细窗台板，属门窗砌套，按设计图示尺寸以延长米计算：$L=3.3$ m。

② 砖细六角景，按设计图示尺寸以面积计算：$S=3.02\times0.62=1.8724(m^2)$。

③ 砖细半圆浑线脚，按照设计图示尺寸，以延长米计算：$L=(3.1+0.7)\times2=7.6(m)$。

④ 砖细镶边，按照设计图示尺寸，以延长米计算：$L=(3.3+0.9)\times2=8.4(m)$。

(2) 编制清单：按照仿古建筑工程量清单规范，相关项目清单编制如下表：

序号	项目编码	项目名称	项目特征描述	计量单位	工程量
1	020105004001	门窗砌套	1. 构件规格尺寸：300 mm 宽，35 mm 厚 2. 构件部位：窗台 3. 线脚类型：单线单出口 4. 方砖品种、规格、强度等级：350 mm×350 mm×35 mm 砖细方砖	m	3.3
2	020102004001	贴角景墙面	1. 角景类型：六角景 2. 角景贴面分块尺寸：300 mm×300 mm 以内 3. 方砖品种、规格、强度等级：350 mm×350 mm×35 mm 砖细方砖	m^2	1.872 4
3	020110013001	出线一路托浑木脚线单线	1. 方砖品种、规格、强度等级：400 mm×400 mm×40 mm 砖细方砖	m	7.6
4	020105005001	镶边	1. 线脚宽度，线脚形式：10 mm 宽一道枭混线脚 2. 方砖品种、规格、强度等级：350 mm×350 mm×35 mm 砖细方砖，油灰	m	8.4

2）计价

（1）砖细窗台板、砖细六角景、线脚、镶边的计价表工程量同清单工程量。

（2）套用2007《江苏省仿古建筑与园林工程计价表》子目计价。

① 门窗砌套，套子目2-35，一般窗台板单线单出口，不用换算：

$$120.381 \times 3.3 = 397.2573(元)$$

门窗砌套的工程量清单综合单价120.381元/m。

② 贴角景墙面，套子目2-15，砖细贴面六角景300 mm×300 mm以内，不用换算：

$$418.042 \times 1.8724 = 782.742(元)$$

贴角景墙面的工程量清单综合单价418.042元/m^2。

③ 出线一路托浑木脚线单线

套子目2-89，出线一路托浑木脚线单线，不用换算：

$$101.436 \times 7.6 = 770.9136(元)$$

出线一路托浑木脚线单线的工程量清单综合单价101.436元/m^2。

④ 镶边，套子目2-38，镶边一道混线脚，不用换算：

$$53.432 \times 8.4 = 448.8288(元)$$

镶边的工程量清单综合单价53.432元/m。

5.3 石作工程清单项目与计价

5.3.1 石作工程清单规则

1）台基及台阶

台基及台阶工程量清单项目设置、项目特征描述的内容、计量单位及工程计算规则应按表5.3.1的规定执行。石作下垫层、找平层按现行国家标准《房屋建筑与装饰工程工程量计算规范》(GB 50854)相关项目编码列项。陡板石安装如采用干挂方式，钢骨架应单独按现行国家标准《房屋建筑与装饰工程工程量计算规范》(GB 50854)相关项目编码列项。埋头当图示如无厚及埋深尺寸时，厚按阶条石计算，埋深按露明高计算。独立须弥座是指四周全需加工，形似于纪念碑之下的基座，如石狮或其他雕塑的底座。当项目以座、个为计量单位时，应在项目特征里描述单件规格尺寸；项目以平方米作为计量单位时，则应在项目特征里描述石构件的厚度。砚窝按踏跺项目编码列项，连磉按锁口石项目编码列项，阶沿石按地栿项目编码列项。

表 5.3.1 台基及台阶(编码:020201)

项目编码	项目名称	项目特征	计量单位	工程量计算规则	工作内容
020201001	阶条石	1. 粘结层材料种类、厚度、砂浆强度等级 2. 石料种类、构件规格 3. 石表面加工要求及等级 4. 保护层材料种类	1. m^3 2. m^2	1. 以立方米计量,按设计图示尺寸以体积计算 2. 以平方米计量,按设计图示水平投影尺寸以面积计算	1. 基层清理 2. 石构件制作 3. 材料运输、安装、校正、修正缝口、固定 4. 刷防护材料
020201002	踏跺				
020201003	陡板石	1. 安装方式 2. 石料种类、构件规格 3. 石表面加工要求及等级 4. 保护层材料种类		1. 以立方米计量,按设计图示尺寸计算 2. 以平方米计量,按设计图示尺寸以面积计算	1. 基层清理 2. 防水层铺设、填充层铺设 3. 石构件制作 4. 材料运输、安装、校正、修正缝口、固定 5. 刷防护材料
020201004	土衬石	1. 粘结层材料种类、厚度、砂浆强度等级 2. 石料种类、构件规格 3. 石表面加工要求及等级 4. 保护层材料种类	m^3	按设计图示尺寸以体积计算	1. 基层清理 2. 石构件制作 3. 材料运输、安装、校正、修正缝口、固定 4. 刷防护材料
020201005	锁口石		m^2	按设计图示尺寸以水平投影面积计算	
020201006	地伏石				
020201007	埋头	1. 石料种类、构件规格 2. 石表面加工要求及等级	m^3	按设计图示尺寸以体积计算	1. 基层清理 2. 石构件制作 3. 材料运输、安装、校正、修正缝口、固定 4. 刷防护材料
020201008	垂带	1. 粘结层材料种类、厚度、砂浆强度等级 2. 石料种类、构件规格 3. 石表面加工要求及等级 4. 保护层材料种类 5. 使用部位	1. m^2 2. m^3	1. 以平方米计量,按设计图示尺寸以面积计算 2. 以立方米计量,按设计图示尺寸以体积计算	
020201009	象眼	1. 粘结层材料种类、厚度、砂浆强度等级 2. 石料种类、构件规格 3. 垂带设置情况 4. 石表面加工要求及等级 5. 保护层材料种类		1. 以平方米计量,按设计图示尺寸以垂直投影面积计算 2. 以立方米计量,按设计图示尺寸以体积计算	
020201010	礓礤石	1. 粘结层材料种类、厚度、砂浆强度等级 2. 石料种类、构件规格 3. 石表面加工要求及等级 4. 保护层材料种类	m^2	按设计图示尺寸以斜面积计算	1. 基层清理 2. 防水层铺设 3. 填充层铺设 4. 石构件制作 5. 材料运输 6. 安装、校正、修正缝口、固定 7. 刷防护材料
020201011	地坪石		1. m^2 2. m^3	1. 以平方米计量,按设计图示以面积计算 2. 以立方米计量,按设计图示尺寸以体积计算	
020201012	独立须弥座	1. 石料种类、构件规格 2. 石表面加工要求及等级 3. 雕刻种类、形式 4. 线脚要求 5. 砂浆强度等级	座	按设计图示数量计算	1. 选料、放样、开料、石构件制作 2. 吊装 3. 运输 4. 铺砂浆 5. 安装、校正、修正缝口、固定

续表 5.3.1

项目编码	项目名称	项目特征	计量单位	工程量计算规则	工作内容
020201013	台基须弥座	1. 石料种类、构件规格 2. 石表面加工要求 3. 雕刻种类、形式 4. 线脚要求 5. 砂浆强度等级	1. m^3 2. m	1. 以立方米计量，按设计图示尺寸以体积计算 2. 以米计量，按设计图示尺寸以延长米计算	1. 选料、放样、开料、石构件制作 2. 吊装 3. 运输 4. 铺砂浆 5. 安装、校正、修正缝口、固定
020201014	须弥座龙头	1. 石料种类、构件规格 2. 石表面加工要求及等级 3. 雕刻种类、形式 4. 砂浆强度等级	个	按设计图示数量计算	1. 选料、放样、开料 2. 石构件制作 3. 石构件雕刻 4. 吊装 5. 运输 6. 铺砂浆 7. 安装、校正、修正缝口、固定

2）望柱、栏杆、磴

望柱、栏杆、磴工程量清单项目设置、项目特征描述的内容、计量单位及工程计算规则应按表 5.3.2 的规定执行。当项目以米作为计量单位时，应在项目特征里描述石构件的断面尺寸；项目以根、块、只作为计量单位时，应在项目特征里描述单件规格。栏杆、栏板项目不包含石望柱。

表 5.3.2　望柱、栏杆、磴(编码:020202)

项目编码	项目名称	项目特征	计量单位	工程量计算规则	工作内容
020202001	花坛石	1. 石料种类、构件规格 2. 断面尺寸 3. 石表面加工要求及等级 4. 花坛式样 5. 线脚形式 6. 砂浆强度等级	m	按设计断面分别以延长米计算	1. 选料、开料 2. 石构件制作 3. 运输 4. 铺砂浆 5. 安装、校正、修正缝口、固定
020202002	石望柱	1. 石料种类、构件规格 2. 石表面加工要求及等级 3. 柱身雕刻种类、形式 4. 柱头雕饰种类、形式 5. 勾缝要求 6. 砂浆强度等级	1. m^3 2. 根	1. 以立方米计量，按设计图示尺寸以体积计算 2. 以根计量，按设计图示尺寸以数量计算	1. 选料、放样、开料 2. 石构件制作 3. 石构件雕刻 4. 吊装 5. 运输 6. 铺砂浆 7. 安装、校正、修正缝口、固定
020202003	栏杆	1. 石料种类、构件规格、构件式样 2. 石表面加工要求及等级 3. 雕刻种类、形式 4. 勾缝要求 5. 砂浆强度等级	1. m 2. m^2	1. 以米计量，按石料断面分别以延长米计算 2. 以平方米计量，按设计图示尺寸以面积计算	
020202004	栏板		1. m 2. m^2 3. 块	1. 以米计量，按石料断面分别以延长米计算 2. 以平方米计量，按设计图示尺寸以面积计算 3. 以块计量，按设计图示尺寸以数量计算	
020202005	抱鼓石	1. 石料种类、构件规格、构件式样 2. 石表面加工要求及等级 3. 雕刻种类、深度、面积 4. 砂浆强度等级	只	按设计图示尺寸以数量计算	

续表 5.3.2

项目编码	项目名称	项目特征	计量单位	工程量计算规则	工作内容
020202006	条形石座凳	1. 石料种类、构件规格 2. 石表面加工要求及等级 3. 凳面、凳脚形状规格 4. 雕刻种类、形式 5. 砂浆强度等级	m	按设计图示尺寸(含柱、磴脚、磴面)以延长米计算	1. 选料、放样、开料 2. 石构件制作 3. 石构件雕刻 4. 运输 5. 铺砂浆 6. 安装、校正、修正缝口、固定

3）柱、梁、枋

柱、梁、枋工程量清单项目设置、项目特征描述的内容、计量单位及工程计算规则应按表5.3.3的规定执行。

表 5.3.3 柱、梁、枋(编码:020203)

项目编码	项目名称	项目特征	计量单位	工程量计算规则	工作内容
020203001	柱	1. 石料种类、构件规格 2. 石表面加工要求及等级 3. 石料形状 4. 雕刻种类、深度、面积 5. 砂浆强度等级	1. m^3 2. 根	1. 以立方米计量,按设计图示尺寸以体积计算 2. 以根计量,按设计图示数量计算	1. 选料、开料、石构件制作 2. 吊装 3. 运输 4. 铺砂浆 5. 安装、校正、修正缝口、固定
020203002	梁				
020203003	枋				

4）墙身石活及门窗石、槛垫石

墙身石活及门窗石、槛石工程量清单项目设置、项目特征描述的内容、计量单位及工程计算规则应按表5.3.4的规定执行。项目以立方米为计量单位时,应在项目特征里描述单件体积规格以便考虑吊装。券石及券脸胎架,应按混凝土模板及支架相关项目编码列项。

表 5.3.4 墙身石活及门窗石、槛石(编码:020204)

项目编码	项目名称	项目特征	计量单位	工程量计算规则	工作内容
020204001	角柱	1. 石材种类、构件规格 2. 石表面加工要求及等级 3. 石料形状 4. 砂浆强度等级	m^3	按设计图示尺寸以体积计算	1. 选料、开料、石构件制作 2. 吊装 3. 运输 4. 铺砂浆 5. 安装、校正、修正缝口、固定
020204002	压砖板				
020204003	腰线石				
020204004	挑檐石				
020204005	门窗券石及券脸	1. 石材种类、构件规格 2. 石表面加工要求及等级 3. 券石直径 4. 券脸雕刻种类、深度、面积 5. 支搭券胎 6. 砂浆强度等级			1. 选料、放样、开料、石构件制作 2. 石构件雕刻 3. 吊装 4. 安装 5. 运输 6. 铺砂浆 7. 安装、校正、修正缝口、固定

续表 5.3.4

<table>
<tr><th>项目编码</th><th>项目名称</th><th>项目特征</th><th>计量单位</th><th>工程量计算规则</th><th>工作内容</th></tr>
<tr><td>020204006</td><td>石窗</td><td>1. 石材种类、构件规格
2. 石表面加工要求及等级
3. 窗格式样、雕刻内容
4. 砂浆强度等级</td><td>m²</td><td>按设计图示尺寸以面积计算</td><td rowspan="3">1. 选料、放样、开料、石构件制作
2. 吊装
3. 安装
4. 运输
5. 铺砂浆
6. 安装、校正、修正缝口、固定</td></tr>
<tr><td>020204007</td><td>墙帽</td><td>1. 石材种类、构件规格
2. 石表面加工要求及等级
3. 砂浆强度等级</td><td>1. m
2. m³</td><td>1. 以米计量，按设计图示尺寸以延长米计算
2. 以立方米计量，按设计图示尺寸以体积计算</td></tr>
<tr><td>020204008</td><td>墙帽与角柱联做</td><td rowspan="2">1. 石材种类、构件规格
2. 石表面加工要求及等级
3. 砂浆强度等级</td><td rowspan="2">1. m
2. m³</td><td rowspan="2">1. 以米计量，按设计图示尺寸以延长米计算
2. 以立方米计量，按设计图示尺寸以体积计算</td></tr>
<tr><td>020204009</td><td>槛垫石、过门石、分心石</td><td rowspan="3">1. 选料、放样、开料
2. 石构件制作
3. 运输
4. 铺砂浆
5. 安装、校正、修正缝口、固定</td></tr>
<tr><td>020204010</td><td>月洞门元宝石</td><td>1. 石材种类、构件规格
2. 石表面加工要求及等级
3. 弧形要求
4. 砂浆强度等级</td><td rowspan="3">块</td><td rowspan="3">按设计图示尺寸以数量计算</td></tr>
<tr><td>020204011</td><td>门枕石</td><td>1. 石材种类、构件规格
2. 石表面加工要求及等级
3. 凿海窝
4. 砂浆强度等级</td></tr>
<tr><td>020204012</td><td>门鼓石</td><td>1. 石材种类、构件规格
2. 石表面加工要求及等级
3. 式样
4. 雕刻种类、深度、面积
5. 凿下槛槽口
6. 砂浆强度等级</td><td>1. 选料、放样、开料
2. 石构件制作
3. 石构件雕刻
4. 运输
5. 铺砂浆
6. 安装、校正、修正缝口、固定</td></tr>
<tr><td>020204013</td><td>石门框</td><td rowspan="2">1. 石料种类、构件规格
2. 石表面加工要求及等级
3. 石料形状
4. 石料组成件数、石料规格
5. 雕刻种类、深度、面积
6. 砂浆强度等级</td><td rowspan="2">1. m³
2. m
3. 樘</td><td rowspan="2">1. 以立方米计量，按设计图示尺寸以体积计算
2. 以米计量，按设计图示尺寸按延长米计算
3. 以樘计量，按设计图示数量计算</td><td rowspan="2">1. 选料、开料、石构件制作
2. 吊装
3. 运输
4. 铺砂浆
5. 安装、校正、修正缝口、固定</td></tr>
<tr><td>020204014</td><td>石窗框</td></tr>
</table>

5）*石屋面、拱券石、拱眉石及石斗拱*

石屋面、拱券石、拱眉石及石斗拱工程量清单项目设置、项目特征描述的内容、计量单位及工程计算规则应按表 5.3.5 的规定执行。其中，石屋面石料组成包括：脊、屋面板、椽子、屋檐、檐板；拱券石胎架应按混凝土模板及支架相关项目编码列项。

6）*石作配件*

石作配件工程量清单项目设置、项目特征描述的内容、计量单位及工程计算规则，应按表 5.3.6 的规定执行。当项目以块、只、个为计量单位时，应在项目特征里描述单件体积；以平方米作为计量单位时，应在项目特征里描述石构件的厚度；项目以立方米为计量单位时，应在项目特征里描述单件体积规格以便考虑吊装。装配在混凝土柱上的覆盆石，应在项目特征里描述构件所拼装的块数。式样以简式、繁式划分。

表 5.3.5 石屋面、拱券石、拱眉石及石斗拱(编码:020205)

项目编码	项目名称	项目特征	计量单位	工程量计算规则	工作内容
020205001	石屋面	1. 石材种类、构件规格 2. 石表面加工要求及等级 3. 雕刻种类、深度、面积 4. 砂浆强度等级	1. m^2 2. m^3	1. 以平方米计量，按设计图示尺寸以斜面积计算 2. 以立方米计量，按设计图示尺寸以体积计算	1. 选料、放样、开料 2. 石构件制作 3. 石构件雕刻 4. 吊装 5. 运输 6. 铺砂浆 7. 安装、校正、修正缝口、固定
020205002	拱券石	1. 石材种类、构件规格 2. 石表面加工要求及等级 3. 拱券直径 4. 雕刻种类、深度、面积 5. 支搭券胎 6. 砂浆强度等级		1. 以平方米计量，按设计图示拱上表面尺寸以展开面积计算 2. 以立方米计量，按设计图示尺寸以体积计算	
020205003	拱眉石	1. 石材种类、构件规格 2. 石表面加工要求及等级 3. 线脚种类、形式 4. 砂浆强度等级	m	按设计图示尺寸以延长米计算	
020205004	石斗拱	1. 石材种类、构件规格 2. 石表面加工要求及等级 3. 斗拱式样及部位 4. 预埋铁件 5. 砂浆强度等级	攒(座)	按设计图示数量计算	1. 选料、放样、开料 2. 石构件制作 3. 吊装 4. 运输 5. 铺砂浆 6. 安装、校正、修正缝口、固定

表 5.3.6 石作配件(编码:020206)

项目编码	项目名称	项目特征	计量单位	工程量计算规则	工作内容
020206001	柱顶石	1. 石料种类、构件规格 2. 石表面加工要求及等级 3. 式样 4. 线脚形式 5. 雕刻种类、形式 6. 砂浆强度等级 7. 打套顶榫眼	只	按设计图示尺寸以数量计算	1. 选料、放样、开料 2. 石构件制作 3. 石构件雕刻 4. 运输 5. 铺砂浆 6. 安装、校正、修正缝口、固定
020206002	覆盆石				
020206003	磉墩	1. 石材种类、构件规格 2. 石表面加工要求及等级 3. 砂浆强度等级			1. 选料、开料 2. 石构件制作 3. 运输 4. 铺砂浆 5. 安装、校正、修正缝口、固定

续表 5.3.6

<table>
<tr><th>项目编码</th><th>项目名称</th><th>项目特征</th><th>计量单位</th><th>工程量计算规则</th><th>工作内容</th></tr>
<tr><td>020206004</td><td>砷石</td><td>1. 石材种类、构件规格
2. 石表面加工要求及等级
3. 式样
4. 雕刻种类、深度、面积
5. 砂浆强度等级</td><td>只</td><td rowspan="2">按设计图示尺寸以数量计算</td><td>1. 选料、放样、开料
2. 石构件制作
3. 石构件雕刻
4. 吊装
5. 运输
6. 铺砂浆
7. 安装、校正、修正缝口、固定</td></tr>
<tr><td>020206005</td><td>滚墩石</td><td>1. 石材种类、构件规格
2. 石表面加工要求及等级
3. 式样
4. 雕刻种类、深度、面积
5. 含套顶石、底垫石
6. 砂浆强度等级</td><td>个</td><td>1. 选料、放样、开料
2. 石构件制作
3. 石构件雕刻
4. 运输
5. 铺砂浆
6. 安装、校正、修正缝口、固定</td></tr>
<tr><td>020206006</td><td>木牌楼夹杆石、镶杆石</td><td>1. 石材种类、构件规格
2. 石表面加工要求及等级
3. 式样
4. 雕刻种类、深度、面积
5. 凿铁箍槽
6. 铁件形式
7. 砂浆强度等级</td><td>m^3</td><td>按设计图示尺寸以体积计算</td><td>1. 选料、放样、开料
2. 石构件制作
3. 石构件雕刻
4. 铁件制作
5. 吊装
6. 运输
7. 铺砂浆
8. 安装、校正、修正缝口、固定</td></tr>
<tr><td>020206007</td><td>甬路海墁地面</td><td>1. 垫层材料种类、厚度
2. 找平层厚度、砂浆强度等级
3. 粘结层材料种类、厚度、砂浆强度等级
4. 石料种类、规格
5. 石表面加工要求及等级
6. 保护层材料种类</td><td>m^2</td><td>按设计图示尺寸以面积计算</td><td>1. 基层清理、铺设垫层、抹找平层
2. 石构件制作
3. 材料运输、安装、校正、修正缝口、固定
4. 刷防护材料</td></tr>
<tr><td>020206008</td><td>牙子石</td><td>1. 垫层材料种类、厚度
2. 找平层厚度、砂浆强度等级
3. 粘结层材料种类、厚度、砂浆强度等级
4. 石料种类、构件规格
5. 石表面加工要求及等级
6. 保护层材料种类</td><td>m</td><td>按设计图示尺寸以延长米计算</td><td rowspan="4">1. 选料、开料
2. 石构件制作
3. 运输
4. 铺砂浆
5. 安装、校正、修正缝口、固定</td></tr>
<tr><td>020206009</td><td>沟门、沟漏</td><td>1. 石材种类、构件规格
2. 石表面加工要求及等级
3. 式样
4. 雕刻种类、深度、面积
5. 砂浆强度等级</td><td>块</td><td>按石料断面以数量计算</td></tr>
<tr><td>020206010</td><td>带水槽沟盖</td><td>1. 石材种类、构件规格
2. 石表面加工要求及等级
3. 含剔凿走水槽、漏水孔
4. 砂浆强度等级</td><td>m^2</td><td>按设计图示尺寸以面积计算</td></tr>
<tr><td>020206011</td><td>石沟嘴子</td><td>1. 石材种类、构件规格
2. 石表面加工要求及等级
3. 含剔凿走水槽、滴水头
4. 砂浆强度等级</td><td>m</td><td>按石料宽度厚度以延长米计算</td></tr>
</table>

续表 5.3.6

项目编码	项目名称	项目特征	计量单位	工程量计算规则	工作内容
020206012	石角梁带兽头	1. 石材种类、构件规格 2. 石表面加工要求及等级 3. 式样 4. 雕刻种类、深度、面积 5. 砂浆强度等级	个	按设计图示数量计算	1. 选料、放样、开料 2. 石构件制作 3. 运输 4. 铺砂浆 5. 安装、校正、修正缝口、固定
020206013	其他古式石构件		1. 块(只、个) 2. m^3	1. 以块(只、个)计量,按设计图示数量计算 2. 以立方米计量,按设计图示尺寸以体积计算	

7) 石浮雕及镌字

石浮雕及镌字工程量清单项目设置、项目特征描述的内容、计量单位及工程计算规则应按表 5.3.7 的规定执行。当项目以平方米作为计量单位时,应在项目特征里描述石构件的厚度;项目以个作为计量单位时,应在项目特征里描述单件体积。其中镌字式样指:阴文(凹字)、阳文(凸字)、阴包阳等。安装方式如采用干挂方式,钢骨架应单独按现行国家标准《房屋建筑与装饰工程工程量计算规范》(GB 50854)相关项目编码列项。

表 5.3.7 石浮雕及镌字(编码:020207)

项目编码	项目名称	项目特征	计量单位	工程量计算规则	工作内容
020207001	石浮雕	1. 石材种类、构件规格、翻样要求 2. 石表面加工要求及等级 3. 雕刻种类、深度、面积 4. 安装方式 5. 砂浆强度等级	m^2	按设计图示尺寸以雕刻底板外框面积计算	1. 选料、开料、放样、洗涤、修补、造型保护 2. 石构件制作 3. 石构件雕刻 4. 吊装 5. 运输 6. 铺砂浆 7. 安装、校正、修正缝口、固定
020207002	石板镌字	1. 石材种类、构件规格 2. 石表面加工要求及等级 3. 镌字式样、凹凸、深度、面积 4. 安装方式 5. 砂浆强度等级	1. m^2 2. 个	1. 以平方米计量,按设计图示尺寸以镌字底板外框面积计算 2. 以个计量,按设计图示尺寸镌字大小以镌字数量计算	1. 选料、放样、开料 2. 石构件制作 3. 石构件雕刻 4. 吊装 5. 运输 6. 铺砂浆 7. 安装、校正、修正缝口、固定

8) 清单相关问题及说明

石构件除注明者外,均包括凿铜、凿银锭槽、下扒锔子、下铁银锭等。石浮雕分类应按表 5.3.8 确定。

表 5.3.8 石浮雕分类

类别	加 工 要 求
阴刻线	常见于人物像与山水风景,其雕成凹线的深度 h 满足 $0.2\ mm \leqslant h \leqslant 0.3\ mm$。其表面要求达到“扁光”
平浮雕	一般是被雕的物体凸出平面高度小于或等于 60 mm,而被雕物体表面成平面。其表面要求达到“扁光”
浅浮雕	凸出平面有深有浅,凸出平面 h 满足 $60\ mm < h \leqslant 200\ mm$,形成被雕物体表面有起伏。其表面要求达到“二遍剁斧”
高浮雕	被雕物体仅表面有起伏,而且明显隆起凸出,其平面高度大于 200 mm。其表面要求达到“一遍剁斧”

5.3.2 石作工程计价表规则

1）说明

(1) 计价表石构件按成品考虑,定额编制了成品安装项目。石料加工及石浮雕,供换算时参考。石料质地统一按山东、安徽、福建石料为准,如使用苏州产花岗石,则加工人工乘系数1.10。

(2) 砌石

① 计价表分为毛石、方整石砌体两种。毛石系指无规则的乱毛石,方整石系指已加工好有面、有线的商品方整石(方整石砌体不得再套打荒、錾凿、剁斧项目)。

② 毛石、方整石零星砌体按窗台下墙相应定额执行,人工乘系数1.10。毛石地沟、水池按窗台下石墙定额执行。毛石、方整石围墙按相应定额执行。砌筑圆弧形基础、墙(含砖、石混合砌体),人工按相应项目乘系数1.10,其他不变。

2）工程量计算规则

(1) 石作工程除说明者外,均按净长、净宽、净面积、净体积计算工程量。

(2) 菱角石按单面侧面积(矩形面积)以平方米计算。

(3) 计价表中的构件规格均以成品构件的净尺寸规格计算。

(4) 踏步、阶沿、锁口石按水平投影面积以平方米计算,侧塘石按侧面积以平方米计算。

(5) 梁、柱、枋、门窗框、栏板、石磴、石屋面、拱形屋面板等构件按其石料体积以立方米计算。

(6) 地坪按图示尺寸以平方米计算,须弥座、花坛石、拱眉石以延长米计算,磉石、石鼓磴、砷石以块计算,拱圈石按展开面积计算。

(7) 栏板(含柱、栏板)、条形石磴(含柱、磴脚、磴面)按延长米计算。

(8) 石浮雕按其雕刻种类的实际雕刻物的底板外框面积以平方米计算。

(9) 石砌体

① 石墙基础与墙身的划分:外墙以设计室外地坪,内墙以设计室内地坪为界,以下为基础,以上为墙身。砖石围墙以设计室外地坪为分界,以下为基础,以上为墙身。台明墙按墙身计算。

② 石基础长度的确定方式同砖基础。

③ 毛石墙、方整石墙按图示尺寸以立方米计算。方整石墙单面出垛并入墙身工程量内,双面出墙垛按柱计算。标准砖镶砌门窗口立边、窗台虎头砖、钢筋砖过梁等按实砌体体积另行列项目计算,套“小型砌体”定额。

④ 毛石台阶均以图示尺寸按立方米计算,毛石台阶按毛石基础定额执行。

5.3.3 石作工程实例

例5.3.1 某厅馆建筑平面如图5.3.1所示,长9.3 m,宽5.6 m,柱下有石磉石鼓,前后有400 mm宽阶沿石,地面为400 mm×400 mm砖细方砖铺贴,试计算该厅馆阶沿石、踏步石、垂带、石磉、石鼓的工程量,编制清单并按江苏省计价规则计价。

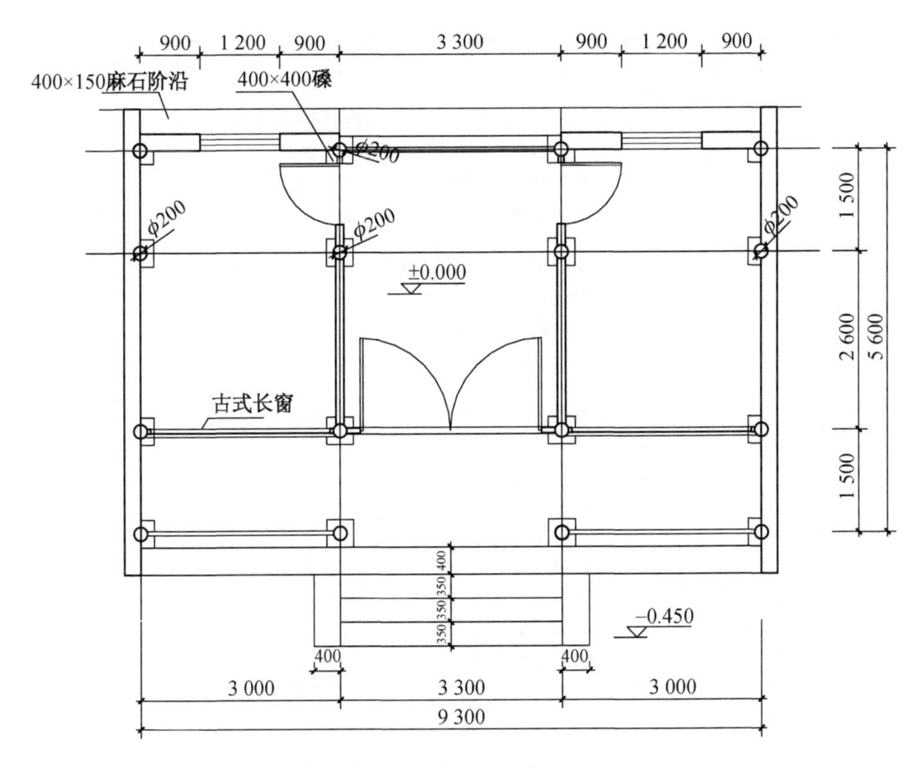

图 5.3.1　某厅馆平面图(1∶50)

解:1) 工程量清单编制

(1) 清单工程量计算:

① 阶沿石,按照设计图示尺寸,以面积计算:$S=9.3\times0.4\times2=7.44(\mathrm{m}^2)$。

② 踏步,即《清单规范》中踏跺,按照设计图示尺寸,以水平投影面积计算:

$$S=3.3\times1.05=3.465(\mathrm{m}^2)$$

③ 垂带,按照设计图示尺寸,以水平投影面积计算:

$$S=1.05\times0.4\times2\times1.1=0.924(\mathrm{m}^2)$$

④ 石磉,《清单规范》中称柱顶石,本例与图纸及常规称呼一致,用"石磉",工程量按照设计图示尺寸,以个计算:16 个。

⑤ 石鼓,《清单规范》中称柱顶石,本例与图纸及常规称呼一致,用"石鼓",按照设计图示尺寸,以个计算:16 个。

(2) 编制清单:按照仿古建筑工程量清单规范,相关项目清单编制如下表:

序号	项目编码	项目名称	项目特征描述	计量单位	工程量
1	020201001001	阶条石	1. 粘结层材料种类、厚度、砂浆强度等级:30 mm厚水泥砂浆 2. 石料种类、构件规格:150 mm 厚麻石 3. 石表面加工要求及等级:光面	m^2	7.44

续表

序号	项目编码	项目名称	项目特征描述	计量单位	工程量
2	020201002001	踏跺	1. 粘结层材料种类、厚度、砂浆强度等级：30 mm厚水泥砂浆 2. 石料种类、构件规格：150 mm 厚麻石 3. 石表面加工要求及等级：光面	m^2	3.465
3	020201008001	垂带	1. 粘结层材料种类、厚度、砂浆强度等级：30 mm厚水泥砂浆 2. 石料种类、构件规格：150 mm 厚麻石 3. 石表面加工要求及等级：光面	m^2	0.924
4	020206003001	石磉	1. 石料种类、构件规格：150 mm 厚麻石，400 mm×400 mm 2. 石表面加工要求及等级：光面 3. 砂浆强度等级：30 mm 厚水泥砂浆	个	16
5	020206001001	石鼓	1. 石料种类、构件规格：150 mm 厚麻石，荸荠状 2. 石表面加工要求及等级：光面 3. 砂浆强度等级：30 mm 厚水泥砂浆	个	16

2）计价

(1) 阶条石、踏步石、垂带、石磉、石鼓的计价表工程量同清单工程量。

(2) 套用 2007《江苏省仿古建筑与园林工程计价表》子目计价。

① 阶条石，套子目 2-160 踏步、阶沿石，不用换算：603.242×7.44=4 488.12(元)

阶条石的工程量清单综合单价 603.242 元/ m^2。

② 踏跺，套子目 2-160 踏步、阶沿石，不用换算：603.242×3.465=2 090.23(元)

踏跺的工程量清单综合单价 603.242 元/ m^2。

③ 垂带，套子目 2-160 踏步、阶沿石，不用换算：603.242×0.924=557.40(元)

垂带的工程量清单综合单价 603.242 元/ m^2。

④ 石磉，套子目 2-176 磉石，不用换算：108.358×16=1 733.728(元)

石磉的工程量清单综合单价 108.358 元/ 个。

⑤ 石鼓，套子目 2-174 鼓磴，不用换算：103.488×16=1 655.808(元)

石鼓的工程量清单综合单价 103.488 元/ 个。

5.4 琉璃砌筑工程清单项目与计价

5.4.1 琉璃砌筑工程清单规则

1）琉璃墙身

琉璃墙身工程量清单项目设置、项目特征描述的内容、计量单位及工程计算规则，应按表 5.4.1 的规定执行。

表 5.4.1 琉璃墙身(编码:020301)

项目编码	项目名称	项目特征	计量单位	工程量计算规则	工作内容
020301001	平砌琉璃砖	1. 琉璃品种、构件规格 2. 砌筑部位 3. 摆砌方式 4. 灰浆品种及配合比	m^2	按设计图示露明尺寸以面积计算	1. 样活 2. 摆砌 3. 灌浆 4. 勾缝打点 5. 运输
020301002	陡砌琉璃砖				
020301003	贴砌琉璃面砖	1. 琉璃品种、构件规格 2. 砌筑部位 3. 面砖规格 4. 灰浆品种及配合比			
020301004	拼砌花心	1. 琉璃品种、构件规格 2. 砌筑部位 3. 琉璃砖花心图案式样 4. 灰浆品种及配合比			
020301005	琉璃花墙	1. 琉璃品种、构件规格 2. 砌筑部位 3. 墙厚 4. 灰浆品种及配合比		按设计图示垂直投影尺寸以面积计算	
020301006	面砖墙帽	1. 琉璃品种、构件规格 2. 砌筑部位 3. 墙帽做法 4. 灰浆品种及配合比	m	按设计图示中心长度以延长米计算	
020301007	冰盘檐	1. 琉璃品种、构件规格 2. 砌筑部位 3. 层数要求 4. 灰浆品种及配合比			1. 样活 2. 调制灰浆 3. 摆砌 4. 运输
020301008	梢子	1. 琉璃品种、构件规格 2. 梢子层数及做法 3. 雕刻要求 4. 后续尾做法 5. 灰浆品种及配合比	份	按设计图示数量计算	

2)琉璃博风、挂落、滴珠板

琉璃博风、挂落、滴珠板工程量清单项目设置、项目特征描述的内容、计量单位及工程计算规则应按表 5.4.2 的规定执行。

3)琉璃须弥座、梁枋、垫板、柱子、斗拱等配件

琉璃须弥座、梁枋、垫板、柱子、斗拱等配件工程量清单项目设置、项目特征描述的内容、计量单位及工程计算规则应按表 5.4.3 的规定执行。其中正身椽飞及翼角椽飞以起翘处为分界。

表 5.4.2　琉璃博风、挂落、滴珠板(编码:020302)

<table>
<tr><th>项目编码</th><th>项目名称</th><th>项目特征</th><th>计量单位</th><th>工程量计算规则</th><th>工作内容</th></tr>
<tr><td>020302001</td><td>琉璃博风</td><td>1. 琉璃品种、构件规格
2. 博风高度
3. 砌筑部位
4. 砌筑式样
5. 灰浆品种及配合比</td><td rowspan="3">m</td><td rowspan="3">按设计图示尺寸以延长米计算</td><td rowspan="3">1. 样活
2. 摆砌
3. 灌浆
4. 勾缝打点
5. 运输</td></tr>
<tr><td>020302002</td><td>琉璃挂落</td><td>1. 琉璃品种、构件规格
2. 挂落高度
3. 砌筑部位
4. 式样要求
5. 灰浆品种及配合比</td></tr>
<tr><td>020302003</td><td>滴珠板</td><td>1. 琉璃品种、构件规格
2. 滴珠板高度
3. 砌筑、勾缝打点形式
4. 式样要求
5. 灰浆品种及配合比</td></tr>
</table>

表 5.4.3　琉璃须弥座、梁枋、垫板、柱子、斗拱等配件(编码:020303)

<table>
<tr><th>项目编码</th><th>项目名称</th><th>项目特征</th><th>计量单位</th><th>工程量计算规则</th><th>工作内容</th></tr>
<tr><td>020303001</td><td>琉璃须弥座</td><td>1. 琉璃品种、构件规格
2. 砌筑部位
3. 琉璃土衬、圭角、直檐、上下枭、上下混、束腰规格
4. 灰浆品种及配合比</td><td rowspan="4">m</td><td rowspan="4">按设计图示尺寸以延长米计算</td><td rowspan="11">1. 样活
2. 摆砌
3. 灌浆
4. 勾缝打点
5. 运输</td></tr>
<tr><td>020303002</td><td>琉璃梁枋</td><td rowspan="2">1. 琉璃品种、构件规格
2. 砌筑部位
3. 摆砌方式
4. 灰浆品种及配合比</td></tr>
<tr><td>020303003</td><td>琉璃垫板</td></tr>
<tr><td>020303004</td><td>琉璃方、圆柱子</td><td rowspan="2">1. 琉璃品种、构件规格
2. 砌筑部位
3. 式样要求
4. 灰浆品种及配合比</td></tr>
<tr><td>020303005</td><td>方、圆柱顶</td><td rowspan="4">对</td><td rowspan="7">按设计图示数量计算</td></tr>
<tr><td>020303006</td><td>耳子</td><td rowspan="4">1. 琉璃品种、构件规格
2. 砌筑部位
3. 灰浆品种及配合比</td></tr>
<tr><td>020303007</td><td>雀替</td></tr>
<tr><td>020303008</td><td>霸王拳</td></tr>
<tr><td>020303009</td><td>坠山花</td><td>份</td></tr>
<tr><td>020303010</td><td>平身科斗拱</td><td rowspan="2">1. 琉璃品种、构件规格
2. 斗拱踩数
3. 砌筑部位
4. 琉璃砖规格
5. 灰浆品种及配合比</td><td rowspan="2">攒
(座)</td></tr>
<tr><td>020303011</td><td>角科斗拱</td></tr>
</table>

续表 5.4.3

项目编码	项目名称	项目特征	计量单位	工程量计算规则	工作内容
020303012	枕头木	1. 琉璃品种、构件规格 2. 砌筑部位 3. 层数 4. 灰浆品种及配合比	件	按设计图示数量计算	1. 样活 2. 摆砌 3. 灌浆 4. 勾缝打点 5. 运输
020303013	宝瓶		个		
020303014	角梁		根		
020303015	套兽		个		
020303016	挑檐桁	1. 琉璃品种、构件规格 2. 砌筑部位 3. 直径要求 4. 灰浆品种及配合比	m	按中心线长度以延长米计算	
020303017	正身椽飞	1. 琉璃品种、构件规格 2. 砌筑部位 3. 式样要求 4. 灰浆品种及配合比		按设计图示正身椽望所处檐头长度以延长米计算	
020303018	翼角椽飞			按设计图示自起翘处至角梁端头中心长度以延长米计算	

5.4.2 琉璃砌筑工程计价表规则

琉璃砌筑工程计价表规则参见砖作工程计价表规则。

5.5 混凝土及钢筋混凝土工程清单项目与计价

5.5.1 混凝土及钢筋混凝土工程清单规则

1）现浇混凝土柱

现浇混凝土柱工程量清单项目设置、项目特征描述的内容、计量单位及工程计算规则应按表 5.5.1 的规定执行，柱如果没有收分、侧脚、卷杀等要求时，不需对收分、侧脚、卷杀进行特征描述。

表 5.5.1 现浇混凝土柱(编码:020401)

项目编码	项目名称	项目特征	计量单位	工程量计算规则	工作内容
020401001	矩形柱	1. 柱收分、侧脚、卷杀尺寸 2. 混凝土强度等级 3. 混凝土种类	m^3	按设计图示尺寸以体积计算 柱高： 1. 柱高按柱基上表面至柱顶面的高度计算 2. 有梁板的柱高应按柱基上表面至楼板上表面的高度计算 3. 有楼隔层的柱高按柱基上表面或楼板上表面至楼板上表面或上一层楼板上表面的高度计算	1. 模板制作、安装、拆除、清理、堆放、刷隔离剂、运输 2. 混凝土制作、运输、浇筑、振捣、养护
020401002	圆形柱（多边形柱）				
020401003	异形柱	1. 混凝土强度等级 2. 混凝土种类			

续表 5.5.1

<table>
<tr><th>项目编码</th><th>项目名称</th><th>项目特征</th><th>计量单位</th><th>工程量计算规则</th><th>工作内容</th></tr>
<tr><td>020401004</td><td>童柱(矮柱、瓜柱)</td><td>1. 柱收分、卷杀尺寸
2. 混凝土强度等级
3. 混凝土种类</td><td rowspan="4">m^3</td><td rowspan="2">按设计图示尺寸以体积计算
高度按梁上表面至柱顶面的高度计算</td><td rowspan="4">1. 模板制作、安装、拆除、清理、堆放、刷隔离剂、运输
2. 混凝土制作、运输、浇筑、振捣、养护</td></tr>
<tr><td>020401005</td><td>柁墩</td><td>1. 柁墩断面形状
2. 混凝土强度等级
3. 混凝土种类</td></tr>
<tr><td>020401006</td><td>垂莲柱(荷花柱、吊瓜)</td><td>1. 柱断面形状
2. 花纹要求
3. 混凝土强度等级
4. 混凝土种类</td><td>按设计图示尺寸以体积计算
高度按柱底至柱顶的高度计算</td></tr>
<tr><td>020401007</td><td>雷公柱(灯芯木)</td><td>1. 雷公柱断面形状
2. 混凝土强度等级
3. 混凝土种类</td><td>按设计图示尺寸以体积计算
高度按梁上表面至雷公柱(灯芯木)顶面或老戗根上表面至雷公柱(灯芯木)顶面的高度计算</td></tr>
</table>

2) 现浇混凝土梁

现浇混凝土梁工程量清单项目设置、项目特征描述的内容、计量单位及工程计算规则应按表 5.5.2 的规定执行。矩形梁包含:扁作梁、承重、搭角梁、川等,圆形梁包含:搭角梁、

表 5.5.2 现浇混凝土梁(编码:020402)

<table>
<tr><th>项目编码</th><th>项目名称</th><th>项目特征</th><th>计量单位</th><th>工程量计算规则</th><th>工作内容</th></tr>
<tr><td>020402001</td><td>矩形梁</td><td>1. 梁上表面卷杀、梁端拔亥、梁底挖底、梁侧面浑面尺寸
2. 混凝土强度等级
3. 混凝土种类</td><td rowspan="8">m^3</td><td rowspan="6">按设计图示尺寸以体积计算
梁长:
1. 梁与柱连接时,梁算至柱侧面
2. 主梁与次梁连接时,次梁长算至主梁侧面
3. 梁与墙连接时,嵌入墙体部分并入梁身体积</td><td rowspan="8">1. 模板制作、安装、拆除、堆放、清理、刷隔离剂、运输
2. 混凝土制作、运输、浇筑、振捣、养护</td></tr>
<tr><td>020402002</td><td>圆形梁</td><td>1. 圆梁抬势尺寸
2. 混凝土强度等级
3. 混凝土种类</td></tr>
<tr><td>020402003</td><td>异形梁</td><td rowspan="2">1. 混凝土强度等级
2. 混凝土种类</td></tr>
<tr><td>020402004</td><td>弧形、拱形梁</td></tr>
<tr><td>020402005</td><td>荷包梁</td><td rowspan="2">1. 荷包梁、眉川曲势尺寸
2. 混凝土强度等级
3. 混凝土种类</td></tr>
<tr><td>020402006</td><td>驼峰</td></tr>
<tr><td>020402007</td><td>老、仔角梁</td><td>1. 老、仔角梁冲出长度、翘起高度
2. 混凝土强度等级
3. 混凝土种类</td><td rowspan="2">按设计图示尺寸以体积计算</td></tr>
<tr><td>020402008</td><td>预留部位浇捣</td><td>1. 柱、枋、云头等交叉部分连接要求
2. 混凝土强度等级
3. 混凝土种类</td></tr>
</table>

川等。冲出长度为仔角梁头相对于正身檐椽往外延伸的水平投影长度;翘起高度为仔角梁头相对于正身檐椽上升的垂直高度。

3)现浇混凝土桁、枋

现浇混凝土桁、枋工程量清单项目设置、项目特征描述的内容、计量单位及工程计算规则应按表 5.5.3 的规定执行。其中,大木三件为檩(桁)条、额枋、垫板三种构件一次性立模板、同时浇筑混凝土时之名称。

表 5.5.3 现浇混凝土桁、枋(编码:020403)

项目编码	项目名称	项目特征	计量单位	工程量计算规则	工作内容
020403001	矩形桁条、梓桁(搁栅、帮脊木、扶脊木)	1. 混凝土强度等级 2. 混凝土种类	m^3	按设计图示尺寸以体积计算 桁、枋、机、大木三件长: 1. 桁、枋、机、大木三件与柱交接时,其长度算至柱侧面 2. 桁、枋、机、大木三件与墙连接时,嵌入墙体部分并入桁、枋、机、大木三件内	1. 模板制作、安装、拆除、堆放、清理、刷隔离剂、运输 2. 混凝土制作、运输、浇筑、振捣、养护
020403002	圆形桁条、梓桁(搁栅、帮脊木、扶脊木)				
020403003	枋子				
020403004	连机				
020403005	大木三件				
020403006	双桁(檩)(葫芦檩、檩带挂)				

4)现浇混凝土板

现浇混凝土板工程量清单项目设置、项目特征描述的内容、计量单位及工程计算规则应按表 5.5.4 的规定执行。

表 5.5.4 现浇混凝土板(编码:020404)

项目编码	项目名称	项目特征	计量单位	工程量计算规则	工作内容
020404001	带椽屋面板	1. 板提栈(举架、举折)尺寸 2. 板厚度 3. 椽子形状、尺寸、间距 4. 混凝土强度等级 5. 混凝土种类	m^3	按设计图示尺寸以体积计算 1. 有多种板连接时,以墙中心线为界,伸入墙内的板头并入板体积内计算 2. 带有摔网椽的戗翼板按摔网椽和戗翼板体积之和计算 3. 带有椽的屋面板按椽和板体积之和计算	1. 模板制作、安装、拆除、堆放、清理、刷隔离剂、运输 2. 混凝土制作、运输、浇筑、振捣、养护
020404002	戗翼板				
020404003	无椽屋面板				
020404004	钢丝网屋面板				
020404005	钢丝网封檐板				
020404006	拱(弧)形板				

5)现浇混凝土其他构件

现浇混凝土其他构件工程量清单项目设置、项目特征描述的内容、计量单位及工程计算规则应按表 5.5.5 的规定执行。

表 5.5.5　现浇混凝土其他构件(编码:020405)

项目编码	项目名称	项目特征	计量单位	工程量计算规则	工作内容
020405001	古式栏板	1. 高度 2. 混凝土强度等级 3. 混凝土种类	1. m 2. m^2	1. 以米计量,按设计图示尺寸以延长米计算,斜向段构件无图纸规定时,按水平投影长度乘系数 1.18 计算 2. 以平方米计量,按设计图示尺寸以面积计算	1. 模板制作、安装、拆除、堆放、清理、刷隔离剂、运输 2. 混凝土制作、运输、浇筑、振捣、养护
020405002	古式栏杆				
020405003	鹅颈靠背				
020405004	斗拱	1. 混凝土强度等级 2. 混凝土种类	1. m^3 2. 攒(座)	1. 以立方米计量,按设计图示尺寸以体积计算 2. 以攒(座)计量,按设计图示数量计算	
020405005	撑弓		1. m^3 2. m	1. 以立方米计量,按设计图示尺寸以体积计算 2. 以米计量,按设计图示长度以延长米计算	
020405006	古式零件		1. m^3 2. m^2 3. m	1. 以立方米计量,按设计图示尺寸以体积计算 2. 以平方米计量,按设计图示尺寸以面积计算 3. 以米计量,按设计图示尺寸以延长米计算	
020405007	其他古式构件				

6）预制混凝土柱

预制混凝土柱工程量清单项目设置、项目特征描述的内容、计量单位及工程计算规则应按表 5.5.6 的规定执行。

表 5.5.6　预制混凝土柱(编码:020406)

项目编码	项目名称	项目特征	计量单位	工程量计算规则	工作内容
020406001	矩形柱	1. 单件体积 2. 柱收分、侧角、卷杀尺寸 3. 安装高度 4. 混凝土强度等级 5. 砂浆强度等级	1. m^3 2. 根	1. 以立方米计量,按设计图示尺寸以体积计算 2. 以根计量,按设计图示数量计算	1. 模板制作、安装、拆除、堆放、清理、刷隔离剂、运输 2. 混凝土制作、运输、浇筑、振捣、养护 3. 构件运输、安装 4. 砂浆制作、运输 5. 接头灌缝、养护
020406002	圆形柱(多边形柱)				
020406003	童柱(矮柱、瓜柱)				
020406004	柁墩				
020406005	垂莲柱(荷花柱、吊瓜)				
020406006	异形柱				
020406007	雷公柱(灯芯木)				

7）预制混凝土梁

预制混凝土梁工程量清单项目设置、项目特征描述的内容、计量单位及工程计算规则应按表 5.5.7 的规定执行。矩形梁包含扁作梁、承重、搭角梁、川等。圆形梁包含搭角梁、川等。

表 5.5.7　预制混凝土梁(编码:020407)

项目编码	项目名称	项目特征	计量单位	工程量计算规则	工作内容
020407001	矩形梁	1. 单体体积 2. 安装高度 3. 混凝土强度等级 4. 混凝土拌合料要求 5. 砂浆强度等级	1. m^3 2. 根	1. 以立方米计量,按设计图示尺寸以体积计算 2. 以根计量,按设计图示数量计算	1. 模板制作、安装、拆除、堆放、清理、刷隔离剂、运输 2. 混凝土制作、运输、浇筑、振捣、养护 3. 构件运输、安装 4. 砂浆制作、运输 5. 接头灌缝、养护
020407002	圆形梁				
020407003	过梁				
020407004	老、仔角梁				
020407005	异形梁、挑梁				
020407006	拱形梁				
020407007	荷包梁				
020407008	驼峰				

8）预制混凝土屋架

预制混凝土屋架工程量清单项目设置、项目特征描述的内容、计量单位及工程计算规则应按表 5.5.8 的规定执行。

表 5.5.8 预制混凝土屋架(编码:020408)

项目编码	项目名称	项目特征	计量单位	工程量计算规则	工作内容
020408001	人字屋架	1. 单体体积 2. 安装高度 3. 混凝土强度等级 4. 砂浆强度等级	1. m^3 2. 榀	1. 以立方米计量，按设计图示尺寸以体积计算 2. 以榀计量，按设计图示以数量计算	1. 模板制作、安装、拆除、堆放、清理、刷隔离剂、运输 2. 混凝土制作、运输、浇筑、振捣、养护 3. 构件运输、安装 4. 砂浆制作、运输 5. 接头灌缝、养护
020408002	中式屋架				

9）预制混凝土桁、枋

预制混凝土桁、枋工程量清单项目设置、项目特征描述的内容、计量单位及工程计算规则应按表 5.5.9 的规定执行。

表 5.5.9 预制混凝土桁、枋(编码:020409)

项目编码	项目名称	项目特征	计量单位	工程量计算规则	工作内容
020409001	矩形桁条、梓桁（搁栅、帮脊木、扶脊木）	1. 单体体积 2. 安装高度 3. 混凝土强度等级 4. 砂浆强度等级	1. m^3 2. 根	1. 以立方米计量，按设计图示尺寸以体积计算 2. 以根计量，按设计图示数量计算	1. 模板制作、安装、拆除、堆放、清理、刷隔离剂、运输 2. 混凝土制作、运输、浇筑、振捣、养护 3. 构件运输、安装 4. 砂浆制作、运输 5. 接头灌缝、养护
020409002	圆形桁条、梓桁（搁栅、帮脊木、扶脊木）				
020409003	枋子				
020409004	连机				
020409005	双桁(檩)（葫芦檩、檩带挂）				

10）预制混凝土板

预制混凝土板工程量清单项目设置、项目特征描述的内容、计量单位及工程计算规则应按表 5.5.10 的规定执行。预制混凝土板如有椽子，项目特征类中要对椽子进行形状、尺寸、间距描述，其体积并入板中。

表 5.5.10 预制混凝土板(编码:020410)

项目编码	项目名称	项目特征	计量单位	工程量计算规则	工作内容
020410001	椽望板	1. 构件尺寸 2. 安装高度 3. 混凝土强度等级 4. 砂浆强度等级	1. m^3 2. 块	1. 以立方米计量，按设计图示尺寸以体积计算 2. 以块计量，按设计图示数量计算	1. 模板制作、安装、拆除、堆放、清理、刷隔离剂、运输 2. 混凝土制作、运输、浇筑、振捣、养护 3. 构件运输、安装 4. 砂浆制作、运输 5. 接头灌缝、养护
020410002	戗翼板				
020410003	亭屋面板				

11）预制混凝土椽子

预制混凝土椽子工程量清单项目设置、项目特征描述的内容、计量单位及工程计算规则应按表 5.5.11 的规定执行。

表 5.5.11　预制混凝土椽子(编码:020411)

项目编码	项目名称	项目特征	计量单位	工程量计算规则	工作内容
020411001	方直形椽子	1. 单体体积 2. 安装高度 3. 混凝土强度等级 4. 砂浆强度等级	1. m^3 2. 根	1. 以立方米计量,按设计图示尺寸以体积计算 2. 以根计量,按设计图示尺寸以数量计算	1. 模板制作、安装、拆除、堆放、清理、刷隔离剂、运输 2. 混凝土制作、运输、浇筑、振捣、养护 3. 构件运输、安装 4. 砂浆制作、运输 5. 接头灌缝、养护
020411002	园直形椽子				
020411003	弯形椽子				

12) 预制混凝土其他构件

预制混凝土其他构件工程量清单项目设置、项目特征描述的内容、计量单位及工程计算规则应按表 5.5.12 的规定执行。

表 5.5.12　预制混凝土其他构件(编码:020412)

项目编码	项目名称	项目特征	计量单位	工程量计算规则	工作内容
020412001	斗拱	1. 混凝土强度等级 2. 砂浆强度等级 3. 安装高度	1. m^3 2. 攒(座)	1. 以立方米计量,按设计图示尺寸以体积计算 2. 以攒(座)计量,按设计图示尺寸以数量计算	1. 模板制作、安装、拆除、堆放、清理、刷隔离剂、运输 2. 混凝土制作、运输、浇筑、振捣、养护 3. 构件运输、安装 4. 砂浆制作、运输 5. 接头灌缝、养护
020412002	撑弓		1. m^3 2. m	1. 以立方米计量,按设计图示尺寸以体积计算 2. 以米计量,按设计图示撑弓长度以延长米计算	
020412003	古式零件		1. m^3 2. m^2 3. m	1. 以立方米计量,按设计图示尺寸以体积计算 2. 以平方米计量,按设计图示尺寸以面积计算 3. 以米计量,按设计图示尺寸以延长米计算	
020412004	其他古式构件				
020412005	地面块	1. 混凝土强度等级 2. 砂浆配合比	1. m^3 2. m^2	1. 以立方米计量,按设计图示尺寸以体积计算 2. 以平方米计量,按设计图示尺寸以面积计算	
020412006	假方(砖)块				
020412007	挂落	1. 混凝土强度等级 2. 砂浆强度等级 3. 安装高度	1. m^2 2. m	1. 以平方米计量,按设计图示尺寸以面积计算 2. 以米计量,按设计图示尺寸以延长米计算	
020412008	窗框		1. m^3 2. m	1. 以立方米计量,按设计图示尺寸以体积计算 2. 以米计量,按设计图示尺寸以延长米计算	
020412009	门框				
020412010	花窗		m^2	按设计图示外围尺寸以面积计算	
020412011	预制栏杆件	1. 混凝土强度等级 2. 砂浆强度等级			
020412012	预制鹅颈靠背件				

13）清单规则相关问题及说明

（1）计量单位为立方米的混凝土工程均不扣除构件内钢筋、铁件、螺栓所占体积；以数量计算的预制构件必须描述单件体积。

（2）柱、帮脊木为多边形时，其规格按断面对角线计算。

（3）混凝土基础、圈梁、构造柱等现代做法构件以及钢筋项目应按现行国家标准《房屋建筑与装饰工程工程量计算规范》(GB 50854)中相应项目编码列项。

（4）混凝土种类指现场搅拌混凝土、商品混凝土、防水混凝土、清水混凝土、加颜料混凝土等。

（5）门窗框、花窗边框线抹灰另按《仿古建筑工程工程量计算规范》附录 H《抹灰工程》中相应项目编码列项。

（6）古式零件包括梁垫、蒲鞋头、云头、水浪机、插角、宝顶、莲花头子、花饰块，以及单体体积不大于 0.1 m^3 未列入的古式小构件等。

5.5.2 混凝土及钢筋混凝土工程计价表规则

1）说明

（1）混凝土构件分为现浇混凝土构件、现场预制混凝土构件、钢筋、预制钢筋混凝土构件安装、构件制品运输五部分。

（2）混凝土石子粒径取定，设计有规定的按设计规定，无设计规定按下表规定计算：

表 5.5.13 混凝土石子粒径

石子粒径	构件名称
5～16 mm	预制板类构件、预制小型构件
5～31.5 mm	现浇构件：矩形柱(构造柱除外)、圆形、多边形柱、基础梁、框架梁、单梁、异形梁、挑梁。 预制构件：柱、梁
5～40 mm	基础垫层、各种基础、道路、挡土墙
5～20 mm	除以上构件外均用此粒径

注：本表规定也适用于其他分部。

（3）毛石混凝土中的毛石掺量是按 15%计算的。如设计要求不同时，可按比例换算毛石、混凝土数量，其余不变。

（4）现浇柱、墙子目已按规范规定综合考虑了底部铺垫 1∶2 水泥砂浆的用量。

（5）室内净高超过 8 m 的现浇柱、梁、墙、板(各种板)的人工工日分别作如下处理：净高在 12 m 内乘以系数 1.18；净高在 18 m 内乘以系数 1.25。

（6）现场预制构件，如在加工厂制作，混凝土配合比按加工厂配合比计算；加工厂构件及商品混凝土改在现场制作，混凝土配合比按现场配合比计算，其工料、机械台班不调整。

（7）小型混凝土构件，系指单体体积在 0.05 m^3 以内未列出子目的构件。

（8）混凝土养护中的草袋子改用塑料薄膜。

（9）构筑物中混凝土、抗渗混凝土已按常用的强度等级列入基价，设计与子目取定不符，综合单价调整。

（10）泵送混凝土子目中已综合考虑了输送泵车台班、布拆管及清洗人工、泵管摊销费、冲洗费。当输送高度超过 30 m 时，输送泵车台班乘以系数 1.10，输送高度超过 50 m 时，输送泵车台班乘以系数 1.25。当泵送混凝土价格中已包含输送泵车台班以及泵管摊销费时，应扣除定额中相应项目费用。

(11) 商品混凝土用量：每次 10 m^3（含 10 m^3）以内，用量乘以系数 1.10，5.0 m^3（含 5.0 m^3）内用量乘以系数 1.20。

(12) 预制构件如采用蒸气养护时每立方米增加养护费 64 元。

(13) 混凝土构件未考虑早强剂的费用，如需提高强度，掺入早强剂时，其费用另行计算。

(14) 构件运输定额不分构件名称、类别，均按定额执行。运输距离应由构件堆放地（或构件加工厂）至施工现场的实际距离确定。

(15) 构件吊装定额包括场内运距 150 m 以内的运输费，如超过时，按 1 km 以内的运输定额执行，同时扣去定额中的运输费。

2) 工程量计算规则

现浇混凝土工程量计算规则如下：

(1) 混凝土工程量除另有规定者外，均按图示尺寸实体积以立方米计算。不扣除构件内钢筋、支架、螺栓孔、螺栓、预埋铁件及墙、板中 0.3 m^3 内的孔洞所占体积，留洞所增加工、料不再另增费用。

(2) 基础：

① 有梁带形混凝土基础，其梁高与梁宽之比在 4∶1 以内的，按有梁式带形基础计算（带形基础梁是指梁底部到上部的高度）。超过 4∶1 时，其基础底按无梁式带形基础计算，上部按墙计算。

② 满堂（板式）基础有梁式（包括反梁）、无梁式，应分别计算，仅带有边肋者，按无梁式满堂基础套用子目。

③ 独立基础：按图示尺寸实体积以立方米算至基础扩大顶面。

④ 杯形基础套用独立柱基项目，按图示尺寸以实体积计算。

(3) 柱：分矩形、圆形、多边形等，使用定额时应分别按各种规格套用项目。

① 柱高按柱基上表面到楼板下表面高度计算。

② 有梁板的柱高应按柱基上表面到楼板下表面计算柱高。

③ 有楼隔层的柱高按柱基上表面或楼板上表面至楼板上表面或上层楼板上表面的高度计算。

④ 依附在柱上的云头、梁垫、蒲鞋头的体积另列计算。

⑤ 多边形圆柱按相应的圆柱定额执行，其规格按断面对角线长套用定额。

⑥ 构造柱按全高计算，应扣除与现浇板、梁相交部分的体积，与砖墙嵌接部分的混凝土体积并入柱身体积内计算。

(4) 梁：按图示断面尺寸乘梁长以立方米计算，梁长按下列规定确定：

① 梁与柱连接时，梁长算至柱侧面。

② 主梁与次梁连接时，次梁长算至主梁侧面。伸入砖墙内的梁头、梁垫体积并入梁体积内计算。

③ 圈梁、过梁应分别计算，过梁长度按图示尺寸，图纸无明确表示时，按门窗洞口外围

宽另加 500 mm 计算。平板与砖墙上混凝土圈梁相交时，圈梁高应算至板底面。

④ 依附于梁(包括阳台梁、圈过梁)上的混凝土线条(包括弧形线条)按延长米另行计算(梁宽算至线条内侧)。

⑤ 现浇挑梁按挑梁计算，其压入墙身部分按圈梁计算；挑梁与单、框架梁连接时，该挑梁应并入相应梁内计算。

⑥ 老戗嫩戗按设计图示尺寸，以实体积立方米计算。

(5) 墙：外墙按图示中心线(内墙按净长)乘墙高、墙厚以立方米计算，应扣除门、窗洞口及 0.3 m^2 以上的孔洞体积。单面墙垛其突出部分并入墙体体积计算，双面墙垛(包括墙)按柱计算。弧形墙按弧形长度乘墙高、墙厚计算。梯形断面按上口与下口的平均宽度计算。墙高的确定：

① 墙与梁平行重叠，墙高算至梁顶面；当设计梁宽超过墙宽时，梁、墙分别按相应项目计算。

② 墙与板相交，墙高算至板底面。

(6) 板：按图示面积乘板厚以立方米计算(梁板交接处不得重复计算)。其中：

① 有梁板按梁(包括主、次梁)、板体积之和计算。

② 平板按实体积计算。

③ 现浇挑檐、天沟与板(包括屋面板、楼板)连接时，以外墙面为分界线，与圈梁(包括其他梁)连接时，以梁外边线为分界线。外墙边线以外或梁外边线以外为挑檐、天沟。

④ 各类板伸入墙内的板头并入板体积内计算。

⑤ 预制板缝宽度在 100 mm 以上的现浇板缝按平板计算。

⑥ 有多种平板连接时，以墙中心线为界，伸入墙内的板头并入板内计算。

⑦ 戗翼板系指古典建筑中的翘角部位，并连有摔网椽的翼角板。其工程量(包括摔网椽和板体积之和)按图示尺寸，以实体积立方米计算。

⑧ 椽望板系指古典建筑中在飞檐部位，并连有飞椽和出檐椽重叠之板。其工程量(包括飞椽、檐椽和板体积之和)按设计图示尺寸，以实体积立方米计算。

⑨ 亭屋面板(曲面形)系指古典建筑亭面板，为曲形状。其工程量按图示尺寸，以实体积立方米计算。

(7) 中式屋架系指古典建筑中立帖式屋架。其工程量(包括立柱、童柱、大梁，双步体积之和)按设计图示尺寸，以实体积立方米计算。

(8) 枋、桁：

① 枋子(看枋)、桁条、梓桁、连机、梁垫、蒲鞋头、云头、斗拱、椽子等构件，均按设计图示尺寸，以实体积立方米计算。

② 枋子与柱交接时，枋的长度应按柱间净距计算。

(9) 吴王靠、挂落按延长米计算。

(10) 古式零件系指梁垫、蒲鞋头、云头、水浪机、插角、宝顶、莲花头子、花饰块等以及单件体积小于 0.05 m^3 未列入的古式小构件。

(11) 整体楼梯包括楼梯中间休息平台、平台梁、斜梁及楼梯与楼板相连接的梁，按水平投影面积计算，不扣除宽度小于 20 cm 的楼梯井，伸入墙内部分不另增加。

(12) 阳台、雨篷，按伸出墙外的板底水平投影面积计算，伸入墙外的牛腿不另计算。水平、竖向悬板以立方米计算。

(13) 阳台、沿廊栏杆的轴线柱、下嵌、扶手以扶手的长度按延长米计算。混凝土栏板、竖向挑板以立方米计算。栏板的斜长如图纸无规定时,按水平长度乘系数 1.18 计算。地沟底、壁应分别计算,沟底按基础垫层子目执行。

(14) 混凝土水池:①水池底:池底的体积应包括池壁下部的扩大部分。②水池壁:应分别不同厚度计算,其高度不包括地底厚度及池壁上下处的扩大部分。

(15) 钢筋按设计长度乘以理论重量以吨计算。

(16) 构件制品场外运输:

① 预制混凝土构件场外运输工程量计算方法与构件制作工程量计算方法相同。但板类及厚度在 50 mm 内薄型构件由于在运输、安装过程中易发生损耗,应增加构件损耗率为:场外运输 0.8%,场内运输 0.5%,安装损耗 0.5%。工程量按下列规定计算:

$$制作、场外运输工程量 = 设计工程量 \times 1.018$$

$$安装工程量 = 设计工程量 \times 1.01$$

② 成型钢筋场外运输工程量同制作绑扎钢筋工程量以吨计算。

③ 零星金属构件(含铁件)场外运输工程量与零星金属构件安装工程量相同,以吨计算。

④ 砖件场外运输按实际运输数量以块计算。

⑤ 加工后石制品场外运输工程量按设计体积以立方米计算。

⑥ 木构件场外运输工程量与木构件安装工程量相同,以立方米计算。

⑦ 门窗场外运输按门窗洞口的面积(包括框、扇在内)以平方米计算。门窗带纱扇时,工程量乘系数 1.4。

5.5.3 混凝土及钢筋混凝土工程实例

例 5.5.1 某钢筋混凝土结构牌楼如图 5.5.1,牌楼柱径 540 mm,柱高 12 m,中间一架长 6 m,其混凝土屋面板水平投影宽度为 2.28 m,屋面坡度系数为 1.14,混凝土矩形椽间距 250 mm;屋面铺设 3 号琉璃筒瓦屋面,2 号琉璃屋脊头,琉璃龙吻规格为 660 mm×500 mm。试计算该图中混凝土椽望板的工程量,编制清单并按江苏省计价规则计价。

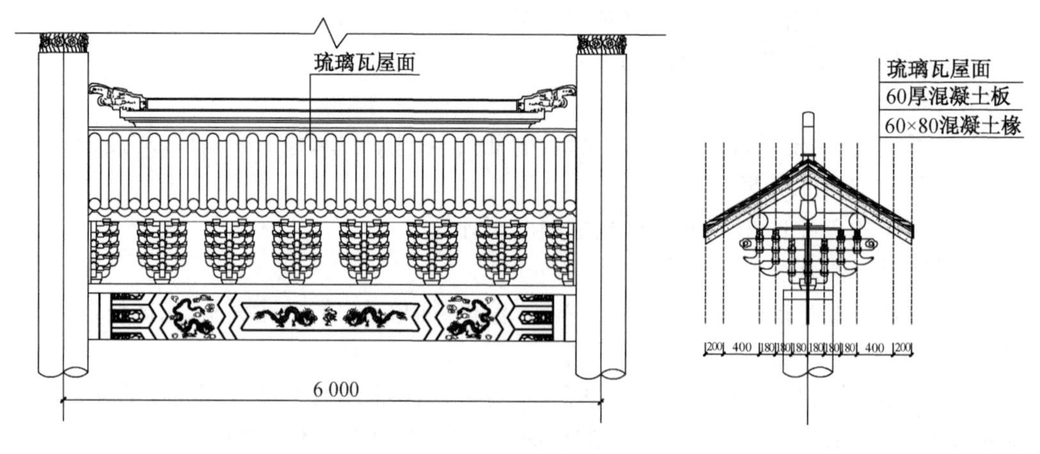

图 5.5.1 牌楼立面图(1∶50)

解:1) 工程量清单编制

(1) 清单工程量计算(混凝土椽望板,按图示尺寸以体积计算)

① 混凝土椽:根数 (6－0.54)/0.25＋1＝22.84,计 23 根,体积为

$$0.06 \times 0.08 \times 2.28 \times 1.14(\text{坡度系数}) \times 23(\text{根数}) = 0.287(\text{m}^3)$$

② 望板:$0.06 \times 2.28 \times 1.14 \times 5.46 = 0.851(\text{m}^3)$

求和得 $$\text{混凝土椽望板体积 } V = 0.287 + 0.851 = 1.138(\text{m}^3)$$

(2) 编制清单:按照仿古建筑工程量清单规范,清单编制如下:

项目编码:020404001001;项目名称:带椽屋面板;项目特征描述:屋面坡度系数 1.14,板厚 60 mm,矩形椽 60 mm×80 mm,间距 250 mm,C25 商品混凝土非泵送;工程量:1.138 m^3。

2) 计价

(1) 混凝土椽望板计价表工程量同清单工程量。

(2) 套用 2007《江苏省仿古建筑与园林工程计价表》子目。

带椽屋面板,套子目 1-402 椽望板(非泵送),不用换算:388.38×1.138＝441.98(元)

椽望板的工程量清单综合单价 388.38 元/ m^3。

5.6 木作工程清单项目与计价

5.6.1 木作工程清单规则

1) 柱

柱工程量清单项目设置、项目特征描述的内容、计量单位及工程量计算规则应按表 5.6.1 的规定执行。其中,多角柱其规格按断面对角线计算。柱高度包括榫长,收分柱截面积按竣工木构件最大截面积计算。

表 5.6.1 柱(编码:020501)

<table>
<tr><th>项目编码</th><th>项目名称</th><th>项目特征</th><th>计量单位</th><th>工程量计算规则</th><th>工作内容</th></tr>
<tr><td>020501001</td><td>圆柱</td><td rowspan="7">1. 构件名称、类别
2. 木材品种
3. 构件规格
4. 刨光要求
5. 防护材料种类、涂刷遍数</td><td rowspan="6">m³</td><td rowspan="3">按设计长度、直径查现行国家标准《原木材积表》(GB 4814)以体积计算</td><td rowspan="7">1. 收分、锯榫、卷杀、汇榫、刨光制作
2. 安装
3. 刷防护材料</td></tr>
<tr><td>020501002</td><td>多角柱</td></tr>
<tr><td>020501003</td><td>方柱</td></tr>
<tr><td>020501004</td><td>童(瓜)柱</td><td rowspan="3">按设计图示尺寸的竣工木构件以体积计算</td></tr>
<tr><td>020501005</td><td>雷公柱(灯芯木)</td></tr>
<tr><td>020501006</td><td>垂莲(吊瓜)柱</td></tr>
<tr><td>020501007</td><td>牌楼高拱柱</td><td>1. m³
2. 根</td><td>1. 以立方米计量,按设计图示尺寸的竣工木构件以体积计算
2. 以根计量,按设计图示数量计算</td></tr>
</table>

续表 5.6.1

项目编码	项目名称	项目特征	计量单位	工程量计算规则	工作内容
020501008	柱木质	1. 构件直径、厚度 2. 木材品种 3. 刨光要求 4. 防护材料种类、涂刷遍数	块	按设计图示数量计算	1. 边缘车制 2. 板面刨光 3. 刷防护材料 4. 安装
020501009	混凝土柱外包板	1. 构件板厚 2. 木材品种 3. 刨光要求 4. 防护材料种类、涂刷遍数	m^2	按设计图示尺寸以面积计算	1. 板面刨光 2. 边角制作 3. 刷防护材料 4. 安装

2）梁

梁工程量清单项目设置、项目特征描述的内容、计量单位及工程量计算规则应按表5.6.2的规定执行。其中，圆梁指用圆木制作的承受桁(檩)荷载的构件，包括川、三至九架梁，卷棚双步、四、六、八架梁等。矩形梁(扁梁)，指用枋木制作的承受桁(檩)荷载的构件，包括川、三至九架梁或月梁、挑尖梁、抹角梁、麻叶头梁、太平梁，卷棚双步、四、六、八架梁等。梁长度包括榫长，半榫至柱中，透榫至柱外榫头外端；梁截面尺寸按构件最大截面积处计算。

表 5.6.2　梁(编码:020502)

项目编码	项目名称	项目特征	计量单位	工程量计算规则	工作内容
020502001	圆梁	1. 构件名称、类别 2. 木材品种 3. 构件规格 4. 刨光要求 5. 防护材料种类、涂刷遍数	m^3	按设计长度、直径查现行国家标准《原木材积表》(GB 4814)以体积计算	1. 挖底、拔亥、锯榫、汇榫制作 2. 安装 3. 刷防护材料
020502002	矩形梁	1. 构件名称、类别 2. 木材品种 3. 构件规格 4. 刨光要求 5. 防护材料种类、涂刷遍数 6. 雕刻要求		按设计图示尺寸的竣工木构件以体积计算	1. 挖底、拔亥、锯榫、汇榫制作 2. 安装 3. 刷防护材料 4. 雕刻
020502003	混凝土梁外包板	1. 构件板厚 2. 木材品种 3. 设计几何形状 4. 防护材料种类、涂刷遍数 5. 雕刻要求	m^2	按设计图示尺寸以面积计算	1. 板面刨光 2. 边角线制作 3. 刷防护材料 4. 雕刻 5. 安装
020502004	柁墩、交金墩	1. 构件长度、板厚、宽度 2. 木材品种 3. 设计几何形状 4. 雕刻要求	1. m^3 2. 个	1. 以立方米计量，按设计图示尺寸竣工木构件以体积计算 2. 以个计量，按设计图示数量计算	1. 木材面刨光 2. 外形制作 3. 雕刻 4. 安装
020502005	假梁头				

3）桁(檩)、枋、替木

桁(檩)、枋、替木工程量清单项目设置、项目特征描述的内容、计量单位及工程量计算规则应按表5.6.3的规定执行。其中，圆、方桁(檩)指用圆、方木制作的脊桁(檩)、轩桁(檩)、檐桁(檩)、挑檐桁(檩)等桁(檩)条。替木又名连机，随梁枋又名夹底，承椽枋又名撩檐枋，扶脊木又称帮脊木。

表5.6.3　桁(檩)、枋、替木(编码:020503)

<table>
<tr><th>项目编码</th><th>项目名称</th><th>项目特征</th><th>计量单位</th><th>工程量计算规则</th><th>工作内容</th></tr>
<tr><td>020503001</td><td>圆桁(檩)</td><td rowspan="7">1. 构件名称、类别
2. 木材品种
3. 刨光要求
4. 防护材料种类、涂刷遍数</td><td rowspan="2">m^3</td><td>按设计长度、直径查现行国家标准《原木材积表》(GB 4814)以体积计算</td><td rowspan="8">1. 出榫、刨光、制作
2. 安装
3. 刷防护材料</td></tr>
<tr><td>020503002</td><td>方桁(檩)</td><td>按设计图示尺寸竣工木构件以体积计算</td></tr>
<tr><td>020503003</td><td>替木</td><td>1. m^3
2. 块</td><td>1. 以立方米计量，按设计图示尺寸竣工木构件以体积计算
2. 以块计量，按设计图示数量计算</td></tr>
<tr><td>020503004</td><td>额枋</td><td rowspan="5">m^3</td><td rowspan="5">按设计图示尺寸竣工木构件以体积计算</td></tr>
<tr><td>020503005</td><td>平板枋</td></tr>
<tr><td>020503006</td><td>随梁枋</td></tr>
<tr><td>020503007</td><td>承椽枋</td></tr>
<tr><td>020503008</td><td>扶脊木</td><td>1. 构件形制
2. 木材品种
3. 防护材料种类、涂刷遍数</td></tr>
</table>

4）搁栅

搁栅工程量清单项目设置、项目特征描述的内容、计量单位及工程量计算规则应按表5.6.4的规定执行。

表5.6.4　搁栅(编码:020504)

<table>
<tr><th>项目编码</th><th>项目名称</th><th>项目特征</th><th>计量单位</th><th>工程量计算规则</th><th>工作内容</th></tr>
<tr><td>020504001</td><td>圆搁栅</td><td rowspan="3">1. 木材品种
2. 刨光要求
3. 防护材料种类、涂刷遍数</td><td rowspan="3">m^3</td><td>按设计长度、直径查现行国家标准《原木材积表》(GB 4814)以体积计算</td><td rowspan="3">1. 刨光、制作
2. 安装
3. 刷防护材料</td></tr>
<tr><td>020504002</td><td>方搁栅沿边木</td><td rowspan="2">按设计图示尺寸的竣工木构件以体积计算</td></tr>
<tr><td>020504003</td><td>承重</td></tr>
</table>

5）椽

椽工程量清单项目设置、项目特征描述的内容、计量单位及工程量计算规则应按表5.6.5的规定执行。其中，戗角区域是指屋顶平面图中角部檐口斜出升高的区域，正身椽飞及翼角椽飞以起翘处为分界。翘飞椽又名立脚飞椽，翼角椽又名摔网椽。

表 5.6.5 椽(编码:020505)

项目编码	项目名称	项目特征	计量单位	工程量计算规则	工作内容
020505001	圆及荷包形椽	1. 构件截面尺寸 2. 木材品种 3. 刨光要求 4. 防护材料种类、涂刷遍数	1. m^3 2. m 3. 根	1. 以立方米计量,按设计图示尺寸竣工木构件以体积计算;但圆椽应按设计长度、直径查现行国家标准《原木材积表》(GB 4814)以体积计算 2. 以米计量,按设计图示长度计算 3. 以根计量,按设计图示数量计算	1. 刨光制作 2. 安装 3. 刷防护材料
020505002	矩形椽				
020505003	矩形罗锅(轩)椽				
020505004	圆形椽				
020505005	圆形罗锅(轩)椽				
020505006	茶壶档椽				1. 刨光、制作、椽头卷杀 2. 安装 3. 刷防护材料
020505007	矩形飞椽				
020505008	翘飞椽				
020505009	圆形飞椽				
020505010	圆形翼角椽				
020505011	矩形翼角椽				

6) 戗角

戗角工程量清单项目设置、项目特征描述的内容、计量单位及工程量计算规则应按表 5.6.6 的规定执行。

表 5.6.6 戗角(编码:020506)

项目编码	项目名称	项目特征	计量单位	工程量计算规则	工作内容
020506001	老角梁、由戗	1. 木材品种 2. 角度和刨光要求 3. 雕刻要求	m^3	1. 按设计图示尺寸的竣工木构件以体积计算 2. 以块计量,按设计图示数量计算	1. 刨光,开榫,汇榫 2. 角、弧度制作 3. 雕刻戗头 4. 安装
020506002	仔角梁				
020506003	踩步金				
020506004	虾须木				
020506005	菱角木				
020506006	戗山木		1. m^3 2. 块		
020506007	千斤销	1. 边长,长度 2. 木材品种 3. 雕刻要求	个	以实际数量计算	1. 刨光制作,开榫 2. 雕刻 3. 安装
020506008	弯大连檐、里口木	1. 板宽度、厚度 2. 木材品种 3. 刨光要求	m	按设计图示长度以延长米计算	1. 刨光制作 2. 安装
020506009	弯小连檐				
020506010	弯封檐板				
020506011	翼角檐椽望板	1. 板厚 2. 木材品种 3. 刨光要求 4. 防护材料种类、涂刷遍数 5. 望板接缝形式	m^2	按设计图示展开面积计算	1. 刨光制作 2. 安装 3. 刷防护材料
020506012	翼角飞椽望板				
020506013	鳖壳板				
020506014	戗角清水望板(轩)				
020506015	隔椽板		m	按设计图示长度以延长米计算	

7）斗拱

斗拱工程量清单项目设置、项目特征描述的内容、计量单位及工程量计算规则应按表5.6.7的规定执行。其中，其他科斗拱包括：溜金斗拱（琵琶科）、隔架斗拱、非传统做法斗拱等。撑弓类型分为三角板形、长板形、圆柱形、方柱形等。座斗仅用于独用者。

表5.6.7　斗拱(编码:020507)

项目编码	项目名称	项目特征	计量单位	工程量计算规则	工作内容
020507001	平身科斗拱	1. 构件名称、类型 2. 用材尺寸 3. 木材品种 4. 刨光要求 5. 时代特征 6. 雕刻纹样	1. 攒（座） 2. m^3	1. 按设计图示数量计算 2. 按设计图示尺寸的竣工木构件以体积计算	1. 刨光，斗、拱、昂、耍头卷杀制作 2. 雕刻麻叶头，菊花头等制作 3. 安装
020507002	柱头科斗拱				
020507003	角科斗拱				
020507004	网形科斗拱				
020507005	其他科斗拱				
020507006	座斗				
020507007	垫拱板	1. 板宽厚 2. 木材品种 3. 刨光要求 4. 雕刻镂空要求	m^2	按设计图示尺寸以面积计算，不扣除斗拱面积部分	1. 刨光制作 2. 雕刻镂空 3. 安装
020507008	撑弓	1. 构件类型及规格 2. 木材品种 3. 刨光要求 4. 雕刻镂空要求 5. 铁件的种类、规格 6. 防护材料种类、涂刷遍数	1. m^2 2. m	1. 以平方米计量，三角板形和长板形撑弓按设计图示外露尺寸以单面面积计算 2. 以米计量，园、方柱形撑弓以其中线与柱、梁的外皮交点的直线长度以延长米计算	1. 刨光制作 2. 雕刻镂空 3. 撑弓安装 4. 铁件制作安装 5. 刷防护材料
020507009	斗拱保护网	1. 材质 2. 网眼目数	m^2	按设计图示尺寸以面积计算	1. 制作 2. 安装

8）木作配件

木作配件工程量清单项目设置、项目特征描述的内容、计量单位及工程量计算规则应按表5.6.8的规定执行。其中栏杆封板系用于木栏杆里侧之封板，亦名裙板。此处枕头木系用于桁条两端上边处。枕头木又名衬头木、升头木，小连檐又名眠檐、勒望，闸挡板又名闸椽板，垫板包含由额、额垫（夹堂）板、桁（檩）垫板，山花板又名排山填板。

表5.6.8　木作配件(编码:020508)

项目编码	项目名称	项目特征	计量单位	工程量计算规则	工作内容
020508001	枕头木	1. 构件尺寸 2. 木材品种 3. 刨光要求 4. 雕刻纹样 5. 防护材料种类、涂刷遍数	m^3	按设计图示尺寸的竣工木构件以体积计算	1. 制作 2. 雕刻 3. 安装 4. 刷防护材料
020508002	梁垫		块（只）	按设计图示数量计算	
020508003	三幅云、山雾云				
020508004	角背、荷叶墩				
020508005	枫拱				
020508006	水浪机				
020508007	光面（短）机				

续表 5.6.8

项目编码	项目名称	项目特征	计量单位	工程量计算规则	工作内容
020508008	丁头拱（蒲鞋头）	1. 构件尺寸 2. 木材品种 3. 刨光要求 4. 雕刻纹样 5. 防护材料种类、涂刷遍数	块（只）	按设计图示数量计算	1. 制作 2. 雕刻 3. 安装 4. 刷防护材料
020508009	角云、捧(抱)梁云				
020508010	雀替				
020508011	插角、花牙子				
020508012	雀替下云墩				
020508013	壶瓶牙子				
020508014	通雀替	1. 构件断面尺寸 2. 木材品种 3. 刨光要求 4. 防护材料种类、涂刷遍数	m	按设计图示长度以延长米计算	1. 制作 2. 安装 3. 刷防护材料
020508015	踏脚木		m^3	按设计图示尺寸的竣工木构件以体积计算	
020508016	大连檐（里口木）	1. 断面尺寸 2. 木材品种 3. 刨光要求 4. 防护材料种类、涂刷遍数	m	按设计图示长度以延长米计算	1. 刨光制作 2. 安装 3. 刷防护材料
020508017	小连檐				
020508018	瓦口板				
020508019	封檐板				
020508020	闸挡板				
020508021	椽碗板				
020508022	垫板		1. m^3 2. m^2 3. m	1. 以立方米计量，按设计图示尺寸的竣工木构件以体积计算 2. 以平方米计量，按图示尺寸以面积计算 3. 以米计量，按设计图示长度以延长米计算	
020508023	山花板	1. 板宽厚度 2. 木材品种 3. 刨光要求 4. 雕刻纹样 5. 霸王拳、梅花钉要求	m^2	按设计图示尺寸以面积计算	1. 刨光制作 2. 雕刻 3. 安装 4. 刷防护材料 5. 制安霸王拳、梅花钉
020508024	柁档、排山填板				
020508025	清水望板				
020508026	栏杆封板				
020508027	挂檐、滴珠板				
020508028	博缝板				1. 刨光制作 2. 雕刻 3. 安装 4. 刷防护材料
020508029	博脊板				
020508030	棋枋板				
020508031	垂鱼（档尖、惹草）	1. 板尺寸、厚度 2. 木材品种 3. 刨光要求 4. 雕刻纹样	块	按设计图示数量计算	1. 刨光制作 2. 雕刻 3. 安装

9) 古式门窗

古式门窗工程量清单项目设置、项目特征描述的内容、计量单位及工程量计算规则应按表 5.6.9 的规定执行。其中，支摘窗按槛窗（短窗）项目编码列项。金属件或螺栓用于本章所有木结构安装，材质是不锈钢、铜质、铁件的要注明。筒子板按现行国家标准《房屋建筑与装饰工程工程量计算规范》(GB 50854)的相应项目编码列项。门、窗无洞口尺寸者，以框或扇框外围面积计算。槅扇又名长窗，槛窗又名短窗。

表 5.6.9　古式门窗(编码:020509)

<table>
<tr><th>项目编码</th><th>项目名称</th><th>项目特征</th><th>计量单位</th><th>工程量计算规则</th><th>工作内容</th></tr>
<tr><td>020509001</td><td>槅扇</td><td rowspan="2">1. 窗芯类型、式样
2. 框边挺、装芯截面尺寸
3. 木材品种
4. 玻璃品种、厚度
5. 摇梗、楹子做法
6. 雕刻类型
7. 防护材料种类、涂刷遍数</td><td rowspan="6">1. m^2
2. 樘</td><td rowspan="6">1. 以平方米计量，按设计图示洞口尺寸以面积计算
2. 以樘计量，按设计图示数量计算</td><td rowspan="6">1. 框扇、窗芯制作
2. 夹堂板、裙板雕刻
3. 框扇、窗芯安装
4. 刷防护材料</td></tr>
<tr><td>020509002</td><td>槛窗</td></tr>
<tr><td>020509003</td><td>支摘窗</td><td rowspan="4">1. 窗芯类型、式样
2. 框边挺、装芯截面尺寸
3. 木材品种
4. 玻璃品种、厚度
5. 摇梗、楹子做法
6. 防护材料种类、涂刷遍数</td></tr>
<tr><td>020509004</td><td>横风窗</td></tr>
<tr><td>020509005</td><td>什锦(多宝)窗</td></tr>
<tr><td>020509006</td><td>古式纱窗扇</td></tr>
<tr><td>020509007</td><td>门窗框、槛、抱框</td><td>1. 截面尺寸
2. 木材品种
3. 防护材料种类、涂刷遍数</td><td>m</td><td>按设计图示门窗洞口周长以延长米计算</td><td>1. 制作
2. 安装
3. 刷防护材料</td></tr>
<tr><td>020509008</td><td>帘架横披框</td><td rowspan="5">1. 门类型、式样
2. 框边挺截面尺寸、板厚度
3. 木材品种
4. 摇梗、楹子、门闩做法
5. 雕刻类型
6. 防护材料种类、涂刷遍数</td><td rowspan="8">1. m^2
2. 樘</td><td rowspan="8">1. 以平方米计量，按设计图示洞口尺寸以面积计算
2. 以樘计量，按设计图示数量计算</td><td rowspan="8">1. 框扇刨光制作
2. 雕刻
3. 安装
4. 刷防护材料</td></tr>
<tr><td>020509009</td><td>将军门</td></tr>
<tr><td>020509010</td><td>实榻门</td></tr>
<tr><td>020509011</td><td>撒带门</td></tr>
<tr><td>020509012</td><td>棋盘(攒边)门</td></tr>
<tr><td>020509013</td><td>直拼库门</td><td rowspan="3">1. 门类型、式样
2. 框边挺截面尺寸、板厚度
3. 木材品种
4. 摇梗、楹子、门闩做法
5. 防护材料种类、涂刷遍数</td></tr>
<tr><td>020509014</td><td>贡式堂门</td></tr>
<tr><td>020509015</td><td>直拼屏门</td></tr>
<tr><td>020509016</td><td>将军门刺</td><td rowspan="3">1. 木材品种
2. 规格尺寸
3. 雕刻类型
4. 防护材料种类、涂刷遍数</td><td>个</td><td>按设计图示数量计算</td><td rowspan="5">1. 制作、安装
2. 雕刻
3. 刷防护材料</td></tr>
<tr><td>020509017</td><td>将军门竹丝</td><td>m^2</td><td>按设计门扇尺寸以面积计算</td></tr>
<tr><td>020509018</td><td>门簪</td><td>个</td><td>按设计图示数量计算</td></tr>
<tr><td>020509019</td><td>窗榻板</td><td rowspan="2">1. 木材品种
2. 板厚度
3. 雕刻类型
4. 防护材料种类、涂刷遍数</td><td rowspan="2">m^2</td><td rowspan="2">按设计图示尺寸以面积计算</td></tr>
<tr><td>020509020</td><td>门头板余塞板</td></tr>
</table>

续表 5.6.9

项目编码	项目名称	项目特征	计量单位	工程量计算规则	工作内容
020509021	木门枕	1. 断面尺寸 2. 木材品种 3. 防护材料种类、涂刷遍数	m^3	按设计图示尺寸的竣工木构件以体积计算	1. 制作、安装 2. 刷防护材料
020509022	过木				
020509023	古式门窗五金	1. 五金件材质 2. 型号尺寸	1. 副 2. 樘	按设计图示数量计算	安装
020509024	金属件	1. 型号尺寸，材质 2. 防护材料种类、涂刷遍数	t	按设计图示尺寸以质量计算	1. 制作 2. 安装 3. 刷防护材料
020509025	螺栓	1. 螺栓种类 2. 螺栓品种、规格 3. 螺栓长度	根	按设计图示数量计算	1. 制作 2. 安装 3. 刷防护材料

10）古式栏杆

古式栏杆工程量清单项目设置、项目特征描述的内容、计量单位及工程量计算规则应按表 5.6.10 的规定执行。

表 5.6.10　古式栏杆(编码:020510)

项目编码	项目名称	项目特征	计量单位	工程量计算规则	工作内容
020510001	寻杖栏杆	1. 构件栏芯类型、式样 2. 框芯截面尺寸 3. 木材品种 4. 板厚度 5. 刨光要求 6. 雕刻纹样 7. 防护材料种类、涂刷遍数	1. m^2 2. m	1. 以平方米计量，按设计图示尺寸以面积计算 2. 以米计量，按设计图示长度以延长米计算	1. 框、芯制作 2. 雕刻 3. 安装 4. 刷防护材料
020510002	花栏杆				
020510003	坐凳楣子	1. 木材品种 2. 板厚度 3. 刨光要求 4. 防护材料种类、涂刷遍数			1. 制作 2. 安装 3. 刷防护材料
020510004	坐凳面				
020510005	雨达板				

11）鹅颈靠背、楣子、飞罩

鹅颈靠背、楣子、飞罩工程量清单项目设置、项目特征描述的内容、计量单位及工程量计算规则应按表 5.6.11 的规定执行。挂落按本表倒挂楣子列项。

表 5.6.11　鹅颈靠背、楣子、飞罩(编码:020511)

项目编码	项目名称	项目特征	计量单位	工程量计算规则	工作内容
020511001	鹅颈靠背	1. 构件芯类型、式样 2. 构件高度 3. 木材品种 4. 框、芯截面尺寸 5. 雕刻的纹样 6. 防护材料种类、涂刷遍数	1. m^2 2. m	1. 以平方米计量，按设计图示尺寸以面积计算 2. 以米计量，按设计图示长度以延长米计算	1. 框、芯、靠背制作 2. 雕刻 3. 安装 4. 刷防护材料
020511002	倒挂楣子				

续表 5.6.11

<table>
<tr><th>项目编码</th><th>项目名称</th><th>项目特征</th><th>计量单位</th><th>工程量计算规则</th><th>工作内容</th></tr>
<tr><td>020511003</td><td>飞罩</td><td rowspan="3">1. 构件类型、式样
2. 木材品种
3. 框、芯截面尺寸
4. 雕刻的纹样
5. 防护材料种类、涂刷遍数</td><td rowspan="3">m^2</td><td rowspan="3">按设计图示尺寸以面积计算</td><td rowspan="3">1. 框、芯制作
2. 雕刻
3. 安装
4. 刷防护材料</td></tr>
<tr><td>020511004</td><td>落地圆罩</td></tr>
<tr><td>020511005</td><td>落地方罩</td></tr>
<tr><td>020511006</td><td>须弥座</td><td>1. 构件类型、式样
2. 构件长度、高度
3. 木材品种
4. 用料截面尺寸
5. 雕刻的纹样
6. 防护材料种类、涂刷遍数</td><td>1. 座
2. m</td><td>1. 以座计量，按设计图示数量计算
2. 以米计量，按设计图示长度以延长米计算</td><td>1. 制作
2. 雕刻
3. 安装
4. 刷防护材料</td></tr>
</table>

12）墙、地板及天花

墙、地板及天花工程量清单项目设置、项目特征描述的内容、计量单位及工程量计算规则应按表 5.6.12 执行。踢脚板及现代做法的木栏杆(栏板)按现行国家标准《房屋建筑与装饰工程工程量计算规范》(GB 50854)中的相关项目编码列项。

表 5.6.12 墙、地板及天花(编码:020512)

<table>
<tr><th>项目编码</th><th>项目名称</th><th>项目特征</th><th>计量单位</th><th>工程量计算规则</th><th>工作内容</th></tr>
<tr><td>020512001</td><td>木地板</td><td rowspan="2">1. 板厚度
2. 木材品种
3. 刨光要求
4. 防护材料种类、涂刷遍数</td><td rowspan="2">m^2</td><td>按主墙间净尺寸以面积计算</td><td rowspan="2">1. 刨光，制作
2. 安装上下槛，立墙筋横木
3. 刷防护材料</td></tr>
<tr><td>020512002</td><td>木楼梯</td><td>按设计图示尺寸以水平投影面积计算，不扣除宽度小于 300 mm 的楼梯井，伸入墙内部分不计算</td></tr>
<tr><td>020512003</td><td>栈板(间壁)墙</td><td rowspan="2">1. 框、支条、梁截面尺寸、板厚度
2. 木材品种
3. 刨光要求
4. 防护材料种类、涂刷遍数</td><td rowspan="2">m^2</td><td>按设计墙净长乘以墙高以面积计算</td><td rowspan="2">1. 制作
2. 安装
3. 刷防护材料</td></tr>
<tr><td>020512004</td><td>藻井天花</td><td>按设计图示尺寸以面积计算</td></tr>
</table>

13）匾额、楹联(对联)及博古架(多宝格)

匾额、楹联(对联)及博古架(多宝格)工程量清单项目设置、项目特征描述的内容、计量单位及工程量计算规则应按表 5.6.13 执行。

表 5.6.13 匾额、楹联(对联)及博古架(多宝格)(编码:020513)

<table>
<tr><th>项目编码</th><th>项目名称</th><th>项目特征</th><th>计量单位</th><th>工程量计算规则</th><th>工作内容</th></tr>
<tr><td>020513001</td><td>匾额</td><td rowspan="2">1. 外形尺寸、板厚度
2. 木材品种
3. 刨光要求
4. 雕刻纹样
5. 防护材料种类、涂刷遍数</td><td rowspan="2">块</td><td rowspan="2">按设计图示尺寸以数量计算</td><td rowspan="3">1. 制作
2. 雕刻纹样及字
3. 安装
4. 刷防护材料</td></tr>
<tr><td>020513002</td><td>楹联</td></tr>
<tr><td>020513003</td><td>博古架</td><td>1. 外形尺寸
2. 木材品种
3. 刨光要求
4. 防护材料种类、涂刷遍数</td><td>1. m^2
2. m</td><td>1. 以平方米计量，按设计图示正立面尺寸以面积计算
2. 以米计量，按设计图示尺寸长度以延长米计算</td></tr>
</table>

14）木作防火处理

木作防火处理工程量清单项目设置、项目特征描述的内容、计量单位及工程量计算规则应按表5.6.14执行。

表5.6.14 木作防火处理(编码:020514)

项目编码	项目名称	项目特征	计量单位	工程量计算规则	工作内容
020514001	防火	1. 木材材质类别 2. 防火涂料种类、遍数	m^2	按设计图示尺寸以面积计算	1. 基层清理 2. 分层涂刷

5.6.2 木作工程计价表规则

1）计价表使用说明

(1) 定额中的木构件规格，除注明者外，均以刨光为准，刨光损耗已包括在定额内。定额中木材数量均为毛料。

(2) 木材均以一、二类木种为准，如采用三、四类木种，分别乘以下系数：木门、窗制作人工和机械费乘系数1.3，木门、窗安装人工乘系数1.15，其他项目的人工和机械费乘系数1.35。木材木种划分按计价表附表规定。

(3) 定额中木材以自然干燥为准，如需烘干时，其费用另行计算。

(4) 古式木门窗定额中的“小五金费”，按定额附表的小五金用量计算，如设计用的小五金品种、数量不同时，品种数量和单价均可调整，其他不变。

(5) 古式木门定额均未包括装锁，如装执手锁和弹簧锁每10把锁增加木工2工日，装弹子锁每10把增加木工1工日，锁的价格另计。

(6) 玻璃厚度不同时，可按设计规定换算。

(7) 圆木体积工程量以图示尺寸查木材材积表（国标GB/T 4814—1984《原木材积表》）。矩形构件体积按设计最大矩形截面乘以构件长度计算。如实际使用圆木与设计圆木直径不符(即大改小)时，经甲方确认，可按实换算。

(8) 木材均按三个切断面(三指材)规格料编制的，方板材改制成定额三个切断面规格材的出材率按80%计算。

(9) 木构件除云头、老嫩戗头、昂头、水浪机、蒲鞋头普通雕花已计算外，其他雕花均未计算，如发生按实计算。

(10) 门、窗框扇断面尺寸按计价表附表规定。计算木戗角构件工程量时可参考计价表“传统做法木戗角工程量计算参考表”附表，如设计规格、尺寸不同，可按设计规格、尺寸计算。亭子戗角，可按设计规格、尺寸计算。

2）工程量计算规则

(1) 立帖式屋架、柱、梁、枋子、斗盘(坐斗枋)桁条连机、椽子搁栅、关刀里口木、菱角木、枕头木、柱头坐斗、戗角等均按设计几何尺寸，以立方米计算。

(2) 摔网板、卷戗板、鳖角壳板、垫拱板、山填板、排山板、望板、裙板、雨达板、座槛、古式栏杆，均按设计几何尺寸，以平方米计算。

(3) 吴王靠、挂落、夹堂板、里口木、封檐板、瓦口板、勒望、椽碗板、安椽头均按长度方向延长米计算。

(4) 斗拱、须弥座以座计算，梁垫、山雾云、棹木、水浪机、蒲鞋头、抱梁云、硬木销以块(只)计算。

(5) 古式木门窗，按门窗扇面积以平方米计算，抱柱、上下槛按延长米计算。

(6) 飞罩、落地园罩、方罩按外侧展开长度计算。

(7) 柱头：

① 廊柱、步柱：高度从鼓磴面到机面(连机面)线再加四分之一柱头直径(榫头)计算。

② 脊柱：高度从鼓磴面到机面线再加三分之一柱头直径(榫头)计算。

③ 柱顶坐斗拱或坐斗者：高度从鼓磴面到斗拱或坐斗底再加 3 cm(榫头)计算。

(8) 桁条：

① 正帖桁条：长度按跨度平均加 15 cm(榫头)计算。

② 边帖桁条：长度按跨度加另一边实际挑出长度计算。

(9) 连机：按每个跨度长度计算。

(10) 枋子：按跨度加两个二分之一柱径(两边)长度计算。

(11) 梁：

① 轩梁：当轩梁外(檐柱外边)有云头时，一头算至云头外边线，另一头按跨度加二分之一步柱直径长度计算。

② 大梁：a. 当一头挑出时：一头按挑出长度，另一头按跨度加二分之一柱径长度计算。

b. 当两头挑出时：按两头挑出总长度计算。

c. 当两头不挑出时：按跨度加两个二分之一柱径(两边)长度计算。

③ 山界梁、荷包梁：按两头挑出总长度计算。

④ 双步、三步、廊川：一头按挑出长度，另一头按跨度加二分之一柱径长度计算。

⑤ 矮柱(童柱)：圆矮柱规格按大梁加 4 cm 直径计算，高度上到桁条底再加四分之一矮柱径，下到大梁二分之一直径再加 2 cm 计算；扁作矮柱的宽、厚按大梁厚度计算，高度按上到桁条底再加四分之一矮柱厚，下到大梁二分之一高再加 2 cm 计算。

(12) 椽子：直椽按每界斜长加披头(一个椽子直径)长度计算；茶壶档椽、弯椽按水平投影长度计算。

(13) 戗角：按“传统做法木戗角工程量计算参考表”计算。

(14) 屋面坡度系数：按每界的平均坡度系数计算。

5.6.3 木作工程实例

例 5.6.1 某厅馆歇山建筑面阔 9.3 m，进深 5.6 m，檐高 3.6 m，其平面如图 5.3.1 所示，大木结构剖面如图 5.6.1 所示。木构架均采用地仗一麻五灰，广漆明光一底三度。试计算该建筑大木构架中柱、明间檐枋、木基层中明间桁条的工程量，编制清单并按江苏省计价规则计价。

解：1) 工程量清单编制

(1) 清单工程量计算：

① 柱，根据清单工程量计算规则，柱按设计图示尺寸以体积计算，圆木体积工程量以图示尺寸查木材材积表(国标 GB/T 4814—1984《原木材积表》)。

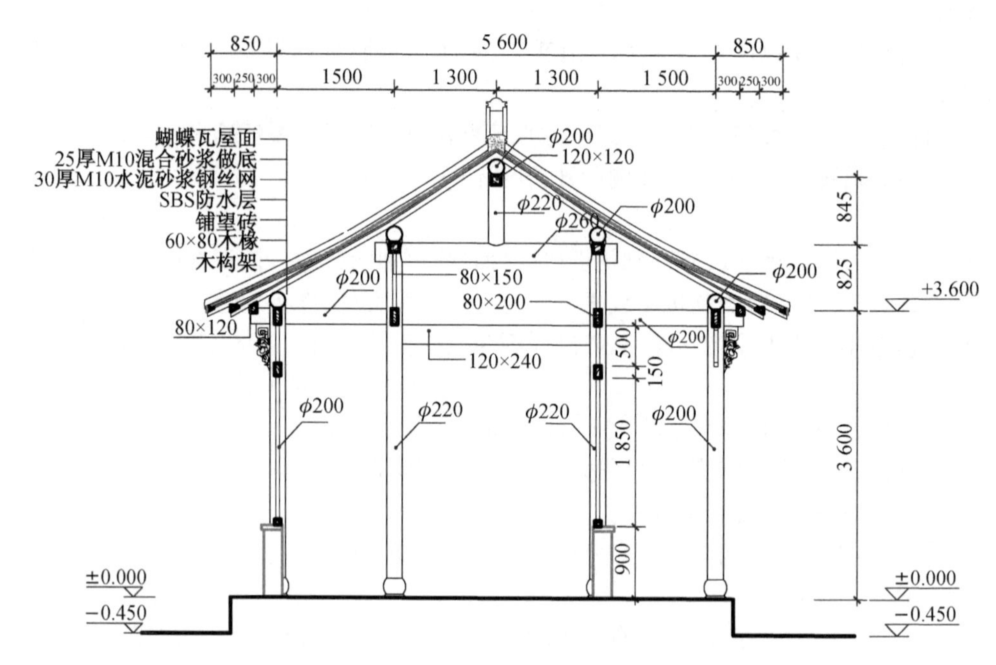

图 5.6.1　某厅馆大木结构剖面图(1∶50)

檐柱梢径 200 mm,长度 L=3.6−0.2(扣石鼓高)+0.05(四分之一柱头直径的榫长)=3.45(m),檐柱共计 12 根,查材积表:V=0.134×12=1.608(m^3)。

金柱梢径 220 mm,长度 C=3.6+0.825−0.2(扣石鼓高)+0.055 25(四分之一柱头直径的榫长)=4.28(m),金柱共计 8 根,查原木材积表得 V=0.207×8=1.656(m^3)。

柱总体积 V=1.608+1.656=3.264(m^3)。

② 檐枋,工程量按设计图示尺寸以体积计算:

檐枋断面尺寸 80 mm×200 mm

$$\text{长度 } L = [3.3 + 0.1 \times 2(\text{两个二分之一柱径})] \times 2(\text{前后檐}) = 7(\text{m})$$

$$\text{体积 } V = 0.08 \times 0.2 \times 7 = 0.112(\text{m}^3)$$

③ 明间桁条,桁条工程量按设计图示尺寸以体积计算,圆木按设计长度、直径查《原木材积表》。

梢径 200 mm,长度 L=3.3+0.15(15 cm 榫头)=3.45(m),明间桁条共计 5 根,查原木材积表:V=0.134×5=0.67(m^3)。

(2) 编制清单:按照仿古建筑工程量清单规范,编制清单项目如下表:

序号	项目编码	项目名称	项目特征描述	计量单位	工程量
1	020501001001	圆柱	1. 构件名称、类别:立帖式圆柱 2. 木材品种:杉木 3. 构件规格:檐柱梢径 200 mm、金柱梢径 220 mm 4. 刨光要求:刨光	m^3	3.264

续表

序号	项目编码	项目名称	项目特征描述	计量单位	工程量
2	020503004001	额枋	1. 构件名称、类别:明间檐枋 2. 木材品种:杉木 3. 刨光要求:刨光	m^3	0.112
3	020503001001	圆桁(檩)	1. 构件名称、类别:明间桁条 2. 木材品种:杉木 3. 刨光要求:刨光	m^3	0.67

2) 计价

(1) 圆柱、额枋、圆桁(檩)计价表工程量同清单工程量。

(2) 套用 2007《江苏省仿古建筑与园林工程计价表》子目。

① 圆柱,套子目 2-352,立帖式圆柱梢径 22 以内,不用换算:

$$3\,756.79 \times 3.264 = 12\,262.16(\text{元})$$

木柱的工程量清单综合单价 3 756.79 元/ m^3。

② 额枋,套子目 2-371,枋子、夹底、斗盘枋(厚度 8 cm 以内),不用换算:

$$4\,620.20 \times 0.112 = 517.46(\text{元})$$

檐枋的工程量清单综合单价 4 620.20 元/ m^3。

③ 圆桁(檩),套子目 2-377,原木桁条(20 cm 以内),不用换算:

$$2\,476.31 \times 0.67 = 1\,659.123(\text{元})$$

桁条的工程量清单综合单价 2 476.31 元/ m^3。

例 5.6.2 试计算图 5.6.1 中一榀正贴屋架大梁、抱头梁、枋和童柱的工程量,编制清单并按江苏省计价规则计价。

解:1) 工程量清单编制

(1) 工程量计算:

① 大梁,根据清单工程量计算规则,圆梁工程量按设计长度、直径查木材材积表(国标 GB/T 4814—1984《原木材积表》)。

大梁直径 0.26 m,梁设计长度 $L=1.3\times2$(柱间距)$+0.3$(传统做法挑出长度)$\times2=3.2$(m),查材积表:$V=0.203\ m^3$。

② 抱头梁,根据清单工程量计算规则,圆梁工程量按设计长度、直径查木材材积表(国标 GB/T 4814—1984《原木材积表》)。

梁直径 0.20 m,梁设计长度 $L=1.5$(檐柱、金柱间距离)$+0.22/2$(金柱柱径一半)$+0.3$(挑出长度)$\times2=2.21$(m),一榀屋架中抱头梁有两根,查材积表:$V=0.08\times2=0.160$ (m^3)。

③ 枋,根据清单工程量计算规则,工程量按设计图示尺寸以体积计算:

设计长度:$L = 1.3\times2$(柱间距)$+ 0.22/2$(金柱柱径一半)$\times 2 = 2.82$(m)。

工程量:$V = 0.12\times0.24\times2.82 = 0.081$($m^3$)。

④ 矮柱,根据清单工程量计算规则,圆木工程量按设计长度、直径查木材材积表(国标

GB/T 4814—1984《原木材积表》)。

矮柱直径规格：0.26＋0.04(大梁直径加 4 cm) = 0.3(m)。

高度：L = 1.69＋0.22/4(高至桁条底再加四分之一矮柱径)＋0.26/2＋0.02(大梁二分之一直径再加 2 cm) = 1.895(m)。

查材积表：V = 0.149 m^3。

(2) 编制清单：按照仿古建筑工程量清单规范，编制清单项目如下表。

序号	项目编码	项目名称	项目特征描述	计量单位	工程量
1	020502001001	圆梁(大梁)	1. 构件名称、类别：立帖式架梁 2. 木材品种：杉木 3. 构件规格：梢径 260 mm 4. 刨光要求：刨光	m^3	0.203
2	020502001002	圆梁(抱头梁)	1. 构件名称、类别：抱头梁 2. 木材品种：杉木 3. 构件规格：梢径 220 mm 4. 刨光要求：刨光	m^3	0.160
3	020503006001	枋子	1. 构件名称、类别：大梁穿插枋 2. 木材品种：杉木 3. 构件规格：0.12 mm×0.24 mm 4. 刨光要求：刨光	m^3	0.081
4	020501004001	童柱	1. 构件名称、类别：矮柱 2. 木材品种：杉木 3. 构件规格：直径 300 mm 4. 刨光要求：刨光	m^3	0.149

2) 计价

(1) 大梁、抱头梁、枋和童柱计价表工程量同清单工程量。

(2) 套用 2007《江苏省仿古建筑与园林工程计价表》子目。

① 圆梁(大梁)，套子目 2-368，圆梁(大梁、山界梁、双步、川、矮柱)直径 24 cm 以上，不用换算：

$$4\,414.83 \times 0.203 = 896.21(\text{元})$$

圆梁(大梁)的工程量清单综合单价 4 414.83 元/ m^3。

② 圆梁(抱头梁)，套子目 2-367，圆梁(大梁、山界梁、双步、川、矮柱)直径 24 cm 以内，不用换算：

$$4\,274.30 \times 0.160 = 683.89(\text{元})$$

圆梁(抱头梁)的工程量清单综合单价 4 274.30 元/ m^3。

③ 枋子，套子目 2-372，枋子、夹底、斗盘枋(厚度 12 cm 以内)，不用换算：

$$4\,303.72 \times 0.081 = 348.60(\text{元})$$

枋子的工程量清单综合单价 4 303.72 元/ m^3。

④ 童柱，套子目 2-368，圆梁(大梁、山界梁、双步、川、矮柱)直径 24 cm 以上，不用换算：

$$4\,414.83 \times 0.149 = 657.81(\text{元})$$

童柱的工程量清单综合单价 4 414.83 元/ m^3。

例 5.6.3 某段廊长 3 m,宽 1.5 m,出檐 0.75 m,廊坡度系数为 1.14,椽断面为 60 mm×80 mm,飞椽断面 50 mm×80 mm,详细尺寸如图 5.6.2 所示,试计算木基层中木椽、飞椽、望板、眠檐(连檐)、里口木、闸挡板的工程量,编制清单并按江苏省计价规则计价。

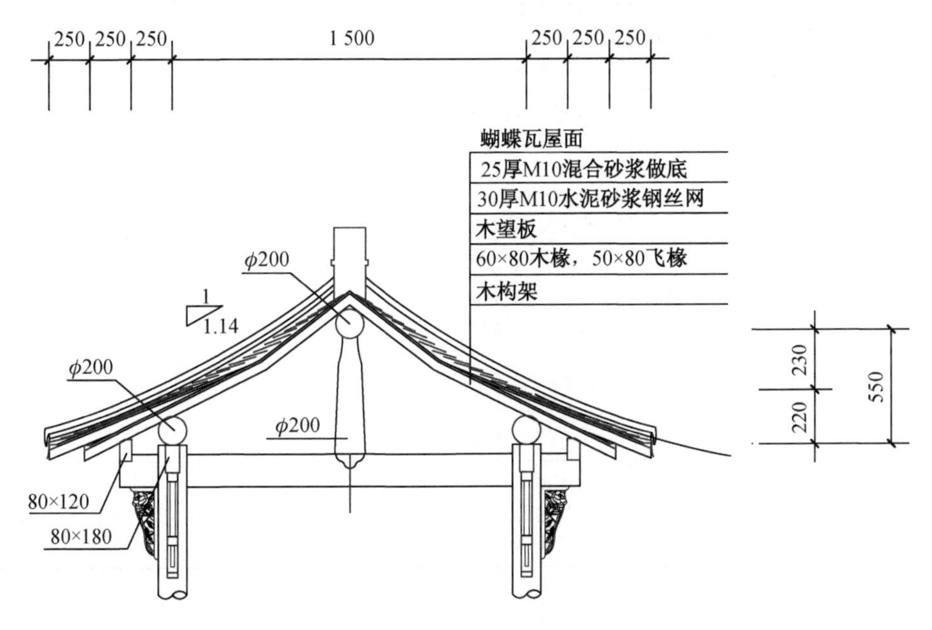

图 5.6.2 廊断面图(1∶50)

解:1) 工程量清单编制

(1) 清单工程量计算:

① 木椽,按设计图示尺寸以体积计算:

木椽断面为 60 mm×80 mm,长度按每界斜长加披头(一个椽子的直径)计算:

椽每界斜长(水平投影长度×坡度系数): $L = (0.75 + 0.5) \times 1.14 = 1.43(\text{m})$。

每跨根数: $(3/0.22) + 1 = 14.64$,计 15 根。

木椽体积: $V = 0.06 \times 0.08 \times (1.43 + 0.08) \times 15 \times 2 = 0.217(\text{m}^3)$。

② 飞椽,按设计图示尺寸以体积计算:

飞椽断面尺寸为 50 mm×80 mm,长度按每界斜长计算:

$$V = 0.05 \times 0.08 \times 0.75 \times 1.14 \times 15 \times 2 = 0.103(\text{m}^3)$$

③ 望板,按设计图示尺寸以平方面积计算(重叠部分望板也应一并计算在内):

$$S = 3 \times (1.5 + 0.75 \times 2 + 0.5 \times 2) \times 1.14 = 13.68(\text{m}^2)$$

④ 眠檐(小连檐),按设计图示尺寸以延长米计算: $L = 3 \times 2 = 6(\text{m})$。

⑤ 里口木,按设计图示尺寸以延长米计算: $L = 3 \times 2 = 6(\text{m})$。

⑥ 闸挡板,按设计图示尺寸以延长米计算: $L = 3 \times 2 = 6(\text{m})$。

(2) 编制清单:按照仿古建筑工程量清单规范,相关项目清单编制如下表:

序号	项目编码	项目名称	项目特征描述	计量单位	工程量
1	020505002001	矩形椽	1. 构件截面尺寸:60 mm×80 mm 2. 木材品种:杉木 3. 刨光要求:刨光	m^3	0.217
2	020505007001	矩形飞椽	1. 构件截面尺寸:50 mm×80 mm 2. 木材品种:杉木 3. 刨光要求:刨光	m^3	0.103
3	020508025001	清水望板	1. 板宽厚度:18 mm 厚 2. 木材品种:杉木 3. 刨光要求:刨光 4. 雕刻纹样:无 5. 霸王拳、梅花钉要求:无	m^2	13.68
4	020508017001	小连檐	1. 断面尺寸:20 mm×60 mm 2. 木材品种:杉木 3. 刨光要求:刨光	m	6
5	020508016001	里口木	1. 断面尺寸:60 mm×65 mm 2. 木材品种:杉木 3. 刨光要求:刨光	m	6
6	020508020001	闸挡板	1. 断面尺寸:10 mm×70 mm 2. 木材品种:杉木 3. 刨光要求:刨光	m	6

2) 计价

(1) 木椽、飞椽、望板、眠檐(连檐)、里口木、闸挡板的计价表工程量同清单工程量。

(2) 套用 2007《江苏省仿古建筑与园林工程计价表》子目。

① 矩形椽,套子目 2-406,矩形椽子(周长 30 cm 以内),不用换算:

$$4\,096.26 \times 0.217 = 888.89(\text{元})$$

矩形椽子的工程量清单综合单价 4 096.26 元/ m^3。

② 矩形飞椽,套子目 2-427,矩形飞椽(周长 35 cm 以内),不用换算:

$$4\,179.35 \times 0.103 = 430.47(\text{元})$$

矩形飞椽的工程量清单综合单价 4 179.35 元/ m^3。

③ 清水望板,套子目 2-511,清水望板(厚度 18 cm 以内),不用换算:

$$70.558 \times 13.68 = 965.23(\text{元})$$

清水望板的工程量清单综合单价 70.558 元/ m^2。

④ 眠檐(小连檐),套子目 2-504,眠檐、勒望(2 cm×6 cm 以内),不用换算:

$$6.965 \times 6 = 41.79(\text{元})$$

眠檐(小连檐)的工程量清单综合单价 6.965 元/ m。

⑤ 里口木,套子目 2-501,里口木(6 cm×6.5 cm 以内),不用换算:

$$30.619 \times 6 = 183.71(\text{元})$$

里口木的工程量清单综合单价 30.619 元/m。

⑥ 闸挡板，套子目 2-506，闸挡板（1 cm×7 cm 以内），不用换算：

$$7.403 \times 6 = 44.42(\text{元})$$

闸挡板的工程量清单综合单价 7.403 元/m。

例 5.6.4 某歇山建筑屋面戗角界深 1.5 m，做法按照传统仿古木戗角制作，具体尺寸如图 5.6.3 所示，老戗 160 mm×200 mm×3 800 mm，嫩戗 130 mm×220 mm×1 200 mm，直径 8 cm 圆形摔网椽 11 尾。试计算木戗角各构件的工程量，编制清单并按江苏省计价规则计价。

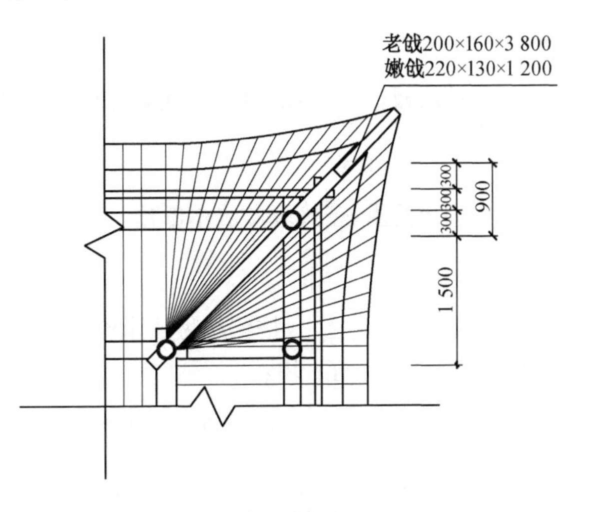

图 5.6.3 戗角俯视图(1∶50)

解：1）工程量清单编制

（1）清单工程量计算：

① 老戗，老戗即清单规范中老角梁，这里按传统称呼，项目名称用“老戗”（戗角部位其他项目名称与此类似），工程量按设计图示尺寸以体积计算（也可按传统做法木戗角工程量计算参考表计算）：

$$V = 0.16 \times 0.20 \times 3.8 = 0.122(\text{m}^3)$$

② 嫩戗，按设计图示尺寸以体积计算（也可按传统做法木戗角工程量计算参考表计算）：

$$V = 0.13 \times 0.22 \times 1.2 = 0.034(\text{m}^3)$$

③ 戗山木，按传统做法木戗角工程量计算参考表，戗山木厚 80 mm，高 140 mm，长 1.5 m的三角形木块，每个戗角有两块：

$$V = 0.14 \times 1.5 \times (0.08/2) \times 2 = 0.0168(\text{m}^3)$$

④ 半圆摔网椽，按传统做法木戗角工程量计算参考表，其中圆椽可查原木材积表计算，圆椽直径 8 cm，平均长度 3 m，每个戗角 22 根：

$$V = 0.021 \times 22 = 0.462(\text{m}^3)$$

⑤ 立脚飞椽，可按传统做法木戗角工程量计算参考表，规格为 65 mm×100 mm×1 200 mm，22 根：

$$V = 0.065 \times 0.1 \times 1.2 \times 22 = 0.172(\text{m}^3)$$

⑥ 关刀里口木，可按传统做法木戗角工程量计算参考表，规格为 160 mm×200 mm×2 400 mm，每个戗角 2 根：

长度：$L = 2.4 \times 2 = 4.8(\text{m})$。

体积：$V = 0.16 \times 0.2 \times 2.4 \times 2 = 0.1536(\text{m}^3)$。

⑦ 关刀弯眠檐，可按传统做法木戗角工程量计算参考表，规格为 60 mm×25 mm×750 mm，每个戗角 2 根：

$$L = 0.75 \times 2 = 1.5(\text{m})$$

⑧ 摔网板，可按传统做法木戗角工程量计算参考表，规格为 15 mm 厚，6 m^2：

$$S = 6\ \text{m}^2$$

⑨ 卷戗板，可按传统做法木戗角工程量计算参考表，规格为 10 mm 厚，3 m^2：

$$S = 3\ \text{m}^2$$

⑩ 鳖角壳板，按传统做法木戗角工程量计算参考表，规格为 25 mm 厚，5 m^2：

$$S = 5\ \text{m}^2$$

⑪ 菱角木、龙径木，按传统做法木戗角工程量计算参考表，规格为 100 mm×220 mm×2 500 mm，每个戗角 1 块：

$$V = 0.1 \times 0.22 \times 2.5/2 = 0.0275(\text{m}^3)$$

⑫ 硬木千斤销，按传统做法木戗角工程量计算参考表，规格为 70 mm×60 mm×700 mm，每个戗角 1 个。

（2）编制清单：按照仿古建筑工程量清单规范，戗角相关清单项目编制如下表：

序号	项目编码	项目名称	项目特征描述	计量单位	工程量
1	020506001001	老戗	1. 木材品种：杉木 2. 角度和刨光要求：刨光 3. 雕刻要求：老戗头简单雕刻	m^3	0.122
2	020506002001	嫩戗	1. 木材品种：杉木 2. 角度和刨光要求：刨光 3. 雕刻要求：无	m^3	0.034
3	020506006001	戗山木	1. 木材品种：杉木 2. 角度和刨光要求：刨光 3. 雕刻要求：无	m^3	0.016 8
4	020505010001	半圆摔网椽	1. 构件截面尺寸：80 mm 2. 木材品种：杉木 3. 刨光要求：刨光	m^3	0.462
5	020505008001	立脚飞椽	1. 构件截面尺寸：56 mm×100 mm 2. 木材品种：杉木 3. 刨光要求：刨光	m	0.172
6	020506008001	关刀里口木	1. 板宽度、厚度：160 mm×200 mm 2. 木材品种：杉木 3. 刨光要求：刨光	m	4.8
7	020506008002	关刀弯眠檐	1. 板宽度、厚度：60 mm×25 mm 2. 木材品种：杉木 3. 刨光要求：刨光	m	1.5

续表

序号	项目编码	项目名称	项目特征描述	计量单位	工程量
8	020506011001	摔网板	1. 板厚:15 mm 2. 木材品种:杉木 3. 刨光要求:刨光 4. 望板接缝形式:平口	m^2	6
9	020506012001	卷戗板	1. 板厚:10 mm 2. 木材品种:杉木 3. 刨光要求:刨光 4. 望板接缝形式:平口	m^2	3
10	020506013001	鳖角壳板	1. 板厚:25 mm 2. 木材品种:杉木 3. 刨光要求:刨光 4. 望板接缝形式:平口	m^2	5
11	020506005001	菱角木	1. 木材品种:杉木 2. 角度和刨光要求:刨光 3. 雕刻要求:无	m^3	0.027 5
12	020506007001	千斤销	1. 边长,长度:70 mm×60 mm×700 mm 2. 木材品种:杉木 3. 雕刻要求:简单雕刻	个	1

2) 计价

(1) 戗角部位相关项目的计价表工程量同清单工程量。

(2) 套用 2007《江苏省仿古建筑与园林工程计价表》子目。

① 老戗,套子目 2-433,老戗木(周长 72 cm 以内),不用换算:

$$5\,319.41 \times 0.122 = 648.97(\text{元})$$

老戗的工程量清单综合单价 5 319.41 元/ m。

② 嫩戗(仔角梁),套子目 2-437,嫩戗(周长 70 cm 以内),不用换算:

$$7\,071.18 \times 0.034 = 240.42(\text{元})$$

嫩戗的工程量清单综合单价 7 071.18 元/ m^3。

③ 戗山木,套子目 2-441,戗山木[150 cm×14 cm×(8/2) cm 以内],不用换算:

$$5\,421.27 \times 0.016\,8 = 91.08(\text{元})$$

戗山木的工程量清单综合单价 5 421.27 元/ m^3。

④ 圆形摔网椽,套子目 2-445,半圆荷包形摔网椽(8 cm 以内),不用换算:

$$3\,140.99 \times 0.462 = 1\,451.14(\text{元})$$

圆形摔网椽的工程量清单综合单价 3 140.99 元/ m。

⑤ 立脚飞椽,套子目 2-453,立脚飞椽(6.5 cm×10 cm 以内),不用换算:

$$5\,033.41 \times 0.172 = 865.75(\text{元})$$

立脚飞椽的工程量清单综合单价 5 033.41 元/ m^3。

⑥ 关刀里口木，套子目 2-457，关刀里口木（16 cm×20 cm 以内），不用换算：

$$6\,321.94 \times 0.153\,6 = 971.05(\text{元})$$

关刀里口木的工程量清单综合单价：971.05/4.8=202.3(元/ m)。

⑦ 关刀弯眠檐，套子目 2-460，关刀弯眠檐（6 cm×2.5 cm 以内），不用换算：

$$20.217 \times 1.5 = 30.33(\text{元})$$

关刀弯眠檐的工程量清单综合单价 20.217 元/ m。

⑧ 摔网板，套子目 2-467，摔网板（厚 1.5 cm 以内），不用换算：

$$75.798 \times 6 = 454.788(\text{元})$$

摔网板的工程量清单综合单价 75.798 元/ m^2。

⑨ 卷戗板，套子目 2-468，卷戗板（厚 1.0 cm 以内），不用换算：

$$68.432 \times 3 = 205.296(\text{元})$$

卷戗板的工程量清单综合单价 68.432 元/ m^2。

⑩ 鳖角壳板，套子目 2-469，鳖角壳板（厚 2.5 cm 以内），不用换算：

$$85.54 \times 5 = 427.7(\text{元})$$

鳖角壳板的工程量清单综合单价 85.54 元/ m^2。

⑪ 菱角木，套子目 2-471，菱角木、龙径木（10 cm×22 cm 以内），不用换算：

$$4\,700.53 \times 0.027\,5 = 129.265(\text{元})$$

菱角木的工程量清单综合单价 4 700.53 元/ m^3。

⑫ 千斤销，套子目 2-474，千斤销（7 cm×6 cm×70 cm 以内），不用换算：

$$135.29 \times 1 = 135.29(\text{元})$$

千斤销的工程量清单综合单价 135.29 元/ 个。

例 5.6.5 某重檐建筑中宫式仿古木短窗（含摇梗楹子）如图 5.6.4 所示，高 1.8 m，宽 1.5 m，上、下槛断面规格为 120 mm×115 mm，抱柱断面规格为 95 mm×110 mm，广漆明光一底三度。试计算该木短窗制作安装的工程量、油漆的工程量，编制清单并按江苏省计价规则计价。

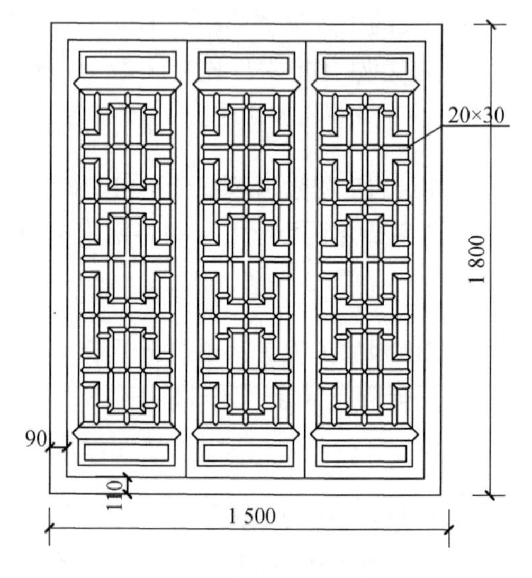

图 5.6.4 宫式仿古木短窗

解：1) 工程量清单编制

(1) 清单工程量计算：

① 短窗扇制作，即清单规范中槛窗，工程量按设计图示尺寸以面积计算：

$$S = (1.5 - 0.09 \times 2) \times (1.8 - 0.11 \times 2) = 2.086(m^2)$$

② 窗框制作，应按设计尺寸以延长米计算：$L = (1.8 + 1.5) \times 2 = 6.6$(m)。

③ 短窗框扇安装，按设计图示尺寸以面积计算：$S = 1.8 \times 1.5 = 2.7$(m^2)。

(2) 编制清单：按照仿古建筑工程量清单规范，木短窗制作安装清单项目编制如下表：

序号	项目编码	项目名称	项目特征描述	计量单位	工程量
1	020509002001	槛窗	1. 窗芯类型、式样：宫式古式短窗 2. 木材品种：杉木 3. 玻璃品种、厚度：白玻璃，3 mm 4. 雕刻类型：无	m^2	2.086
2	020509007001	短窗框	1. 截面尺寸：上、下槛规格 120 mm×115 mm，抱柱规格为 95 mm×110 mm 2. 木材品种：杉木	m	6.6
3	020509001001	槛窗安装	1. 窗芯类型式样：宫式 2. 木材品种：杉木 3. 玻璃品种、厚度：白玻璃，3 mm	m^2	2.7

2) 计价

(1) 江苏省计价表工程量同清单工程量。

(2) 套用 2007《江苏省仿古建筑与园林工程计价表》子目。

因本工程是重檐建筑，按照工程类别划分标准应属于一类工程，因此相关项目计价表综合单价的管理费应调整。

① 槛窗，槛窗扇制作套子目 2-517，古式木短窗制作(宫式)。

子目 2-517 换算价格：$8\,127.97 + (4\,263.75 + 17.75) \times (47\% - 37\%) = 8\,556.12$(元 /10 m^2)

套价子目 2-517 换：$8\,556.12 \times 2.086/10 = 1\,784.81$(元)

古式木短窗制作的工程量清单综合单价 8 556.12 元/10 m^2。

② 短窗框制作，套子目 2-535，短窗框制作(含摇梗楹子)。

子目 2-535 换算价格：$780.35 + (181.35 + 0.70) \times (47\% - 37\%) = 798.56$(元 /10 m^2)

套价子目 2-535 换：$798.56 \times 6.6/10 = 527.05$(元)

短窗框制作的工程量清单综合单价 798.56 元/10 m^2。

③ 槛窗安装，套子目 2-540，短窗框扇安装(含摇梗楹子)。

子目 2-540 换算价格：$764.57 + (349.20 + 3.65) \times (47\% - 37\%) = 799.86$(元 /10 m^2)

套价子目 2-540 换：$799.86 \times 2.7/10 = 215.96$(元)

槛窗安装的工程量清单综合单价 799.86 元/10 m^2。

例 5.6.6 如图 5.6.5 所示，某仿古建筑中古式木挂落边框断面尺寸为 5.7 cm×7.7 cm，抱柱规格 6.5 cm×7.5 cm，采用菠萝格木，表面刨光，刷广漆明光 4 遍。试计算古式木挂落的工程量、编制清单并按江苏省计价规则计价。

解： 1)工程量清单编制

(1) 清单工程量计算：

木挂落即清单规范中倒挂楣子，和图纸保持一致，这里项目名称用“木挂落”，工程量按设计图示尺寸以长度计算：$L = 2.76$ m。

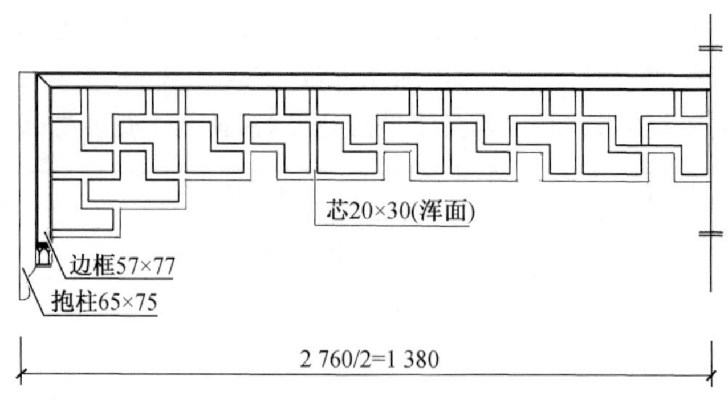

图 5.6.5　古式木挂落

(2) 编制清单：按照仿古建筑工程量清单规范，应选择清单项目编码为 020511002 木挂落清单项目编制如下表：

序号	项目编码	项目名称	项目特征描述	计量单位	工程量
1	020511002001	木挂落	1. 构件芯类型、式样：五纹头宫万式 2. 木材品种：菠萝格木 3. 构件截面：边框断面 5.7 cm×7.7 cm，抱柱规格 6.5 cm×7.5 cm 4. 雕刻的纹样：无 5. 刨光要求：刨光	m	2.76

2) 计价

(1) 江苏省计价表工程量同清单工程量。

(2) 套用 2007《江苏省仿古建筑与园林工程计价表》。

分析：根据挂落图案应套用计价表子目 2-565 五纹头宫式木挂落制作和子目 2-568 挂落安装子目。

由于木材为菠萝格，属三类木材。计价表中所用木材均以一、二类木种为准，若采用三、四类木种，人工和机械费需乘系数 1.35，管理费、利润也随之增加；菠萝格等材料价格暂不调整。

子目 2-565 宫式木挂落制作换算单价：2 410.84＋1 340.55×0.35×(1＋45%＋12%)＝3 147.47(元/m)。

子目 2-568 木挂落安装换算单价：276.02＋135.90×0.35×(1＋45%＋12%)＝350.70(元/m)。

套价 2-565 换 3 147.47×2.76＝8 687.02(元)。

子目 2-568 换 350.70×2.76＝967.93(元)。

木挂落的工程量清单综合单价：(8 687.02＋967.93)/2.76＝3 498.17(元/m)。

5.7　屋面工程清单项目与计价

5.7.1　屋面工程清单规则

1) 小青瓦屋面

小青瓦屋面工程量清单项目设置、项目特征描述的内容、计量单位及工程量计算规则应按表 5.7.1 的规定执行。冷摊瓦、仰瓦夹梗、干搓瓦屋面按铺望瓦项目编码列项；小青瓦屋面脊及附件按筒瓦屋面相应项目编码列项；小青瓦围墙瓦顶按筒瓦屋面围墙瓦顶项目编码列项。小青瓦又名合瓦、蝴蝶瓦，其屋面类型分为走廊、平房、厅堂、大殿、亭(四角、多角)、塔顶等。

表 5.7.1 小青瓦屋面(编码:020601)

项目编码	项目名称	项目特征	计量单位	工程量计算规则	工作内容
020601001	铺望砖	1. 望砖规格尺寸 2. 望砖形式 3. 铺设位置 4. 铺设辅材要求	m^2	按设计图示屋面至飞椽头或封檐口的铺设的斜面积计算 各部位边线规定如下： 檐头以木基层或砖檐外边线为准；屋面坡面为曲线者，坡长按曲线长计算；硬山、悬山建筑，两山以博风外皮为准；歇山建筑挑山边线与硬山、悬山相同；撒头上边线以博风外皮连线为准；重檐建筑，下层檐上边线以重檐金柱(或重檐童柱)外皮连线为准；带角梁的建筑，檐头长度以仔角梁端头中点连接直线为准，屋角飞檐冲出部分面积不增加	1. 运输 2. 浇刷 3. 修补 4. 披线 5. (做细)望砖铺设
020601002	铺望瓦	1. 望瓦规格尺寸 2. 铺设位置 3. 铺设辅材要求			1. 运输 2. 浇刷 3. 修补 4. 望瓦铺设
020601003	小青瓦屋面	1. 屋面类型 2. 瓦件规格尺寸 3. 坐浆配合比及强度等级 4. 铁件种类、规格 5. 基层材料种类			1. 运输 2. 调运砂浆 3. 部分铺底灰 4. 轧楞 5. (部分打眼)铺瓦 6. 嵌缝 7. 抹面二糙一光 8. 刷黑水 9. 桐油一度

2) 筒瓦屋面

筒瓦屋面工程量清单项目设置、项目特征描述的内容、计量单位及工程量计算规则应按表 5.7.2 的规定执行。屋面类型分为走廊、平房、厅堂、大殿、亭(四角、多角)、塔顶等；砖胎灰塑脊按滚筒脊项目编码列项；檐口附件中含花边、滴水、沟头等相关附件；围墙瓦顶类型指单、双落水；围墙瓦顶不包括檐头(口)附件；过笼脊又名黄瓜环，云冠又名云头，窑制又称黑活、窑货。

表 5.7.2 筒瓦屋面(编码:020602)

项目编码	项目名称	项目特征	计量单位	工程量计算规则	工作内容
020602001	筒瓦屋面	1. 屋面类型 2. 瓦件规格尺寸 3. 坐浆配合比及强度等级 4. 铁件种类、规格 5. 基层材料种类	m^2	按设计图示屋面至飞椽头或封檐口的铺设的斜面积计算 各部位边线规定如下： 檐头以木基层或砖檐外边线为准；屋面坡面为曲线者，坡长按曲线长计算；硬山、悬山建筑，两山以博风外皮为准；歇山建筑挑山边线与硬山、悬山相同；撒头上边线以博风外皮连线为准；重檐建筑，下层檐上边线以重檐金柱(或重檐童柱)外皮连线为准；带角梁的建筑，檐头长度以仔角梁端头中点连接直线为准，屋角飞檐冲出部分面积不增加	1. 运输 2. 调运砂浆 3. 部分铺底灰 4. 轧楞 5. (部分打眼)铺瓦 6. 嵌缝 7. 抹面二糙一光 8. 刷黑水 9. 桐油一度

续表 5.7.2

项目编码	项目名称	项目特征	计量单位	工程量计算规则	工作内容
020602002	屋面窑制正脊	1. 脊类型、位置 2. 脊件类型、规格尺寸 3. 高度 4. 铁件种类、规格 5. 坐浆配合比及强度等级	m	按设计图示尺寸以水平长度计算	1. 运输 2. 调运砂浆 3. 砌筑 4. 抹面 5. 刷黑水
020602003	滚筒脊			按设计图示尺寸以延长米计算	1. 运输 2. 调运砂浆 3. 砌筑 4. 抹面 5. 刷黑水 6. 桐油一度
020602004	垂脊	1. 脊件类型、规格尺寸 2. 高度 3. 坐浆的配合比及强度等级	m	按设计图示尺寸长度以延长米计算	1. 运输 2. 调运砂浆 3. 砌筑 4. 抹面 5. 刷黑水
020602005	滚筒戗脊	1. 戗脊长度 2. 脊件类型、规格尺寸 3. 高度 4. 坐浆的配合比及强度等级	条	按设计图示尺寸自戗头至摔网椽根部弧形长度，以条计算	1. 运输 2. 调运砂浆 3. 砌筑 4. 抹面 5. 刷黑水 6. 桐油一度
020602006	过垄脊	1. 瓦脊类型、位置 2. 瓦件类型 3. 规格尺寸 4. 铁件种类、规格 5. 坐浆配合比及强度等级	m	按设计图示尺寸长度以延长米计算	
020602007	围墙瓦顶	1. 铺设类型 2. 窑制瓦件类型 3. 瓦件规格尺寸 4. 坐浆配合比及强度等级 5. 铁件种类、规格	m	按设计图示尺寸长度以延长米计算	1. 运输 2. 调运砂浆 3. 铺底灰 4. 铺瓦 5. 嵌缝 6. 刷黑水
020602008	筒瓦排山	1. 窑制瓦件类型 2. 瓦件规格尺寸 3. 坐浆配合比及强度等级			1. 运输 2. 调运砂浆 3. 筒瓦沟头打眼 4. 滴水锯口 5. 铺瓦抹面 6. 刷黑水 7. 刷桐油
020602009	檐头(口)附件	1. 窑制瓦件类型 2. 瓦件规格尺寸 3. 坐浆配合比及强度等级 4. 铁件种类、规格			
020602010	斜沟				1. 运输 2. 调运砂浆 3. 砌筑 4. 铺底灰 5. 铺瓦 6. 抹面 7. 刷黑水

续表 5.7.2

<table>
<tr><th>项目编码</th><th>项目名称</th><th>项目特征</th><th>计量单位</th><th>工程量计算规则</th><th>工作内容</th></tr>
<tr><td>020602011</td><td>屋脊头、吞头</td><td>1. 类型、规格尺寸
2. 坐浆配合比及强度等级
3. 铁件种类、规格</td><td rowspan="2">只</td><td rowspan="5">按设计图示数量计算</td><td rowspan="2">1. 放样
2. 调运砂浆
3. 铁件制安
4. 砌筑
5. 安铁丝
6. 抹面
7. 雕塑
8. 刷黑水
9. 刷桐油</td></tr>
<tr><td>020602012</td><td>戗脊捲头</td><td>1. 规格尺寸
2. 雕塑形式
3. 砂浆类型及强度等级
4. 铁件种类、规格</td></tr>
<tr><td>020602013</td><td>窑制吻兽</td><td rowspan="3">1. 类型
2. 规格尺寸
3. 坐浆配合比及强度等级
4. 铁件种类、规格</td><td rowspan="3">座</td><td rowspan="3">1. 运料
2. 调运砂浆
3. 铺灰
4. 铺瓦
5. 安装
6. 清理
7. 抹净</td></tr>
<tr><td>020602014</td><td>中堆、宝顶、天王座</td></tr>
<tr><td>020602015</td><td>云冠</td></tr>
</table>

3）琉璃屋面

琉璃屋面工程量清单项目设置、项目特征描述的内容、计量单位及工程量计算规则应按表 5.7.3 的规定执行。琉璃屋脊类型指正脊、垂脊、戗脊、角脊、围脊、博脊等；套兽又名吞头；琉璃围墙瓦顶按筒瓦屋面围墙瓦顶项目编码列项。

表 5.7.3　琉璃屋面(编码:020603)

<table>
<tr><th>项目编码</th><th>项目名称</th><th>项目特征</th><th>计量单位</th><th>工程量计算规则</th><th>工作内容</th></tr>
<tr><td>020603001</td><td>琉璃屋面</td><td>1. 铺设类型
2. 瓦件类型
3. 瓦件规格尺寸
4. 坐浆配合比及强度等级
5. 铁件种类、规格
6. 基层材料种类</td><td>m²</td><td>按设计图示屋面飞椽头或封檐口的斜面积计算
各部位边线规定如下：
檐头以木基层或砖檐外边线为准；屋面坡面为曲线者，坡长按曲线长计算；硬山、悬山建筑，两山以博风外皮为准；歇山建筑挑山边线与硬山、悬山相同；撒头上边线以博风外皮连线为准；重檐建筑，下层檐上边线以重檐金柱(或重檐童柱)外皮连线为准；带角梁的建筑，檐头长度以仔角梁端头中点连接直线为准，屋角飞檐冲出部分面积不增加</td><td>1. 运料
2. 调运砂浆
3. 铺底灰
4. 铺底瓦
5. 铺盖瓦灰盖瓦
6. 清理
7. 抹净</td></tr>
</table>

续表 5.7.3

<table>
<tr><th>项目编码</th><th>项目名称</th><th>项目特征</th><th>计量单位</th><th>工程量计算规则</th><th>工作内容</th></tr>
<tr><td>020603002</td><td>琉璃瓦剪边</td><td>1. 瓦件类型
2. 瓦件规格尺寸
3. 剪边宽度
4. 坐浆配合比及强度等级
5. 铁件种类、规格</td><td rowspan="5">m</td><td>按设计图示尺寸以延长米计算;其中硬山、悬山建筑算至博风外皮,带角梁的建筑按仔角梁端头中点连接直线计算</td><td>1. 运瓦
2. 调运砂浆
3. 铺底灰
4. 盖瓦
5. 嵌缝</td></tr>
<tr><td>020603003</td><td>琉璃屋脊</td><td>1. 屋脊类型
2. 高度
3. 制品种类规格尺寸
4. 坐浆配合比及强度等级
5. 铁件种类、规格</td><td>按设计图示尺寸以延长米计算</td><td>1. 运料
2. 调运砂浆
3. 混凝土拌和浇灌
4. 钢筋制安
5. 脊柱当沟
6. 安装
7. 嵌缝
8. 清理
9. 抹净</td></tr>
<tr><td>020603004</td><td>琉璃瓦檐头(口)附件</td><td rowspan="3">1. 瓦件类型
2. 瓦件规格尺寸
3. 坐浆配合比及强度等级
4. 铁件种类、规格</td><td>按设计图示尺寸以延长米计算;其中硬山、悬山建筑算至博风外皮,带角梁的建筑按仔角梁端头中点连接直线计算</td><td rowspan="3">1. 运料
2. 调运砂浆
3. 铺灰
4. 铺瓦
5. 钉帽安装
6. 清理
7. 抹净</td></tr>
<tr><td>020603005</td><td>琉璃瓦斜沟</td><td rowspan="2">按设计图示尺寸以延长米计算</td></tr>
<tr><td>020603006</td><td>琉璃瓦排山</td></tr>
<tr><td>020603007</td><td>琉璃吻(兽)</td><td rowspan="5">1. 类型
2. 规格尺寸
3. 坐浆配合比及强度等级
4. 铁件种类、规格</td><td>只</td><td rowspan="6">按设计图示数量计算</td><td rowspan="2">1. 运料
2. 调运砂浆
3. 铺灰
4. 铺瓦
5. 安装
6. 清理
7. 抹净</td></tr>
<tr><td>020603008</td><td>琉璃包头脊</td><td rowspan="4">座</td></tr>
<tr><td>020603009</td><td>琉璃翘角头</td><td>1. 运料
2. 调运砂浆
3. 铺灰
4. 安装
5. 清理
6. 抹净</td></tr>
<tr><td>020603010</td><td>琉璃套兽</td><td>1. 运料
2. 调运砂浆
3. 铺灰
4. 铺瓦
5. 安装
6. 清理
7. 抹净</td></tr>
<tr><td>020603011</td><td>琉璃宝顶(中堆、天五座)</td><td rowspan="2">1. 运料
2. 调运砂浆
3. 铺灰
4. 安装
5. 清理
6. 抹净</td></tr>
<tr><td>020603012</td><td>琉璃仙人、走兽</td><td>1. 类型
2. 规格尺寸
3. 坐浆配合比及强度等级</td><td>只</td></tr>
</table>

4) 清单相关问题及说明

(1) 重檐屋面面积工程量,应分别计算。

(2) 瓦屋面不扣除脊、沟头、滴水及屋面附件所占的面积。

(3) 铺望砖按屋面飞椽头或封檐口图示尺寸的水平投影面积乘屋面坡度系数,扣除摔网椽板卷戗板面积,以平方米计算飞檐隐蔽部分的望砖,工程量应合并计算。

(4) 筒瓦抹面(纸筋粉筒瓦)面积,按屋面面积计算。

(5) 云墙屋脊按弧形长度,以延长米计算。

(6) 戗脊长度按戗头至摔网椽根部(上廊桁或步桁中心)弧形长度,以条计算。戗脊根部以上工程量另行计算,分别按竖带、环包脊项目编码列项,琉璃戗脊按水平长度乘坡度系数,以延长米计算。

(7) 琉璃瓦剪边项目已包括了相应的花檐(沟头)滴水。

(8) 屋面防水层、找平层按现行国家标准《房屋建筑与装饰工程工程量计算规范》(GB 50854)相关项目编码列项。

5.7.2 屋面工程计价表规则

1) 说明

(1) 本定额包括铺望砖、盖瓦、屋脊、围墙瓦顶、排山、沟头、花边、滴水、泛水、斜沟、屋脊头。

(2) 屋脊、竖带、干塘砌体内,如设计图纸规定需要钢筋加固者,按第一册相应子目另行计算。

(3) 本定额的屋脊、竖带、干塘、戗脊等按《营造法原》传统做法考虑,如需要做各种泥塑花卉、人物等,工料另行计算。

(4) 琉璃瓦剪边定额仅适用于非琉璃瓦屋面琉璃瓦檐头的剪边作法,不适用琉璃瓦屋面的变色剪边作法。

(5) 屋面铺瓦用的软梯脚手架费用已包括在定额内,不得另计。屋脊高度在 1 m 以内的脚手架费用已包括在定额内,屋脊高度在 1 m 以上的砌筑脚手架套相应脚手架项目另行计算。

(6) 砖、瓦规格和砂浆标号不同时,砖、瓦的数量、砂浆的标号,可以换算,其他不变。

2) 工程量计算规则

(1) 屋面铺瓦按飞椽头或封檐口图示尺寸的水平投影面积乘屋面坡度延长系数,以平方米计算,重檐面积的工程量,应分别计算。屋脊、竖带、干塘、戗脊、斜沟、屋脊头等所占的面积均不扣除。但琉璃瓦应扣除沟头、滴水所占的面积,即:1#、2#号瓦单落水屋面竖向扣 20 cm,双落水屋面竖向共扣 40 cm,长度方向按图示尺寸,不扣除,3#、4#、5#瓦单落水竖向扣 15 cm、双向扣 30 cm。

(2) 铺望砖按屋面飞椽头或封檐口图示尺寸的水平投影面积乘屋面坡度系数,扣除摔网椽板卷戗板面积,以平方米计算。飞檐隐蔽部分的望砖,应另行计算工程量,套相应定额。

(3) 筒瓦抹面面积,按屋面面积计算。

(4) 正脊、回脊按图示尺寸扣除屋脊头水平长度以延长米计算。云墙屋脊按弧形长度,以延长米计算。竖带、环包脊按屋面坡度,以延长米计算。

(5) 戗脊长度按戗头至摔网椽根部(上廊桁或步桁中心)弧形长度,以条计算。戗脊根部以上工程量另行计算,分别按竖带、环包脊定额执行,琉璃戗脊按水平长度乘坡度系数,以延长米计算。

(6) 围墙瓦顶、檐口沟头、花边、滴水,按图示尺寸,以延长米计算。

(7) 排山、沟头、泛水、斜沟按水平长度乘屋面坡度延长系数,以延长米计算。

(8) 各种屋脊头和包脊头、正吻、合角吻、半面吻、翘角、套兽、宝顶以套或座计算。

(9) 琉璃瓦剪边定额以"一勾二筒"作法为准,并已包括了花檐(沟头)滴水在内,因而不得再另执行花檐(沟头)滴水定额。一勾一筒按系数 0.60、一勾三筒按系数 1.40、一勾四筒按系数 1.73 调整综合单价。

5.7.3 屋面工程实例

例 5.7.1 某牌楼如图 5.5.1,屋面铺设 3 号琉璃筒瓦屋面,2 号琉璃屋脊头,琉璃龙吻规格为 660 mm×500 mm。试计算该图中琉璃瓦屋面、花檐滴水、正脊、正吻的工程量,编制清单并按江苏省计价规则计价。

解:1) 工程量清单编制

(1) 清单工程量计算

① 琉璃瓦屋面,按照设计图示尺寸以面积计算,按照琉璃瓦屋面的计算规则,3 号琉璃瓦双落水要扣除竖向 30 cm 宽度滴水所占的面积:$S = 5.46 \times (2.28 - 0.3) \times 1.14 = 12.32\ (\mathrm{m}^2)$。

② 花檐滴水,按照设计图示尺寸,以延长米计算:

$$L = (6 - 0.54) \times 2 = 10.92(\mathrm{m})$$

③ 正脊,按照设计图示尺寸,以延长米计算(计算时应扣除两边正吻的长度):

$$L = (6 - 0.54) - 0.66 \times 2 = 4.14(\mathrm{m})$$

④ 正吻,按照设计图示尺寸,以个数计算:2 个。

(2) 编制清单:按照仿古建筑工程量清单规范,相关项目清单编制如下表:

序号	项目编码	项目名称	项目特征描述	计量单位	工程量
1	020603001001	琉璃屋面	1. 铺设类型:满铺 2. 瓦件类型:琉璃瓦 3. 瓦件规格尺寸:3 号瓦 4. 坐浆配合比及强度等级:M5 混合砂浆	m^2	12.32
2	020603004001	琉璃瓦檐头(口)附件	1. 瓦件类型:琉璃瓦 2. 瓦件规格尺寸:3 号 3. 坐浆配合比及强度等级:M5 混合砂浆	m	10.92
3	020603003001	琉璃屋脊	1. 屋脊类型:正脊 2. 制品种类规格尺寸:2#脊头 3. 坐浆配合比及强度等级:M5 混合砂浆、水泥砂浆 1∶2、水泥砂浆 1∶3	m	4.14
4	020603007001	琉璃吻(兽)	1. 类型:龙吻 2. 规格尺寸:66 cm×50 cm 3. 坐浆配合比及强度等级:M5 混合砂浆、水泥砂浆 1∶2、水泥砂浆 1∶3	只	2

2）计价

(1) 琉璃瓦屋面、花檐滴水、正脊、正吻计价表工程量同清单工程量。

(2) 套用 2007《江苏省仿古建筑与园林工程计价表》子目。

① 琉璃屋面，套子目 2-273，琉璃瓦屋面(走廊、平房、围墙 3 号瓦)，不用换算：

$$140.227 \times 12.32 = 1\,727.60(\text{元})$$

琉璃屋面的工程量清单综合单价 140.227 元/ m^2。

② 花檐滴水，套子目 2-294，花檐(沟头)滴水 3 号，不用换算：

$$68.289 \times 10.92 = 745.72(\text{元})$$

花檐(沟头)滴水的工程量清单综合单价 68.289 元/ m。

③ 琉璃屋脊，套子目 2-281，琉璃脊头(正脊)，不用换算：

$$227.976 \times 4.14 = 943.82(\text{元})$$

琉璃屋脊的工程量清单综合单价 227.976 元/ m。

④ 琉璃吻(兽)，套子目 2-307，正吻龙吻(高 80 cm 以内)，不用换算：

$$532.27 \times 2 = 1\,064.54(\text{元})$$

琉璃吻(兽)的工程量清单综合单价 532.27 元/只。

5.8 地面工程清单项目与计价

5.8.1 地面工程清单规则

1）细墁地面

细墁地面工程量清单项目设置、项目特征描述的内容、计量单位及工程计算规则应按表 5.8.1 的规定执行。

表 5.8.1 细墁地面(编码:020701)

项目编码	项目名称	项目特征	计量单位	工程量计算规则	工作内容
020701001	细墁方砖	1. 铺设部位 2. 铺设地面形状 3. 方砖规格 4. 甬道交叉、转角砖缝分位等式样 5. 垫层材料种类、厚度 6. 结合层材料种类、厚度 7. 嵌缝材料种类 8. 防护材料种类	m^2	按图示尺寸以面积计算，不扣除磉石(柱顶石)、垛、柱、佛像底座、间壁墙、附墙烟囱以及面积小于或等于 0.3 m^2 的孔洞等所占面积	1. 基础清理、铺设垫层、抹找平层 2. 填充层铺设 3. 调制灰浆、油灰，清扫底层浇水 4. 弹线、选砖、套规格、砍磨切割砖件块料、铺灰浆(铺砂)、砖边沾水(刷矾水)、挂油灰、铺砖 5. 补眼、保养、沾水打磨、擦净 6. 刷防护材料 7. 材料运输 8. 渣料清运
020701002	细墁城墙砖	1. 铺设花纹要求 2. 铺设部位 3. 城砖规格 4. 甬道交叉、转角砖缝分位等式样 5. 垫层材料种类、厚度 6. 结合层材料种类、厚度 7. 嵌缝材料种类 8. 防护材料种类			

2）糙墁地面

糙墁地面工程量清单项目设置、项目特征描述的内容、计量单位及工程计算规则应按表5.8.2的规定执行。

表5.8.2　糙墁地面(编码:020702)

项目编码	项目名称	项目特征	计量单位	工程量计算规则	工作内容
020702001	糙墁方砖	1. 铺设部位 2. 铺设地面形状 3. 方砖规格 4. 甬道交叉、转角砖缝分位等式样 5. 垫层材料种类、厚度 6. 结合层材料种类、厚度	m^2	按图示尺寸以面积计算，室内地面以主墙间面积计算，不扣除磉石(柱顶石)、垛、柱、佛像底座、间壁墙、附墙烟囱、面积≤0.3 m^2的孔洞等所占面积；室外地面(不包括牙子所占面积)应扣除面积＞0.5 m^2树池、花坛等所占面积	1. 基础清理、铺设垫层、抹找平层 2. 填充层铺设 3. 调制灰浆，清扫底层浇水 4. 弹线、选砖石、套规格、铺灰浆、铺块料、守缝、勾缝 5. 材料运输 6. 渣料清运
020702002	糙墁城墙砖	1. 铺设花纹要求 2. 铺设部位 3. 城砖规格 4. 甬道交叉、转角砖缝分位等式样 5. 垫层材料种类、厚度 6. 结合层材料种类、厚度			
020702003	糙墁蓝四丁砖	1. 铺设花纹要求 2. 铺设部位 3. 甬道交叉、转角砖缝分位等式样 4. 垫层材料种类、厚度 5. 结合层材料种类、厚度			
020702004	糙墁黄道砖	1. 铺设花纹要求 2. 铺设部位 3. 垫层材料种类、厚度 4. 结合层材料种类、厚度			
020702005	糙墁其他砖	1. 铺设花纹要求 2. 铺设部位 3. 砖料规格 4. 甬道交叉、转角砖缝分位等式样 5. 垫层材料种类、厚度 6. 结合层材料种类、厚度			
020702006	石板面	1. 铺设位置 2. 石料规格 3. 甬道交叉部分铺设的式样 4. 垫层材料种类、厚度 5. 结合层材料种类、厚度			
020702007	乱铺块石	1. 铺设位置 2. 垫层材料种类、厚度 3. 结合层材料种类、厚度			

3）细墁散水

细墁散水工程量清单项目设置、项目特征描述的内容、计量单位及工程计算规则应按表5.8.3的规定执行。

表 5.8.3 细墁散水(编码:020703)

<table>
<tr><th>项目编码</th><th>项目名称</th><th>项目特征</th><th>计量单位</th><th>工程量计算规则</th><th>工作内容</th></tr>
<tr><td>020703001</td><td>细墁散水</td><td>1. 铺设花纹要求
2. 砖料规格
3. 出(窝)角铺设要求
4. 垫层材料种类、厚度
5. 结合层材料种类、厚度
6. 嵌缝材料种类
7. 防护材料种类</td><td>m^2</td><td>按图示尺寸以面积计算,不包括牙子所占面积</td><td rowspan="2">1. 基础清理、铺设垫层、抹找平层
2. 填充层铺设
3. 调制灰浆、油灰,清扫底层浇水
4. 弹线、选砖、套规格、砍磨切割砖件块料、铺灰浆(铺砂)、砖边沾水(刷矾水)、挂油灰、铺砖
5. 补眼、保养、沾水打磨、擦净
6. 刷防护材料
7. 材料运输
8. 渣料清运</td></tr>
<tr><td>020703002</td><td>细砖牙子</td><td>1. 铺设要求
2. 砖料规格
3. 垫层材料种类、厚度
4. 结合层材料种类、厚度
5. 防护材料种类</td><td>m</td><td>按图示尺寸以延长米计算</td></tr>
</table>

4) 糙墁散水

糙墁散水工程量清单项目设置、项目特征描述的内容、计量单位及工程计算规则应按表 5.8.4 的规定执行。

表 5.8.4 糙墁散水(编码:020704)

<table>
<tr><th>项目编码</th><th>项目名称</th><th>项目特征</th><th>计量单位</th><th>工程量计算规则</th><th>工作内容</th></tr>
<tr><td>020704001</td><td>糙墁散水</td><td>1. 铺设花纹、要求
2. 砖料规格
3. 出(窝)角铺设要求
4. 垫层材料种类、厚度
5. 结合层材料种类、厚度</td><td>m^2</td><td>按图示尺寸以面积计算,不包括牙子所占面积</td><td rowspan="2">1. 基础清理、铺设垫层、抹找平层
2. 填充层铺设
3. 调制灰浆,清扫底层浇水
4. 弹线、选砖石、套规格、铺灰浆、铺块料、守缝、勾缝
5. 材料运输
6. 渣料清运</td></tr>
<tr><td>020704002</td><td>糙砖牙子</td><td>1. 铺设要求
2. 砖料规格
3. 垫层材料种类、厚度
4. 结合层材料种类、厚度</td><td>m</td><td>按图示尺寸以延长米计算</td></tr>
</table>

5) 墁石子地

墁石子地工程量清单项目设置、项目特征描述的内容、计量单位及工程计算规则应按表 5.8.5 的规定执行。

表 5.8.5 墁石子地(编码:020705)

<table>
<tr><th>项目编码</th><th>项目名称</th><th>项目特征</th><th>计量单位</th><th>工程量计算规则</th><th>工作内容</th></tr>
<tr><td>020705001</td><td>满铺拼花</td><td rowspan="3">1. 铺设花纹要求
2. 卵石规格、颜色
3. 砂浆配合比
4. 垫层材料种类、厚度
5. 结合层材料种类、厚度</td><td rowspan="3">m^2</td><td rowspan="3">1. 按图示尺寸以面积计算,但不包括牙子所占面积
2. 不扣除砖、瓦条拼花所占面积,有方砖心的应扣除方砖心所占面积
3. 扣除面积$>0.5\ m^2$的树池、花坛等所占面积</td><td>1. 基础清理、铺设垫层、抹找平层
2. 填充层铺设
3. 调制灰浆,清扫底层浇水
4. 材料运输</td></tr>
<tr><td>020705002</td><td>满铺不拼花</td><td rowspan="2">1. 石子筛选、清洗,摆石子,灌浆,清水冲刷
2. 不包括砖、瓦加工及砖、瓦拼花摆铺
3. 材料运输</td></tr>
<tr><td>020705003</td><td>散铺</td></tr>
</table>

6）相关问题及说明

地面工程铺设防水层按现行国家标准《房屋建筑与装饰工程工程量计算规范》(GB 50854)相关项目编码列项。

5.8.2 地面工程计价表规则

1）说明

(1) 地面工程中各种混凝土、砂浆强度等级，设计与定额规定不同时，可以换算。

(2) 整体面层子目中均包括基层与装饰面层。找平层砂浆设计厚度不同，按每增、减5 mm找平调整。粘结层砂浆厚度与定额不符时，按设计厚度调整。地面防水按相应项目执行。

(3) 整体面层、块料面层中的楼地面项目，均不包括踢脚线。

(4) 踢脚线高度是按 150 mm 编制的，如设计高度与定额高度不同时，整体面层不调整，块料面层(不包括粘贴砂浆材料)按比例调整，其他不变。

(5) 大理石、花岗石面层镶贴不分品种、拼色均执行相应定额。包括镶贴一道墙四周的镶边线(阴、阳角处含 45°角)，设计有两条或两条以上镶边者，按相应定额子目人工乘系数 1.10 (工程量按镶边部分的工程量计算)，矩形分色镶贴的小方块，仍按定额执行。

(6) 花岗岩、大理石板局部切除并分色镶贴成折线图案者称“简单图案镶贴”。凡市场供应的拼花石材成品铺贴，按拼花石材定额执行。

(7) 大理石、花岗石板镶贴及切割费用已包括在定额内，但石材磨边未包括在内。设计磨边者，按相应子目执行。

(8) 对花岗石地面或特殊地面要求需成品保护者，不论采用何种材料进行保护，均按相应项目执行，但必须是实际发生时才能计算。

(9) 楼梯、台阶不包括防滑条，设计用防滑条者，按相应定额执行。螺旋形、圆弧形楼梯贴块料面层按相应项目的人工乘系数 1.20，块料面层材料乘系数 1.10，其他不变。现场割锯大理石、花岗岩板材粘贴在螺旋形、圆弧形楼梯面，按实际情况另行处理。

(10) 斜坡、散水、明沟按苏 J 9508 图集编制，均包括挖(填)土、垫层、砌筑、抹面。采用其他图集时，材料含量可以调整，其他不变。

2）工程量计算规则

(1) 地面垫层按室内主墙间净面积乘以设计厚度以立方米计算。

(2) 砖细方砖铺地，按材料不同规格和图示尺寸，分别以平方米计算；柱磉石所占面积，均不扣除。

(3) 整体面层、找平层均按主墙间净空面积以平方米计算，看台台阶、阶梯教室地面层按展开后的净面积计算。

(4) 块料面层，按图示尺寸实铺面积以平方米计算，0.3 m^2 以内的孔洞面积不扣除。门洞、空圈、暖气包槽、壁龛的开口部分的工程量另增并入相应的面层内计算。

(5) 楼梯整体面层按楼梯的水平投影面积以平方米计算，包括踏步、踢脚板、中间休息平台、踢脚线、梯板侧面及堵头。楼梯井宽在 200 mm 以内不扣除。楼梯间与走廊连接的，应算至楼梯梁的外侧；楼梯块料面层，按展开实铺面积以平方米计算。

(6) 台阶(包括踏步及最上一步踏步口外延 300 mm)整体面层按水平投影面积以平方

米计算；块料面层，按展开（包括两侧）实铺面积以平方米计算。

(7) 水泥砂浆踢脚线按延长米计算，其洞口、门口长度不予扣除，但洞口、门口、垛等侧壁也不增加；块料面层踢脚线，按图示尺寸以实贴延长米计算，门洞扣除，侧壁另加。

(8) 多色简单图案镶贴花岗岩、大理石，按镶贴图案的矩形面积计算。成品拼花石材铺贴按设计图案的面积计算。计算简单图案之外的面积，在扣除简单图案面积时，也按矩形面积扣除。

(9) 斜坡、散水、蹼蹉按水平投影面积以平方米计算，明沟与散水连在一起时，明沟按宽 300 mm 计算，其余为散水，散水、明沟应分开计算。散水、明沟应扣除踏步、斜坡、花台等的长度。明沟按图示尺寸以延长米计算。地面、石材面嵌金属和楼梯防滑条均按延长米计算。伸缩缝、盖缝按延长米计算，当墙体双面盖缝时，工程量按双面计算。防滑条按图示尺寸延长米计算。石材磨边加工按延长米计算。成品保护层按相应子目工程量计算，但台阶、楼梯按水平投影面积计算。

5.8.3 地面工程实例

例 5.8.1 某厅馆建筑平面如图 5.3.1 所示，地面做法是素土夯实，200 mm 厚 1∶1 砂石垫层，60 mm 厚 C15 细石混凝土找平，1∶3 水泥砂浆铺贴 400 mm×400 mm 砖细方砖，试计算该厅馆垫层、砖细方砖的工程量，编制清单并按江苏省计价规则计价。

解：1) 工程量清单编制

(1) 清单工程量计算：

清单项目分析确定：根据图 5.3.1 及说明，本例有砖细方砖和垫层项目，根据仿古清单规范注解，“石作下垫层、找平层按现行国家标准《房屋建筑与装饰工程工程量计算规范》(GB 50854) 相关项目编码列项。”因此，砂石垫层、混凝土垫层另按 (GB 50854) 的规则单独列项。

① 根据工程量计算规则，砖细方砖按图示尺寸以面积计算，不扣除石磉的面积：

$$S = 9.3 \times (5.6 + 0.2) + 3.3 \times 0.2(\text{后檐长窗}) - (2.6 + 1.5 - 0.9) \times 0.24 \times 2(\text{内墙}) = 53.06(\text{m}^2)$$

② 砂石垫层，按设计图示尺寸以体积计算：

垫层面积：

$$S = 9.3 \times (5.6 + 0.2 \times 2 + 0.4 \times 2) - 3 \times 0.24 \times 2(\text{后檐墙}) - (2.6 + 1.5) \times 0.24 \times 2(\text{内墙}) = 59.83(\text{m}^2)$$

砂石垫层体积：$V = 59.83 \times 0.2 = 11.97(\text{m}^3)$

③ 混凝土找平层，按设计图示尺寸以面积计算：$S = 59.83\ \text{m}^2$

(2) 编制清单：按照仿古建筑工程量清单规范，相关项目清单项编制如下表。

序号	项目编码	项目名称	项目特征描述	计量单位	工程量
1	020701001001	细墁方砖	1. 铺设部位：室内地面 2. 方砖规格：400 mm×400 mm×40 mm 3. 结合层材料种类、厚度：50 mm 厚 1∶3 干湿式水泥砂浆 4. 嵌缝材料种类：灰油	m²	53.06

续表

序号	项目编码	项目名称	项目特征描述	计量单位	工程量
2	010301002001	垫层	1. 垫层材料种类、厚度：200 mm 厚 1∶1 砂石垫层 2. 基层处理：素土夯实 3. 部位：砖细方砖、阶沿石下	m^3	11.97
3	010301001001	混凝土找平层	1. 找平层材料种类、厚度：60 mm 厚 C15 细石混凝土找平 2. 部位：砖细方砖、阶沿石下	m^2	59.83

2）计价

(1) 方砖地面、垫层、找平层计价表工程量同清单工程量。

(2) 套用 2007《江苏省仿古建筑与园林工程计价表》子目。

① 细墁方砖

分析：套子目 2-76 地面铺方砖(400 mm×400 mm)，原定额子目中粘结层为黄砂，现用干硬性水泥砂浆结合层，则应按计价表附注需换算，规则如下：

扣除砂；增加 1∶3 水泥砂浆 0.53 m^3/10 m^2，增加灰浆拌和机 0.212 台班，措施项目中增加卷扬机 0.3 台班。(不在定额综合单价中体现，此处暂不考虑)

因此，子目 2-76 换算为：

(a)人工费：原 13.55 工日/10 m^2，增加 0.05 工日/10 m^2，即：

$$(13.55 + 0.05) \times 45 = 612(\text{元}/10\ \text{m}^2)$$

(b)材料费：

原子目 2-76 中材料组成(10 m^2)：刨面方砖 0.96 百块，1 035 元；砂 0.77 t，28.11 元；桐油2 kg，44 元；细灰 5 kg，25 元；其他材料费 6.24 元。材料费合计 1 138.35 元。

换算材料费：1 138.35－28.11(扣砂)＋0.53×182.43(1∶3 水泥砂浆单价)＝1 206.93(元/10 m^2)

(c)机械费：增加灰浆拌和机 0.212 台班，即

$$0.212 \times 65.18(\text{灰浆拌和机台班单价}) + 34.5 = 48.32(\text{元}/10\ \text{m}^2)$$

(d)管理费：(612＋48.318)×43%＝283.94(元/10 m^2)

(e)利润：(612＋48.318)×12%＝79.24(元/10 m^2)

换算后的单价为：612(人工费)＋1 206.93(材料费)＋48.32(机械费)＋283.94(管理费)＋79.24(利润)＝2 230.43(元/10 m^2)

套价：子目 2-76 换　2 230.43×53.06/10＝11 834.66(元)

方砖地面的工程量清单综合单价 223.04 元/ m^2。

② 垫层

(a) 套子目 1-745，1∶1 砂石垫层，不用换算：109.33×11.97＝1 308.68(元)

(b) 套子目 1-122，地面原土打底夯，不用换算：8.11×11.97＝97.08(元)

砂石垫层的工程量清单综合单价：109.33＋8.11＝117.44(元/m^3)

③ 混凝土找平层

(a) 套子目 1-758，细石混凝土找平厚 40 mm，不用换算：

$$147.17 \times 59.83/10 = 880.52(元)$$

(b) 套子目 1-759，细石混凝土找平厚度每增(减)5 mm，不用换算：

$$16.29 \times 4 \times 59.83/10 = 389.85(元)$$

混凝土找平层的工程量清单综合单价：$(880.52 + 389.85)/59.83 = 21.23(元/m^2)$

5.9 抹灰工程清单项目与计价

5.9.1 抹灰工程清单规则

1) 墙面抹灰

墙面抹灰工程量清单项目设置、项目特征描述的内容、计量单位及工程量计算规则应按表 5.9.1 的规定执行。

表 5.9.1 墙面抹灰(编码:020801)

项目编码	项目名称	项目特征	计量单位	工程量计算规则	工作内容
020801001	墙面仿古抹灰	1. 墙体类型 2. 抹灰种类 3. 底层厚度、砂浆配合比 4. 面层厚度、砂浆配合比 5. 基层处理材料	m^2	墙面抹灰按设计图示尺寸以面积计算 1. 外墙面抹灰面积，应扣除门、窗洞口和空圈所占面积，不扣除柱门，什锦窗洞口及面积≤0.3 m^2孔洞面积，门、窗洞口及空圈的侧壁、顶面和垛的侧壁抹灰，并入相应的墙面抹灰中计算 2. 外墙裙抹灰，按展开面积计算 3. 内墙面抹灰面积，应扣除门窗洞口(门、窗框外围面积，下同)和空圈洞所占面积，不扣除柱门、踢脚线、挂镜线、装饰线，什锦窗洞口及面积≤0.3 m^2的孔洞和墙面与构件交接处的面积。洞口侧壁和顶面亦不增加，但垛的侧面抹灰应与内墙抹灰工程量合并计算。内墙面抹灰的长度以主墙间净尺寸计算，其高度确定如下：有露明梁者算至梁底，吊顶抹灰的算至顶棚底，吊顶不抹灰的算至顶棚底另加 20 cm 计算，有墙裙者扣除墙裙高度	1. 基层清理 2. 下麻钉 3. 砂浆制作、运输 4. 底层抹灰 5. 面层抹灰
020801002	墙面做假砖缝	1. 墙体类型 2. 墙缝型式 3. 假砖缝材料品种		按设计图示尺寸以做假缝的面积计算	1. 基层清理 2. 砂浆制作、运输 3. 做假缝
020801003	墙面抹假柱、梁、枋	1. 墙体类型 2. 基层处理材料品种 3. 底层厚度、砂浆配合比 4. 面层厚度、砂浆配合比		按设计图示尺寸以面积计算	1. 基层清理 2. 下麻钉 3. 砂浆制作、运输 4. 底层抹灰 5. 面层抹灰

2）柱梁面抹灰

柱梁面抹灰工程量清单项目设置、项目特征描述的内容、计量单位及工程量计算规则应按表 5.9.2 的规定执行。

表 5.9.2　柱梁面抹灰(编码:020802)

项目编码	项目名称	项目特征	计量单位	工程量计算规则	工作内容
020802001	柱梁面仿古抹灰	1. 柱梁类型 2. 底层厚度、砂浆配合比 3. 面层厚度、砂浆配合比 4. 基层处理材料品种 5. 假砖缝材料品种	m^2	1. 柱面仿古抹灰：按设计图示柱断面周长乘高度以面积计算 2. 梁面仿古抹灰：按设计图示梁断面周长乘长度以面积计算	1. 基层清理 2. 下麻钉 3. 砂浆制作、运输 4. 底层抹灰 5. 面层抹灰
020802002	柱梁面做假砖缝	1. 柱梁类型 2. 砖缝类型 3. 假砖缝材料种类			1. 基层清理 2. 砂浆制作、运输 3. 做假缝

3）其他仿古项目抹灰

其他仿古项目抹灰工程量清单项目设置、项目特征描述的内容、计量单位及工程量计算规则应按表 5.9.3 的规定执行。

表 5.9.3　其他仿古项目抹灰(编码:020803)

项目编码	项目名称	项目特征	计量单位	工程量计算规则	工作内容
020803001	垛头抹灰	1. 基体类型 2. 底层厚度、砂浆配合比 3. 面层厚度、砂浆配合比 4. 基层处理材料品种 5. 线角类型 6. 假砖缝材料品种	m^2	按设计图示尺寸以展开面积计算	1. 基层清理 2. 下麻钉 3. 砂浆制作、运输 4. 底层抹灰 5. 面层抹灰 6. 粉线角 7. 做假砖缝
020803002	门窗框抹灰				
020803003	地圆地洞抹灰				
020803004	抛方、博风抹灰				
020803005	字碑抹灰				
020803006	坐槛、栏杆抹灰				
020803007	须弥座、冰盘檐抹灰				
020803008	券底抹灰				
020803009	零星项目抹灰				

4）墙、柱、梁及零星项目贴仿古砖片

墙、柱、梁及零星项目贴仿古砖片工程量清单项目设置、项目特征描述的内容、计量单位及工程量计算规则应按表 5.9.4 的规定执行。

表 5.9.4 墙、柱、梁及零星项目面贴仿古砖片(编码:020804)

项目编码	项目名称	项目特征	计量单位	工程量计算规则	工作内容
020804001	墙面贴仿古砖片	1. 墙体类型 2. 基层处理材料品种 3. 底层厚度、砂浆配合比 4. 粘结层厚度、材料种类 5. 面层材料品种、规格、颜色 6. 缝宽、嵌缝材料种类 7. 防护材料种类	m^2	按设计图示尺寸以面积计算	1. 基层清理 2. 选砖片及砖片加工 3. 砂浆制作、运输 4. 底层抹灰 5. 结合层铺贴 6. 面层铺贴 7. 嵌缝 8. 刷防护材料
020804002	柱梁面贴仿古砖片	1. 柱梁类型 2. 基层处理材料品种 3. 底层厚度、砂浆配合比 4. 粘结层厚度、材料种类 5. 面层材料品种、规格、颜色 6. 缝宽、嵌缝材料种类 7. 防护材料种类			
020804003	零星项目贴仿古砖片	1. 项目名称 2. 基层处理材料品种 3. 底层厚度、砂浆配合比 4. 粘结层厚度、材料种类 5. 面层材料品种、规格、颜色 6. 缝宽、嵌缝材料种类 7. 防护材料种类			

5）相关问题及说明

(1) 本部分仅包括仿古构件传统抹灰项目，通用抹灰项目应按现行国家标准《房屋建筑与装饰工程工程量计算规范》(GB 50854)中相应抹灰项目编码列项。

(2) 工程量计算除另有规定者外，均按结构尺寸计算。

(3) 墙裙、单块面积>3 m^2 的廊心墙应按墙面相关项目单独编码列项。

(4) 面积≤0.5 m^2 少量分散的抹灰和镶贴块料面层为零星项目。

5.9.2 抹灰工程计价表规则

1）说明

(1) 抹灰按中级抹灰考虑，设计砂浆品种、饰面材料规格与定额取定不同时，应按设计调整，但人工数量不变。抹灰项目均不包括抹灰脚手架费用。

(2) 在圆弧形墙面、梁面抹灰或镶贴块料面层(包括挂贴、干挂大理石、花岗岩板)，按相应定额项目人工乘 1.18(工程量按其弧形面积计算)。块料面层中带有弧边的石材损耗，应按实调整，每 10 m 弧形部分，切贴人工增加 0.6 工日，合金钢切割片 0.14 片，石料切割机 0.6 台班。

(3) 花岗岩、大理石块料面层均不包括阳角处磨边，设计要求磨边或墙、柱面贴石材装饰线条者，按相应章节相应项目执行。设计线条重叠数次，套相应"装饰线条"数次。

(4) 外墙面窗间墙、窗下墙同时抹灰，按外墙抹灰相应子目执行，单独圈梁抹灰(包括门、窗洞口顶部)按腰线子目执行，附着在混凝土梁上的混凝土线条抹灰按混凝土装饰线条抹灰子目执行。但窗间墙单独抹灰或镶贴块料面层，按相应人工乘系数 1.15。

(5) 内外墙贴面砖的规格与定额取定规格不符，数量应按下式确定：

$$实际数量 = \frac{10\ m^2 \times (1 + 相应损耗量率)}{(砖长 + 灰缝宽) \times (砖宽 + 灰缝厚)}$$

(6) 大理石、花岗岩板上钻孔成槽由供应商完成的，应扣除定额人工工日的10%和定额中的其他机械费。

(7) 混凝土墙、柱、梁面的抹灰底层已包括刷一道素水泥浆在内，设计刷两道、每增一道按相应项目执行。

(8) 外墙内表面的抹灰按内墙面抹灰子目执行；砌块墙面的抹灰按混凝土墙面相应抹灰子目执行。

2) 工程量计算规则

(1) 内墙面抹灰

① 内墙面抹灰面积应扣除门窗洞口和空圈所占的面积，不扣除踢脚线、挂镜线、0.3 m^2以内的孔洞和墙与构件交接处的面积；但洞口侧壁和顶面抹灰亦不增加。垛的侧面抹灰面积应并入内墙面工程量内计算。

② 内墙面抹灰长度，以主墙间的图示净长计算，不扣除间壁所占的面积。其高度确定：不论有无踢脚线，其高度均自室内地坪面或楼面至天棚底面。

③ 柱和单梁的抹灰按结构展开面积计算，柱与梁或梁与梁接头的面积不予扣除。砖墙中平墙面的混凝土柱、梁等的抹灰(包括侧壁)应并入墙面抹灰工程量内计算。凸出墙面的混凝土柱、梁面(包括侧壁)抹灰工程量应单独计算，按相应定额执行。

④ 厕所、浴室隔断抹灰工程量，按单面垂直投影面积乘系数2.3计算。

(2) 外墙抹灰

① 外墙面抹灰面积按外墙面的垂直投影面积计算，应扣除门窗洞口和空圈所占的面积，不扣除0.3 m^2以内的孔洞面积。但门窗洞口、空圈的侧壁、顶面及垛等抹灰，应按结构展开面积并入墙面抹灰中计算。外墙面不同品种砂浆抹灰，应分别计算按相应子目执行。

② 外墙窗间墙与窗下墙均抹灰，以展开面积计算。

③ 挑沿、天沟、腰线、扶手、单独门窗套、窗台线、压顶等，均以结构尺寸展开面积计算。窗台线与腰线连接时，并入腰线内计算。

④ 外窗台抹灰长度，如设计图纸无规定时，可按窗洞口宽度两边共加20 cm计算。窗台展开宽度一砖墙按36 cm计算，每增加半砖宽则累增12 cm。

⑤ 勾缝按墙面垂直投影面积计算，应扣除墙裙、腰线和挑沿的抹灰面积，不扣除门、窗套、零星抹灰和门、窗洞口等面积，但垛的侧面、门窗洞侧壁和顶面的面积亦不增加。

(3) 镶贴块料面层及花岗岩(大理石)板挂贴

① 内、外墙面、柱梁面、零星项目镶贴块料面层均按块料面层的建筑尺寸(各块料面层+粘贴砂浆厚度=25 mm)面积计算。门窗洞口面积扣除，侧壁、附剁贴面应并入墙面工程量中。内墙面腰线花砖按延长米计算。

② 窗台、腰线、门窗套、天沟、挑檐、洗槽、池脚等块料面层镶贴，均以建筑尺寸的展开面积(包括砂浆及块料面层厚度)按零星项目计算。

③ 花岗岩、大理石板砂浆粘贴、挂贴均按面层的建筑尺寸(包括干挂空间、砂浆、板厚度)展开面积计算。石材圆柱面按石材面外围周长乘以柱高(应扣除柱墩、帽高度)以平方米计算。石材柱墩、柱帽按结构柱直径加100 mm后的周长乘其高度以平方米计算。圆柱腰线按石材面周长计算。

(4) 天棚面抹灰

① 天棚面抹灰按主墙间天棚水平面积计算，不扣除间壁墙、垛 、柱、附墙烟囱、检查洞、通风洞、管道等所占的面积。

② 密肋梁、井字梁、带梁天棚抹灰面积，按展开面积计算，并入天棚抹灰工程量内。斜天棚抹灰按斜面积计算。

③ 天棚抹灰如抹小圆角者，人工已包括在定额中，材料、机械按附注增加。如带装饰线者，其线分别按三道线以内或五道线以内，以延长米计算(线角的道数以每一个突出的阳角为一道线)。

④ 楼梯底面和沿口天棚，并入相应的天棚抹灰工程量内计算。混凝土楼梯、螺旋楼梯的底板为斜板时，按其水平投影面积(包括休息平台)乘系数 1.18，底板为锯齿形时(包括预制踏步板)，按其水平投影面积乘系数 1.5 计算。

5.9.3 抹灰工程实例

例 5.9.1 某廊上砖细坐凳墙如图 5.2.2 所示，墙长 2.5 m，墙体内侧为混合砂浆抹灰，15 mm 厚 1∶1∶6 混合砂浆底，5 mm 厚 1∶0.3∶3 混合砂浆面，混合腻子上乳胶漆 2 遍；墙体外侧贴青砖片(240 mm×53 mm×12 mm)，底层为 10 mm 厚 1∶2 水泥砂浆，粘结层为 12 mm 厚水泥砂浆。试计算该段砖细坐凳墙内侧抹灰、外侧贴青砖片的工程量，编制清单并按江苏省计价规则计价。

解:1) 工程量清单编制

(1) 清单工程量计算:

根据清单工程量计算规则，砖细坐凳墙内侧抹灰、外侧贴青砖片的工程量如下:

① 内墙抹灰，按照设计图示尺寸，以面积计算: $S = 2.5 \times 0.4 = 1(m^2)$

② 外墙面贴青砖片，按照设计图示尺寸，以面积计算: $S = 2.5 \times 0.4 = 1(m^2)$

(2) 编制清单:按照仿古建筑工程量清单规范，相关项目清单编制如下表:

序号	项目编码	项目名称	项目特征描述	计量单位	工程量
1	020801001001	墙面仿古抹灰	1. 墙体类型:内墙 2. 抹灰种类:混合砂浆 3. 底层厚度、砂浆配合比:15 mm 厚 1∶1∶6 混合砂浆 4. 面层厚度、砂浆配合比:5 mm 厚 1∶0.3∶3 混合砂浆，混合腻子刷乳胶漆 2 遍	m^2	1
2	020804001001	墙面贴仿古砖片	1. 墙体类型:外墙 2. 基层处理材料品种:水泥砂浆 3. 底层厚度、砂浆配合比:10 mm 厚 1∶2 水泥砂浆 4. 粘结层厚度、材料种类:12 mm 厚水泥砂浆 5. 面层材料品种、规格、颜色:青砖片(240 mm×53 mm×12 mm)	m^2	1

2) 计价

(1) 砖细坐凳墙内侧抹灰、外侧贴青砖片的计价表工程量同清单工程量。

(2) 套用 2007《江苏省仿古建筑与园林工程计价表》子目计价。

① 墙面仿古抹灰

(a)套子目 1-853，墙面抹混合砂浆(内墙)，不用换算: $141.52 \times 1/10 = 14.152$(元)。

(b)套子目 2-666，内墙面乳胶漆两遍，不用换算：131.38 × 1/10 = 13.138(元)。

墙面仿古抹灰工程量清单综合单价：(14.152 + 13.138)/1 = 27.29(元 /m^2)。

② 墙面贴仿古砖片

套子目 1-921，墙面青砖片(勾缝)，不用换算：709.2 × 1/10 = 70.92(元)。

墙面贴仿古砖片的工程量清单综合单价 70.92 元/ m^2。

5.10 油漆彩画工程清单项目与计价

5.10.1 油漆彩画工程清单规则

1) 山花板、博缝(风)板、挂檐(落)板油漆

山花板、博缝(风)板、挂檐(落)板油漆工程量清单项目设置、项目特征描述的内容、计量单位及工程量计算规则应按表 5.10.1 的规定执行。悬山建筑的镶嵌象眼板、柁档板油漆或彩画按上架构件项目单独编码列项。

表 5.10.1 山花板、博缝(风)板、挂檐(落)板油漆(编码:020901)

<table>
<tr><th>项目编码</th><th>项目名称</th><th>项目特征</th><th>计量单位</th><th>工程量计算规则</th><th>工作内容</th></tr>
<tr><td>020901001</td><td>山花板油漆</td><td rowspan="3">1. 基层处理方法
2. 地仗(腻子)做法
3. 油漆品种、刷漆遍数</td><td>m^2</td><td>按图示垂直投影面积计算，扣除博脊所遮蔽的面积；立闸山花板被博风所遮蔽部分不得计算</td><td rowspan="3">1. 材料调制
2. 基层清理
3. 分层做地仗
4. 刮浆灰
5. 刮腻子
6. 刷油漆</td></tr>
<tr><td>020901002</td><td>博缝(风)板油漆</td><td rowspan="2">1. m^2
2. m</td><td rowspan="2">1. 以平方米计量，按图示垂直投影面积计算；悬山博缝(风)板按双面计算，不扣除檩窝所占面积，底边面积亦不增加
2. 以米计量，按图示尺寸以延长米计算</td></tr>
<tr><td>020901003</td><td>挂檐(落)板油漆</td></tr>
<tr><td>020901004</td><td>山花板饰金油漆</td><td rowspan="3">1. 基层处理方法
2. 地仗(腻子)做法
3. 油漆品种、刷漆遍数
4. 饰金部位、品种及要求</td><td>m^2</td><td>按图示垂直投影面积计算，扣除博脊所遮蔽的面积；立闸山花板被博风所遮蔽部分不得计算</td><td rowspan="3">1. 材料调制
2. 基层清理
3. 分层做地仗
4. 刮浆灰
5. 刮腻子
6. 刷油漆
7. 贴(刷)金
8. 罩油</td></tr>
<tr><td>020901005</td><td>博风板饰金油漆</td><td rowspan="2">1. m^2
2. m</td><td rowspan="2">1. 以平方米计量，按图示垂直投影面积计算；悬山博缝(风)板按双面计算，不扣除檩窝所占面积，底边面积亦不增加
2. 以米计量，按图示尺寸以延长米计算</td></tr>
<tr><td>020901006</td><td>挂檐(落)板饰金油漆</td></tr>
</table>

2) 连檐、瓦口、椽子、望板、天花、顶棚油漆

连檐、瓦口、椽子、望板、天花、顶棚油漆工程量清单项目设置、项目特征描述的内容、计量单位及工程量计算规则应按表 5.10.2 的规定执行。内外檐作法不同时应分别列项。

表 5.10.2 连檐、瓦口、椽子、望板、天花、顶棚油漆(编码:020902)

项目编码	项目名称	项目特征	计量单位	工程量计算规则	工作内容
020902001	连檐、瓦口油漆	1. 基层处理方法 2. 地仗(腻子)做法 3. 油漆品种、刷漆遍数	1. m^2 2. m	1. 以平方米计量,按大连檐长乘连檐下楞至瓦口尖的全高,按面积计算 2. 以米计量,按图示尺寸以延长米计算	1. 材料调制 2. 基层清理 3. 分层做地仗 4. 刮浆灰 5. 刮腻子 6. 刷油漆
020902002	椽头油漆		m^2	檐椽头面积补进飞椽的空档中,以大连(眠)檐长(硬山建筑应扣除墀头所占长度)乘飞椽头竖向高度,按面积计算。檐椽头不再单独计算	
020902003	椽子、望板油漆			按望板的不同斜面形状以面积计算,椽头计算到飞椽头下楞,硬山建筑的两山计算到梁架中线,悬山建筑的两山计算到博缝板里皮,不扣除角梁、扶脊木所占面积,有斗拱建筑物扣除挑檐桁中至正心桁中斗拱所封闭部分的面积。有天花吊顶建筑的室内椽望及歇山建筑采步金至山花板间的金、脊步椽望不刷油漆者,其面积均不应计算。小连檐(里口木)立面,闸挡板、隔椽板、椽中板的面积不再增加	
020902004	天花、顶棚油漆			无斗拱天棚按主墙间设计图示露明展开面积计算;有斗拱天棚及井口天花按井口枋里口(贴梁外口)设计图示露明展开面积计算。不扣除梁枋所占面积	

3) 上下架构件油漆

上下架构件油漆工程量清单项目设置、项目特征描述的内容、计量单位及工程量计算规则应按表 5.10.3 的规定执行。上架构件包含以下构件:檩(桁)枋下皮以上(包括柱头)的枋、梁、随梁,瓜柱、柁墩(驼峰)、角背、雷公柱、撑弓、桁檩、角梁、由戗、垫板、燕尾枋、博脊板、棋枋板、镶嵌柁档板,镶嵌象眼山花板,角科斗拱的宝瓶、楼阁的承重、楞木,木楼板底面及枋、梁,桁檩等露明的榫头、箍头;下架构件包含以下构件:各种柱,抱柱、槛框、窗榻板,什锦窗的筒子板,过木,坐凳。檐柱径以明间大额枋截面高为准。

表 5.10.3 上下架构件油漆(编码:020903)

项目编码	项目名称	项目特征	计量单位	工程量计算规则	工作内容
020903001	上架构件油漆	1. 檐柱径 2. 基层处理方法 3. 地仗(腻子)做法 4. 油漆品种、刷漆遍数	m^2	按构架图示露明部位的展开面积计算,挑檐枋只计算其正面	1. 材料调制 2. 基层清理 3. 分层做地仗 4. 刮浆灰 5. 刮腻子 6. 刷油漆
020903002	下架构件油漆			按构架图示露明部位的展开面积计算	
020903003	框线贴金	饰金品种及要求		按设计图示框线贴金宽度乘以长度,以面积计算	1. 材料调制 2. 贴(刷)金
020903004	门簪贴金	1. 门簪形制 2. 门簪直径 3. 饰金品种	1. m^2 2. 个	1. 以平方米计量,按图示实贴部位的展开面积计算 2. 以个计量,按设计图示数量计算	

4）斗拱、垫拱板、雀替、花活油漆

斗拱、垫拱板、雀替、花活油漆工程量清单项目设置、项目特征描述的内容、计量单位及工程量计算规则应按表 5.10.4 的规定执行。

表 5.10.4　斗拱、垫拱板、雀替、花活油漆(编码:020904)

项目编码	项目名称	项目特征	计量单位	工程量计算规则	工作内容
020904001	斗拱油漆	1. 斗拱形制及部位 2. 斗口尺寸 3. 基层处理方法 4. 地仗(腻子)做法 5. 油漆品种、刷漆遍数	1. 攒(座) 2. m^2	1. 以攒(座)计量,按设计图示数量计算 2. 以平方米计量,按设计图示露明部位的展开面积计算,拱眼(荷包、眼边)、斜盖斗板、拽枋、掏里面积并入斗拱面积内	1. 材料调制 2. 基层清理 3. 分层做地仗 4. 刮浆灰 5. 刮腻子 6. 刷油漆
020904002	垫拱板油漆		m^2	按设计图示尺寸双面面积计算	
020904003	雀替(包括翘拱、云墩)、雀替隔架斗拱及花芽子油漆	1. 基层处理方法 2. 地仗(腻子)做法 3. 油漆品种、刷漆遍数	m^2	按露明长度乘全高计算面积,两面做时乘以 2	
020904004	花板、云龙花板油漆			按双面垂直投影面积计算	
020904005	垂柱头、雷公柱及交金灯笼柱垂头油漆			按周长乘高计算面积(方形垂柱应加底面积)	

5）门窗扇油漆

门窗扇油漆工程量清单项目设置、项目特征描述的内容、计量单位及工程量计算规则应按表 5.10.5 的规定执行。

表 5.10.5　门窗扇油漆(编码:020905)

项目编码	项目名称	项目特征	计量单位	工程量计算规则	工作内容
020905001	木门油漆	1. 门类型 2. 基层处理方法 3. 地仗(腻子)做法 4. 油漆品种、刷漆遍数	1. 樘 2. m^2	1. 以樘计量,按设计图示数量计算 2. 以平方米计量,按设计图示洞口尺寸以单面面积计算,无洞口尺寸以框扇外围面积计算,门枢等扇外延伸部分不计算面积	1. 材料调制 2. 基层清理 3. 分层做地仗 4. 刮浆灰 5. 刮腻子 6. 刷油漆
020905002	木窗油漆	1. 窗类型 2. 基层处理方法 3. 地仗(腻子)做法 4. 油漆品种、刷漆遍数			
020905003	木门饰金油漆	1. 门类型 2. 基层处理方法 3. 地仗(腻子)做法 4. 油漆品种、刷漆遍数 5. 饰金部位、品种及要求			1. 材料调制 2. 基层清理 3. 分层做地仗 4. 刮浆灰 5. 刮腻子 6. 刷油漆 7. 贴(刷)金 8. 罩油

续表 5.10.5

项目编码	项目名称	项目特征	计量单位	工程量计算规则	工作内容
020905004	木窗饰金油漆	1. 窗类型 2. 基层处理方法 3. 地仗(腻子)做法 4. 油漆品种、刷漆遍数 5. 饰金部位、品种及要求	1. 樘 2. m^2	1. 以樘计量,按设计图示数量计算 2. 以平方米计量,按设计图示洞口尺寸以单面面积计算,无洞口尺寸以框扇外围面积计算,门枢等扇外延伸部分不计算面积	1. 材料调制 2. 基层清理 3. 分层做地仗 4. 刮浆灰 5. 刮腻子 6. 刷油漆 7. 贴(刷)金 8. 罩油
020905005	门钹饰金	1. 门钹规格 2. 饰金品种及要求	对	按设计图示数量计算	1. 材料调制 2. 贴(刷)金
020905006	隔扇上蜡	1. 隔扇类型 2. 基层处理方法 3. 用蜡品种	m^2	1. 按设计图示数量计算 2. 按设计图示尺寸以垂直投影面积计算,门枢等扇外延伸部分不计算面积	1. 基层处理 2. 擦(烫)蜡 3. 出亮

6)木装修油漆

木装修油漆工程量清单项目设置、项目特征描述的内容、计量单位及工程量计算规则应按表 5.10.6 的规定执行。其中木扶手应区分带托板与不带托板,分别编码列项;匾的油漆,贴金(铜)箔均包括匾钩、如意钉;匾托油漆工程量并入匾内计算。

表 5.10.6 木装修油漆(编码:020906)

项目编码	项目名称	项目特征	计量单位	工程量计算规则	工作内容
020906001	隔墙板、隔断、护墙板、木墙裙油漆	1. 构件类型 2. 基层处理方法 3. 地仗(腻子)做法 4. 油漆品种、刷漆遍数	m^2	按设计图示单面投影面积计算,两面做时乘 2	1. 材料调制 2. 基层清理 3. 分层做地仗 4. 刮浆灰 5. 刮腻子 6. 刷油漆
020906002	木楼(地)板油漆			按设计图示水平投影面积计算	
020906003	木楼梯油漆			按设计图示露明水平投影面积计算	
020906004	楣子油漆			1. 倒挂楣子按设计长度乘全高(下面量至白菜头)以面积计算 2. 坐凳楣子按设计边框所围成的面积计算	
020906005	几腿罩(挂落)油漆		1. m^2 2. m	1. 以平方米计量,按设计图示外围单面尺寸以面积计算 2. 以米计量,按设计图示长度以延长米计算	
020906006	飞罩油漆				
020906007	罩(落地罩)油漆				
020906008	栅栏、栏杆油漆				
020906009	鹅颈靠背(吴王靠)油漆				
020906010	木扶手油漆		m		

续表 5.10.6

项目编码	项目名称	项目特征	计量单位	工程量计算规则	工作内容
020906011	匾额油漆	1. 匾额规格、式样 2. 题字做法 3. 基层处理方法 4. 地仗(腻子)做法 5. 边框油漆品种、刷漆遍数 6. 匾心油漆品种、刷漆遍数	1. m^2 2. 只	1. 以平方米计量，按设计图示外围单面尺寸以面积计算 2. 以只计量，按设计图示数量计算	1. 材料调制 2. 基层清理 3. 做地仗 4. 刮腻子 5. 做字 6. 边框匾托油漆 7. 匾额芯油漆 8. 字面油饰
020906012	匾额饰金油漆	1. 匾额规格、式样 2. 题字做法 3. 基层处理方法 4. 地仗(腻子)做法 5. 边框油漆品种、刷漆遍数 6. 匾心油漆品种、刷漆遍数 7. 饰金品种及要求			1. 材料调制 2. 基层清理 3. 做地仗 4. 刮腻子 5. 做字 6. 边框匾托油漆 7. 匾额芯油漆 8. 字面饰金
020906013	菱花扣饰金	饰金品种及要求	m^2	按菱花心屉的投影面积计算	1. 材料调制 2. 贴(刷)金
020906014	其他木材面油漆	1. 基层处理方法 2. 地仗(腻子)做法 3. 油漆品种、刷漆遍数		按设计图示尺寸以油漆部分展开面积计算	1. 材料调制 2. 基层清理 3. 分层做地仗 4. 刮浆灰 5. 刮腻子 6. 刷油漆
020906015	其他木材面饰金油漆	1. 基层处理方法 2. 地仗(腻子)做法 3. 油漆品种、刷漆遍数 4. 饰金部位、品种及要求			1. 材料调制 2. 基层清理 3. 分层做地仗 4. 刮浆灰 5. 刮腻子 6. 刷油漆 7. 贴(刷)金 8. 罩油

7）山花板、挂檐(落)板彩画

山花板、挂檐(落)板彩画工程量清单项目设置、项目特征描述的内容、计量单位及工程量计算规则应按表 5.10.7 的规定执行。

表 5.10.7 山花板、挂檐(落)板彩画(编码:020907)

项目编码	项目名称	项目特征	计量单位	工程量计算规则	工作内容
020907001	山花板彩画	1. 基层处理方法 2. 地仗做法 3. 彩画种类及做法 4. 饰金部位、品种及要求 5. 罩光油品种	m^2	按图示垂直投影面积计算，扣除博脊所遮蔽的面积；立闸山花板被博风所遮蔽部分不得计算	1. 材料调制 2. 基层处理 3. 分层做地仗 4. 绘制彩画 5. 贴(刷)金 6. 罩油
020907002	挂檐(落)板彩画	1. 挂檐(落)板形制 2. 基层处理方法 3. 正背面地仗做法 4. 彩画种类及做法 5. 饰金部位、品种及要求 6. 罩光油品种		按图示垂直投影面积计算	

8）椽子、望板、天花、顶棚彩画

椽子、望板、天花、顶棚彩画工程量清单项目设置、项目特征描述的内容、计量单位及工程量计算规则应按表 5.10.8 的规定执行。椽子、望板彩画当内外檐作法不同时应分别列项。

表 5.10.8 椽子、望板、天花、顶棚彩画(编码:020908)

项目编码	项目名称	项目特征	计量单位	工程量计算规则	工作内容
020908001	椽头彩画	1. 椽径 2. 基层处理方法 3. 地仗种类及遍数 4. 彩画种类及做法 5. 饰金品种及要求 6. 罩光油品种	m^2	檐椽头面积补进飞椽的空档中，以大连(眠)檐长(硬山建筑应扣除墀头所占长度)乘飞椽头竖向高度，按面积计算。檐椽头不再单独计算	1. 材料调制 2. 基层处理 3. 分层做地仗 4. 绘制彩画 5. 贴(刷)金 6. 罩油
020908002	椽子、望板彩画	1. 基层处理方法 2. 地仗种类及遍数 3. 彩画种类及做法 4. 饰金品种及要求 5. 罩光油品种		按望板的不同斜面形状以面积计算，椽头计算到飞椽头下楞，硬山建筑的两山计算到梁架中线，悬山建筑的两山计算到博缝板里皮，不扣除角梁、扶脊木所占面积，有斗拱建筑物扣除挑檐桁中至正心桁中斗拱所封闭部分的面积。有天花吊顶建筑的室内椽望及歇山建筑采步金至山花板间的金、脊步椽望不刷油漆者，其面积均不应计算。小连檐(里口木)立面，闸挡板、隔椽板、椽中板的面积不再增加	
020908003	天花、顶棚彩画	1. 天花、顶棚形式 2. 基层处理方法 3. 地仗种类及遍数 4. 彩画种类及做法 5. 饰金品种及要求 6. 罩光油品种		无斗拱天棚按主墙间水平投影面积计算;有斗拱天棚及井口天花按井口枋里口(贴梁外口)水平投影面积计算。不扣除梁枋所占面积	
020908004	灯花彩画	1. 灯花形制 2. 基层处理方法 3. 地仗种类及遍数 4. 彩画种类及做法 5. 饰金品种及要求 6. 罩光油品种		按灯花外围面积计算	

9）上下架构件彩画

上下架构件彩画工程量清单项目设置、项目特征描述的内容、计量单位及工程量计算规则应按表 5.10.9 的规定执行。宋式彩画以及各地方传统彩画按照上架构件其他传统彩画项目编码列项。

10）斗拱、垫拱板、雀替、花活、楣子、墙边彩画

斗拱、垫拱板、雀替、花活、楣子、墙边彩画工程量清单项目设置、项目特征描述的内容、计量单位及工程量计算规则应按表 5.10.10 的规定执行。斗拱满刷素油及斗拱做彩画时其拱眼(荷包、眼边)、斜盖斗板及拽枋、单材拱掏里的油漆部分均按斗拱油漆项目单独编码列项。迎风板，走马板绘画白活(不做油漆)者按上架构件彩画项目单独编码列项。

表 5.10.9　上下架构件彩画(编码:020909)

项目编码	项目名称	项目特征	计量单位	工程量计算规则	工作内容
020909001	上架构件和玺彩画	1. 檐柱径 2. 基层处理方法 3. 地仗种类及遍数 4. 彩画种类及做法 5. 饰金品种及要求 6. 罩光油品种	m^2	按构架图示露明部位的展开面积计算,挑檐枋只计算其正面	1. 材料调制 2. 基层处理 3. 分层做地仗 4. 绘制彩画 5. 贴(刷)金 6. 罩油
020909002	上架构件旋子彩画				
020909003	上架构件苏式彩画				
020909004	上架构件其他传统彩画				
020909005	上架构件新式彩画				
020909006	下架构件彩画			按构架图示露明部位的展开面积计算	

表 5.10.10　斗拱、垫拱板、雀替、花活、楣子、墙边彩画(编码:020910)

项目编码	项目名称	项目特征	计量单位	工程量计算规则	工作内容
020910001	斗拱彩画	1. 斗拱形制及部位 2. 斗口尺寸 3. 基层处理方法 4. 地仗种类及遍数 5. 彩画种类及做法 6. 饰金品种及要求 7. 罩光油品种	1. 攒(座) 2. m^2	1. 以攒(座)计量,按设计图示数量计算 2. 以平方米计量,按设计图示露明部位的展开面积计算,拱眼(荷包、眼边)、斜盖斗板、拽枋、掏里面积并入斗拱面积内	1. 材料调制 2. 基层处理 3. 分层做地仗 4. 绘制彩画 5. 贴(刷)金 6. 罩油
020910002	垫拱板彩画		m^2	按设计图示尺寸双面面积计算	
020910003	雀替(包括翘拱、云墩)、雀替隔架斗拱及花芽子彩画	1. 基层处理方法 2. 地仗种类及遍数 3. 彩画种类及做法 4. 饰金品种及要求 5. 罩光油品种		按露明长度乘全高计算面积,两面做时乘以 2	
020910004	花板、云龙花板彩画			按双面垂直投影面积计算	
020910005	垂柱头、雷公柱及交金灯笼柱垂头彩画			按周长乘高计算面积(方型垂柱应加底面积)	
020910006	楣子彩画			1. 倒挂楣子按设计长度乘全高(下面量至白菜头)以面积计算 2. 坐凳楣子按设计边框所围成的面积计算	
020910007	墙边彩画	1. 基层处理方法 2. 腻子种类 3. 刮腻子要求 4. 彩绘做法 5. 饰金品种及要求		按设计图示尺寸以面积计算	1. 材料调制 2. 基层处理 3. 刮腻子 4. 绘制彩画 5. 贴(刷)金 6. 罩油

11）国画颜料、广告色彩画

国画颜料、广告色彩画工程量清单项目设置、项目特征描述的内容、计量单位及工程量计算规则应按表 5.10.11 的规定执行。

表 5.10.11 国画颜料、广告色彩画(编码:020911)

项目编码	项目名称	项目特征	计量单位	工程量计算规则	工作内容
020911001	国画颜料、广告色彩画	1. 绘制部位 2. 绘制基底种类 3. 彩画种类及做法	m^2	按设计图示绘制面积计算	1. 颜料调制 2. 基层处理 3. 彩绘

12) 相关问题及说明

(1) 本部分仅包括构件传统油漆及彩画项目,通用油漆、涂料、裱糊项目应按现行国家标准《房屋建筑与装饰工程工程量计算规范》(GB 50854)中相应油漆项目编码列项。

(2) 工程量计算除另有规定者外,均按结构尺寸计算。

(3) 油漆或彩画饰金构件与不需要饰金构件应分别编码列项。

(4) 国画颜料、广告色彩画项目不包含打底(地仗)油漆,其打底(地仗)油漆应按本附录或现行国家标准《房屋建筑与装饰工程工程量计算规范》(GB 50854)相应油漆项目编码列项。

5.10.2 油漆彩画工程计价表规则

1) 油漆工程说明

(1) 油漆工程包括:木材面油漆、混凝土仿古构件油漆、抹灰面油漆、水质涂料、其他金属面油漆。

(2) 油漆工程均按手工操作,喷涂用机械考虑,如采用不同施工方法均执行本定额。

(3) 室内净高 3.6 m 以内的屋面板下、楼板下的油漆、刷浆的脚手费已包括在定额内。

(4) 油漆人工中已包括配料、调色油漆人工在内,如供应成品漆,也按本定额执行。

2) 油漆工程量计算规则

(1) 木材面油漆,不同油漆种类,均按刷油部位,分别采用系数乘工程量,以平方米或延长米计算。

① 按单层木门项目,计算工程量的系数(多面涂刷按单面计算工程量):

项　　目	系　　数	备　　注
单层木门	1.00	框(扇)外围面积
库门、将军门	1.04	框(扇)外围面积
屏门、对子门	1.17	框(扇)外围面积
敞框档屏门	1.29	框(扇)外围面积
间壁、隔断	1.00	长×宽(满外量、不展开)

② 按单层木窗项目,计算工程量的系数(多面涂刷按单面计算工程量):

项　　目	系　　数	备　　注
单层木窗	1.00	框(扇)外围面积
古式长窗(宫、葵、万、海棠、书条)	2.15	框(扇)外围面积
古式短窗(宫、葵、万、海棠、书条)	1.95	框(扇)外围面积
多角形窗(宫、葵、万、海棠、书条)	1.85	框(扇)外围面积

续表

项　　目	系　　数	备　　注
古式长窗(冰、乱纹、龟六角)	2.30	框(扇)外围面积
古式短窗(冰、乱纹、龟六角)	2.10	框(扇)外围面积
多角形窗(冰、乱纹、龟六角)	2.00	框(扇)外围面积
木栅栏、木栏杆(带扶手)	1.10	长×宽(满外量、不展开)
古式木栏杆(带碰槛)	1.45	长×宽(满外量、不展开)
吴王靠(美人靠)	1.60	延长米
挂落	0.50	延长米
飞罩	0.55	框外围长度米
地罩	0.60	框外围长度米

③ 按木扶手(不带托板)项目,计算工程量的系数:

项　　目	系　　数	备　　注
木扶手(不带托板)	1.00	延长米
木扶手(带托板)	2.60	
窗帘盒	2.00	
夹堂板、封檐板、博风板	2.20	
挂镜线、窗帘棍、天棚压条	0.40	
瓦口板、眼檐、勒望、里口木	0.45	
槛	2.39	

④ 按其他木材面项目,计算工程量的系数(单面涂刷,按单面计算工程量):

项　　目	系　　数	备　　注
木板、胶合板天棚	1.00	长×宽
筒子板	0.83	长×宽
木护墙、墙裙	0.90	长×宽
竹片面	0.90	长×宽
望山板	0.83	扣除椽面后的净面积
山填板	0.83	扣除梁面后的净面积

⑤ 柱、梁、架、桁、枋等古式木构件,按展开面积计算工程量。

⑥ 广漆(退光),直接套用定额项目:

项　　目	工　程　量	备　　注
木门扇(单面)	1.00	长×宽
木扶手(不带托板)	1.00	延长米
木柱	1.00	展开面积

⑦ 按木地板项目，计算工程量的系数：

项　　目	系　　数	备　　注
木地板	1.00	长×宽
木楼梯	2.30	水平投影(不包括底面)面积
木踢脚板	0.16	延长米

（2）其他金属面油漆，按吨计算，零星铁件乘系数1.30，金属栏杆乘系数1.7。按油漆种类套用定额项目。

（3）抹灰面油漆、涂料，可利用相应的抹灰工程量。

下表项目按长×宽×系数计算工程量：

项　　目	系　　数	备　　注
有梁板底	1.10	长×宽
密肋、井字梁底板	1.50	长×宽
混凝土楼梯底	1.30	水平投影面积

（4）混凝土仿古式构件油漆，按构件刷油展开面积计算工程量，直接套用相应项目。按混凝土仿古构件油漆项目，计算工程量的系数(多面涂刷按单面计算工程量)：

项　　目	系　　数	备　　注
柱、梁、架、桁、枋仿古构件	1.00	展开面积
古式栏杆	2.90	长×宽(满外量、不展开)
吴王靠	3.21	长×宽(满外量、不展开)
挂落	1.00	延长米
封檐板、博风板	0.50	延长米
混凝土座槛	0.55	延长米

（5）常用构件油漆展开面积折算参考表：

单位：每≢构件折算面积(m^2)

名　　称	断面规格	展开面积(m^2)	备　　注
圆形、柱、梁、架、桁、梓桁	ϕ120	33.36	凡不符合规格者，应按实际油漆涂刷展开面积计算工程量
	ϕ140	28.55	
	ϕ160	25.00	
	ϕ180	22.24	
	ϕ200	20.00	
	ϕ250	15.99	
	ϕ300	13.33	

续表

名　　称	断面规格	展开面积(m²)	备　　注
方形柱	边长 120	33.33	凡不符合规格者，应按实际油漆涂刷展开面积计算工程量
	边长 140	28.57	
	边长 160	25.00	
	边长 180	22.22	
	边长 200	20.00	
	边长 250	16.00	
	边长 300	13.33	
矩形、梁、架、桁条、梓桁、枋子	120×200	21.67	
	200×300	13.33	
	240×300	11.67	
	240×400	10.83	
半圆形椽子	ϕ60	67.29	
	ϕ80	50.04	
	ϕ100	40.26	
	ϕ120	33.35	
	ϕ150	26.67	
矩形椽子	40×50	65.00	
	40×60	58.33	
	50×70	48.57	
	60×80	41.67	
	100×100	30.00	
	120×120	25.00	
	150×150	20.00	

3）彩画工程说明

（1）计价表编制了建设部 1988 年《仿古建筑及园林工程预算定额》第三册定额中第十章油漆彩画中部分项目。如实际使用时遇到缺项，可按第三册定额中有关项目编制补充计价表执行。

（2）彩画贴金（铜）箔定额中库金箔规格每张为 93.3 mm×93.3 mm，赤金箔规格每张为 83.3 mm×83.3 mm，铜箔规格每张为 100 mm×100 mm。实际使用的金（铜）箔规格与定额不符时，按下列方法换算箔的用量，并相应调整材料费，其他不变。

$$\text{调整后箔的用量(张)}=\frac{\text{定额中箔的每张面积}\times\text{定额用量(张)}}{\text{实际使用箔的每张面积}}$$

（3）定额中凡包括贴金（铜）箔的彩画项目，若设计要求不贴金（铜）箔时，相应扣去金胶油、金（铜）箔及清漆的材料价值。

（4）和玺加苏画、金线大点金加苏画及各项苏画的规矩活部分，定额包括绘梁头（或博古）、箍头、藻头、卡子及包袱线、聚锦线、枋心线、池子线、盒子线及内外规矩图案的绘制。绘制白活,另按相应定额执行。

(5) 当打贴赤金箔时,取消定额中库金箔数量,增加赤金箔数量,其他不变。

4) 彩画工程量计算规则

(1) 木及混凝土构件地仗、彩画均按构件图示地仗、彩画部分的展开面积以平方米计算(彩画不扣除白活所占面积)。

(2) 天花板地仗、彩画按木作相应平顶子目的工程量以平方米计算。

(3) 木门按双面投影面积以平方米计算。

(4) 抹灰面刷浆按相应抹灰工程量以平方米计算,墙裙、墙边彩画按实际展开面积以平方米计算。

5.10.3 油漆彩画工程实例

例 5.10.1 某仿古建筑图见例 5.6.1,大木构架均采用地仗一麻五灰,广漆明光一底三度。试计算该建筑中柱、明间檐枋、木基层中明间桁条油漆的工程量,编制清单并按江苏省计价规则计价。

解:1) 工程量清单编制

(1) 清单工程量计算:

① 柱,柱的地仗、油漆按设计尺寸以展开面面积计算:按照常用原木构件油漆展开面积折算参考表。

(a)檐柱,梢径 200 mm,檐柱长度(油漆施工不含榫) $L=3.6-0.2$(扣石鼓高度)$=3.4$(m),檐柱共计 12 根,查原木材积表得 $V=0.132\times12=1.584(m^3)$。

展开面积查油漆展开面积折算参考表,展开系数为 20,则面积:$S=1.584\times20=31.68(m^2)$。

(b)金柱,金柱梢径 220 mm,长度(油漆施工不含榫) $L=3.6+0.825-0.2$(扣石鼓高度)$=4.225$(m),金柱共计 8 根,查原木材积表得 $V=0.204\times8=1.632(m^3)$。

展开面积查油漆展开面积折算参考表,展开系数为 18.18,面积:$S=1.632\times18.18=29.67(m^2)$。

柱地仗、油漆的面积:$S=29.67+31.68=61.35(m^2)$。

② 明间檐枋,檐枋的地仗、油漆按图示露明部位的展开面积计算,檐枋断面为 80 mm×200 mm。

檐枋地仗、油漆的展开面积:$S=(0.08+0.2\times2)\times(3.3-0.2)$(扣檐柱)$\times2$(前、后檐)$=2.976(m^2)$。

③ 明间桁条,桁条的地仗、油漆按设计尺寸以展开面面积计算:按照常用原木构件油漆展开面积折算参考表。

桁条,梢径 200 mm,桁条长度(油漆施工不含榫) $L=3.3$ m,明间桁条共计 5 根,查原木材积表得 $V=0.127\times5=0.635(m^3)$。

展开面积查油漆展开面积折算参考表,展开系数为 20,则面积 $S=0.635\times20=12.7(m^2)$。

(2) 编制清单:按照仿古建筑工程量清单规范,相关项目清单编制如下表:

序号	项目编码	项目名称	项目特征描述	计量单位	工程量
1	020903002001	圆柱油漆	1. 檐柱径:檐柱梢径 200 mm、金柱梢径 220 mm 2. 地仗(腻子)做法:地仗一麻五灰 3. 油漆品种、刷漆遍数:广漆明光一底三度	m^2	61.35
2	020903001001	檐枋油漆	1. 檐柱径:檐柱梢径 200 mm 2. 地仗(腻子)做法:地仗一麻五灰 3. 油漆品种、刷漆遍数:广漆明光一底三度	m^2	2.976
3	020903001002	圆桁油漆	1. 地仗(腻子)做法:地仗一麻五灰 2. 油漆品种、刷漆遍数:广漆明光一底三度	m^2	12.7

2) 计价

(1) 柱、明间檐枋、木基层中明间桁条的油漆的工程量同清单工程量。

(2) 套用 2007《江苏省仿古建筑与园林工程计价表》子目。

① 圆柱油漆

(a)套子目 2-683,地仗一麻五灰(23 cm 以下),不用换算:

$$126.385 \times 61.35 = 7\,753.72(\text{元})$$

(b)套子目 2-592,广漆明光三遍(柱、梁、架、枋、桁古式木构件),不用换算:

$$56.978 \times 60.48 = 3\,446.03(\text{元})$$

圆柱油漆工程量清单综合单价为

$$126.385 + 56.978 = 183.363(\text{元}/m^2)$$

② 檐枋油漆

(a)套子目 2-683,地仗一麻五灰(23 cm 以下),不用换算:

$$126.385 \times 2.976 = 376.12(\text{元})$$

(b)套子目 2-592,广漆明光三遍(柱、梁、架、枋、桁古式木构件),不用换算:

$$56.978 \times 2.976 = 169.57(\text{元})$$

檐枋油漆工程量清单综合单价为

$$126.385 + 56.978 = 183.363(\text{元}/m^2)$$

③ 圆桁油漆

(a)套子目 2-683,地仗一麻五灰(23 cm 以下),不用换算:

$$126.385 \times 12.7 = 1\,605.09(\text{元})$$

(b)套子目 2-592,广漆明光三遍(柱、梁、架、枋、桁古式木构件),不用换算:

$$56.978 \times 12.7 = 723.62(\text{元})$$

圆桁油漆工程量清单综合单价为

$$126.385 + 56.978 = 183.363(\text{元}/m^2)$$

例 5.10.2 某钢筋混凝土结构牌楼如图 5.5.1 所示，混凝土柱面、混凝土椽望板底面采用广漆明光一底三度。试计算该图中牌楼柱、混凝土椽望板油漆的工程量，编制清单并按江苏省计价规则计价。

解：1）工程量清单编制

（1）清单工程量计算

混凝土仿古式构件油漆应按构件刷油展开面积计算工程量。

① 混凝土圆柱油漆面积：$S = 2 \times 3.14 \times 12 \times 2 = 150.72(\text{m}^2)$。

② 混凝土椽油漆，根数同例 5.5.1 中计 23 根，面积：

$$S = (0.06 + 0.08 \times 2)(\text{展开面积}) \times 2.28 \times 1.14(\text{坡度系数}) \times 23(\text{根数}) + 0.06 \times 0.08 \times 23 \times 2(\text{端部侧面}) = 13.37(\text{m}^2)$$

③ 混凝土望板底面油漆面积：

$$S = 2.28 \times 1.14 \times (6 - 0.54) - 0.06 \times 2.28 \times 1.14 \times 23(\text{扣混凝土椽}) = 10.60(\text{m}^2)$$

（2）编制清单：按照仿古建筑工程量清单规范，清单编制如下表：

序号	项目编码	项目名称	项目特征描述	计量单位	工程量
1	020903002001	混凝土柱油漆	1. 构件类别、规格：混凝土圆柱面柱径 540 mm 2. 油漆品种、刷漆遍数：广漆明光一底三度	m^2	150.72
2	020903001001	混凝土椽油漆	1. 构件类别、规格：矩形混凝土椽，60 mm×80 mm 2. 油漆品种、刷漆遍数：广漆明光一底三度	m^2	13.37
3	020903001002	混凝土望板	1. 构件类别、规格：混凝土望板厚 60 mm 2. 油漆品种、刷漆遍数：广漆明光一底三度	m^2	10.60

2）计价

（1）混凝土柱、混凝土椽望板油漆计价表工程量同清单工程量。

（2）套用 2007《江苏省仿古建筑与园林工程计价表》子目。

① 混凝土圆柱油漆，套子目 2-659，混凝土柱、梁、架、桁、枋仿古式构件广漆（国漆）明光三遍。不用换算：

$$727.25 \times 150.72/10 = 10\,961.11(\text{元})$$

混凝土圆柱油漆工程量清单综合单价为：$10\,961.11/150.72=72.73(\text{元}/\text{m}^2)$。

② 混凝土椽油漆，套子目 2-659，混凝土柱、梁、架、桁、枋仿古式构件广漆（国漆）明光三遍，根据计价表附注说明，斗拱、牌科、云头、戗角、椽子等零星仿古构件，每 10 m^2增加人工 1.9 工日，相应管理费和利润也随之增加。

子目 2-659 换算单价：$727.25+1.9\times45\times(1+37\%+12\%)=854.65(\text{元}/10\ \text{m}^2)$。

套价子目 2-659 换：$854.65\times13.37/10=1\,142.67(\text{元})$。

混凝土椽油漆工程量清单综合单价为：$1\,142.67/13.37=85.47(\text{元}/\text{m}^2)$。

③ 混凝土望板油漆，套子目 2-659，混凝土柱、梁、架、桁、枋仿古式构件广漆（国漆）明光三遍。不用换算：$727.25\times10.6/10=770.89(\text{元})$。

混凝土望板油漆工程量清单综合单价为：$770.89/10.6=72.73(\text{元}/\text{m}^2)$。

例 5.10.3 如图 5.6.4 所示，某重檐建筑中宫式仿古木短窗(含摇梗楹子)，采用广漆明光一底三度。试计算该木短窗油漆的工程量，编制清单并按江苏省计价规则计价。

解：1) 工程量清单编制

(1) 清单工程量计算：

短窗油漆工程量应按设计图示尺寸以展开面积计算，参考计价表中油漆展开面积系数，古式短窗系数为 1.95，则短窗展开面积为

$$S = 2.7 \times 1.95 = 5.265(\mathrm{m}^2)$$

(2) 编制清单：按照仿古建筑工程量清单规范，仿古木短窗油漆项目清单编制如下：

项目编码：020905002001；项目名称：木窗油漆；项目特征：短窗，广漆明光三遍；工程量：5.265 m^2。

2) 计价

套用 2007《江苏省仿古建筑与园林工程计价表》。

分析：木窗油漆应套子目 2-589 单层木窗广漆明光三遍，因本工程是重檐建筑，按照工程类别划分标准应属于一类工程，因此短窗油漆项目计价表综合单价的管理费应按 47%予以调整。

子目 2-589 换算单价：740.72+399.6(人工费)×(47%−37%)=780.68(元/10 m^2)。

套价子目 2-589 换：780.68×5.265/10=411.03(元)。

木挂落油漆的工程量清单综合单价：411.03 /5.265=78.07(元/m^2)。

例 5.10.4 如图 5.6.1 所示古式木挂落，表面刨光，刷广漆明光 4 遍(不用血料)。试计算该木挂落的油漆工程量，编制清单并按江苏省计价规则计价。

解：1) 工程量清单编制

(1) 清单工程量计算

木挂落油漆即清单规范中"楣子油漆"，为与图纸及传统称呼一致，这里用项目名称"木挂落油漆"。木挂落油漆工程量按设计长度乘系数 0.5，按单层木窗项目计算：

$$S = 2.76/2 = 1.38(\mathrm{m}^2)$$

(2) 编制清单：按照仿古建筑工程量清单规范，木挂落油漆清单编制如下：

项目编码：020906004001；项目名称：木挂落油漆；项目特征：木挂落，广漆明光四遍(不用血料)；工程量：1.38 m^2。

2) 计价

套用 2007《江苏省仿古建筑与园林工程计价表》。

分析：木挂落应套子目 2-595，单层木窗广漆明光四遍。根据计价表说明，地仗、油漆不用血料可用生漆、坯油、松香水取代，因此计价表中相应单价应扣除血料价格，增加生漆、坯油、松香水的价格。

子目 2-595 换算单价：899.11−0.52+15.87+9.66+0.69=924.81(元/10 m^2)。

套价子目 2-595 换：924.81×1.38/10=127.62(元)。

木挂落油漆的工程量清单综合单价：127.62/1.38=92.48(元/m^2)。

5.11 措施项目清单与计价

5.11.1 措施项目清单

措施项目工程量清单编制时，规范的措施项目中列出了项目编码、项目名称、项目特征、计量单位、工程量计算规则的项目，应按照规范中分部分项工程的规定执行；措施项目中仅列出项目编码、项目名称，未列出项目特征、计量单位和工程量计算规则的项目应按规范规定的项目编码、项目名称确定。

1）脚手架工程

脚手架工程工程量清单项目设置、项目特征描述的内容、计量单位及工程量计算规则应按表 5.11.1 的规定执行。

表 5.11.1 脚手架工程(编码:021001)

<table>
<tr><th>项目编码</th><th>项目名称</th><th>项目特征</th><th>计量单位</th><th>工程量计算规则</th><th>工作内容</th></tr>
<tr><td>021001001</td><td>综合脚手架</td><td>1. 工程名称
2. 建筑结构形式
3. 檐口高度</td><td>1. m^2
2. 座</td><td>1. 以平方米计量，按建筑面积计算
2. 以座计量，按设计单位工程数量计算</td><td>1. 场内、场外材料搬运
2. 搭、拆脚手架、斜道、上料平台
3. 拆除脚手架后材料分类堆放</td></tr>
<tr><td>021001002</td><td>砌筑装饰用外脚手架</td><td rowspan="2">1. 搭设方式
2. 墙体高度</td><td rowspan="5">m^2</td><td>凡砌筑高度在 1.5 m 以上的砌体，按墙的长度乘墙的高度以面积计算（硬山建筑山墙高算至山尖）。独立砖石柱高度在 1.5 m 以上时，以柱结构周长加 3.6 m 乘以柱高以面积计算；当屋脊高度超过屋面 1 m 时，按屋脊高度乘长度的面积，另外计算一次脚手架</td><td rowspan="3">1. 场内、场外材料搬运
2. 搭、拆脚手架
3. 拆除脚手架后材料分类堆放</td></tr>
<tr><td>021001003</td><td>砌筑用里脚手架</td><td>凡砌筑高度在 3.6 m 以下的砌体，按墙的长度乘墙的高度以面积计算（硬山建筑山墙高算至山尖）；独立砖石柱高度在 3.6 m 以内时，以柱结构周长乘以柱高计算</td></tr>
<tr><td>021001004</td><td>木构架安装起重脚手架</td><td>1. 搭设方式
2. 檐口高度</td><td>按建筑物首层水平投影面积计算</td></tr>
<tr><td>021001005</td><td>苫背铺瓦用外脚手架</td><td rowspan="2">1. 搭设方式
2. 檐口高度</td><td rowspan="2">按檐头长（即大连檐长）乘檐高以面积计算；檐高规定如下：无月台的由自然地坪算起，有月台的由月台上面算起，算至最上一层檐下的梁头下皮</td><td rowspan="2">1. 场内、场外材料搬运
2. 搭、拆脚手架、斜道、上料平台
3. 拆除脚手架后材料分类堆放</td></tr>
<tr><td>021001006</td><td>外檐油漆彩画用脚手架</td></tr>
</table>

续表 5.11.1

项目编码	项目名称	项目特征	计量单位	工程量计算规则	工作内容
021001007	内檐装饰用满堂脚手架	1. 搭设方式 2. 建筑层高	m²	分别以内檐及廊步相应的地面面积计算工程量，内檐若需同时使用上述两种脚手架时工程量应分别按实计算。“平均层高”按脊檩中与檐檩（重檐建筑为最上层檐的檐檩）中的平均高度计算，内檐有天花吊顶其廊步“平均层高”按檐廊上、下两檩中的平均高度计算	1. 场内、场外材料搬运 2. 搭、拆脚手架 3. 拆除脚手架后材料分类堆放
021001008	内檐及廊步椽望油漆脚手架	1. 搭设方式 2. 平均层高			
021001009	屋面脚手架	1. 搭设方式 2. 檐口高度		按屋面水平投影面积计算	
021001010	室内抹灰脚手架	1. 搭设方式 2. 搭设高度		按所抹灰部位的垂直投影面积计算	
021001011	歇山脚手架		座	按座计算，每一山算一座	
021001012	正吻脚手架			按座计算，每一座正吻算一座	
021001013	宝顶脚手架			按座计算，每座宝顶算一座	
021001014	悬空脚手架	1. 搭设方式 2. 悬空跨度	m²	按搭设的水平投影面积计算	
021001015	挑脚手架	1. 搭设方式 2. 悬挑宽度	m	按搭设长度以延长米计算	
021001016	外装饰吊篮	1. 升降方式及启动装置 2. 搭设高度及吊篮型号	m²	按所装饰墙面的垂直投影面积计算	1. 场内、场外材料设备搬运 2. 吊篮安装 3. 测试电动装置、安全锁、平衡控制器等 4. 吊篮的拆卸

说明：

(1) 同一个单位工程使用综合脚手架时，不再使用外脚手架、里脚手架等单项脚手架。

(2) 凡砌筑高度超过 1.5 m 的砌体，均需计算脚手架；计算脚手架时，不扣除门窗洞口、空圈、车辆通道、变形缝等所占面积。

(3) 重檐及密檐的檐口高度以最上一层檐口为准。

(4) 牌楼（坊）安装脚手架，应按边柱外围各加 1.5 m 的水平投影面积计算满堂脚手架，高度自设计地面至楼（坊）顶面。

(5) 外檐椽望油漆用双排脚手架适用于檐头椽望出挑部分及其下连带的木构件、木装修油漆彩绘工程。

(6) 内檐装饰用满堂脚手架适用于有天花吊顶建筑内檐的天棚、墙面、木装修、明柱的装饰工程；内檐及廊步椽望油漆用脚手架适用于无天花吊顶的内檐及廊步椽望、木构件、墙面、明柱的装饰工程。

(7) 正吻脚手架仅适用于琉璃七样以上，黑活 1.2 m 以上吻（兽）的安装。

2) 混凝土模板及支架

混凝土模板及支架的工作内容包括制作、安装、拆除、清理、刷隔离剂、材料运输。大多以 m² 作为计量单位。混凝土模板及支架清单编制时规则如下：

(1) 现浇混凝土矩形柱的项目特征为柱子断面尺寸，现浇混凝土圆形柱（多边形柱）的项目特征为柱子直径，现浇混凝土异形柱的项目特征为柱子断面周长。工程量计算规则是：按混凝土与模板的接触面积计算；墙上双面附墙柱按柱计算。依附于柱上的梁垫、蒲鞋头、云头的体积另列项目计算。

(2) 现浇混凝土童柱(矮柱、瓜柱)、现浇混凝土柁墩、现浇混凝土垂莲柱(荷花柱、吊瓜)、现浇混凝土雷公柱(灯芯木)的项目特征为支模高度;工程量计算规则是:按混凝土与模板的接触面积计算;墙上双面附墙柱按柱计算。依附于柱上的梁垫、蒲鞋头、云头的体积另列项目计算。

(3) 现浇混凝土矩形梁的项目特征为断面尺寸、支模高度,现浇混凝土圆形梁的项目特征为断面直径、支模高度,现浇混凝土异形梁、现浇混凝土弧形、拱形梁的项目特征为支模高度,现浇混凝土老、仔角梁(老、嫩戗、龙背、大刀木)的项目特征为断面尺寸、支模高度,预留部位浇捣的项目特征为预留部位截面尺寸;工程量均按混凝土与模板的接触面积计算。

(4) 现浇混凝土矩形桁条、梓桁(搁栅、帮脊木、扶脊木)的项目特征为断面尺寸、支模高度,现浇混凝土圆形桁条、梓桁(搁栅、帮脊木、扶脊木)的项目特征为断面直径、支模高度,现浇混凝土枋子、现浇混凝土连机、现浇混凝土大木三件、现浇混凝土双桁(檩、葫芦檩、檩带挂)的项目特征为断面尺寸、支模高度,现浇混凝土带椽屋面板、现浇混凝土戗翼板、现浇混凝土无椽屋面板、现浇混凝土钢丝网屋面板的项目特征为板厚度、板底支模平均高度,现浇混凝土封檐板的项目特征为板厚度、板底支模高度;工程量按混凝土与模板的接触面积计算。

(5) 现浇混凝土拱(弧)形板的项目特征为板厚度、板底支模高度;工程量按混凝土与模板的接触面积计算;单孔面积≤0.3 m^2 孔洞不扣除,洞侧壁面积不另增加;单孔面积>0.3 m^2 孔洞应扣除,洞侧壁面积并入板模板工程量内。

(6) 现浇混凝土斗拱的项目特征为斗拱种类、斗口尺寸、斗拱顶支模高度;工程量按混凝土设计尺寸以体积计算。

(7) 现浇混凝土撑弓的项目特征为撑弓形式;工程量按混凝土与模板的接触面积计算。

(8) 现浇混凝土古式栏板、现浇混凝土古式栏杆的项目特征为望柱中心间距、扶手顶端高度;工程量按设计图示长度以延长米计算,斜长部分按水平投影长度乘系数 1.18 计算。

(9) 现浇混凝土鹅颈靠背的项目特征为构件类型;工程量按设计图示长度以延长米计算。

(10) 现浇混凝土古式零星构件、现浇混凝土其他零星构件的项目特征为构件名称;工程量以平方米计量,按混凝土与模板的接触面积计算,或者是以立方米计量,按设计图示尺寸以体积计算。

(11) 券石、券脸及拱券石胎架的项目特征为券石、券脸及拱券净跨度和支模高度;工程量按拱券石底面的弧形展开面积计算。

(12) 说明:

① 支模高度在招标文件规定的预算定额基本高度以下者,可以不作描述。

② 支模高度净高如下:

柱:无地下室底层是指交付施工场地地面至上层板底面、楼层板顶面至上层板底面(无板时至柱顶)。

梁、枋、桁:无地下室底层是指交付施工场地地面至上层板底面、楼层板顶面至上层板底面(无板时至梁、枋、桁顶面)。

板:无地下室底层是指交付施工场地地面至上层板底面、楼层板顶面至上层板底面。

墙:基础板(或梁)顶面至上层板底面、楼层板顶面至上层板底面。

③ 多边形柱按照圆形柱项目编码列项，其规格按断面对角线长度对应圆截面的直径确定。

④ 预留部位浇捣系指装配式柱、枋、云头交叉部位需电焊后浇制混凝土的部分。

⑤ 异形梁：系指虾弓梁（虹梁）、弧（弯）形梁等。

⑥ 古式零星构件：系指梁垫、蒲鞋头、云头、水浪机、插角、宝顶、莲花头子、花饰块等以及单件体积＜0.05 m^3 未列入的古式小构件。

⑦ 其他零星构件：系指单件体积≤0.10 m^3 的构件。

3）垂直运输

垂直运输工程量清单项目的工作内容应包括在施工工期内完成全部工程项目所需要的垂直运输机械台班、合同工期期间垂直运输机械的修理与保养等。垂直运输项目清单编制时规则如下：

（1）殿、堂、厅、楼、阁、轩、斋、廊、榭的项目特征为建筑类型、结构形式、地下/地上层数、顶层檐口高度，亭的项目特征为建筑形式、结构形式、檐口高度，古戏台的项目特征为建筑形式、结构形式、地下/地上层数、檐口高度；工程量以平方米计量，按建筑面积计算，或者是按合同工期确定的日历天计算。

（2）城墙的项目特征为结构形式、地下/地上层数、城墙墙身顶面高度，塔的项目特征为建筑形式、结构形式、地下/地上层数、檐口高度，牌楼（坊）的项目特征为建筑形式、结构形式、檐口高度，桥的项目特征为建筑形式、结构形式；工程量按照合同工期确定的日历天数计算。

（3）说明：①檐口高度是指交付施工场地标高至屋面檐口高度。

② 单项工程有不同檐口高度时，以最高檐口高度为准，重檐及密檐的檐口高度以最上一层檐口高度为准。

4）超高施工增加

超高施工增加清单项目的工作内容应包括：建筑物超高引起的人工工效降低以及由于人工工效降低引起的机械降效；高层施工用水加压水泵的安装、拆除及工作台班；通讯联络设备的使用及摊销。项目清单编制时规则如下：

超高施工增加的项目特征为：建筑物建筑类型及结构形式，建筑物檐口高度、层数，单层建筑物檐口高度超过 20 m，多层建筑物超过 6 层部分的建筑面积。

超高施工增加项目的工程量按现行国家标准《建筑工程建筑面积计算规范》（GB/T 50353）的规定计算建筑物超高部分的建筑面积。

说明：①单层建筑物檐口高度超过 20 m，多层建筑物超过 6 层时，可按超高部分的建筑面积计算超高施工增加。计算层数时，地下室不计入层数。

② 同一建筑物有不同檐高时，可按不同高度的建筑面积分别计算建筑面积，以不同檐高分别编码列项。

5）大型机械设备进出场及安拆

大型机械设备进出场及安拆工程量清单项目的工作内容应包括：

（1）安拆费包括施工机械、设备在现场进行安装拆卸所需人工、材料、机械和试运转费用以及机械辅助设施的折旧、搭设、拆除等费用。

（2）进出场费包括施工机械、设备整体或分体自停放地点运至施工现场或由一施工地点运至另一施工地点所发生的运输、装卸、辅助材料等费用。

大型机械设备进出场及安拆的项目特征为机械设备名称、机械设备规格型号；工程量按使用机械设备的数量计算。

6) 安全文明施工及其他措施项目

安全文明施工及其他措施项目工程量清单项目的工作内容及包含范围如下：

(1) 安全文明施工

① 环境保护：现场施工机械设备降低噪音、防扰民措施；水泥和其他易飞扬细颗粒建筑材料密闭存放或采取覆盖措施等；砖件、石材等现场加工防扬尘；工程防扬尘洒水；土石方、建渣外运车辆防护措施等；现场污染源的控制、生活垃圾清理外运、场地排水排污措施；其他环境保护措施。

② 文明施工："五牌一图"；现场围挡的墙面美化(包括内外粉刷、刷白、标语等)、压顶装饰；现场厕所便槽刷白、贴面砖，水泥砂浆地面或地砖，建筑物内临时便溺设施；其他施工现场临时设施的装饰装修、美化措施；现场生活卫生设施；符合卫生要求的饮水设备、淋浴、消毒等设施；生活用洁净燃料；防煤气中毒、防蚊虫叮咬等措施；施工现场操作场地的硬化；现场绿化、治安综合治理；现场配备医药保健器材、物品费用和急救人员培训；现场工人的防暑降温费、电风扇、空调等设备及用电；其他文明施工措施。

③ 安全施工：安全资料、特殊作业专项方案的编制，安全施工标志的购置及安全宣传；"三宝"(安全帽、安全带、安全网)、"四口"(楼梯口、电梯井口、通道口、预留洞口)、"六临边"(台明围边、楼板围边、屋面围边、城墙顶围边、槽坑围边、卸料平台两侧)，水平防护架、垂直防护架、外架封闭等防护；施工安全用电，包括配电箱三级配电、两级保护装置要求、外电防护措施；起重机、塔吊等起重设备(含井架、门架)及外用电梯的安全防护措施(含警示标志)及卸料平台的临边防护、层间安全门、防护棚等设施；建筑工地起重机械的检验检测；施工机具防护棚及其围栏的安全保护设施；施工安全防护通道；工人的安全防护用品、用具购置；消防设施与消防器材的配置；木作加工防火；油漆与彩画施工防火防中毒；电气保护、安全照明设施；其他安全防护措施。

④ 临时设施：施工现场采用彩色、定型钢板，砖、混凝土砌块等围挡的安砌、维修、拆除；施工现场临时建筑物、构筑物的搭设、维修、拆除，如临时宿舍、办公室、食堂、厨房、厕所、诊疗所、临时文化福利用房、临时仓库、加工场、搅拌台、临时简易水塔、水池等；施工现场临时设施的搭设、维修、拆除，如临时供水管道、临时供电管线、小型临时设施等；施工现场规定范围内临时简易道路铺设，临时排水沟、排水设施安砌、维修、拆除；其他临时设施搭设、维修、拆除。

(2) 夜间施工

① 夜间固定照明灯具和临时可移动照明灯具的设置、拆除。

② 夜间施工时，施工现场交通标志、安全标牌、警示灯等的设置、移动、拆除。

③ 包括夜间照明设备及照明用电、施工人员夜班补助、夜间施工劳动效率降低等。

(3) 非夜间施工照明：为保证工程施工正常进行，在地下室、地宫等特殊施工部位施工时所采用的照明设备的安拆、维护及照明用电等。

(4) 二次搬运：由于施工场地条件限制而发生的材料、成品、半成品等一次运输不能到达堆放地点，必须进行二次或多次搬运。

(5) 冬雨季施工

① 冬雨(风)季施工时增加的临时设施(防寒保温、防雨、防风设施)的搭设、拆除。

② 冬雨(风)季施工时,对砌体、混凝土等采用的特殊加温、保温和养护措施。

③ 冬雨(风)季施工时,施工现场的防滑处理、对影响施工的雨雪的清除。

④ 包括冬雨(风)季施工时增加的临时设施、施工人员的劳动保护用品、冬雨(风)季施工劳动效率降低等。

(6) 地上、地下设施、建筑物的临时保护设施:在工程施工过程中,对已建成的地上、地下设施和建筑物进行的遮盖、封闭、隔离等必要保护措施。

(7) 已完工程及设备保护:对已完工程及设备采取的覆盖、包裹、封闭、隔离等必要保护措施。

(8) 说明:以上所列项目应根据工程实际情况计算措施项目费用,需分摊的合理计算摊销费用。

5.11.2 措施项目计价

1) 脚手架工程说明

(1) 计价表已按扣件钢管脚手架与竹脚手架综合编制,实际施工中不论使用何种脚手架材料,均按本定额执行。

(2) 本定额的脚手架高度编至 20 m。

(3) 室内净高超过 3.60 m,既钉间壁、面层、抹灰,又钉天棚龙骨、面层、抹灰,脚手架应合并计算一次满堂脚手架,按满堂脚手架相应定额基价乘系数 1.2 计算。

(4) 脚手架工程不得重复计算(如室内计算了满堂脚手架后,墙面抹灰脚手架就不再计算)。

(5) 砖细、石作安装如没有脚手架可利用,当安装高度超过 1.50 m 以上,在 3.60 m 以内时可按里架子计算,在 3.60 m 以上时,按外架子计算。

(6) 本定额不适用于宝塔脚手,如发生按实计算。

2) 脚手架工程工程量计算规则

(1) 脚手架工程量计算一般规则:

① 凡砌筑高度超过 1.5 m 的砌体,均需计算脚手架。

② 砌墙脚手架均按墙面(单面)垂直投影面积以平方米计算。

③ 计算脚手架时,不扣除门、窗洞口、空圈、车辆通道、变形缝等所占面积。

(2) 砌筑脚手架工程量计算规则:

① 外墙脚手架按外墙外边线长度乘以外墙高度以平方米计算。外墙高度系指室外设计地坪至檐口高度。

② 内墙脚手架以内墙净长乘内墙净高计算。有山尖者算至山尖 1/2 处的高度;有地下室时,自地下室内地坪至墙顶面高度。

③ 山墙自设计室外地坪(楼层内墙以楼面)至山尖 1/2 处,高度超过 3.60 m 时,整个山墙按外脚手架计算。

④ 砌体高度在 3.60 m 以内者,套用砌墙里架子定额;高度超过 3.60 m 者,套用外脚手架定额。

⑤ 云墙高度从室外地坪至云墙突出部分的1/2处，高度超过3.60 m者，整个云墙按外脚手架计算。

⑥ 独立砖石柱高度在3.60 m以内者，脚手架以柱的结构外围周长乘以柱高计算，执行砌墙脚手架里架子定额；柱高度超过3.60 m者，以柱的结构外围周长加3.60 m乘以柱高计算，执行砌墙脚手架外架子定额。

⑦ 砌石墙到顶的脚手架，工程量按砌墙相应脚手架乘系数1.5。

⑧ 外墙脚手架包括一面抹灰脚手架在内，另一面当墙高度在3.60 m以内的抹灰脚手架费用，已包括在抹灰定额子目内，墙高度超过3.60 m，可计算抹灰脚手架。

⑨ 砖基础自设计室外地坪至垫层（或混凝土基础）上表面的深度，超过1.5 m时，以垂直投影面积按相应砌墙脚手架执行。

(3) 现浇钢筋混凝土脚手架工程量计算规则：

① 钢筋混凝土基础自设计室外地坪至垫层上表面的深度超过1.5 m，同时带形基础混凝土底宽超过3.0 m、独立基础或满堂基础混凝土底面积超过16 m^2 的混凝土浇捣脚手架，应按槽、坑土方规定放工作面后的底面积计算，按高5 m以内的满堂脚手架定额乘0.3系数计算脚手架费用。

② 现浇钢筋混凝土独立柱、单梁、墙高度超过3.60 m应计算浇捣脚手架。柱的浇捣脚手架以柱的结构周长加3.60 m乘以柱高计算；梁的浇捣脚手架按梁的净长乘以地面（或楼面）至梁顶面的高度计算；墙的浇捣脚手架以墙的净长乘以墙高计算。套柱、梁、墙混凝土浇捣脚手架。

③ 层高超过3.60 m的钢筋混凝土框架柱、墙（楼板、屋面板为现浇）所增加的混凝土浇捣脚手架费用，以每10平方米框架轴线水平投影面积，按满堂脚手架相应定额乘以0.3系数执行；层高超过3.60 m的钢筋混凝土框架柱、梁、墙（楼板、屋面板为预制）所增加的混凝土浇捣脚手架费用，以每10平方米框架轴线水平投影面积，按满堂脚手架相应定额乘以0.4系数执行。

(4) 抹灰脚手架、满堂脚手架工程量计算规则：

① 抹灰脚手架：

墙面抹灰：以墙净长乘以净高计算（高度超过3.60 m时）。

钢筋混凝土单梁、柱、墙，高度超过3.60 m时，按以下规定计算脚手架：

(a)单梁：以梁净长乘以地面（或楼面）至梁顶面高度计算脚手架；

(b)柱：以柱结构外围周长加3.60 m乘以柱高计算；

(c)墙：以墙净长乘以地面（或楼面）至板底（墙顶无板时至墙顶）高度计算。

② 满堂脚手架：天棚抹灰高度超过3.60 m时，按室内净面积计算满堂脚手架，不扣除柱、垛所占面积。其中的基本层分为5 m内、8 m内；增加层：高度超过8 m，每增加2 m，计算一层增加层，计算公式如下：

$$\text{增加层数} = \frac{\text{室内净高(m)} - 8\ \text{m}}{2\ \text{m}}$$

余数在0.60 m以内，不计算增加层；超过0.60 m按增加一层计算。

③ 满堂脚手架高度以地面（或楼面）至天棚面或屋面板的底面为准（斜天棚或斜屋面按

平均高度计算)。室内挑廊栏板外侧共享空间的装饰如无满堂脚手架利用时,按地面(或楼面)至顶层栏板顶面高度乘以栏板长度以平方米计算,套相应抹灰脚手架定额。

④ 室内净高超过 3.60 m 的屋面板下、楼板下油漆、刷浆可另行计算一次脚手架费用,按满堂脚手架相应项目乘以 0.1 计算;墙、柱、梁面刷浆、油漆的脚手架按抹灰脚手架相应项目乘以 0.1 计算。

(5) 石作工程脚手架工程量计算规则:

① 石牌坊安装:按边柱外围各加 1.5 m 的水平投影面积计算满堂脚手架。高度自设计地面至楼(枋)顶面。

② 石柱、石屋面板安装:按屋面板水平投影面积计算满堂脚手架。

③ 桥两侧石贴面:超 1.50 m 时,按里架子计算;超 3.60 m 时,按外架子计算。

④ 平桥板安装:按桥两侧各加 2 m 范围,按高 5 m 以内的满堂脚手架定额乘以 0.5 系数执行。

(6) 屋面檐口安装工程脚手架工程量计算规则:

① 檐高 3.60 m 以下屋面檐口安装:按屋面檐口周长乘设计室外标高至檐口高度面积以平方米计算。执行里架子定额。

② 檐高 3.60 m 以上屋面檐口安装:按屋面檐口周长乘檐口高度面积以平方米计算;重檐屋面按每层分别计算。

③ 屋脊高度超过 1 m 时按屋脊高度乘延长米的面积,按一次高 12 m 以内双排外脚手架计算。

(7) 木作工程脚手架工程量计算规则:

① 檐口高度超过 3.60 m 时,安装立柱、架、梁、木基层、挑檐,按屋面水平投影面积计算满堂脚手架一次。檐高在 3.60 m 以内时不计算脚手架;但檐高在 3.60 m 以内的戗(翼)角安装,按戗(翼)角部分的水平投影面积计算一次满堂脚手架。

② 高度在 3.60 m 以内的钉间壁,钉天棚用的脚手架费用已包括在各相应定额内,不再计算。室内(包括地下室)净高超过 3.60 m 时,钉天棚应按满堂脚手架计算。

③ 室内净高超过 3.60 m 的钉间壁以其净长乘以高度的面积,可计算一次抹灰脚手架;天棚吊筋、龙骨与面层按其水平投影面积计算一次满堂脚手架(室内净高在 3.60 m 内的脚手架费用已包括在相应定额内)。

④ 天棚面层高度在 3.60 m 内,吊筋与楼层的连接点高度超过 3.60 m,应按满堂脚手架相应项目的定额基价乘以 0.60 计算。

3) 模板工程说明

计价表中分现浇构件模板、现场预制构件模板两个部分,使用时应分别套用。为便于施工企业快速报价,计价表在附录中列出了混凝土构件的模板含量表,供使用单位参考。按设计图纸计算模板接触面积或使用混凝土含模量折算模板面积,两种方法仅能使用其中一种,相互不得混用。使用含模量者,竣工结算时模板面积不得调整。

(1) 现浇构件模板子目按不同构件分别编制了组合钢模板配钢支撑、复合木模板配钢支撑、木模板配木支撑,使用时,任选一种套用。

(2) 现场预制构件模板子目,按不同构件,分别以组合钢模板、复合木模板、木模板,同时配以标准砖底模或混凝土底模编制,使用其他模板时,不予换算。

(3) 模板工作内容包括清理、场内运输、安装、刷隔离剂、浇灌混凝土时的模板维护、拆模、集中堆放、场外运输。木模板包括制作(预制构件包括刨光、现浇构件不包括刨光),组合钢模板、复合木模板包括装箱。

(4) 现场钢筋混凝土柱、梁、板的支模高度以净高(底层无地下室者高需另加室内外高差)在 3.6 m 以内为准,净高超过 3.6 m 的构件其钢支撑、零星卡具及模板人工分别乘以以下系数。

增加内容	层高			
	5 m 以内	8 m 以内	12 m 以内	12 m 以上
独立柱、梁、板钢支撑及零星卡具	1.10	1.30	1.50	2.00
框架柱(墙)、梁、板钢支撑及零星卡具	1.07	1.15	1.40	1.60
模板人工(不分框架和独立柱梁板)	1.05	1.15	1.30	1.40

注:轴线未形成封闭框架的柱、梁、板称独立柱、梁、板。

(5) 支模高度净高是指:

① 柱:无地下室底层是指设计室外地面至上层板底面、楼层板顶面至上层板底面(无板时至柱顶)。

② 梁、枋、桁:无地下室底层是指设计室外地面至上层板底面、楼层板顶面至上层板底面(无板时至梁、枋、桁顶面)。

③ 板:无地下室底层是指设计室外地面至上层板底面、楼层板顶面至上层板底面。

④ 墙:基础板(或梁)顶面至上层板底面、楼层板顶面至上层板底面。

(6) 模板项目中,仅列出周转木材而无钢支撑项目,其支撑量已含在周转木材中。

(7) 模板材料已包含砂浆垫块与钢筋绑扎用的 22# 镀锌铁丝在内,现浇构件和现场预制构件不用砂浆垫块,而改用塑料卡,每 10 m^2 模板另加塑料卡费用每只 0.2 元,计 30 只,合计 6.00 元。

(8) 有梁板中的弧形梁模板按弧形梁定额执行(含模量=肋形板含模量),其弧形板部分的模板按板定额执行。砖墙基上带形混凝土防潮层模板按圈梁定额执行。

(9) 现浇板、楼梯,底面设计不抹灰者,增加模板缝贴胶带纸人工 0.27 工日/10 m^2,计 9.99 元。

4) 模板工程工程量计算规则

(1) 现浇混凝土及钢筋混凝土模板工程量,按以下规定计算:

① 现浇混凝土及钢筋混凝土模板工程量除另有规定者外,均按混凝土与模板的接触面积以平方米计算。若使用含模量计算模板接触面积者,其工程量=构件体积×相应项目含模量。

② 钢筋混凝土墙、板上单孔面积在 0.3 m^2 以内的孔洞,不予扣除,洞侧壁模板不另增加,但突出墙面的侧壁模板应相应增加。单孔面积在 0.3 m^2 以上的孔洞,应予扣除,洞侧壁模板面积并入墙、板模板工程量之内计算。

③ 现浇钢筋混凝土框架分别按柱、梁、墙、板有关规定计算,墙上单面附墙柱并入墙内工程量计算,双面附墙柱按柱计算。

④ 预制混凝土板间或边补现浇板缝，缝宽在 100 mm 以上者，模板按平板定额计算。

⑤ 构造柱外露均应按图示外露部分计算面积，构造柱与墙接触面不计算模板面积。

⑥ 现浇混凝土雨篷、阳台、水平挑板，按图示挑出墙面以外板底尺寸的水平投影面积计算(附在阳台梁上的混凝土线条不计算水平投影面积)。挑出墙外的牛腿及板边模板已包括在内，复式雨篷挑口内侧净高超过 250 mm 时，其超过部分按挑檐定额计算(超过部分的含模量按天沟含模量计算)。竖向挑板按栏板定额执行。

⑦ 整体直形楼梯包括楼梯段、中间休息平台、平台梁、斜梁及楼梯与楼板连接的梁，按水平投影面积计算，不扣除小于 200 mm 的楼梯井，伸入墙内部分不另增加。

⑧ 现浇圆弧形构件除定额已注明者外，均按垂直圆弧形的面积计算。

⑨ 栏杆按扶手的延长米计算，扶手、栏板的斜长按水平投影长度乘系数 1.18 计算。

⑩ 砖侧模分别为不同厚度，按实砌面积以平方米计算。

斗拱、古式零件按照构件混凝土体积以立方米计算。

古式栏板、吴王靠按照设计图示尺寸以延长米计算。

拱圈石拱模按拱圈石底面弧形面积以平方米计算。

(2) 现场预制钢筋混凝土构件模板工程量，按以下规定计算：

① 现场预制构件模板工程量，除另有规定者外，均按模板接触面积以平方米计算。若使用含模量计算模板面积者，其工程量＝构件体积×相应项目的含模量。砖与混凝土地模费用已包括在定额含量中，不再另行计算。

② 漏空花格窗、花格芯按外围以平方米面积计算。

③ 斗拱、古式零件按照构件混凝土体积以立方米计算。

④ 挂落按设计水平长度以延长米计算。

⑤ 栏杆件、吴王靠构件按设计图示垂直投影面积以平方米计算。

5.11.3 措施项目工程实例

例 5.11.1 某歇山建筑同例 5.6.1，试计算该工程脚手架项目的工程量，编制清单并按江苏省计价规则计价。

解：1) 工程量清单编制

(1) 脚手架项目确定

① 如图所示，因本工程后檐、山墙处设有砖墙，因此应有“外墙砌筑脚手架”项目。

② 根据计价表的规定，“檐口高度超过 3.60 m 时，安装立柱、架、梁、木基层、挑檐，按屋面水平投影面积计算满堂脚手架一次。”因此应设木构架安装的“满堂脚手架”项目，且内墙砌筑、抹灰脚手架不再计取。

③ 本工程檐口高度超过 3.60 m，且前檐处没有外墙脚手架可用，因此按照计价表的规定需设有“屋面檐口安装脚手架”。

④ 根据计价表的规定，屋面铺瓦用的软梯脚手架费用已包括在定额内，不得另计。屋脊高度在 1 m 以内的脚手架费用已包括在定额内，屋脊高度在 1 m 以上的砌筑脚手架套相应脚手架项目另行计算。因此本工程不再有屋面铺瓦、屋脊等脚手架项目。

(2) 工程量计算

① 外墙砌筑脚手架，按外墙外边线长度乘以外墙高度以平方米计算，外墙高度系指室

外设计地坪至檐口高度：

$$S=[5.6+(0.2+0.4)\times 2]\times[0.45+3.6+(0.825+0.845)/2(\text{山墙山尖处})]+(3+3)\times(0.45+3.6)=57.52(\text{m}^2)$$

② 满堂脚手架，按屋面水平投影面积计算：

$$S=(9.3+0.24\times 2)\times(5.6+0.85\times 2)=71.39(\text{m}^2)$$

③ 屋面檐口安装脚手架，檐高 3.60 m 以上屋面檐口安装：按屋面檐口长度乘檐口高度面积以平方米计算。

$$S=(9.3+0.24\times 2)\times(0.45+3.6)=39.61(\text{m}^2)$$

(3) 编制清单：按照仿古建筑工程量清单规范，脚手架项目清单编制如下表：

序号	项目编码	项目名称	项目特征描述	计量单位	工程量
1	021001002001	外墙砌筑脚手架	1. 搭设方式：双排外架子 2. 墙体高度：墙高 4.05 m，山尖高 5.72 m	m^2	57.52
2	021001004001	满堂脚手架	搭设高度：木构架安装，檐桁高 4.05 m，脊桁高 5.69 m	m^2	71.39
3	021001006001	屋面檐口安装脚手架	1. 搭设方式：双排外架子 2. 檐口高度：4.05 m	m^2	39.61

2) 计价

(1) 脚手架项目计价表工程量同清单工程量。

(2) 套用 2007《江苏省仿古建筑与园林工程计价表》子目。

① 外墙砌筑脚手架，套子目 1-941 砌墙脚手架双排外架子高 12 m 以内，不用换算：

$$176.37\times 57.72/10=1\,018.01(\text{元})$$

外墙砌筑脚手架的工程量清单综合单价为 17.64 元/ m^2。

② 满堂脚手架，套子目 1-945，高 5 m 以内满堂脚手架，不用换算：

$$133.52\times 71.39/10=953.2(\text{元})$$

满堂脚手架工程量清单综合单价为 13.35 元/m^2。

③ 屋面檐口安装脚手架，套子目 1-952，高 12 m 以内屋面檐口安装脚手架，不用换算：

$$134.59\times 39.61/10=533.11(\text{元})$$

屋面檐口安装脚手架工程量清单综合单价为 13.46 元/m^2。

例 5.11.2 某钢筋混凝土结构牌楼如图 5.5.1，试计算该图中柱、混凝土椽望板模板的工程量，编制清单并按江苏省计价规则计价。

解：1) 工程量清单编制

(1) 清单工程量计算

混凝土仿古式构件模板的工程量应按混凝土与模板接触面积计算。

① 混凝土圆柱模板面积：$S = 2 \times 3.14 \times 12 \times 2 = 150.72(m^2)$

② 混凝土椽望板模板：

(a) 混凝土望板

$$S = 2.28 \times 1.14 \times (6 - 0.54) - 0.06 \times 2.28 \times 1.14 \times 23(\text{扣混凝土椽}) + [2.28 \times 1.14 + (6 - 0.54) \times 2] \times 0.06(\text{板侧面}) = 11.42(m^2)$$

(b) 混凝土椽

$$S = (0.06 + 0.08 \times 2) \times 2.28 \times 1.14(\text{坡度系数}) \times 23(\text{根数}) + 0.06 \times 0.08 \times 23 \times 2(\text{端部侧面}) = 13.37(m^2)$$

混凝土椽望板模板：$S = 11.42 + 13.37 = 24.79(m^2)$

(2) 编制清单：按照仿古建筑工程量清单规范，清单编制如下表：

序号	项目编码	项目名称	项目特征描述	计量单位	工程量
1	021002002001	现浇混凝土圆形柱	柱直径：540 mm	m^2	150.72
2	021002022001	现浇混凝带椽屋面板	1. 板厚度：60 mm，矩形椽 60 mm×80 mm 2. 板底支模平均高度：12.31 m	m^2	24.79

2) 计价

(1) 混凝土柱、混凝土椽望板模板计价表工程量同清单工程量。

(2) 套用 2007《江苏省仿古建筑与园林工程计价表》子目。

① 现浇混凝土圆柱模板，子目 1-967 圆形柱木模板，不用换算：

$$647.06 \times 150.72/10 = 9\,752.49(\text{元})$$

现浇混凝土圆柱模板工程量清单综合单价为 647.06 元/10 m^2。

② 现浇混凝带椽屋面板，子目 1-1025 椽望板木模板。不用换算：

$$581.64 \times 24.79/10 = 1\,441.89(\text{元})$$

现浇混凝带椽屋面板模板工程量清单综合单价为 581.64 元/10 m^2。

6　园林绿化工程清单与计价

6.1　概述

为了计算园林绿化工程造价，我们需要依据《建设工程工程量清单计价规范》(GB 50500—2013)、《园林绿化工程工程量计算规范》(GB 50858—2013)及《江苏省仿古建筑与园林工程计价表》(2007 年)进行相应的工程量计算和组价。

6.1.1　工程量计算概述

工程量是编制工程估价的基本要素之一，工程量计算的准确性是衡量工程估价质量好坏的重要指标。然而工程量有多种分类、多种理解，各人计算会有不同结果，对此则需作出统一的规定，并能对工程量计算规则有正确理解。对于具体的计算规则本章将结合例题根据《园林绿化工程工程量计算规范》、《江苏省仿古建筑与园林工程计价表》(2007 年)进行阐述。

1) 工程量计算规则概念

工程量计算规则是指对工程量计算工作所作的统一的说明和规定，其中包括项目划分及编码、计量方法、计量单位、项目特征、工程内容描述等。

2) 工程量的分类

工程量是以物理计量单位或自然计量单位来表示各个具体工程的结构构件、配件、装饰、安装、绿化种植、园林小品等各部分实体或非实体项目的数量。由于工程所处的设计阶段不同，工程施工所采用的施工工艺、施工组织方法的不同，在反映工程造价时会有不同类型的工程量，具体可以划分为以下几类：

(1) 设计工程量

设计工程量是指可行性研究阶段或初步设计阶段为编制设计概算而根据初步设计图纸计算出的工程量。它一般由图纸工程量和设计阶段扩大工程量组成。其中图纸工程量是按设计图纸的几何轮廓尺寸算出的工程量。设计阶段扩大工程量是考虑设计工作的深度有限，有一定的误差，为留有余地而设置的工程量，它可根据分部分项工程的特点，以图纸工程量乘一定的系数求得。

(2) 施工超挖工程量

在施工生产过程中，由于生产工艺及保证产品质量的需要，往往需要进行一定的超挖，如土方工程中的放坡开挖，水利工程中的地基处理，园林工程中苗木栽植挖坑等，其施工超挖量的多少与施工方法、施工技术、管理水平及地质条件等因素有关。

(3) 施工附加量

施工附加量是指为完成本项工程而必须增加的工程量。例如:小断面圆形隧洞为满足交通需要扩挖下部而增加的工程量;隧洞工程为满足交通、放炮的需要设置洞内错车道、避炮洞所增加的工程量;为固定钢筋网而增加固定筋工程量等。

(4) 施工超填工程量

指由于施工超挖量、施工附加量相应增加回填工程量。

(5) 施工损失量

① 体积变化损失量。如土石方填筑工程中的施工期沉陷而增加的工程量,混凝土体积收缩而增加的工程量等。

② 运输及操作损耗量。如混凝土、土石方在运输、操作过程中的损耗。

③ 其他损耗量。如土石方填筑工程阶梯形施工后,按设计边坡要求的削坡损失工程量,接缝削坡损失工程量,黏土心(斜)墙及土坝的雨后坝面清理损失工程量,混凝土防渗墙一、二期墙槽接头孔重复造孔及混凝土浇筑增加的工程量。

(6) 质量检查工程量

① 基础处理工程检查工程量。基础处理工程大多采用钻一定数量检查孔的方法进行质量检查。

② 其他检查工程量。如土石方填筑工程通常采用的挖试坑的方法来检查其填筑成品方的干密度。

(7) 试验工程量

如土石坝工程为取得石料场爆破参数和坝上碾压参数而进行的爆破试验、碾压试验而增加的工程量;为取得灌浆设计参数而专门进行的灌浆试验增加的工程量等。

阐述以上工程量的分类,主要是为理解工程量计算规则及准确报价服务的,因为在不同计算规则中有不同的规定,有些量在编制工程量清单时是不计算的,但在报价时应考虑这些量。这也正是有些清单工程量与计价表计量不同的原因。

3) 与工程计量相关的因素

为了对建设项目进行有效的计量,首先应搞清与工程计量相关的因素。

(1) 计量对象的划分:从上述内容可知,工程计量对象有多种划分,对照不同的划分有不同的计量方法,所以,计量对象的划分是进行工程计量的前提。

(2) 计量单位:工程计量时采用的计量单位不同,则计算结果也不同。如墙体工程可以用 m^2 也可以用 m^3 作计量单位,水泥砂浆找平层可用 m^2 也可用 m^3 作计量单位,同样是绿化,可用 m 也可用 m^2,还可以用株作计量单位等,所以计量前必须明确计量单位。

(3) 设计深度:由于设计深度的不同,图纸提供的计量尺寸不明确,因而会有不同的计量结果,如初步设计阶段只能以总建筑面积或单项工程的建筑面积来反映,技术设计阶段除用建筑面积计量外,还可根据工艺设计反映出设备的类型及需要量等,只有到施工图设计阶段才可准确计算出各种实体工程的工程量。如混凝土基础多少立方米,砖砌体多少立方米,某种植物多少株,某种路面多少平方米等。

(4) 施工方案:在工程计量时,对于图纸尺寸相同的构件,往往会因施工方案的不同而导致实际完成工程量的不同。如图示尺寸相同的基础工程,因采用放坡挖土或挡板下挖土则会导致挖土工程量的不同,对于钢筋工程是采用绑扎还是焊接,则会导致实际使用长度的不同等。

(5) 计价方式:计价时采用综合单价还是子项单价,是全费用单价还是部分费用单价,将会影响工程量的计算方式和结果。

由于工程计量受多因素的制约,所以,同一工程由不同的人来计算时会有不同的结果,这样就会影响造价之间的可比性,从而也影响估价结果。因此,为了保证计量工作的统一性、可比性,一般需制定统一的工程量计算规则,让大家按统一的工程量计算规则来执行。

4) 工程量计算依据

为了保证工程量计算结果的统一性和可比性以及防止结算时出现不必要的纠纷,在工程量计算时应严格按照一定的依据来进行,具体包括:

(1) 工程量计算规则;

(2) 工程设计图纸及说明;

(3) 经审定的施工组织设计及施工技术方案;

(4) 招标文件中的有关补充说明及合同条件;

(5) 国家相关规范及地方图集。

5) 工程量计算注意事项

(1) 要依据对应的工程量计算规则来进行计算,其中包括项目编码的一致、计量单位的一致及项目名称的一致。

(2) 注意熟悉设计图纸和设计说明,能作出准确的项目描述,对图中的错漏、尺寸不符、用料及做法不清等问题及时请设计单位解决,计算时应以图纸注明尺寸为依据,不能任意加大或缩小构件尺寸。

(3) 注意计算中的整体性、相关性。在工程量计算时,应有这样的理念:一个园林绿化工程是一个整体,计算时应从整体出发。例如在计算灌木时即可利用灌木的栽种面积乘以密度,而栽种面积也等于整理绿化用地的工作量。

(4) 注意计算列式的规范性与完整性。计算时最好采用统一格式的工程量计算纸,书写时必须标清部位、编号,以便核对。

(5) 注意计算过程中的顺序性:工程量计算时为了避免发生遗漏重复等现象,一般可按一定的计算顺序进行计算。

(6) 计算过程中应注意切实性。工程量计算前应了解工程的现场情况、拟用的施工方案、施工方法等,从而使工程量更切合实际。当然有些规则规定计算工程量时,只考虑图示尺寸,不考虑实际发生的量,这时两者的差异应在报价时考虑。

(7) 注意对计算结果的自检和他检。工程量计算完毕后,计算者自己应进行粗略的检查,如指标检查(某种结构类型的工程正常每平方米耗用的实物工程量指标)、对比检查(同以往类似工程的数字进行比较)等,也可请经验比较丰富、水平比较高的造价工程师来检查。

6.1.2 《园林绿化工程工程量计算规范》(GB 50858—2013)概述

1)《园林绿化工程工程量计算规范》(简称《计量规范》)中的总则

(1) 为规范园林绿化工程造价计量行为,统一园林绿化工程工程量计算规则、工程量清单的编制方法,制定《计量规范》。

(2)《计量规范》适用于园林绿化工程发承包及实施阶段计价活动中的工程计量和工程

量清单编制。

(3) 园林绿化工程计价，必须按《计量规范》规定的工程量计算规则进行工程计量。

(4) 园林绿化工程计量活动，除应遵守《计量规范》外，还应符合国家现行有关标准的规定。

2) 相关术语

(1) 工程量计算：指建设工程项目以工程设计图纸、施工组织设计或施工方案及有关技术经济文件为依据，按照相关工程国家标准的计算规则、计量单位等规定，进行工程数量的计算活动，在工程建设中简称工程计量。

(2) 园林工程：在一定地域内运用工程及艺术的手段，通过改造地形、建造建筑(构筑)物、种植花草树木、铺设园路、设置小品和水景等，对园林各个施工要素进行工程处理，使目标园林达到一定的审美要求和艺术氛围，这一工程的实施过程称为园林工程。

(3) 绿化工程：树木、花卉、草坪、地被植物等的植物种植工程。

(4) 园路：园林中的道路。

(5) 园桥：园林内供游人通行的步桥。

3) 工程计量

(1) 工程量计算除依据《计量规范》各项规定外，还应依据以下文件：

① 经审定通过的施工设计图纸及其说明；

② 经审定通过的施工组织设计或施工方案；

③ 经审定通过的其他有关技术经济文件。

(2) 工程实施过程中的计量应按照现行国家标准《建设工程工程量清单计价规范》GB 50500的相关规定执行。

(3)《计量规范》附录中有两个或两个以上计量单位的，应结合拟建工程项目的实际情况，确定其中一个为计量单位。同一工程项目的计量单位应一致。

(4) 工程计量时每一项目汇总的有效数字位数应遵守下列规定：以“t”为单位，应保留小数点后三位数字，第四位小数四舍五入；以“m”“m^2”“m^3”为单位，应保留小数点后两位数字，第三位小数四舍五入；以“株”“丛”“缸”“套”“个”“支”“只”“块”“根”“座”等为单位，应取整数。

(5)《计量规范》各项目仅列出了主要工作内容，除另有规定和说明外，应视为已经包括完成该项目所列或未列的全部工作内容。

(6) 园林绿化工程(另有规定者除外)涉及普通公共建筑物等工程的项目以及垂直运输机械、大型机械设备进出场及安拆等项目，按现行国家标准《房屋建筑与装饰工程工程量计算规范》(GB 50854)的相应项目执行；涉及仿古建筑工程的项目，按现行国家标准《仿古建筑工程工程量计算规范》(GB 50855)的相应项目执行；涉及电气、给排水等安装工程的项目，按照现行国家标准《通用安装工程工程量计算规范》(GB 50856)的相应项目执行；涉及市政道路、路灯等市政工程的项目，按现行国家标准《市政工程工程量计算规范》(GB 50857)的相应项目执行。

4) 工程量清单编制

(1) 编制工程量清单依据

①《计量规范》和现行国家标准《建设工程工程量清单计价规范》(GB 50500)；

② 国家或省级、行业建设主管部门颁发的计价依据和办法；

③ 建设工程设计文件；

④ 与建设工程项目有关的标准、规范、技术资料；

⑤ 拟定的招标文件；

⑥ 施工现场情况、工程特点及常规施工方案；

⑦ 其他相关资料。

(2) 分部分项工程量清单编制

① 工程量清单应根据《计量规范》附录规定的项目编码、项目名称、项目特征、计量单位和工程量计算规则进行编制。工程量清单的项目编码，应采用十二位阿拉伯数字表示，一至九位应按附录的规定设置，十至十二位应根据拟建工程的工程量清单项目名称和项目特征设置，同一招标工程的项目编码不得有重码。

② 工程量清单的项目名称应按《计量规范》附录的项目名称结合拟建工程的实际确定。工程量清单项目特征应按附录中规定的项目特征，结合拟建工程项目的实际予以描述。

③ 工程量清单中所列工程量应按《计量规范》附录中规定的工程量计算规则计算。工程量清单的计量单位应按附录中规定的计量单位确定。

④《计量规范》现浇混凝土工程项目在“工作内容”中包括模板工程的内容，同时又在“措施项目”中单列了现浇混凝土模板工程项目。对此，由招标人根据工程实际情况选用，若招标人在措施项目清单中未编列现浇混凝土模板项目清单，即表示现浇混凝土模板项目不单列，现浇混凝土工程项目的综合单价中应包括模板工程费用。

⑤《计量规范》对预制混凝土构件按现场制作编制项目，“工作内容”中包含模板工程，不再另列。若采用成品预制混凝土构件时，构建成品价(包括模板、钢筋、混凝土等所有费用)应计入综合单价中。

(3) 编制工程量清单出现《计量规范》附录中未包括的项目，编制人应做补充，并报省级或行业工程造价管理机构备案，省级或行业工程造价管理机构应汇总报住房和城乡建设部标准定额研究所。

补充项目的编码由《计量规范》的代码 05 与 B 和三位阿拉伯数字组成，并应从 05B001 起顺序编制，同一招标工程的项目不得重码。

补充的工程量清单需附有补充项目的名称、项目特征、计量单位、工程量计算规则、工作内容。不能计量的措施项目，需附有补充项目的名称、工作内容及包含范围。

(4) 措施项目中列出了项目编码、项目名称、项目特征、计量单位、工程量计算规则的项目，编制工程量清单时，应按照《计量规范》4.2 分部分项的规定执行。措施项目仅列出项目编码、项目名称，未列出项目特征、计量单位和工程量计算规则的项目，编制工程量清单时，应按《计量规范》附录 D 措施项目规定的项目编码、项目名称确定。

6.1.3 《江苏省仿古建筑与园林工程计价表》(2007 年)概述

《江苏省仿古建筑与园林工程计价表》(2007 年)分为上下两卷，其内容共由四册组成。上卷包含第一册《通用项目》，《通用项目》又由土石方、打桩、基础垫层工程，砌筑工程，混凝土及钢筋混凝土工程，木作工程，楼地面及屋面防水工程，抹灰工程，脚手架工程，模板工程八章组成。下卷包含第二、三、四册的内容，其中第二册《营造法原作法项目》中又包括砖细工程，石作工程，屋面工程，抹灰工程，木作工程，油漆工程，彩画工程七章内容；第三册《园林工程》又由绿化种植，绿化养护，假山工程，园路及园桥工程，园林小品工程五章组成；第四册《附录》又由混凝土及钢筋混凝土构件模板，钢筋含量表，施工机械预算价格取定表，混凝土、砂浆配合比表，门窗五金用量表，材料、成品、半成品损耗率表，名词解释和仿古建筑项目附图八个部分组成。

计价表具体包括总说明、每章说明、工程量计算规则、项目表、附录等，这些内容的应用将结合后面的例题进行阐述。

6.2 绿化工程清单项目计价

6.2.1 绿化工程清单工程量计算规则

1）绿地整理

绿地整理工程量清单项目设置、项目特征描述的内容、计量单位及工程量计算规则应按表 6.2.1 的规定执行。其中，整理绿化用地项目包含厚度小于或等于 300 mm 回填土，厚度大于300 mm 回填土，应按现行国家标准《房屋建筑与装饰工程工程量计算规范》(GB 50854)相应项目编码列项。

表 6.2.1 绿地整理(编码:050101)

<table>
<tr><th>项目编码</th><th>项目名称</th><th>项目特征</th><th>计量单位</th><th>工程量计算规则</th><th>工作内容</th></tr>
<tr><td>050101001</td><td>砍伐乔木</td><td>树干胸径</td><td rowspan="2">株</td><td rowspan="2">按数量计算</td><td>1. 砍伐
2. 废弃物运输
3. 场地清理</td></tr>
<tr><td>050101002</td><td>挖树根(蔸)</td><td>地径</td><td>1. 挖树根
2. 废弃物运输
3. 场地清理</td></tr>
<tr><td>050101003</td><td>砍挖灌木丛及根</td><td>丛高或蓬径</td><td>1. 株
2. m²</td><td>1. 以株计量，按数量计算
2. 以平方米计量，按面积计算</td><td rowspan="3">1. 砍挖
2. 废弃物运输
3. 场地清理</td></tr>
<tr><td>050101004</td><td>砍挖竹及根</td><td>根盘直径</td><td>株(丛)</td><td>按数量计算</td></tr>
<tr><td>050101005</td><td>砍挖芦苇(或其他水生植物)及根</td><td>根盘丛径</td><td rowspan="4">m²</td><td rowspan="3">按面积计算</td></tr>
<tr><td>050101006</td><td>清除草皮</td><td>草皮种类</td><td>1. 除草
2. 废弃物运输
3. 场地清理</td></tr>
<tr><td>050101007</td><td>清除地被植物</td><td>植物种类</td><td>1. 清除植物
2. 废弃物运输
3. 场地清理</td></tr>
<tr><td>050101008</td><td>屋面清理</td><td>1. 屋面做法
2. 屋面高度</td><td>按设计图示尺寸以面积计算</td><td>1. 原屋面清扫
2. 废弃物运输
3. 场地清理</td></tr>
</table>

续表 6.2.1

项目编码	项目名称	项目特征	计量单位	工程量计算规则	工作内容
050101009	种植土回(换)填	1. 回填土质要求 2. 取土运距 3. 回填厚度 4. 弃土运距	1. m^3 2. 株	1. 以立方米计量,按设计图示回填面积乘以回填厚度以体积计算 2. 以株计量,按设计图示数量计算	1. 土方挖、运 2. 回填 3. 找平、找坡 4. 废弃物运输
050101010	整理绿化用地	1. 回填土质要求 2. 取土运距 3. 回填厚度 4. 找平找坡要求 5. 弃渣运距	m^2	按设计图示尺寸以面积计算	1. 排地表水 2. 土方挖、运 3. 耙细、过筛 4. 回填 5. 找平、找坡 6. 拍实 7. 废弃物运输
050101011	绿地起坡造型	1. 回填土质要求 2. 取土运距 3. 起坡平均高度	m^3	按设计图示尺寸以体积计算	1. 排地表水 2. 土方挖、运 3. 耙细、过筛 4. 回填 5. 找平、找坡 6. 废弃物运输
050101012	屋顶花园基底处理	1. 找平层厚度、砂浆种类、强度等级 2. 防水层种类、做法 3. 排水层厚度、材质 4. 过滤层厚度、材质 5. 回填轻质土厚度、种类 6. 屋面高度 7. 阻根层厚度、材质、做法	m^2	按设计图示尺寸以面积计算	1. 抹找平层 2. 防水层铺设 3. 排水层铺设 4. 过滤层铺设 5. 填轻质土壤 6. 阻根层铺设 7. 运输

2) 栽植花木

栽植花木工程量清单项目设置、项目特征描述的内容、计量单位及工程量计算规则应按表 6.2.2 的规定执行。

表 6.2.2 栽植花木(编码:050102)

项目编码	项目名称	项目特征	计量单位	工程量计算规则	工作内容
050102001	栽植乔木	1. 种类 2. 胸径或干径 3. 株高、冠径 4. 起挖方式 5. 养护期	株	按设计图示数量计算	1. 起挖 2. 运输 3. 栽植 4. 养护
050102002	栽植灌木	1. 种类 2. 根盘直径 3. 冠丛高 4. 蓬径 5. 起挖方式 6. 养护期	1. 株 2. m^2	1. 以株计量,按设计图示数量计算 2. 以平方米计量,按设计图示尺寸以绿化水平投影面积计算	

续表 6.2.2

项目编码	项目名称	项目特征	计量单位	工程量计算规则	工作内容
050102003	栽植竹类	1. 竹种类 2. 竹胸径或根盘丛径 3. 养护期	株(丛)	按设计图示数量计算	1. 起挖 2. 运输 3. 栽植 4. 养护
050102004	栽植棕榈类	1. 种类 2. 株高、地径 3. 养护期	株		
050102005	栽植绿篱	1. 种类 2. 篱高 3. 行数、蓬径 4. 单位面积株数 5. 养护期	1. m 2. m^2	1. 以米计量,按设计图示长度以延长米计算 2. 以平方米计量,按设计图示尺寸以绿化水平投影面积计算	
050102006	栽植攀缘植物	1. 植物种类 2. 地径 3. 单位长度株数 4. 养护期	1. 株 2. m	1. 以株计量,按设计图示数量计算 2. 以米计量,按设计图示种植长度以延长米计算	
050102007	栽植色带	1. 苗木、花卉种类 2. 株高或蓬径 3. 单位面积株数 4. 养护期	m^2	按设计图示尺寸以绿化水平投影面积计算	
050102008	栽植花卉	1. 花卉种类 2. 株高或蓬径 3. 单位面积株数 4. 养护期	1. 株(丛、缸) 2. m^2	1. 以株(丛、缸)计量,按设计图示数量计算 2. 以平方米计量,按设计图示尺寸以水平投影面积计算	
050102009	栽植水生植物	1. 植物种类 2. 株高或蓬径或芽数/株 3. 单位面积株数 4. 养护期	1. 丛(缸) 2. m^2		
050102010	垂直墙体绿化种植	1. 植物种类 2. 生长年数或地(干)径 3. 栽植容器材质、规格 4. 栽植基质种类、厚度 5. 养护期	1. m^2 2. m	1. 以平方米计量,按设计图示尺寸以绿化水平投影面积计算 2. 以米计量,按设计图示种植长度以延长米计算	1. 起挖 2. 运输 3. 栽植容器安装 4. 栽植 5. 养护
050102011	花卉立体布置	1. 草本花卉种类 2. 高度或蓬径 3. 单位面积株数 4. 种植形式 5. 养护期	1. 单体(处) 2. m^2	1. 以单体(处)计量,按设计图示数量计算 2. 以平方米计量,按设计图示尺寸以面积计算	1. 起挖 2. 运输 3. 栽植 4. 养护
050102012	铺种草皮	1. 草皮种类 2. 铺种方式 3. 养护期	m^2	按设计图示尺寸以绿化投影面积计算	1. 起挖 2. 运输 3. 铺底砂(土) 3. 栽植 4. 养护

续表 6.2.2

项目编码	项目名称	项目特征	计量单位	工程量计算规则	工作内容
050102013	喷播植草(灌木)籽	1. 基层材料种类规格 2. 草(灌木)籽种类 3. 养护期	m^2	按设计图示尺寸以绿化投影面积计算	1. 基层处理 2. 坡地细整 3. 喷播 4. 覆盖 5. 养护
050102014	植草砖内植草	1. 草坪种类 2. 养护期			1. 起挖 2. 运输 3. 覆土(砂) 4. 铺设 5. 养护
050102015	挂网	1. 种类 2. 规格	m^2	按设计图示尺寸以挂网投影面积计算	1. 制作 2. 运输 3. 安放
050102016	箱/钵栽植	1. 箱/钵体材料品种 2. 箱/钵外型尺寸 3. 栽植植物种类、规格 4. 土质要求 5. 防护材料种类 6. 养护期	个	按设计图示箱/钵数量计算	1. 制作 2. 运输 3. 安放 4. 栽植 5. 养护

注:1. 挖土外运、借土回填、挖(凿)土(石)方应包括在相关项目内。
2. 苗木计算应符合下列规定:
(1) 胸径应为地表面向上 1.2 m 高处树干直径。
(2) 冠径又称冠幅,应为苗木冠丛垂直投影面的最大直径和最小直径之间的平均值。
(3) 蓬径应为灌木、灌丛垂直投影面的直径。
(4) 地径应为地表面向上 0.1 m 高处树干直径。
(5) 干径应为地表面向上 0.3 m 高处树干直径。
(6) 株高应为地表面至树顶端的高度。
(7) 冠丛高应为地表面至乔(灌)木顶端的高度。
(8) 篱高应为地表面至绿篱顶端的高度。
(9) 养护期应为招标文件中要求苗木种植结束后承包人负责养护的时间。
3. 苗木移(假)植应按花木栽植相关项目单独编码列项。
4. 土球包裹材料、树体输液保湿及喷洒生根剂等费用应包含在相应项目内。
5. 墙体绿化浇灌系统按本规范“绿地喷灌”相关项目单独编码列项。
6. 发包人如有成活率要求时,应在特征描述中加以描述。

3) 绿地喷灌

绿地喷灌工程量清单项目设置、项目特征描述的内容、计量单位及工程量计算规则应按表 6.2.3 的规定执行。

表 6.2.3 绿地喷灌(编码:050103)

项目编码	项目名称	项目特征	计量单位	工程量计算规则	工作内容
050103001	喷灌管线安装	1. 管道品种、规格 2. 管件品种、规格 3. 管道固定方式 4. 防护材料种类 5. 油漆品种、刷漆遍数	m	按设计图示管道中心线长度以延长米计算,不扣除检查(阀门)井、阀门、管件及附件所占的长度	1. 管道铺设 2. 管道固筑 3. 水压试验 4. 刷防护材料、油漆

续表 6.2.3

项目编码	项目名称	项目特征	计量单位	工程量计算规则	工作内容
050103002	喷灌配件安装	1. 管道附件、阀门、喷头品种、规格 2. 管道附件、阀门、喷头固定方式 3. 防护材料种类 4. 油漆品种、刷漆遍数	个	按设计图示数量计算	1. 管道附件、阀门、喷头安装 2. 水压试验 3. 刷防护材料、油漆

注：1. 挖填土石方应按现行国家标准《房屋建筑与装饰工程工程量计算规范》(GB 50854)附录 A 相关项目编码列项。
2. 阀门井应按现行国家标准《市政工程工程量计算规范》(GB 50857)相关项目编码列项。

4) 绿化工程的清单工程量计算规则要点

(1) 工程量清单计算规则中，苗木的计量应符合以下规定：

① 胸径(或干径)应为地表面向上 1.2 m 高处树干的直径。

② 冠径又称冠幅，应为苗木冠丛垂直投影面的最大直径和最小直径之间的平均值。

③ 蓬径应为灌木、灌丛垂直投影面的直径。株高应为地表面至树顶端的高度。

④ 地径应为地表面向上 0.1 m 高处树干直径。干径应为地表面向上 0.3 m 高处树干直径。

⑤ 冠丛高应为地表面至乔(灌)木顶端的高度。篱高应为地表面至绿篱顶端的高度。

⑥ 养护期应为招标文件中要求苗木栽植后承包人负责养护的时间。

(2) “伐树、挖树根”应根据树干的胸径不同或区分不同胸径范围(如胸径 150～250 mm 等)，分别以实际树木的株数或按估算数量以株计算。

(3) “砍挖灌木丛”“挖竹根”应根据丛高的不同分别按估算数量以株或丛计算。其中砍挖灌木丛项目应根据灌木丛高或区分不同丛高范围(如丛高 800～1 200 mm 等)，以实际灌木丛数计算。

(4) “挖芦苇根”“清除草皮”按估算面积以平方米计算。

(5) “整理绿化用地”“屋顶花园基底处理”按设计图示尺寸以面积计算。

(6) “栽植乔木”应根据乔木的胸径、株高、丛高或区分不同胸径、株高、丛高范围，设计图示数量以株计算。

(7) “栽植竹类”应根据竹的种类、胸径分别按设计图示数量以株或丛计算。

(8) “栽植棕类”应根据棕的种类、株高分别按设计图示数量以株计算。

(9) “栽植灌木”应根据灌木的种类、冠丛高分别按设计图示数量以株计算。

(10) “栽植绿篱”应区分绿篱的种类、篱高、行数按设计图示长度计算。

(11) “栽植攀缘植物”应根据植物的种类按设计图示数量以株计算。

(12) “栽植色带”应根据苗木的种类、株高分别按设计图示以面积计算。

(13) “栽植花卉”应根据花卉的种类按设计图示数量以株计算。

(14) “栽植水生植物”应根据植物的种类按设计图示数量以丛计算。

(15) “铺种草皮”应区分草皮的种类、铺种方式按设计图示尺寸以面积计算。

(16) “喷播植草”按草籽的种类不同以设计图示尺寸面积计算。

(17) “喷灌设施”按设计图示尺寸以长度计算。喷灌设施项目工程量应分不同管径从供水主管接口处算至喷头各支管(不扣除阀门所占长度，喷头长度不计算)的总长度计算。

6.2.2 绿化工程计价表工程量计算规则

1）绿化种植工程计价表下工程量计算规则及应用要点

绿化种植工程的计算规则及应用要点如下列所示：

(1) 苗木起挖和种植：不论大小、分别按株(丛)、米、平方米计算。

(2) 绿篱起挖和种植：不论单、双排，均按延长米计算；二排以上视作片植，套用片植绿篱以平方米计算。

(3) 花卉、草皮(地被)：以平方米计算。

(4) 起挖或栽植带土球乔、灌木：以土球直径大小或树木冠幅大小选用相应子目。土球直径按乔木胸径的 8 倍、灌木地径的 7 倍取定，无明显干径，按自然冠幅的 0.4 倍计算。棕榈科植物按地径的 2 倍计算。(棕榈科植物以地径换算相应规格土球直径套乔木项目)

(5) 人工换土量按《绿化工程相应规格对照表》有关规定，按实际天然密实土方量以立方米计算。(人工换土项目已包括场内运土，场外土方运输按相应项目计价)

(6) 大面积换土按施工图要求或绿化设计规范要求以立方米计算。

(7) 土方造型(不包括一般绿地自然排水坡度形成的高差)按所需土方量以立方米计算。

(8) 树木支撑，按支撑材料、支撑形式不同以株计算，金属构件支撑以吨计算。

(9) 草绳绕树干，按胸径不同根据所绕树干长度以米计算。

(10) 搭设遮阴棚，根据搭设高度按遮阴棚的展开面积以平方米计算。绿地平整，按工程实际施工的面积以平方米计算，每个工程只可计算一次绿地平整子目。垃圾深埋的计算：以就地深埋的垃圾土(一般以三、四类土)和好土(垃圾深埋后翻到地表面的原深层好土)的全部天然密实土方总量，计算垃圾深埋子目的工程量，以立方米计算。

该部分的工程量计算与计价规范条件下的类似，此处不再单独举例。

2）绿化养护工程计价表下工程量计算规则及应用要点

绿化养护工程的计算规则及应用要点如下列所示：

(1) 乔木分常绿、落叶二类，均按胸径以株计算。

(2) 灌木均按蓬径以株计算。

(3) 绿篱分单排、片植二类。单排绿篱均按修剪后净高高度以延长米计算，片植绿篱均按修剪后净高高度以平方米计算。

(4) 竹类按不同类型，分别以胸径、根盘丛径以株或丛计算。

(5) 水生植物分塘植、盆植二类。塘植按丛计算，盆植按盆计算。

(6) 球形植物均按蓬径以株计算。

(7) 露地花卉分草本植物、木本植物、球(块)根植物三类，均按平方米计算。

(8) 攀缘植物均按地径以株计算。

(9) 地被植物分单排、双排、片植三类。单、双排地被植物均按延长米计算，片植地被植物以平方米计算。

(10) 草坪分暖地型、冷地型、杂草型三类，均以实际养护面积按平方米计算。绿地的保洁，应扣除各类植物树穴周边已分别计算的保洁面积，植物树穴折算保洁面积见下表。

表 6.2.4　植物树穴折算保洁面积表　　　计量单位:10 株

<table>
<tr><td rowspan="2">植物名称</td><td rowspan="2">乔木</td><td colspan="2">灌　木</td><td colspan="2">球　类</td><td rowspan="2">攀缘植物</td></tr>
<tr><td>蓬径≤1 m</td><td>蓬径>1 m</td><td>蓬径≤1 m</td><td>蓬径>1 m</td></tr>
<tr><td>保洁面积(m^2)</td><td>10</td><td>5</td><td>10</td><td>5</td><td>10</td><td>10</td></tr>
<tr><td rowspan="3">植物名称</td><td colspan="2">绿篱、地被植物</td><td colspan="2">散生竹</td><td colspan="2">丛生竹</td></tr>
<tr><td>单排</td><td>双排</td><td colspan="2">胸径</td><td colspan="2">根盘直径</td></tr>
<tr><td colspan="2">10 m</td><td><5 cm</td><td>≥5 cm</td><td><1 m</td><td>≥1 m</td></tr>
<tr><td>保洁面积(m^2)</td><td>5</td><td>10</td><td>2.5</td><td>5</td><td>5</td><td>10</td></tr>
</table>

6.2.3　绿化工程计价应用要点

1) 绿化种植工程计价应用要点

(1) 绿化种植工程适用于城市公共绿地、居住区绿地、单位附属绿地、道路绿地的绿化种植和迁移树木工程。

(2) 绿化种植工程适用于正常种植季节的施工。根据《江苏省城市园林绿化植物种植技术规定(试行)》(苏建园〔2000〕204 号),落叶树木种植和挖掘应在春季解冻以后、发芽以前或在秋季落叶后冰冻前进行;常绿树木的种植和挖掘应在春天土壤解冻以后、树木发芽以前,或在秋季新梢停止生长后降霜以前进行。非正常种植季节施工,所发生的额外费用,应另行计算。

(3) 不含胸径大于 45 cm 的特大树、名贵树木、古老树木起挖及种植。

(4) 绿化种植工程由苗木起挖、苗木栽植、苗木假植、栽植技术措施、人工换土、垃圾土深埋等工程内容组成。包括绿化种植前的准备工作,种植,绿化种植后周围 2 m 内的垃圾清理,苗木种植竣工初验前的养护(即施工期养护)。不包括以下内容:

① 种植前建筑垃圾的清除、其他障碍物的拆除。

② 绿化围栏、花槽、花池、景观装饰、标牌等的砌筑,混凝土、金属或木结构构件及设施的安装(除支撑外)。

③ 种植苗木异地的场外运输(该部分的运输费计入苗木价)。

④ 种植成活期养护(参见《江苏省仿古建筑与园林工程计价表》第三册第二章绿化养护相应项目)。

⑤ 种植土壤的消毒及土壤肥力测定费用。

⑥ 种植穴施基肥(复合肥)。

(5) 苗木起挖和种植均以一、二类土为计算标准,若遇三类土人工乘以系数 1.34,四类土人工乘以系数 1.76。

(6) 施工现场范围内苗木、材料、机具的场内水平运输,均已包括在定额内,除定额规定者外,均不得调整。因场地狭窄、施工环境限制而不能直接运到施工现场,且施工组织设计要求必须进行二次运输的,另行计算。

(7)《计价表》绿化种植定额子目均未包括苗木、花卉本身价值。苗木、花卉价值应分品种不同，按规格分别取定苗木编制期价格。苗木花卉价格均应包含苗木原价、苗木包扎费、检疫费、装卸车费、运输费(不含二次运输)及临时养护费等。

(8) 苗木含量已综合了种植损耗、场内运输损耗、成活率补损损耗，其中乔灌木土球直径在 100 cm 以上，损耗系数为 10%；乔灌木土球直径在 40～100 cm 以内，损耗系数为 5%；乔灌木土球直径在 40 cm 以内，损耗系数为 2%；其他苗木(花卉)等为 2%。

(9) 苗木成活率指由绿化施工单位负责采购，经种植、养护后达到设计要求的成活率，定额成活率为 100%(如建设单位自行采购，成活率由双方另行商定)。

(10) 种植绿篱项目分别按 1 株/m、2 株/m、3 株/m、5 株/m，花坛项目分别按 6.3 株/m^2，11 株/m^2，25 株/m^2，49 株/m^2，70 株/m^2进行测算，实际种植单位株数不同时，绿篱及花卉数量可以换算，人工、其他材料及机械不得调整。

(11) 起挖、栽植乔木，带土球时当土球直径大于 120 cm(含 120 cm)或裸根时胸径大于 15 cm(含 15 cm)以上的截干乔木，定额人工及机械乘以系数 0.8。

(12) 起挖、栽植绿篱(含小灌木及地被)、露地花卉、塘植水生植物，当工程实际密度与定额不同时，苗木、花卉数量可以调整，其他不变。

(13) 绿化种植工程以原土回填为准，如需换土，按换土定额另行计算。

(14) 栽植技术措施子目的使用，必须根据实际需要的支撑方法和材料，套用相应定额子目。

(15) 楼层间、阳台、露台、天台及屋顶花园的绿化，套用相应种植项目，人工乘以系数 1.2，垂直运输费按施工组织设计计算。在大于 30 度的坡地上种植时，相应种植项目人工乘以系数 1.1。

2) *绿化养护工程计价的应用要点*

(1) 绿化养护工程适用于绿化种植工程成活率养护期、日常养护期养护，不适用施工期养护。施工期养护已包含在绿化种植工程中，不得重复计取。

(2) 绿化养护工程包括乔木、灌木、绿篱、竹类、水生植物、球形植物、露地花卉、攀缘植物、地被植物、草坪园林植物等的养护。本定额绿化养护工程工作内容及质量标准系参照《江苏省城市园林植物养护技术规范》编制，分三个养护级别编列项目，综合考虑了绿地的位置、功能、性质、植物拥有量及生长势等。

(3) 成活率：养护期间，若发生非发包方或自然因素造成的苗木死亡损失，由绿化养护承包方自行承担。

(4) 绿化养护工程计算中的几点说明：

① 人工工日以综合工日表示，不分工种、技术等级，内容包括养护用工(修剪、剥芽、施肥、切边、除虫、涂白、扶正、清理死树、清除枯枝)、辅助用工(环境保洁、地勤安全、装卸废弃物)及人工幅度差等。

② 计量单位分别为株、米(延长)、丛、盆、平方米等；定额综合单价包含的连续养护时间为 12 个月(1 年)；若分月承包则按定额综合单价乘以下面表中的系数计算，如果单独承包冬季 12 月、1 月、2 月三个月的养护工程，其定额综合单价须再乘系数 0.80；若绿化种植工程成活期养护不满一年，可套用三级养护的定额综合单价再按养护月份数乘以系数 1.2 计算。

表 6.2.5　绿化养护工程合同养护周期及计算系数表

养护周期	1个月内	2个月内	3个月内	4个月内	5个月内	6个月内
计算系数	0.19	0.27	0.34	0.41	0.49	0.56
养护周期	7个月内	8个月内	9个月内	10个月内	11个月内	12个月内
计算系数	0.63	0.71	0.78	0.85	0.93	1.00

③ 双排绿篱养护按单排绿篱项目综合单价乘系数 1.25 计算。

④ 已考虑绿化养护废弃物的场外运输，运输距离在 15 km 以内。

⑤ 露地花卉类草花种植更换按养护等级，分六次、四次、二次三类，如实际种植、更换的次数有所增减，可按比例调整。

⑥ 露地花卉类木本花卉、球块根类花卉均含一次深翻及种植费用，如实际未发生，可参照第一章相关定额项目扣除。

⑦《计价表》绿化养护定额子目中未列入树木休眠期的施基肥工作内容，如按照苗木的生长势，确需施基肥时，可参照下列两个表格计算人工工日，同时按确定的肥料种类参照市场价格计取材料费，并进行预算价格调整。

表 6.2.6　绿化施基肥人工工日计算系数表(一)

计量单位：工日/(次・10株)

胸径(cm 以内)	10	20	30	40	50
常绿乔木(工日)	0.111	0.148	0.222	0.444	0.667
落叶乔木(工日)	0.139	0.185	0.278	0.556	0.833
蓬径(cm 以内)	50	100	150	200	200 以上
灌木、球(工日)	0.069	0.083	0.104	0.139	0.208

表 6.2.7　绿化施基肥人工工日计算系数表(二)

计量单位：工日/(次・10株)

根盘直径(cm 以内)	50	100	100 以上
丛生竹(工日)	0.104	0.139	0.208
胸径(cm 以内)	5	10	10 以上
散生竹(工日)	0.035	0.046	0.069
地径(cm 以内)	5	10	10 以上
攀缘植物(工日)	0.104	0.139	0.208

⑧《计价表》绿化养护定额子目中未列入乔木树木回缩及处理树线矛盾工作内容，如实际发生时，可参照下表计算相应的人工及机械费用。

表 6.2.8 乔木树木回缩及处理树线矛盾工作费用表

计量单位：工日/(次・10 株)

乔木胸径(cm 以内)	10	20	30	40	50
综合人工(工日)	—	0.10	0.14	0.17	0.21
高空升降车(台班)	—	0.10	0.14	0.17	0.21

⑨ 片植绿篱或花境要求切边时，按照下表增加人工工日。

表 6.2.9 片植绿篱或花境切边增加人工工日计算表

计量单位：工日/(次・10 m^2)

绿篱规格	绿篱高度(cm 以内)				
	50	100	150	200	200 以上
综合人工(工日)	0.028	0.034	0.040	0.050	0.067

⑩ 绿化养护中的片植地被，主要是由龙柏、金边黄杨、金丝桃、天竹、红叶小檗、金叶女贞、红花檵木、栀子花等低矮灌木组成的模纹或色块，区别于片植绿篱(主要由黄杨、珊瑚等组成)。同一条道路的两侧绿地、隔离带绿地、行道树，如管理等级不同时，应分别套用相应的定额子目计算。

3) 绿化养护工程未包括的内容

① 苗木因大幅度调整而发生的挖掘、移植等工程内容。(因疏植调整而发生的多余苗木，其产权归业主所有)

② 绿化围栏、花坛等设施因维护而发生的土建材料费用。

③ 因养护标准、要求提高而发生的新增苗木、花卉等材料费用。

④ 古树名木、名贵苗木、植物造型等特殊养护要求所发生的费用。

⑤ 高架绿化、水生植物等特殊要求而发生的用水增加费用。

若发生上述情况，经发包方同意，可套用本定额其他章节或双方协商，由合同确定。

6.2.4 绿化工程清单计价实例

例 6.2.1 某小区的种植设计平面如图 6.2.1 所示。试计算图示的绿化工程的清单工程量、编制分部分项工程清单并按江苏省计价表规则计价。

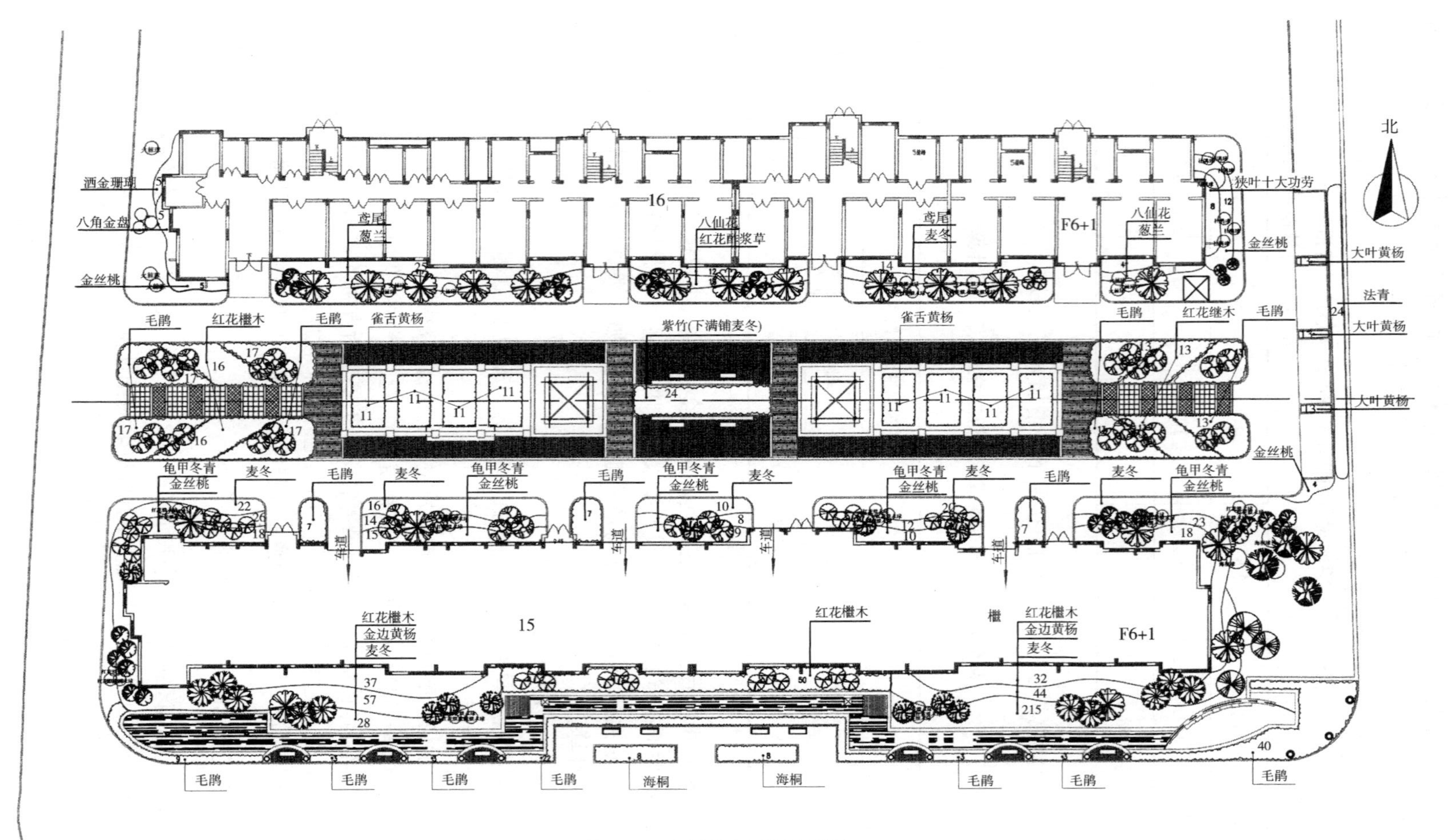

图 6.2.1 小区植物平面布置图

1）工程量清单编制

解：(1)依据设计平面图得出植物统计列表(见表 6.2.10)：

表 6.2.10 植物统计列表

图例	名称	规格	数量	备注	图例	名称	规格	数量	备注
	香樟(小)	干径 15～18 cm	7 棵			红花酢浆草		13 m²	49 塘/m²
	杜英	干径 12～15 cm	19 棵			龟甲冬青	高度 0.3～0.4 m	198 m²	36 株/m²
	银杏(大)	干径 20 cm	13 棵	实生苗		红花檵木	高度 0.4～0.5 m	187 m²	36 株/m²
	银杏(小)	干径 12～15 cm	4 棵	实生苗		毛鹃	高度 0.4 m	376 m²	36 株/m²
	榉树	干径 15 cm	3 棵			洒金珊瑚	高度 0.6 m	5 m²	36 株/m²
	红枫	地径 3～4 cm	46 棵			雀舌黄杨	高度 0.5 m	88 m²	36 株/m²
	紫薇	干径 5～6 cm 高度 3 m 以上	42 棵			金边黄杨	高度 0.4～0.5 m	175 m²	36 株/m²
	四季桂(小)	高度 2.5 m 蓬径 1.5 m	25 棵			八角金盘	高度 0.6 m	5 m²	36 株/m²
	垂丝海棠	地径 5～6 cm	58 棵			金丝桃	高度 0.5 m	204 m²	36 株/m²
	紫叶李(小)	干径 8 cm	28 棵			大叶黄杨	高度 0.5～0.6 m	4 m²	36 株/m²
	含笑	高度 1.01～1.3 m 蓬径 0.61～0.8 m	3 棵			狭叶十大功劳	高度 0.5～0.6 m	8 m²	25 株/m²
	红花檵木球	高度 0.7 m 蓬径 0.8 m	51 棵			海桐	高度 0.5～0.6 m	16 m²	36 株/m²
杜鹃球	杜鹃球	高度 0.61～0.7 m 蓬径 0.5～0.6 m	6 棵			麦冬		680 m²	49 塘/m²
海桐球	海桐球	蓬径 1.2 m	4 棵			八仙花	高度 0.6 m	16 m²	3 株/m²
火棘球	火棘球	蓬径 0.61～0.8 m	9 棵			美人蕉		39 m²	25 塘/m²
	紫竹	高度 3.6 m 干径 3 cm	24 m²	16 株/m²		鸢尾		39 m²	36 塘/m²
	法青	高度 1.6～2.0 m	24 m²	3 株/m²		葱兰		30 m²	49 塘/m²

(2) 根据《计量规范》列出其分部分项工程量清单(见表 6.2.11)：

表 6.2.11 分部分项工程量清单

序号	项目编码	项目名称	项 目 特 征	计量单位	工程数量
1	050101010001	整理绿化用地		m²	2 124.000
2	050102001001	栽植乔木	1. 乔木种类：香樟 2. 乔木胸径：15～18 cm 3. 养护期：1 年	株	7
3	050102001002	栽植乔木	1. 乔木种类：杜英 2. 乔木胸径：12～15 cm 3. 养护期：1 年	株	19
4	050102001003	栽植乔木	1. 乔木种类：银杏(实生苗) 2. 乔木胸径：20 cm 3. 养护期：1 年	株	13

续表 6.2.11

序号	项目编码	项目名称	项　目　特　征	计量单位	工程数量
5	050102001004	栽植乔木	1. 乔木种类:银杏(实生苗) 2. 乔木胸径:12～15 cm 3. 养护期:1 年	株	4
6	050102001005	栽植乔木	1. 乔木种类:榉树 2. 乔木胸径:15 cm 3. 养护期:1 年	株	3
7	050102002001	栽植灌木	1. 灌木种类:红枫 2. 冠丛高:地径 3～4 cm 3. 养护期:1 年	株	46
8	050102002002	栽植灌木	1. 灌木种类:紫薇 2. 冠丛高:干径 5～6 cm;高度 3 m 以上 3. 养护期:1 年	株	42
9	050102002003	栽植灌木	1. 灌木种类:四季桂 2. 冠丛高:蓬径 1.5 m;高度 2.5 m 3. 养护期:1 年	株	25
10	050102002004	栽植灌木	1. 灌木种类:垂丝海棠 2. 冠丛高:地径 5～6 cm 3. 养护期:1 年	株	58
11	050102002005	栽植灌木	1. 灌木种类:紫叶李 2. 冠丛高:干径 8 cm 3. 养护期:1 年	株	28
12	050102002006	栽植灌木	1. 灌木种类:含笑 2. 冠丛高:蓬径 0.61～0.8 m;高度 1.01～1.3 m 3. 养护期:1 年	株	3
13	050102002007	栽植灌木	1. 灌木种类:红花檵木球 2. 冠丛高:蓬径 0.8 m;高度 0.7 m 3. 养护期:1 年	株	51
14	050102002008	栽植灌木	1. 灌木种类:杜鹃球 2. 冠丛高:蓬径 0.5～0.6 m;高度 0.61～0.7 m 3. 养护期:1 年	株	6
15	050102002009	栽植灌木	1. 灌木种类:海桐球 2. 冠丛高:蓬径 1.2 m 3. 养护期:1 年	株	4
16	050102002010	栽植灌木	1. 灌木种类:火棘球 2. 冠丛高:蓬径 0.61～0.8 m 3. 养护期:1 年	株	9
17	050102003001	栽植竹类	1. 竹种类:紫竹 2. 竹胸径:3 cm;高度 3.6 m 3. 养护期:1 m 4. 密度:16 株/m^2	株	384
18	050102002011	栽植灌木	1. 灌木种类:法青 2. 冠丛高:高度 1.6～2.0 m 3. 养护期:1 年 4. 密度:3 株/m^2	株	72
19	050102012001	铺种草皮	1. 草皮种类:红花酢浆草 2. 养护期:1 年 3. 密度:49 塘/m^2	m^2	13

续表 6.2.11

序号	项目编码	项目名称	项目特征	计量单位	工程数量
20	050102002012	栽植灌木	1. 灌木种类:龟甲冬青 2. 冠丛高:高度 0.3～0.4 m 3. 养护期:1 年 4. 密度:36 株/m^2	株	7 128
21	050102002013	栽植灌木	1. 灌木种类:红花檵木 2. 冠丛高:高度 0.4～0.5 m 3. 养护期:1 年 4. 密度:36 株/m^2	株	6 732
22	050102002014	栽植灌木	1. 灌木种类:毛鹃 2. 冠丛高:高度 0.4 m 3. 养护期:1 年 4. 密度:36 株/m^2	株	13 536
23	050102002015	栽植灌木	1. 灌木种类:洒金珊瑚 2. 冠丛高:高度 0.6 m 3. 养护期:1 年 4. 密度:36 株/m^2	株	180
24	050102002016	栽植灌木	1. 灌木种类:雀舌黄杨 2. 冠丛高:高度 0.5 m 3. 养护期:1 年 4. 密度:36 株/m^2	株	3 168
25	050102002017	栽植灌木	1. 灌木种类:金边黄杨 2. 冠丛高:高度 0.4～0.5 m 3. 养护期:1 年 4. 密度:36 株/m^2	株	6 300
26	050102002018	栽植灌木	1. 灌木种类:八角金盘 2. 冠丛高:高度 0.6 m 3. 养护期:1 年 4. 密度:36 株/m^2	株	180
27	050102002019	栽植灌木	1. 灌木种类:金丝桃 2. 冠丛高:高度 0.5 m 3. 养护期:1 年 4. 密度:36 株/m^2	株	7 344
28	050102002020	栽植灌木	1. 灌木种类:大叶黄杨 2. 冠丛高:高度 0.5～0.6 m 3. 养护期:1 年 4. 密度:36 株/m^2	株	144
29	050102002021	栽植灌木	1. 灌木种类:狭叶十大功劳 2. 冠丛高:高度 0.5～0.6 m 3. 养护期:1 年 4. 密度:25 株/m^2	株	200
30	050102002022	栽植灌木	1. 灌木种类:海桐 2. 冠丛高:高度 0.5～0.6 m 3. 养护期:1 年 4. 密度:36 株/m^2	株	576

续表 6.2.11

序号	项目编码	项目名称	项　目　特　征	计量单位	工程数量
31	050102013001	喷播植草	1. 草籽种类:麦冬 2. 养护期:1 年 3. 密度:49 塘/m^2	m^2	680
32	050102002023	栽植灌木	1. 灌木种类:八仙花 2. 冠丛高:高度 0.6 m 3. 养护期:1 年 4. 密度:3 株/m^2	株	48
33	050102008001	栽植花卉	1. 花卉种类:美人蕉 2. 养护期:1 年 3. 密度:25 塘/m^2	m^2	39
34	050102008002	栽植花卉	1. 花卉种类:鸢尾 2. 养护期:1 年 3. 密度:36 塘/m^2	m^2	39
35	050102012002	铺种草皮	1. 草皮种类:葱兰 2. 养护期:1 年 3. 密度:49 塘/m^2	m^2	30

2) 清单计价

(1) 计价表子目的套用参见表 6.2.12 中的定额编号栏。

(2) 计算计价表条件下的工程量。(计算结果见表 6.2.12 中的工程量栏)

(3) 本例利用造价软件计算出相应的清单综合单价,见表 6.2.12。其中人工工资单价为 73 元/工日,材料采用 2014 年 10 月扬州市市场价格,其主材取定价见参表 6.2.13,机械台班单价按照《江苏省施工机械台班 2007 年单价表》。

表 6.2.12　分部分项工程量清单综合单价分析表

序号	定额编号	换	定 额 名 称	单位	工程量	金　额	
						综合单价	合价
1	050101006001		清除草皮	m^2	2 124.000	4.85	10 301.40
	3-267		绿地平整(人工)	10 m^2	212.400	48.55	10 312.02
2	050102001001		栽植乔木	株	7.000	2 663.26	18 642.82
	3-109	换	栽植乔木(带土球)土球直径在 140 cm 内	10 株	0.700	22 533.14	15 773.20
	3-246		树棍三脚桩	10 株	0.700	160.55	112.39
	3-409×1.2	换	常绿乔木(Ⅲ级)胸径 20 cm 以内	10 株	0.700	208.19	145.73
	3-257		草绳绕树干胸径在 20 cm 以内	10 m	29.670	88.02	2 611.55
3	050102001002		栽植乔木	株	19.000	559.42	10 628.98
	3-108	换	栽植乔木(带土球)土球直径在 120 cm 内	10 株	1.900	2 116.11	4 020.61
	3-246		树棍三脚桩	10 株	1.900	160.55	305.05
	3-409×1.2	换	常绿乔木(Ⅲ级)胸径 20 cm 以内	10 株	1.900	208.19	395.56
	3-257		草绳绕树干胸径在 20 cm 以内	10 m	67.120	88.02	5 907.90
4	050102001003		栽植乔木	株	13.000	3 489.85	45 368.05
	3-108	换	栽植乔木(带土球)土球直径在 120 cm 内	10 株	1.300	30 386.11	39 501.94
	3-246		树棍三脚桩	10 株	1.300	160.55	208.72

续表 6.2.12

序号	定额编号	换	定 额 名 称	单位	工程量	金额	
						综合单价	合价
	3-409×1.2	换	常绿乔木(Ⅲ级)胸径 20 cm 以内	10 株	1.300	208.19	270.65
	3-257		草绳绕树干胸径在 20 cm 以内	10 m	61.200	88.02	5 386.82
5	050102001004		栽植乔木	株	4.000	951.65	3 806.60
	3-108	换	栽植乔木(带土球)土球直径在 120 cm 内	10 株	0.400	8 936.11	3 574.44
	3-246		树棍三脚桩	10 株	0.400	160.55	64.22
	3-409×1.2	换	常绿乔木(Ⅲ级)胸径 20 cm 以内	10 株	0.400	208.19	83.28
	3-256		草绳绕树干胸径在 15 cm 以内	10 m	1.413	59.95	84.71
6	050102001005		栽植乔木	株	3.000	2 216.66	6 649.98
	3-108	换	栽植乔木(带土球)土球直径在 120 cm 内	10 株	0.300	21 586.11	6 475.83
	3-246		树棍三脚桩	10 株	0.300	160.55	48.17
	3-409×1.2	换	常绿乔木(Ⅲ级)胸径 20 cm 以内	10 株	0.300	208.19	62.46
	3-256		草绳绕树干胸径在 15 cm 以内	10 m	1.060	59.95	63.55
7	050102002001		栽植灌木	株	46.000	144.38	6 641.48
	3-138	换	栽植灌木(带土球)土球直径在 30 cm 内	10 株	4.600	1 394.17	6 413.18
	3-419×1.2	换	灌木(Ⅲ级)蓬径 100 cm 以内	10 株	4.600	49.57	228.02
8	050102002002		栽植灌木	株	42.000	415.39	17 446.38
	3-140	换	栽植灌木(带土球)土球直径在 50 cm 内	10 株	4.200	3 923.93	16 480.51
	3-246		树棍三脚桩	10 株	4.200	160.55	674.31
	3-420×1.2	换	灌木(Ⅲ级)蓬径 150 cm 以内	10 株	4.200	69.51	291.94
9	050102002003		栽植灌木	株	25.000	236.89	5 922.25
	3-140	换	栽植灌木(带土球)土球直径在 50 cm 内	10 株	2.500	2 138.93	5 347.33
	3-246		树棍三脚桩	10 株	2.500	160.55	401.38
	3-420×1.2	换	灌木(Ⅲ级)蓬径 150 cm 以内	10 株	2.500	69.51	173.78
10	050102002004		栽植灌木	株	58.000	325.84	18 898.72
	3-140	换	栽植灌木(带土球)土球直径在 50 cm 内	10 株	5.800	3 188.93	18 495.79
	3-420×1.2	换	灌木(Ⅲ级)蓬径 150 cm 以内	10 株	5.800	69.51	403.16
11	050102002005		栽植灌木	株	28.000	304.84	8 535.52
	3-140	换	栽植灌木(带土球)土球直径在 50 cm 内	10 株	2.800	2 978.93	8 341.00
	3-420×1.2	换	灌木(Ⅲ级)蓬径 150 cm 以内	10 株	2.800	69.51	194.63
12	050102002006		栽植灌木	株	3.000	56.13	168.39
	3-137	换	栽植灌木(带土球)土球直径在 20 cm 内	10 株	0.300	523.28	156.98
	3-418×1.2	换	灌木(Ⅲ级)蓬径 50 cm 以内	10 株	0.300	37.87	11.36
13	050102002007		栽植灌木	株	51.000	56.50	2 881.50
	3-139	换	栽植灌木(带土球)土球直径在 40 cm 内	10 株	5.100	513.61	2 619.41
	3-424×1.2	换	球类植物(Ⅲ级)蓬径 100 cm 以内	10 株	5.100	51.36	261.94

续表 6.2.12

序号	定额编号	换	定额名称	单位	工程量	金额	
						综合单价	合价
14	050102002008		栽植灌木	株	6.000	66.70	400.20
	3-139	换	栽植灌木(带土球)土球直径在 40 cm 内	10 株	0.600	615.61	369.37
	3-424×1.2	换	球类植物(Ⅲ级)蓬径 100 cm 以内	10 株	0.600	51.36	30.82
15	050102002009		栽植灌木	株	4.000	84.55	338.20
	3-140	换	栽植灌木(带土球)土球直径在 50 cm 内	10 株	0.400	773.93	309.57
	3-425×1.2	换	球类植物(Ⅲ级)蓬径 150 cm 以内	10 株	0.400	71.59	28.64
16	050102002010		栽植灌木	株	9.000	41.39	372.51
	3-138	换	栽植灌木(带土球)土球直径在 30 cm 内	10 株	0.900	374.17	336.75
	3-423×1.2	换	球类植物(Ⅲ级)蓬径 50 cm 以内	10 株	0.900	39.68	35.71
17	050102003001		栽植竹类	株(丛)	384.000	14.90	5 721.60
	3-175	换	栽植竹类胸径在 4 cm 内	10 株	38.400	142.72	5 480.45
	3-438×1.2	换	竹类(Ⅲ级散生竹)胸径 5 cm 以内	10 株	38.400	6.18	237.31
18	050102002011		栽植灌木	株	72.000	28.33	2 039.76
	3-136	换	栽植灌木(带土球)土球直径在 30 cm 内(4 株内/m^2)	10 m^2	2.400	735.62	1 765.49
	3-418×1.2	换	灌木(Ⅲ级)蓬径 50 cm 以内	10 株	7.200	37.87	272.66
19	050102012001		铺种草皮	m^2	13.000	38.59	501.67
	3-212	换	铺种红花酢浆草栽种(书带草等)25 株内/m^2	10 m^2	1.300	349.45	454.29
	3-451×1.2	换	地被植物(Ⅲ级)片植	10 m^2	1.300	36.39	47.31
20	050102002012		栽植灌木	株	7 128.000	0.38	2 708.64
	3-167	换	栽植片植绿篱、小灌木及地被高度在 40 cm 内(49 株内/m^2)	10 m^2	19.800	101.33	2 006.33
	3-451×1.2	换	地被植物(Ⅲ级)片植	10 m^2	19.800	36.39	720.52
21	050102002013		栽植灌木	株	6 732.000	1.20	8 078.40
	3-167	换	栽植片植绿篱、小灌木及地被高度在 40 cm 内(49 株内/m^2)	10 m^2	18.700	395.09	7 388.18
	3-451×1.2	换	地被植物(Ⅲ级)片植	10 m^2	18.700	36.39	680.49
22	050102002014		栽植灌木	株	13 536.000	0.46	6 226.56
	3-167	换	栽植片植绿篱、小灌木及地被高度在 40 cm 内(49 株内/m^2)	10 m^2	37.600	129.89	4 883.86
	3-451×1.2	换	地被植物(Ⅲ级)片植	10 m^2	37.600	36.39	1 368.26
23	050102002015		栽植灌木	株	180.000	0.39	70.20
	3-167	换	栽植片植绿篱、小灌木及地被高度在 40 cm 内(49 株内/m^2)	10 m^2	0.500	105.41	52.71
	3-451×1.2	换	地被植物(Ⅲ级)片植	10 m^2	0.500	36.39	18.20
24	050102002016		栽植灌木	株	3 168.000	0.43	1 362.24
	3-167	换	栽植片植绿篱、小灌木及地被高度在 40 cm 内(49 株内/m^2)	10 m^2	8.800	119.69	1 053.27

续表 6.2.12

序号	定额编号	换	定额名称	单位	工程量	金额	
						综合单价	合价
	3-451×1.2	换	地被植物(Ⅲ级)片植	10 m²	8.800	36.39	320.23
25	050102002017		栽植灌木	株	6 300.000	0.46	2 898.00
	3-167	换	栽植片植绿篱、小灌木及地被高度在 40 cm 内(49 株内/m²)	10 m²	17.500	129.89	2 273.08
	3-451×1.2	换	地被植物(Ⅲ级)片植	10 m²	17.500	36.39	636.83
26	050102002018		栽植灌木	株	180.000	0.49	88.20
	3-167	换	栽植片植绿篱、小灌木及地被高度在 40 cm 内(49 株内/m²)	10 m²	0.500	140.09	70.05
	3-451×1.2	换	地被植物(Ⅲ级)片植	10 m²	0.500	36.39	18.20
27	050102002019		栽植灌木	株	7 344.000	0.40	2 937.60
	3-167	换	栽植片植绿篱、小灌木及地被高度在 40 cm 内(49 株内/m²)	10 m²	20.400	109.49	2 233.60
	3-451×1.2	换	地被植物(Ⅲ级)片植	10 m²	20.400	36.39	742.36
28	050102002020		栽植灌木	株	144.000	0.57	82.08
	3-167	换	栽植片植绿篱、小灌木及地被高度在 40 cm 内(49 株内/m²)	10 m²	0.400	170.69	68.28
	3-451×1.2	换	地被植物(Ⅲ级)片植	10 m²	0.400	36.39	14.56
29	050102002021		栽植灌木	株	200.000	0.99	198.00
	3-168	换	栽植片植绿篱、小灌木及地被高度在 40 cm 内(25 株内/m²)	10 m²	0.800	212.56	170.05
	3-451×1.2	换	地被植物(Ⅲ级)片植	10 m²	0.800	36.39	29.11
30	050102002022		栽植灌木	株	576.000	1.20	691.20
	3-167	换	栽植片植绿篱、小灌木及地被高度在 40 cm 内(49 株内/m²)	10 m²	1.600	395.09	632.14
	3-451×1.2	换	地被植物(Ⅲ级)片植	10 m²	1.600	36.39	58.22
31	050102011001		花卉立体布置	m²	68.000	13.09	890.12
	3-212	换	铺种草皮栽种(书带草等)25 株内/m²	10 m²	6.800	94.45	642.26
	3-451×1.2	换	地被植物(Ⅲ级)片植	10 m²	6.800	36.39	247.45
32	050102004001		栽植棕榈类	株	48.000	362.01	17 376.48
	3-172	换	八仙花	10 m²	4.800	3 582.09	17 194.03
	3-418×1.2	换	灌木(Ⅲ级)蓬径 50 cm 以内	10 株	4.800	37.87	181.78
33	050102008001		栽植花卉	株(丛、缸)	800.000	12.02	9 616.00
	3-198	换	美人蕉	10 m²	3.200	2 977.60	9 528.32
	3-454×1.2	换	露地花卉(Ⅲ级)草本	10 m²	3.200	27.62	88.38
34	050102008002		栽植花卉	株(丛、缸)	1 404.000	3.42	4 801.68
	3-199	换	鸢尾	10 m²	3.900	1 209.49	4 717.01
	3-454×1.2	换	露地花卉(Ⅲ级)草本	10 m²	3.900	27.62	107.72
35	050102010001		垂直墙体绿化种植	m²	30.000	86.53	2 595.90
	3-212	换	铺种葱兰栽种(书带草等)25 株内/m²	10 m²	3.000	828.85	2 486.55
	3-451×1.2	换	地被植物(Ⅲ级)片植	10 m²	3.000	36.39	109.17
合计							225 887.31

表 6.2.13　主材价格取定表

材料编码	材料名称、规格型号	单位	材料用量	单价	合价
0330070～1	毛鹃 高 40 cm	根	383.520	4.00	1 534.08
0330130	树棍 长 1 200 mm 内	根	339.000	3.05	1 033.95
0630211	镀锌铁丝 12#	kg	16.950	7.20	122.04
1730008	基肥	kg	205.394	15.00	3 080.91
1730070	肥料	kg	467.618	2.00	935.24
1730210	药剂	kg	17.670	26.00	459.42
2330008～1	红花酢浆草	m^2	13.260	25.00	331.50
2330180	草绳	kg	6 393.790	0.38	2 429.64
2330450	水	m^3	269.209	4.52	1 216.82
2331664～1	含笑 高 0.61～0.8 m	株	3.060	50.00	153.00
2331785	紫竹 每墩 10 杆/丛	株	391.680	8.00	3 133.44
2331876	桂花(四季桂、丛生状) 冠径 150～179 cm	株	26.250	180.00	4 725.00
2331892	杜英 胸径 5 cm 以上	株	20.900	30.00	627.00
2331899～1	香樟 胸径 15～18 cm	株	7.700	1 800.00	13 860.00
2332376	红枫 地径 3.0～3.9 cm	株	46.920	130.00	6 099.60
2333021	紫薇 胸径 5～6 cm	株	44.100	350.00	15 435.00
2333747	银杏 胸径 12～15 cm	株	4.400	650.00	2 860.00
2333748～1	银杏 胸径 20 cm	株	14.300	2 600.00	37 180.00
2333925～1	杜鹃球 蓬径 5～6 cm	株	6.120	50.00	306.00
2334088	紫叶李 胸径 7～8 cm	株	29.400	260.00	7 644.00
2334126	榉树 胸径 10～15 cm	株	3.300	1 800.00	5 940.00
2334205～1	金边黄杨 高 0.4～0.5 m	株	178.500	4.00	714.00
2334207	大叶黄杨 高 0.5～0.8 m	株	4.080	8.00	32.64
2334222～1	雀舌黄杨 高 0.5 m	株	89.760	3.00	269.28
2334222～2	八角金盘 高 0.6 m	株	5.100	5.00	25.50
2334412	狭叶十大功劳 高 0.5～0.8 m	株	8.160	10.00	81.60
2334425	龟甲冬青 高 25～30 cm	株	201.960	1.20	242.35
2334425～1	洒金珊瑚 高 25～30 cm	株	5.100	1.60	8.16
2334426～1	法国冬青 高 1.6～2 m	株	24.480	50.00	1 224.00
2334436	金丝桃 高 30 cm 以上	株	208.080	2.00	416.16
2334437～2	红花檵木 高 40～50 cm	株	190.740	30.00	5 722.20
2334437～3	红花檵木 高 70 cm	株	52.020	40.00	2 080.80
2334451～1	海桐球 高 50～60 cm	株	16.320	30.00	489.60
2334452	海桐球 高 100～120 cm	株	4.200	50.00	210.00
2334776	垂丝海棠 高 1.5～2.0 m	株	60.900	280.00	17 052.00
2335396	火棘 冠径 60～69 cm	株	9.180	30.00	275.40

6.3 园路园桥工程清单项目计价

6.3.1 园路园桥工程清单工程量计算规则

1）园路园桥工程对应的清单项目

园路、园桥工程量清单项目设置、项目特征描述的内容、计量单位及工程量计算规则应按表 6.3.1 的规定执行。

表 6.3.1 园路、园桥工程(编码:050201)

项目编码	项目名称	项目特征	计量单位	工程量计算规则	工作内容
050201001	园路	1. 路床土石类别 2. 垫层厚度、宽度、材料种类 3. 路面厚度、宽度、材料种类 4. 砂浆强度等级	m^2	按设计图示尺寸以面积计算，不包括路牙	1. 路基、路床整理 2. 垫层铺筑 3. 路面铺筑 4. 路面养护
050201002	踏(蹬)道			按设计图示尺寸以水平投影面积计算，不包括路牙	
050201003	路牙铺设	1. 垫层厚度、材料种类 2. 路牙材料种类、规格 3. 砂浆强度等级	m	按设计图示尺寸以长度计算	1. 基层清理 2. 垫层铺设 3. 路牙铺设
050201004	树池围牙、盖板(箅子)	1. 围牙材料种类、规格 2. 铺设方式 3. 盖板材料种类、规格	1. m 2. 套	1. 以米计量，按设计图示尺寸以长度计算 2. 以套计量，按设计图示数量计算	1. 清理基层 2. 围牙、盖板运输 3. 围牙、盖板铺设
050201005	嵌草砖(格)铺装	1. 垫层厚度 2. 铺设方式 3. 嵌草砖(格)品种、规格、颜色 4. 漏空部分填土要求	m^2	按设计图示尺寸以面积计算	1. 原土夯实 2. 垫层铺设 3. 铺砖 4. 填土
050201006	桥基础	1. 基础类型 2. 垫层及基础材料种类、规格 3. 砂浆强度等级	m^3	按设计图示尺寸以体积计算	1. 垫层铺筑 2. 起重架搭、拆 3. 基础砌筑 4. 砌石
050201007	石桥墩、石桥台	1. 石料种类、规格 2. 勾缝要求 3. 砂浆强度等级、配合比			1. 石料加工 2. 起重架搭、拆 3. 墩、台、券石、券脸砌筑 4. 勾缝
050201008	拱券石	1. 石料种类、规格 2. 券脸雕刻要求 3. 勾缝要求 4. 砂浆强度等级、配合比			
050201009	石券脸		m^2	按设计图示尺寸以面积计算	
050201010	金刚墙砌筑		m^3	按设计图示尺寸以体积计算	1. 石料加工 2. 起重架搭、拆 3. 砌石 4. 填土夯实

续表 6.3.1

项目编码	项目名称	项目特征	计量单位	工程量计算规则	工作内容
050201011	石桥面铺筑	1. 石料种类、规格 2. 找平层厚度、材料种类 3. 勾缝要求 4. 混凝土强度等级 5. 砂浆强度等级	m^2	按设计图示尺寸以面积计算	1. 石材加工 2. 抹找平层 3. 起重架搭、拆 4. 桥面、桥面踏步铺设 5. 勾缝
050201012	石桥面檐板	1. 石料种类、规格 2. 勾缝要求 3. 砂浆强度等级、配合比			1. 石材加工 2. 檐板铺设 3. 铁锔、银锭安装 4. 勾缝
050201013	石汀步（步石、飞石）	1. 石料种类、规格 2. 砂浆强度等级、配合比	m^3	按设计图示尺寸以体积计算	1. 基层整理 2. 石材加工 3. 砂浆调运 4. 砌石
050201014	木制步桥	1. 桥宽度 2. 桥长度 3. 木材种类 4. 各部位截面长度 5. 防护材料种类	m^2	按桥面板设计图示尺寸以面积计算	1. 木桩加工 2. 打木桩基础 3. 木梁、木桥板、木桥栏杆、木扶手制作、安装 4. 连接铁件、螺栓安装 5. 刷防护材料
050201015	栈道	1. 栈道宽度 2. 支架材料种类 3. 面层材料种类 4. 防护材料种类		按栈道面板设计图示尺寸以面积计算	1. 凿洞 2. 安装支架 3. 铺设面板 4. 刷防护材料

注：1. 园路、园桥工程的挖土方、开凿石方、回填等应按现行国家标准《市政工程工程量计算规范》(GB 50857)相关项目编码列项。
2. 如遇某些构配件使用钢筋混凝土或金属构件时，应按现行国家标准《房屋建筑与装饰工程工程量计算规范》(GB 50854)或《市政工程工程量计算规范》(GB 50857)相关项目编码列项。
3. 地栿石、石望柱、石栏杆、石栏板、扶手、撑鼓等应按现行国家标准《仿古建筑工程工程量计算规范》(GB 50855)相关项目编码列项。
4. 亲水(小)码头各分部分项项目按照园桥相应项目编码列项。
5. 台阶项目应按现行国家标准《房屋建筑与装饰工程工程量计算规范》(GB 50854)相关项目编码列项。
6. 混合类构件园桥应按现行国家标准《房屋建筑与装饰工程工程量计算规范》(GB 50854)或《通用安装工程工程量计算规范》(GB 50856)相关项目编码列项。

2）驳岸、护岸清单项目

驳岸、护岸工程量清单项目设置、项目特征描述的内容、计量单位及工程量计算规则应按表 6.3.2 的规定执行。

表 6.3.2　驳岸、护岸(编码:050202)

项目编码	项目名称	项目特征	计量单位	工程量计算规则	工作内容
050202001	石（卵石）砌驳岸	1. 石料种类、规格 2. 驳岸截面、长度 3. 勾缝要求 4. 砂浆强度等级、配合比	1. m^3 2. t	1. 以立方米计量，按设计图示尺寸以体积计算 2. 以吨计量，按质量计算	1. 石料加工 2. 砌石（卵石） 3. 勾缝

续表 6.3.2

项目编码	项目名称	项目特征	计量单位	工程量计算规则	工作内容
050202002	原木桩驳岸	1. 木材种类 2. 桩直径 3. 桩单根长度 4. 防护材料种类	1. m 2. 根	1. 以米计量，按设计图示桩长(包括桩尖)计算 2. 以根计量，按设计图示数量计算	1. 木桩加工 2. 打木桩 3. 刷防护材料
050202003	满(散)铺砂卵石护岸(自然护岸)	1. 护岸平均宽度 2. 粗细砂比例 3. 卵石粒径	1. m^2 2. t	1. 以平方米计量，按设计图示尺寸以护岸展开面积计算 2. 以吨计量，按卵石使用质量计算	1. 修边坡 2. 铺卵石
050202004	点(散)布大卵石	1. 大卵石粒径 2. 数量	1. 块(个) 2. t	1. 以块(个)计量，按设计图示数量计算 2. 以吨计量，按卵石使用质量计算	1. 布石 2. 安砌 3. 成型
050202005	框格花木护岸	1. 展开宽度 2. 护坡材质 3. 框格种类与规格	m^2	按设计图示尺寸展开宽度乘以长度以面积计算	1. 修边坡 2. 安放框格

注：1. 驳岸工程的挖土方、开凿石方、回填等应按现行国家标准《房屋建筑与装饰工程工程量计算规范》(GB 50854)附录 A 相关项目编码列项。
2. 木桩钎(梅花桩)按原木桩驳岸项目单独编码列项。
3. 钢筋混凝土仿木桩驳岸，其钢筋混凝土及表面装饰应按现行国家标准《房屋建筑与装饰工程工程量计算规范》(GB 50854)相关项目编码列项，表面"塑松皮"按该规范附录 C"园林景观工程"相关项目编码列项。
4. 框格花木护岸的铺草皮、撒草籽等应按《计量规范》附录 A"绿化工程"相关项目编码列项。

3) 园路园桥工程的清单工程量计算规则及应用要点

园路园桥工程的清单工程量计算规则及应用要点如下列所示：

(1) "园路"应根据垫层厚度、材料种类以及路面厚度、材料种类、强度的不同分别按设计图示尺寸以面积计算，不包括路牙。园路如有坡度时，工程量以斜面积计算。其中垫层也可以利用第五级编码单列清单。

(2) "路牙铺设"应根据垫层厚度、材料种类以及路牙材料种类、强度的不同按设计图示尺寸以长度米计算。路牙铺设如有坡度时，工程量按斜长计算。其中垫层也可以利用第五级编码单列清单。

(3) "树池围牙、盖板"应根据围牙材料的种类和规格结合铺设的方式，盖板材料种类、规格的不同按设计图示尺寸以长度米计算。

(4) "嵌草砖铺装"应根据垫层厚度、铺设方式、嵌草砖品种、规格、颜色以及漏空部分填土要求按设计图示尺寸以面积计算。嵌草砖铺设工程量不扣除漏空部分的面积，如在斜坡上铺设时，按斜面积计算。其中垫层也可以利用第五级编码单列清单。

(5) "石桥基础"应根据基础类型、石料种类、规格和混凝土、砂浆强度等级的不同分别按设计图示尺寸以体积计算。

(6) "石桥墩、石桥台"、"拱旋石制作、安装"应根据石料种类、规格、砂浆强度等级、勾缝要求、旋脸雕刻要求的不同分别按设计图示尺寸以体积计算。

(7)“石旋脸制作、安装”应根据石料种类、规格、砂浆强度等级、勾缝要求、旋脸雕刻要求的不同分别按设计图示尺寸以面积计算。石旋脸工程量以看面面积计算。

(8)“金刚墙砌筑”应区别石料种类、规格、勾缝要求、砂浆强度等级按设计图示尺寸以体积计算。

(9)“石桥面铺筑”应根据石料种类规格、找平层厚度、材料种类、勾缝要求、混凝土、砂浆强度等级按设计图示尺寸以面积计算。

(10)“石桥面檐板”“仰天石、地栿石”应区分石料种类规格、勾缝要求、砂浆强度等级按设计图示尺寸以长度计算。

(11)“石望柱”应根据石料种类规格、柱高、截面、柱身雕刻要求、柱头雕饰要求、勾缝要求、砂浆配合比的不同分别按设计图示数量计算。

(12)“栏杆、扶手”应根据石料种类规格、栏杆扶手截面、勾缝要求、砂浆配合比的不同分别按设计图示尺寸以长度计算。

(13)“栏板、撑鼓”应区分石料种类规格、栏板撑鼓雕刻要求、勾缝要求、砂浆配合比的不同,按设计图示数量以块计算。

(14)“木制步桥”应详细描述桥宽度、桥长度、木材种类、各部件截面长度、防护材料种类,按设计图示尺寸以桥面板长乘桥面板宽以面积计算。

(15)“堆筑土山丘”应详细描述各土山丘的高度、坡度要求、土丘底外接矩形面积,按设计图示山丘水平投影面外接矩形面积乘以高度的1/3以体积计算。堆筑土山丘形状过于复杂的,工程量也可以估算体积计算。

(16)“堆砌石假山”应详细描述堆砌高度、石料种类、单块重量、混凝土砂浆强度等级,按设计图示尺寸以估算质量计算。

(17)“塑假山”应详细描述假山高度、骨架材料种类规格、山皮料种类、混凝土砂浆强度等级、防护材料种类,按设计图示尺寸以估算面积计算。

(18)“石笋”应根据石笋高度、石笋材料种类、砂浆强度等级按设计图示数量以支计算。

(19)“点风景石”应根据石料种类、石料规格重量、砂浆配合比按设计图示数量以块计算。

(20)“池石、盆景山”应描述底盘种类、山石高度、山石种类、混凝土砂浆强度等级,按设计图示数量以座或个计算。

(21)“山石护角”应区别石料种类规格、砂浆配合比按设计图示尺寸以体积计算。山石护角过于复杂的,工程量也可以估算体积计算,并在工程量清单中进行描述。

(22)“山坡石台阶”应根据石料种类规格、台阶坡度、砂浆强度等级按设计图示尺寸以水平投影面积计算。

(23)“石砌驳岸”应描述石料种类规格、驳岸截面长度、勾缝要求、砂浆强度等级,按设计图示尺寸以体积计算。

(24)“原木桩驳岸”应详细描述木材种类、桩直径、桩单根长度、防护材料种类,按设计图示以桩长(包括桩尖)计算。

(25)“散铺砂”“卵石护岸”“自然护岸”应描述护岸平均宽度、粗细砂比例、卵石粒径、大卵石粒径数量,按设计图示平均护岸宽度乘以护岸长度以面积计算。

(26) 注意点:

① 园路、园桥、假山(堆筑土山丘除外)、驳岸工程等的挖土方、开凿石方、回填等应按《计量规范》附录 A.1 相关项目编码列项。

② 如遇某些构配件使用钢筋混凝土或金属构件时,应按《计量规范》附录 A 或附录 D 相关项目编码列项。

③ 凡以重量、面积、体积计算的山丘、假山等项目,竣工后按核实的工程量,根据合同条件规定进行调整。

6.3.2 园路园桥工程计价表下工程量计算规则

(1) 各种园路垫层按设计图示尺寸,两边各放宽 5 厘米乘厚度以立方米计算。

(2) 各种园路面层按设计图示尺寸,长×宽按平方米计算。

(3) 园桥:毛石基础、桥台、桥墩、护坡按设计图示尺寸以立方米计算;桥面及栈道按设计图示尺寸以平方米计算。

(4) 路牙、筑边按设计图示尺寸以延长米计算;锁口按平方米计算。

6.3.3 园路园桥工程计价应用要点

(1) 园路包括垫层、面层,垫层缺项可按《计价表》第一册楼地面工程相应项目定额执行,其综合人工乘系数 1.10,块料面层中包括的砂浆结合层或铺筑用砂的数量不调整。

(2) 如用路面同样材料铺的路沿或路牙,其工料、机械台班费已包括在定额内,如用其他材料或预制块铺的,按相应项目定额另行计算。

(3) 园桥:基础、桥台、桥墩、护坡、石桥面等项目,如遇缺项可分别按第一册的相应项目定额执行,其合计工日乘系数 1.25,其他不变。

6.3.4 园路园桥工程清单计价实例

例 6.3.1 某厂区的园林景观工程的效果图、平面图及道路剖面图分别是图 6.3.1、图 6.3.2、图 6.3.3。试计算该园路工程的清单工程量,编制清单并按江苏省计价规则计价。

图 6.3.1 某厂区景观效果图

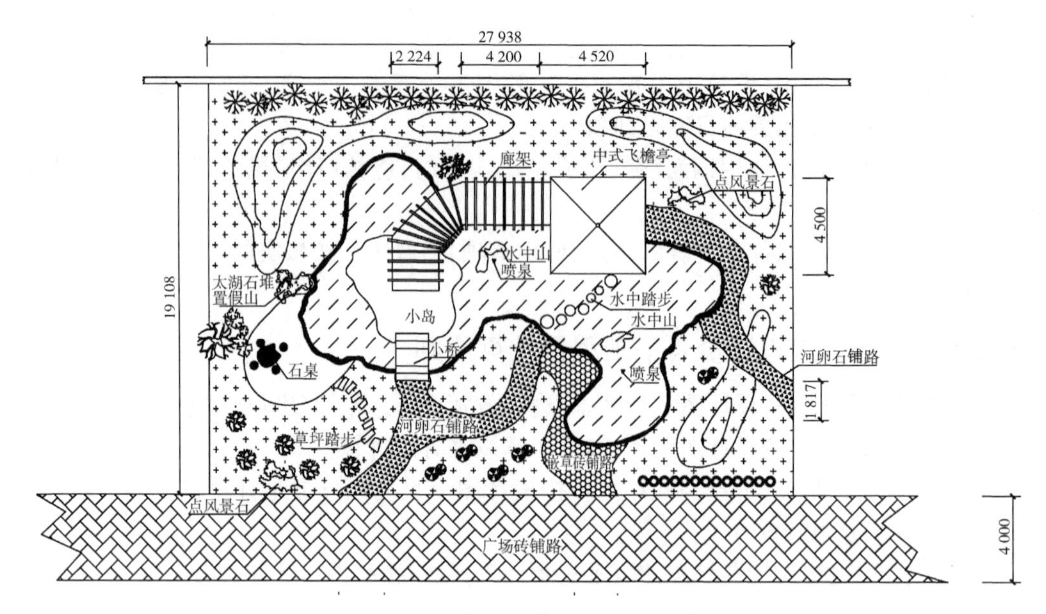

图 6.3.2 某厂区景观平面布置图

设计说明：1. 广场砖路宽 4 m，长 35 m。2. 河卵石铺路一部分平均宽 2 m，长 15 m，另一部分平均宽 2.3 m，长 12 m。3. 嵌草砖铺路平均宽 1.8 m，长 7 m。4. 花岗岩路牙（平缘石）规格 100 mm×200 mm。5. 池塘中湖石假山高 1.8 m，估计用石量 6.8 t。6. 黄石假山高 2.5 m，估计用石量 11.5 t。7. 点风景石计六块：1.5 t 两块，1.8 t、0.8 t、0.6 t、0.5 t 各一块。

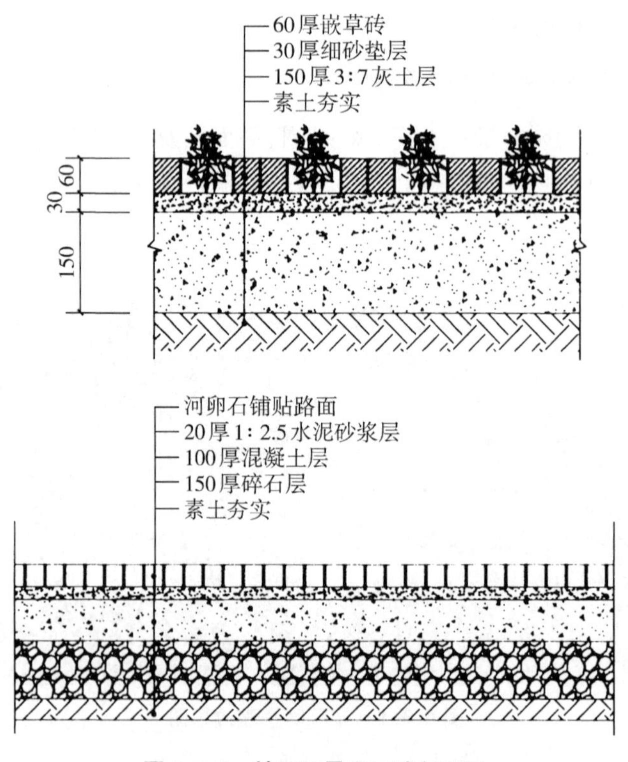

图 6.3.3 某厂区景观园路剖面图

解:1) 工程量清单编制

(1) 根据清单工程量计算规则,园路工程的清单工程量计算如下:

① 道板砖路:35×4=140.0(m^2)

② 卵石路:2×15+2.3×12=57.6(m^2)

③ 路牙:35×2=70(m)

④ 嵌草砖路:1.8×7=12.6(m^2)

(2) 编制清单。按照园林绿化工程清单规范,园路工程分部分项工程量清单项目如表6.3.3所示。

表 6.3.3 园路工程分部分项工程量清单

序号	项目编码	项目名称	项 目 特 征	计量单位	工程数量
1	050201001001	园路	1. 垫层厚度、宽度、材料种类:100 mm 混凝土;60 mm 碎石 2. 路面厚度、宽度、材料种类:30 mm 广场砖	m^2	140.000
2	050201001002	园路	1. 垫层厚度、宽度、材料种类:100 mm 混凝土;150 mm 碎石 2. 路面厚度、宽度、材料种类:卵石面层 3. 砂浆强度等级:20 mm 1∶2.5 水泥砂浆	m^2	57.600
3	050201003001	路牙铺设	100 mm 混凝土垫层;60 mm 碎石 花岗石	m	70.000
4	050201005001	嵌草砖铺装	1. 垫层厚度:30 mm 细砂;150 mm 3∶7 灰土 2. 嵌草砖品种、规格、颜色:60 mm 嵌草砖	m^2	12.600

2) 计价

(1) 计价表定额子目套用见表 6.3.4 中的定额编号栏。

(2) 根据计价表工程量计算规则计算相应项目定额工程量如下:

① 广场砖园路

土基整理:4.1×35.1=143.91(m^2)

碎石垫层:4.1×35.1×0.06=8.63(m^3)

混凝土垫层:4.1×35.1×0.1=14.39(m^3)

广场砖路面:4×35=140(m^2)

② 卵石园路

土基整理:2.1×15.1+2.4×12.1=60.75(m^2)

碎石垫层:(2.1×15.1+2.4×12.1) ×0.05=3.04(m^3)

混凝土垫层:(2.1×15.1+2.4×12.1) ×0.1=6.075(m^3)

冰纹六角式卵石面:2×15+2.3×12=57.6(m^2)

③ 路牙工程量同清单工程量:70 m

④ 嵌草砖铺装

土基整理:1.9×7.1=13.49(m^2)

砂垫层:1.9×7.1×0.03=0.4(m^3)

灰土 3∶7 垫层:1.9×7.1×0.15= 2.02(m^3)

植草砖路面:1.8×7=12.6(m^2)

(3) 价格计算、相关清单项目的清单综合单价详见下表。

表 6.3.4 分部分项工程量清单综合单价分析表

序号	定额编号	换	定 额 名 称	单位	工程量	金 额	
						综合单价	合价
1	050201001001		园路	m^2	140.00	361.92	17 150.48
	3-491		园路土基(整理路床)	10 m^2	14.39	21.98	316.29
	3-495		园路碎石基础垫层	m^3	8.63	97.08	837.80
	3-496		C10 混凝土园路基础垫层	m^3	14.39	258.79	3 723.99
	3-516		园路广场砖有图案	10 m^2	14.00	876.60	12 272.40
2	050201001002		园路	m^2	57.60	193.51	11 146.18
	3-491		园路土基(整理路床)	10 m^2	6.075	21.98	133.52
	3-495		园路碎石基础垫层	m^3	3.04	97.08	295.12
	3-496		C10 混凝土园路基础垫层	m^3	6.08	258.79	1 573.43
	3-513		园路冰纹六角式卵石面	10 m^2	5.76	1 587.52	9 144.11
3	050201003001		路牙铺设	m^2	70.00	79.60	5 572.14
	3-525		园路花岗石路牙 100 mm×200 mm	10 m	7.00	796.02	5 572.14
4	050201005001		嵌草砖(格)铺装	m^2	12.60	67.96	856.30
	3-491		园路土基(整理路床)	10 m^2	1.35	21.98	29.68
	3-492		园路基础砂垫层	m^3	0.40	82.91	33.18
	3-493		园路 3∶7 灰土基础垫层	m^3	2.02	115.41	233.14
	3-518		园路植草砖	10 m^2	1.26	444.68	560.30

例 6.3.2 某园林工程中的木曲桥如图 6.3.4～图 6.3.7 所示。(1)试计算图示的木曲桥工程的清单工程量;(2)进行工程量清单计价。(图中桥柱的基础为 400 mm×400 mm×300 mm的独立基础,混凝土标号为 C25,垫层为 600 mm×600 mm×100 mm 的 C15 混凝土,基础顶标高为−2.3 m,池底垫层加底板厚 0.5 m)

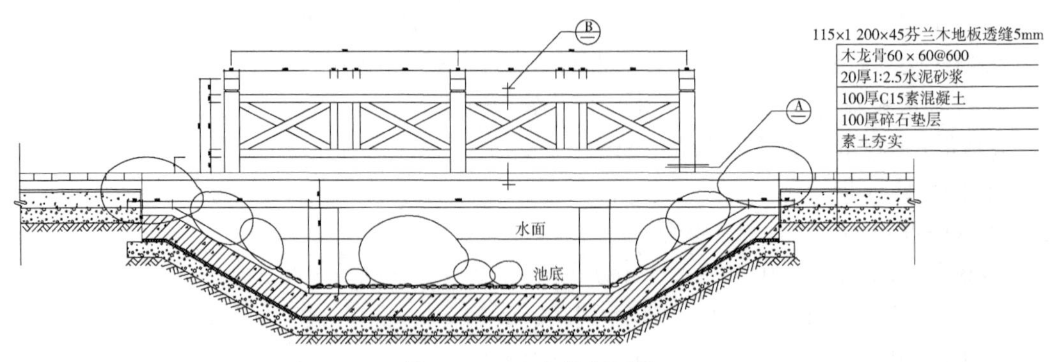

图 6.3.4 木曲桥立面图

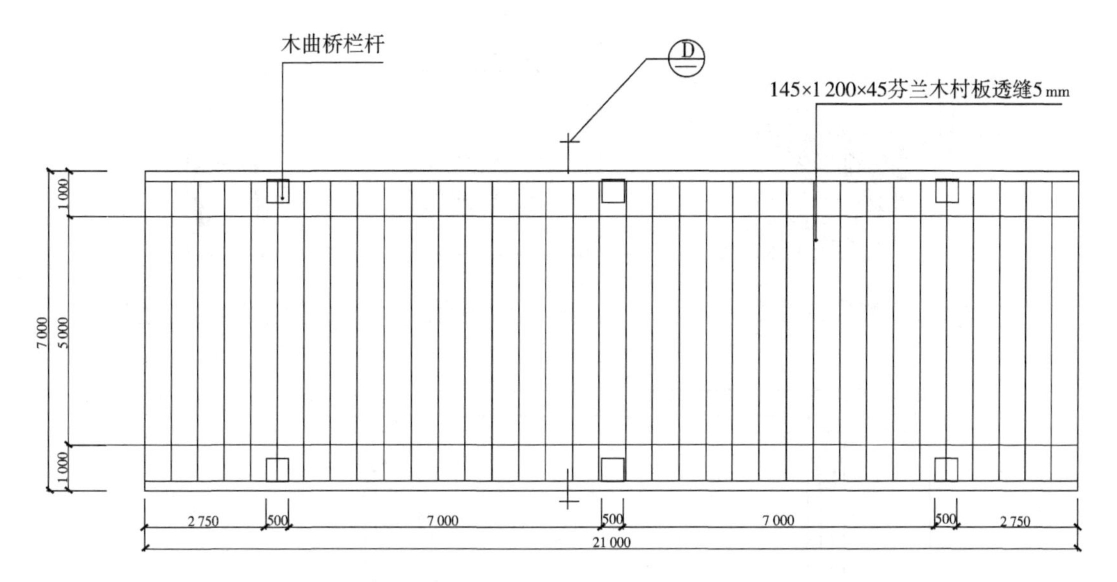

图 6.3.5 木曲桥平面图

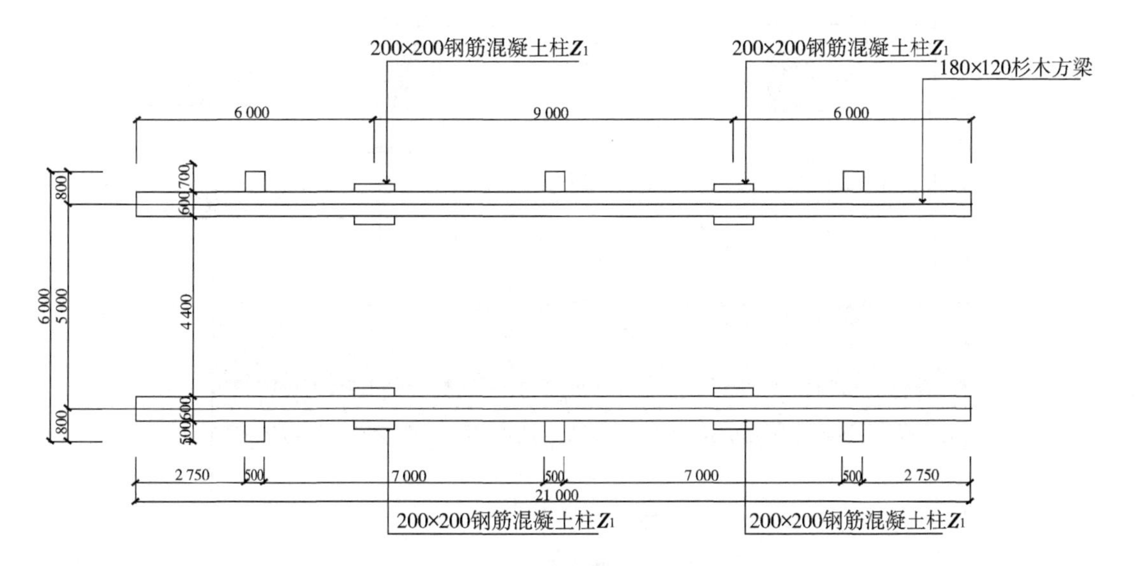

图 6.3.6 木曲桥结构平面图

解:1) 工程量清单编制

(1) 根据清单工程量计算规则,园路工程的清单工程量计算如下:

① 挖土方:0.6×0.6×0.6×4=0.86(m^3)

② 混凝土基础:0.4×0.4×0.3×4=0.19(m^3)

C15 混凝土垫层:0.6×0.6×0.1×4=0.14(m^3)

③ 混凝土桥桩:0.2×0.2×1.2×4=0.19(m^3)

④ 木制步桥:4.2×1.4=5.88(m^2)

(2) 根据《计量规范》列出其分部分项工程量清单如表 6.3.5 所示:

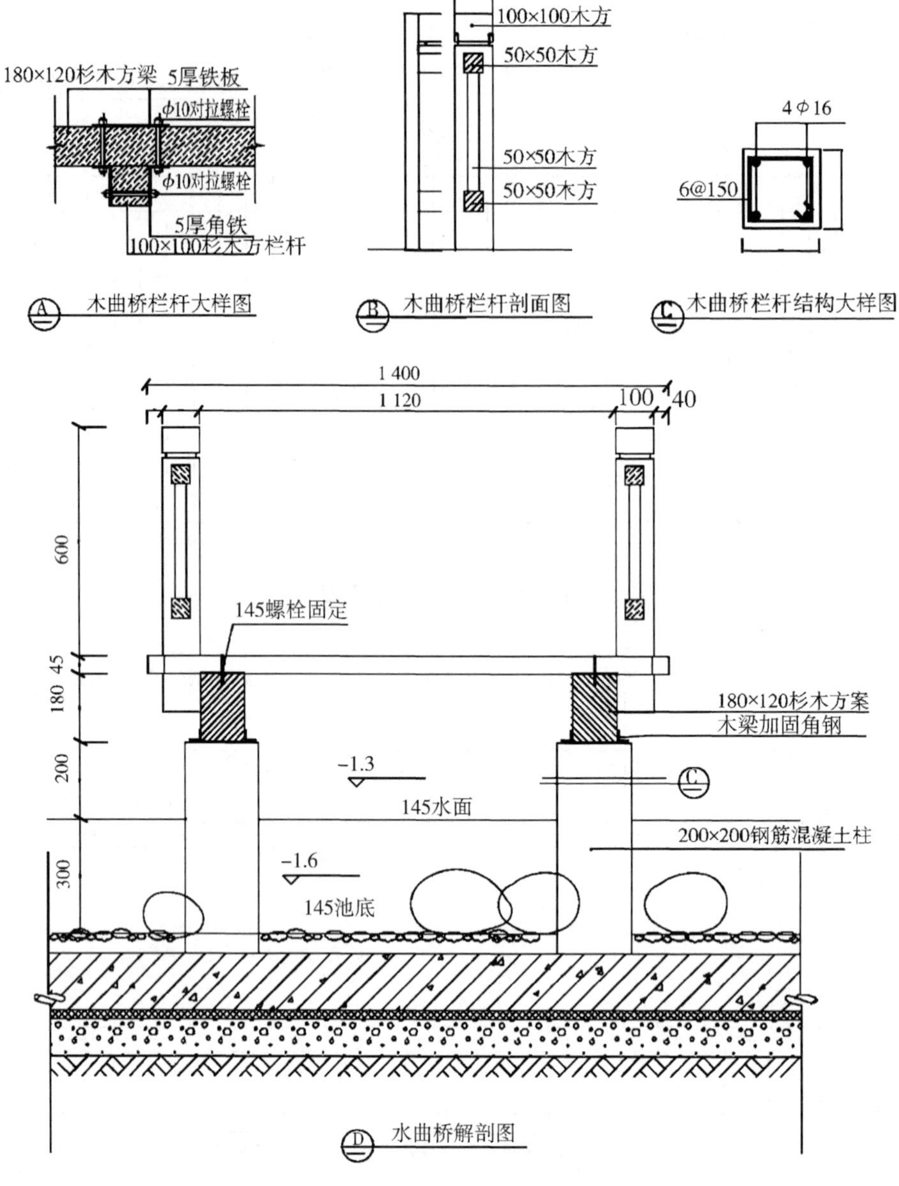

图 6.3.7

表 6.3.5　园路工程分部分项工程量清单

序号	项目编码	项目名称	项　目　特　征	计量单位	工程数量
1	010101004001	挖基坑土方	土壤类别：三类土 挖土平均厚度：深 1.6 m 弃土运距：坑边弃土	m³	0.860
2	010501004001	满堂基础	垫层材料种类、厚度：100 mm C15 混凝土 混凝土强度等级：C25	m³	0.330
3	010502001001	混凝土桥桩	柱截面尺寸：200 mm×200 mm 混凝土强度等级：C25	m³	0.190
4	050201014001	木制步桥	木材种类：杉木桥；杉木栏杆	m²	5.880

2）清单计价

(1) 计价表定额子目套用见表 6.3.4 中的定额编号栏。

(2) 根据计价表工程量计算规则计算相应项目定额工程量如下：

① 挖土方：$1\times1\times0.6\times4=2.4(m^3)$

② 混凝土基础：$0.4\times0.4\times0.3\times4=0.19(m^3)$

C15 混凝土垫层：$0.6\times0.6\times0.1\times4=0.14(m^3)$

③ 混凝土桥桩：$0.2\times0.2\times1.2\times4=0.19(m^3)$

模板：$0.2\times4\times1.2\times4=3.84(m^2)$

④ 木制步桥

杉木方梁：$0.18\times0.12\times4.2\times2=0.18(m^3)$

木栏杆：8.4 m

木桥面板：$1.2\times4.2=5.04(m^2)$

(3) 价格计算、相关清单项目的清单综合单价详见下表。

表 6.3.6 分部分项工程量清单综合单价分析表

序号	定额编号	换	定额名称	单位	工程量	金额	
						综合单价	合价
1	010101004001		挖基坑土方	m^3	0.860	95.08	81.77
	1-54		人工挖三类干土地坑深度在 2 m 以内	m^3	2.400	34.07	81.77
2	010501004001		满堂基础	m^3	0.330	274.67	90.64
	1-170		C15 混凝土自拌混凝土垫层	m^3	0.140	261.88	36.66
	1-275	换	C25 混凝土柱承台、独立基础	m^3	0.190	289.66	51.20
3	010502001001		混凝土桥桩	m^3	0.190	1 089.42	206.99
	1-279		C25 混凝土矩形柱	m^3	0.190	350.49	66.59
	1-966		矩形柱复合木模板	10 m^2	0.384	365.63	140.4
4	050201014001		木制步桥	m^2	5.880	3 103.56	18 248.93
	1-682		方木楞不带剪刀撑	m^3	0.180	1 953.25	351.59
	1-718		木扶手木栏杆制作安装	10 m	8.400	1 665.21	13 987.76
	1-689		平口板铺在大木楞上	10 m^2	5.040	775.71	3 909.58

备注：1-275 换，C20 混凝土换算为 C25 混凝土：$269.47-178.54+195.79\times1.015=289.66$(元/ m^3)

6.4 园林景观工程清单项目计价

6.4.1 园林景观工程清单工程量计算规则

1）堆塑假山

堆塑假山工程量清单项目设置、项目特征描述的内容、计量单位、工程量计算规则应按表 6.4.1 的规定执行。

表 6.4.1　堆塑假山(编码:050301)

项目编码	项目名称	项目特征	计量单位	工程量计算规则	工作内容
050301001	堆筑土山丘	1. 土丘高度 2. 土丘坡度要求 3. 土丘底面外接矩形面积	m^3	按设计图示山丘水平投影外接矩形面积乘以高度的 1/3 以体积计算	1. 取土、运土 2. 堆砌、夯实 3. 修整
050301002	堆砌石假山	1. 堆砌高度 2. 石料种类、单块重量 3. 混凝土强度等级 4. 砂浆强度等级、配合比	t	按设计图示尺寸以质量计算	1. 选料 2. 起重机搭、拆 3. 堆砌、修整
050301003	塑假山	1. 假山高度 2. 骨架材料种类、规格 3. 山皮料种类 4. 混凝土强度等级 5. 砂浆强度等级、配合比 6. 防护材料种类	m^2	按设计图示尺寸以展开面积计算	1. 骨架制作 2. 假山胎模制作 3. 塑假山 4. 山皮料安装 5. 刷防护材料
050301004	石笋	1. 石笋高度 2. 石笋材料种类 3. 砂浆强度等级、配合比	支	1. 以块(支、个)计量,按设计图示数量计算 2. 以吨计量,按设计图示石料质量计算	1. 选石料 2. 石笋安装
050301005	点风景石	1. 石料种类 2. 石料规格、重量 3. 砂浆配合比	1. 块 2. t		1. 选石料 2. 起重架搭、拆 3. 点石
050301006	池、盆景置石	1. 底盘种类 2. 山石高度 3. 山石种类 4. 混凝土砂浆强度等级 5. 砂浆强度等级、配合比	1. 座 2. 个		1. 底盘制作、安装 2. 池、盆景山石安装、砌筑
050301007	山(卵)石护角	1. 石料种类、规格 2. 砂浆配合比	m^3	按设计图示尺寸以体积计算	1. 石料加工 2. 砌石
050301008	山坡(卵)石台阶	1. 石料种类、规格 2. 台阶坡度 3. 砂浆强度等级	m^2	按设计图示尺寸以水平投影面积计算	1. 选石料 2. 台阶砌筑

注:1. 假山(堆筑土山丘除外)工程的挖土方、开凿石方、回填等应按现行国家标准《房屋建筑与装饰工程工程量计算规范》(GB 50854)相关项目编码列项。
2. 如遇某些构配件使用钢筋混凝土或金属构件时,应按现行国家标准《房屋建筑与装饰工程工程量计算规范》(GB 50854)或《市政工程工程量计算规范》(GB 50857)相关项目编码列项。
3. 散铺河滩石按点风景石项目单独编码列项。
4. 堆筑土山丘,适用于夯填、堆筑而成。

2) 原木、竹构件

原木、竹构件工程量清单项目设置、项目特征描述的内容、计量单位、工程量计算规则应按表 6.4.2 的规定执行。其中木构件连接方式应包括开榫连接、铁件连接、扒钉连接、铁钉连接等;竹构件连接方式应包括竹钉固定、竹篾绑扎、铁丝连接等。

表 6.4.2 原木、竹构件(编码:050302)

<table>
<tr><th>项目编码</th><th>项目名称</th><th>项目特征</th><th>计量单位</th><th>工程量计算规则</th><th>工作内容</th></tr>
<tr><td>050302001</td><td>原木(带树皮)柱、梁、檩、椽</td><td rowspan="3">1. 原木种类
2. 原木直(梢)径(不含树皮厚度)
3. 墙龙骨材料种类、规格
4. 墙底层材料种类、规格
5. 构件联结方式
6. 防护材料种类</td><td>m</td><td>按设计图示尺寸以长度计算(包括榫长)</td><td rowspan="6">1. 构件制作
2. 构件安装
3. 刷防护材料</td></tr>
<tr><td>050302002</td><td>原木(带树皮)墙</td><td rowspan="2">m²</td><td>按设计图示尺寸以面积计算(不包括柱、梁)</td></tr>
<tr><td>050302003</td><td>树枝吊挂楣子</td><td>按设计图示尺寸以框外围面积计算</td></tr>
<tr><td>050302004</td><td>竹柱、梁、檩、椽</td><td>1. 竹种类
2. 竹直(梢)径
3. 连接方式
4. 防护材料种类</td><td>m</td><td>按设计图示尺寸以长度计算</td></tr>
<tr><td>050302005</td><td>竹编墙</td><td>1. 竹种类
2. 墙龙骨材料种类、规格
3. 墙底层材料种类、规格
4. 防护材料种类</td><td rowspan="2">m²</td><td>按设计图示尺寸以面积计算(不包括柱、梁)</td></tr>
<tr><td>050302006</td><td>竹吊挂楣子</td><td>1. 竹种类
2. 竹梢径
3. 防护材料种类</td><td>按设计图示尺寸以框外围面积计算</td></tr>
</table>

3) 亭廊屋面

亭廊屋面工程量清单项目设置、项目特征描述的内容、计量单位、工程量计算规则应按表 6.4.3 的规定执行。

表 6.4.3 亭廊屋面(编码:050303)

<table>
<tr><th>项目编码</th><th>项目名称</th><th>项目特征</th><th>计量单位</th><th>工程量计算规则</th><th>工作内容</th></tr>
<tr><td>050303001</td><td>草屋面</td><td rowspan="3">1. 屋面坡度
2. 铺草种类
3. 竹材种类
4. 防护材料种类</td><td rowspan="4">m²</td><td>按设计图示尺寸以斜面计算</td><td rowspan="3">1. 整理、选料
2. 屋面铺设
3. 刷防护材料</td></tr>
<tr><td>050303002</td><td>竹屋面</td><td>按设计图示尺寸以实铺面积计算(不包括柱、梁)</td></tr>
<tr><td>050303003</td><td>树皮屋面</td><td>按设计图示尺寸以屋面结构外围面积计算</td></tr>
<tr><td>050303004</td><td>油毡瓦屋面</td><td>1. 冷底子油品种
2. 冷底子油涂刷遍数
3. 油毡瓦颜色规格</td><td>按设计图示尺寸以斜面计算</td><td>1. 清理基层
2. 材料裁接
3. 刷油
4. 铺设</td></tr>
<tr><td>050303005</td><td>预制混凝土穹顶</td><td>1. 穹顶弧长、直径
2. 肋截面尺寸
3. 板厚
4. 混凝土强度等级
5. 拉杆材质、规格</td><td>m³</td><td>按设计图示尺寸以体积计算。混凝土脊和穹顶的肋、基梁并入屋面体积</td><td>1. 模板制作、运输、安装、拆除、保养
2. 混凝土制作、运输、浇筑、振捣、养护
3. 构建运输、安装
4. 砂浆制作、运输
5. 接头灌缝、养护</td></tr>
</table>

续表 6.4.3

项目编码	项目名称	项目特征	计量单位	工程量计算规则	工作内容
050303006	彩色压型钢板(夹芯板)攒尖亭屋面板	1. 屋面坡度 2. 穹顶弧长、直径 3. 彩色压型钢(夹芯)板品种、规格 4. 拉杆材质、规格 5. 嵌缝材料种类 6. 防护材料种类	m^2	按设计图示尺寸以实铺面积计算	1. 压型板安装 2. 护角、包角、泛水安装 3. 嵌缝 4. 刷防护材料
050303007	彩色压型钢板(夹芯板)穹顶				
050303008	玻璃屋面	1. 屋面坡度 2. 龙骨材质、规格 3. 玻璃材质、规格 4. 防护材料种类			1. 制作 2. 运输 3. 安装
050303009	木(防腐木)屋面	1. 木(防腐木)种类 2. 防护层处理			1. 制作 2. 运输 3. 安装

注:1. 柱顶石(磉蹬石)、钢筋混凝土屋面板、钢筋混凝土亭屋面板、木柱、木屋架、钢柱、钢屋架、屋面木基层和防水层等,应按现行国家标准《房屋建筑与装饰工程工程量计算规范》(GB 50854)中相关项目编码列项。

2. 膜结构的亭、廊,应按现行国家标准《仿古建筑工程工程量计算规范》(GB 50855)及《房屋建筑与装饰工程工程量计算规范》(GB 50854)中相关项目编码列项。

3. 竹构件连接方式应包括竹钉固定、竹篾绑扎、铁丝连接等。

4) 花架

花架工程量清单项目设置、项目特征描述的内容、计量单位、工程量计算规则应按表6.4.4的规定执行。其中花架基础、玻璃天棚、表面装饰及涂料项目应按现行国家标准《房屋建筑与装饰工程工程量计算规范》(GB 50854)中相关项目编码列项。

表 6.4.4 花架(编码 050304)

项目编码	项目名称	项目特征	计量单位	工程量计算规则	工作内容
050304001	现浇混凝土花架柱、梁	1. 柱截面、高度、根数 2. 盖梁截面、高度、根数 3. 连系梁截面、高度、根数 4. 混凝土强度等级	m^3	按设计图示尺寸以体积计算	1. 模板制作、运输、安装、拆除、保养 2. 混凝土制作、运输、浇筑、振捣、养护
050304002	预制混凝土花架柱、梁	1. 柱截面、高度、根数 2. 盖梁截面、高度、根数 3. 连系梁截面、高度、根数 4. 混凝土强度等级 5. 砂浆配合比			1. 模板制作、运输、安装、拆除、保养 2. 混凝土制作、运输、浇筑、振捣、养护 3. 构件运输、安装 4. 砂浆制作、运输 5. 接头灌缝、养护
050304003	金属花架柱、梁	1. 钢材品种、规格 2. 柱、梁截面 3. 油漆品种、刷漆遍数	t	按设计图示尺寸以质量计算	1. 制作、运输 2. 安装 3. 油漆
050304004	木花架柱、梁	1. 木材种类 2. 柱、梁截面 3. 连接方式 4. 防护材料种类	m^3	按设计图示截面乘长度(包括榫长)以体积计算	1. 构件制作、运输、安装 2. 刷防护材料、油漆
050304005	竹花架柱、梁	1. 竹种类 2. 竹胸径 3. 油漆品种、刷漆遍数	1. m 2. 根	1. 以长度计量,按设计图示花架构件尺寸以延长米计算 2. 以根计量,按设计图示花架柱、梁数量计算	1. 制作 2. 运输 3. 安装 4. 油漆

5）园林桌椅

园林桌椅工程量清单项目设置、项目特征描述的内容、计量单位、工程量计算规则应按表6.4.5的规定执行。木制飞来椅按现行国家标准《仿古建筑工程工程量计算规范》(GB 50855)相关项目编码列项。

表6.4.5 园林桌椅(50305)

项目编码	项目名称	项目特征	计量单位	工程量计算规则	工作内容
050305001	预制钢筋混凝土飞来椅	1. 座凳面厚度、宽度 2. 靠背扶手截面 3. 靠背截面 4. 座凳楣子形状、尺寸 5. 混凝土强度等级 6. 砂浆配合比	m	按设计图示尺寸以座凳面中心线长度计算	1. 模板制作、运输、安装、拆除、保养 2. 混凝土制作、运输、浇筑、振捣、养护 3. 构件运输、安装 4. 砂浆制作、运输、抹面、养护 5. 接头灌缝、养护
050305002	水磨石飞来椅	1. 座凳面厚度、宽度 2. 靠背扶手截面 3. 靠背截面 4. 座凳楣子形状、尺寸 5. 砂浆配合比			1. 砂浆制作、运输 2. 制作 3. 运输 4. 安装
050305003	竹制飞来椅	1. 竹材种类 2. 座凳面厚度、宽度 3. 靠背扶手截面 4. 靠背截面 5. 座凳楣子形状 6. 铁件尺寸、厚度 7. 防护材料种类			1. 座凳面、靠背扶手、靠背、楣子制作、安装 2. 铁件安装 3. 刷防护材料
050305004	现浇混凝土桌凳	1. 桌凳形状 2. 基础尺寸、埋设深度 3. 桌面尺寸、支墩高度 4. 凳面尺寸、支墩高度 5. 混凝土强度等级、砂浆配合比	个	按设计图示数量计算	1. 模板制作、运输、安装、拆除、保养 2. 混凝土制作、运输、浇筑、振捣、养护 3. 砂浆制作、运输
050305005	预制混凝土桌凳	1. 桌凳形状 2. 基础形状、尺寸、埋设深度 3. 桌面形状、尺寸、支墩高度 4. 凳面尺寸、支墩高度 5. 混凝土强度等级 6. 砂浆配合比			1. 模板制作、运输、安装、拆除、保养 2. 混凝土制作、运输、浇筑、振捣、养护 3. 构建运输、安装 4. 砂浆制作、运输 5. 接头灌缝、养护
050305006	石桌石凳	1. 石材种类 2. 基础形状、尺寸、埋设深度 3. 桌面形状、尺寸、支墩高度 4. 凳面尺寸、支墩高度 5. 混凝土强度等级 6. 砂浆配合比			1. 土方挖运 2. 桌凳制作 3. 桌凳运输 4. 桌凳安装 5. 砂浆制作、运输

续表 6.4.5

<table>
<tr><th>项目编码</th><th>项目名称</th><th>项目特征</th><th>计量单位</th><th>工程量计算规则</th><th>工作内容</th></tr>
<tr><td>050305007</td><td>水磨石桌凳</td><td>1. 基础形状、尺寸、埋设深度
2. 桌面形状、尺寸、支墩高度
3. 凳面尺寸、支墩高度
4. 混凝土强度等级
5. 砂浆配合比</td><td rowspan="4">个</td><td rowspan="4">按设计图示数量计算</td><td>1. 桌凳制作
2. 桌凳运输
3. 桌凳安装
4. 砂浆制作、运输</td></tr>
<tr><td>050305008</td><td>塑树根桌凳</td><td rowspan="2">1. 桌凳直径
2. 桌凳高度
3. 砖石种类
4. 砂浆强度等级、配合比
5. 颜料品种、颜色</td><td rowspan="2">1. 砂浆制作、运输
2. 砖石砌筑
3. 塑树皮
4. 绘制木纹</td></tr>
<tr><td>050305009</td><td>塑树节椅</td></tr>
<tr><td>050305010</td><td>塑料、铁艺、金属椅</td><td>1. 木座板面截面
2. 座椅规格、颜色
3. 混凝土强度等级
4. 防护材料种类</td><td>1. 制作
2. 安装
3. 刷防护材料</td></tr>
</table>

6）喷泉安装

喷泉安装工程量清单项目设置、项目特征描述的内容、计量单位、工程量计算规则应按表 6.4.6 的规定执行。喷泉水池、管架项目应按现行国家标准《房屋建筑与装饰工程工程量计算规范》(GB 50854)中相关项目编码列项。

表 6.4.6　喷泉安装(编码:050306)

<table>
<tr><th>项目编码</th><th>项目名称</th><th>项目特征</th><th>计量单位</th><th>工程量计算规则</th><th>工作内容</th></tr>
<tr><td>050306001</td><td>喷泉管道</td><td>1. 管材、管件、阀门、喷头品种
2. 管道固定方式
3. 防护材料种类</td><td rowspan="2">m</td><td>按设计图示管道中心线长以延长米计算，不扣除检查(阀门)井、阀门、管件及附件所占的长度</td><td>1. 土(石)方挖运
2. 管材、管件、阀门、喷头安装
3. 刷防护材料
4. 回填</td></tr>
<tr><td>050306002</td><td>喷泉电缆</td><td>1. 保护管品种、规格
2. 电缆品种、规格</td><td>按设计图示单根电缆长度以延长米计算</td><td>1. 土(石)方挖运
2. 电缆保护管安装
3. 电缆敷设
4. 回填</td></tr>
<tr><td>050306003</td><td>水下艺术装饰灯具</td><td>1. 灯具品种、规格
2. 灯光颜色</td><td>套</td><td rowspan="3">按设计图示数量计算</td><td>1. 灯具安装
2. 支架制作、运输、安装</td></tr>
<tr><td>050306004</td><td>电气控制柜</td><td>1. 规格、型号
2. 安装方式</td><td rowspan="2">台</td><td>1. 电气控制柜(箱)安装
2. 系统调试</td></tr>
<tr><td>050306005</td><td>喷泉设备</td><td>1. 设备品种
2. 设备规格、型号
3. 防护网品种、规格</td><td>1. 设备安装
2. 系统调试
3. 防护网安装</td></tr>
</table>

7）杂项

杂项工程量清单项目设置、项目特征描述的内容、计量单位、工程量计算规则应按表 6.4.7 的规定执行。砌筑果皮箱，放置盆景的须弥座等，应按砖石砌小摆设项目编码列项。

表 6.4.7 杂项(编码:050307)

项目编码	项目名称	项目特征	计量单位	工程量计算规则	工作内容
050307001	石灯	1. 石料种类 2. 石灯最大截面 3. 石灯高度 4. 砂浆配合比	个	按设计图示数量计算	1. 制作 2. 安装
050307002	石球	1. 石料种类 2. 球体直径 3. 砂浆配合比			
050307003	塑仿石音箱	1. 音箱内空尺寸 2. 铁丝型号 3. 砂浆配合比 4. 水泥漆颜色			1. 胎模制作、安装 2. 铁丝网制作、安装 3. 砂浆制作、运输 4. 喷水泥漆 5. 埋置仿石音箱
050307004	塑树皮梁、柱	1. 塑树种类 2. 塑竹种类 3. 砂浆配合比 4. 喷字规格、颜色 5. 油漆品种、颜色	1. m^2 2. m	1. 以平方米计量,按设计图示尺寸以梁柱外表面积计算 2. 以米计量,按设计图示尺寸以构件长度计算	1. 灰塑 2. 刷涂颜料
050307005	塑竹梁、柱				
050307006	铁艺栏杆	1. 铁艺栏杆高度 2. 铁艺栏杆单位长度重量 3. 防护材料种类	m	按设计图示尺寸以长度计算	1. 铁艺栏杆安装 2. 刷防护材料
050307007	塑料栏杆	1. 栏杆高度 2. 塑料种类			1. 下料 2. 安装 3. 校正
050307008	钢筋混凝土艺术围栏	1. 围栏高度 2. 混凝土强度等级 3. 表面涂敷材料种类	1. m^2 2. m	1. 以平方米计量,按设计图示尺寸以面积计算 2. 以米计量,按设计图示尺寸以延长米计算	1. 制作 2. 运输 3. 安装 4. 砂浆制作、运输 5. 接头灌缝、养护
050307009	标志牌	1. 材料种类、规格 2. 镌字规格、种类 3. 喷字规格、颜色 4. 油漆品种、颜色	个	按设计图示数量计算	1. 选料 2. 标志牌制作 3. 雕凿 4. 镌字、喷字 5. 运输、安装 6. 刷油漆
050307010	景墙	1. 土质类别 2. 垫层材料种类 3. 基础材料种类、规格 4. 墙体材料种类、规格 5. 墙体厚度 6. 混凝土、砂浆强度等级、配合比 7. 饰面材料种类	1. m^3 2. 段	1. 以立方米计量,按设计图示尺寸以体积计算 2. 以段计量,按设计图示尺寸以数量计算	1. 土(石)方挖运 2. 垫层、基础铺设 3. 墙体砌筑 4. 面层铺贴

续表 6.4.7

项目编码	项目名称	项目特征	计量单位	工程量计算规则	工作内容
050307011	景窗	1. 景窗材料品种、规格 2. 混凝土强度等级 3. 砂浆强度等级、配合比 4. 涂刷材料品种	m^2	按设计图示尺寸以面积计算	1. 制作 2. 运输 3. 砌筑安放 4. 勾缝 5. 表面涂刷
050307012	花饰	1. 花饰材料品种、规格 2. 砂浆配合比 3. 涂刷材料品种			
050307013	博古架	1. 博古架材料品种、规格 2. 混凝土强度等级 3. 砂浆配合比 4. 涂刷材料品种	1. m^2 2. m 3. 个	1. 以平方米计量，按设计图示尺寸以面积计算 2. 以米计量，按设计图示尺寸以延长米计算 3. 以个计量，按设计图示尺寸以数量计算	1. 制作 2. 运输 3. 砌筑安放 4. 勾缝 5. 表面涂刷
050307014	花盆(坛、箱)	1. 花盆(坛、箱)的材质及类型 2. 规格尺寸 3. 混凝土强度等级 4. 砂浆配合比	个	按设计图示尺寸以数量计算	1. 制作 2. 运输 3. 安放
050307015	摆花	1. 花盆(钵)的材质及类型 2. 花卉品种与规格	1. m^2 2. 个	1. 以平方米计量，按设计图示尺寸以水平投影面积计算 2. 以个计量，按设计图示尺寸数量计算	1. 搬运 2. 安放 3. 养护 4. 撤收
050307016	花池	1. 土质类别 2. 池壁材料种类、规格 3. 混凝土、砂浆强度等级、配合比 4. 饰面材料种类	1. m^3 2. m 3. 个	1. 以立方米计量，按设计图示尺寸以体积计算 2. 以米计量，按设计图示尺寸以池壁中心线处延长米计算 3. 以个计量，按设计图示数量计算	1. 垫层铺设 2. 基础砌(浇)筑 3. 墙体砌(浇)筑 4. 面层铺贴
050307017	垃圾箱	1. 垃圾箱材质 2. 规格尺寸 3. 混凝土强度等级 4. 砂浆配合比	个	按设计图示尺寸以数量计算	1. 制作 2. 运输 3. 安放
050307018	砖石砌小摆设	1. 砖种类、规格 2. 石种类、规格 3. 砂浆强度等级、配合比 4. 石表面加工要求 5. 勾缝要求	1. m^3 2. 个	1. 以立方米计量，按设计图示尺寸以体积计算 2. 以个计量，按设计图示尺寸以数量计算	1. 砂浆制作、运输 2. 砌砖、石 3. 抹面、养护 4. 勾缝 5. 石表面加工
050307019	其他景观小摆设	1. 名称及材质 2. 规格尺寸	个	按设计图示尺寸以数量计算	1. 制作 2. 运输 3. 安装
050307020	柔性水池	1. 水池深度 2. 防水(漏)材料品种	m^2	按设计图示尺寸以水平投影面积计算	1. 清理基层 2. 材料裁接 3. 铺设

8) 园林景观工程工程量计算规则及应用要点

(1) "原木(带树皮)柱、梁、檩、椽"应区分原木种类、原木梢径(不含树皮厚度)的不同分别按设计图示尺寸以长度计算(包括榫长)。

(2) "原木(带树皮)墙"应区分原木种类、原木梢径(不含树皮厚度)的不同,并描述墙龙骨材料种类规格、墙底层材料种类规格、构件联结方式、防护材料种类,按设计图示尺寸以面积计算(不包括柱、梁)。

(3) "树胶吊挂楣子"应区分原木种类、原木梢径(不含树皮厚度)的不同,按设计图示尺寸以框外围面积计算。

(4) "竹柱、梁、檩、椽"应根据竹种类、竹梢径、连接方式、防护材料种类的不同,分别按设计图示尺寸以长度计算。

(5) "竹编墙"应根据竹种类、墙龙骨材料种类规格、墙底层材料种类规格、防护材料种类的不同,分别按设计图示尺寸以面积计算(不包括柱、梁)。

(6) "竹吊挂楣子"应根据竹种类、竹梢径、防护材料种类按设计图示尺寸以框外围面积计算。

(7) "草屋面"应根据屋面坡度、铺草种类、防护材料种类按设计图示尺寸以斜面面积计算。

(8) "竹屋面"应根据屋面坡度、竹材种类、防护材料种类按设计图示尺寸以斜面面积计算。

(9) "树皮屋面"应根据屋面坡度、树皮种类、防护材料种类按设计图示尺寸以斜面面积计算。

(10) "现浇混凝土斜屋面板"应根据檐口高度、屋面坡度、板厚、混凝土强度等级的不同而按设计图示尺寸以体积计算。混凝土屋脊并入屋面体积内。

(11) "现浇混凝土攒尖亭屋面板"应根据檐口高度、屋面坡度、板厚、椽子截面、老角梁子角梁截面、脊截面、混凝土强度等级的不同而按设计图示尺寸以体积计算。混凝土屋脊并入屋面体积内。

(12) "就位预制混凝土攒尖亭屋面板"应描述亭屋面坡度、肋截面尺寸、板厚、混凝土强度等级、砂浆强度等级、拉杆材质规格按设计图示尺寸以体积计算。混凝土脊、基梁并入屋面体积内。

(13) "就位预制混凝土穹顶"应描述穹顶弧长直径、肋截面尺寸、板厚、混凝土强度等级、砂浆强度等级、拉杆材质规格按设计图示尺寸以体积计算。混凝土穹顶的肋、基梁并入屋面体积内。穹顶的肋和壁基梁拼入穹顶体积内计算。

(14) "彩色压型钢板(夹芯板)攒尖亭屋面板"应描述屋面坡度、彩色压型钢板(夹芯板)品种规格、品牌颜色、拉杆材质规格、嵌缝材料种类、防护材料种类按设计图示尺寸以面积计算。

(15) "彩色压型钢板(夹芯板)穹顶"应描述穹顶弧长直径、彩色压型钢板(夹芯板)品种规格、品牌颜色、拉杆材质规格、嵌缝材料种类、防护材料种类按设计图示尺寸以面积计算。

(16) "现浇混凝土花架柱、梁"应根据柱截面高度根数、盖梁截面高度根数、连系梁截面高度根数、混凝土强度等级不同,按设计图示尺寸以体积计算。

(17) "预制混凝土花架柱、梁"应根据柱截面高度根数、盖梁截面高度根数、连系梁截面高度根数、混凝土强度等级不同,按设计图示尺寸以体积计算。

(18)“木花架柱、梁”应区别木材种类、柱梁截面、连接方式、防护材料种类按设计图示截面面积乘长度(包括长)以体积计算。

(19)“金属花架柱、梁”应区别钢材品种规格、柱梁截面、油漆品种、刷漆遍数按设计图示以质量计算。

(20)“木制飞来椅”应描述木材种类、座凳面厚度宽度、靠背扶手截面、靠背截面、座凳楣子形状尺寸、铁件尺寸厚度、油漆品种、刷油遍数,分别按设计图示尺寸以座凳面中心线长度计算。

(21)“钢筋混凝土飞来椅”应描述座凳面厚度宽度、靠背扶手截面、靠背截面、座凳楣子形状尺寸、混凝土强度等级、砂浆配合比、油漆品种、刷油遍数,分别按设计图示尺寸以座凳面中心线长度计算。

(22)“竹制飞来椅”应根据竹材种类、座凳面厚度宽度、靠背扶手梢径、靠背截面、座凳楣子形状尺寸、铁件尺寸厚度、防护材料种类的不同,分别按设计图示尺寸以座凳面中心线长度计算。

(23)“现浇混凝土桌凳”应描述桌凳形状、基础尺寸、埋设深度、桌面尺寸、支墩高度、凳面尺寸、支墩高度、混凝土强度等级、砂浆配合比,按设计图示数量计算。

(24)“预制混凝土桌凳”应描述桌凳形状、基础形状尺寸、埋设深度、桌面形状尺寸、支墩高度、凳面尺寸、支墩高度、混凝土强度等级、砂浆配合比,按设计图示数量计算。

(25)“石桌石凳”应描述石材种类、基础形状尺寸、埋设深度、桌面形状尺寸、支墩高度、凳面形状尺寸、支墩高度、混凝土强度等级、砂浆配合比,按设计图示数量计算。

(26)“塑树根桌凳”应描述桌凳直径、桌凳高度、砖石种类、砂浆强度等级配合比、颜料品种颜色,按设计图示数量计算。

(27)“塑树节椅”应描述桌凳直径、桌凳高度、砖石种类、砂浆强度等级配合比、颜料品种颜色,按设计图示数量计算。

(28)“塑料、铁艺、金属椅”应描述木座板面截面、塑料、铁艺、金属椅规格、颜色、混凝土强度等级、防护材料种类,按设计图示数量计算。

(29)树胶、竹制的花牙子以框外围面积或以个计算。

(30)砖石砌小摆设工程量以体积计算,如外形比较复杂难以计算体积,也可以个计算。如有雕饰的须弥座,以个计算工程量时,工程量清单中应描述其外形主要尺寸,如长、宽、高尺寸。

6.4.2 园林景观工程计价表工程量计算规则

(1)堆塑装饰工程分别按展开面积,以平方米计算。

(2)塑松棍(柱)、竹分不同直径工程量以延长米计算。

(3)塑树头按顶面直径和不同高度以个计算。

(4)原木屋面、竹屋面、草屋面及玻璃屋面按设计图示尺寸以平方米计算。

(5)石桌、石凳按设计图示数量以组计算。

(6)石球、石灯笼、石花盆、塑仿石音箱按设计图示数量以个计算。

(7)金属小品按图示钢材尺寸以吨计算,不扣除孔眼、切肢、切角、切边的重量,电焊条重量已包括在定额内,不另计算。在计算不规则或多边形钢板重量时均以矩形面积计算。

6.4.3 园林景观工程计价应用要点

(1) 园林小品,是指公共场所及园林建设中的工艺点缀品,艺术性较强。它包括堆塑装饰和人造自然树木。

(2) 堆塑树木均按一般造型考虑,若艺术造型(如树枝、老松皮、寄生等)另行计算。

(3) 黄竹、金丝竹、松棍每条长度不足 1.5 m 者,合计工日乘系数 1.5,若骨料不同也可换算。

(4) 堆塑装饰定额子目中直径规格不同的具体调整办法:同一子目按相邻直径的步距规格为调整依据,其工、料、机费也按同一子目相邻差值递增或递减。

6.4.4 园林景观工程清单计价实例

例 6.4.1 试计算图 6.3.1 某厂区景观效果图、图 6.3.2 某厂区景观平面布置图中所示的假山工程的清单工程量,编制清单并按江苏省计价规则计价。

解:1) 工程量清单编制

根据《计量规范》列出其分部分项工程量清单见表 6.4.8,其工程量根据设计图纸及说明直接进行统计计算。

表 6.4.8 分部分项工程量清单

序号	项目编码	项目名称	项 目 特 征	计量单位	工程数量
1	050301002001	堆砌石假山	1. 堆砌高度:1.8 m 2. 石料种类、单块重量:湖石 3. 混凝土强度等级:C20 4. 砂浆强度等级、配合比:1∶2.5 水泥砂浆	t	6.800
2	050301002002	堆砌石假山	1. 堆砌高度:2.5 m 2. 石料种类、单块重量:黄石 3. 混凝土强度等级:C25 4. 砂浆强度等级、配合比:1∶2.5 水泥砂浆	t	11.500
3	050301005001	点风景石	1. 石料种类:景湖石 2. 石料规格、重量:1 t 以内	块	3.000
4	050301005002	点风景石	1. 石料种类:景湖石 2. 石料规格、重量:2 t 以内	块	3.000

2) 清单计价

(1) 计价表定额子目套用见“分部分项工程量清单综合单价分析表”中的定额编号栏。

(2) 根据计价表工程量计算规则计算相应项目定额工程量如下:

① 湖石假山 6.8 t。

② 黄石假山 11.5 t。

③ 布景置石 0.8+0.6+0.5=1.9(t)。

④ 布景置石 1.5×2+1.8=4.8(t)。

(3) 价格计算、相关清单项目的清单综合单价详见表 6.4.9。

表 6.4.9　分部分项工程量清单综合单价分析表

序号	定额编号	换	定 额 名 称	单位	工程量	金　　额	
						综合单价	合价
1	050301002001		堆砌石假山	t	6.800	502.87	3 419.52
	3-461		C20 混凝土湖石假山高度 2 m 以内	t	6.800	502.87	3 419.52
2	050301002002		堆砌石假山	t	11.500	479.96	5 519.54
	3-466	换	C25 混凝土黄石假山高度 3 m 以内	t	11.500	479.96	5 519.54
3	050301005001		点风景石	块	3	659.71	1 979.13
	3-480		布置景石 1 t 以内	t	1.900	1 041.65	1 979.13
4	050301005002		点风景石	块	3	1 476.78	4 460.34
	3-481		布置景石 5 t 以内	t	4.800	929.24	4 460.34

注：子目 3-466 换，C20 混凝土换算为 C25 混凝土：478.84－11.92＋203.79×0.064＝479.96(元/t)

例 6.4.2　试计算图 6.4.1、图 6.4.2 及图 6.4.3 中所示的花池工程的清单工程量，编制清单并按江苏省计价规则计价。

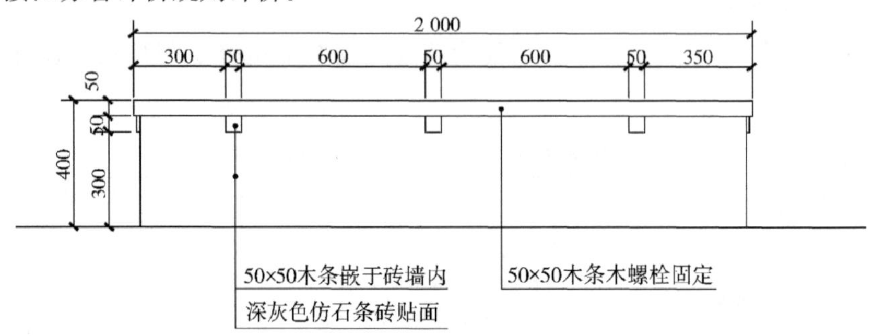

图 6.4.1　树池立面图

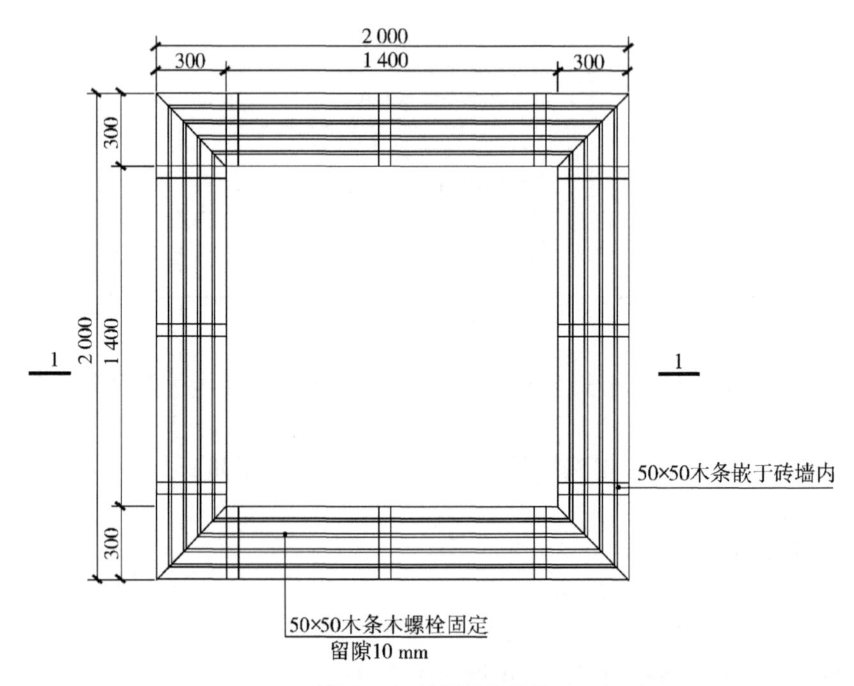

图 6.4.2　树池平面图

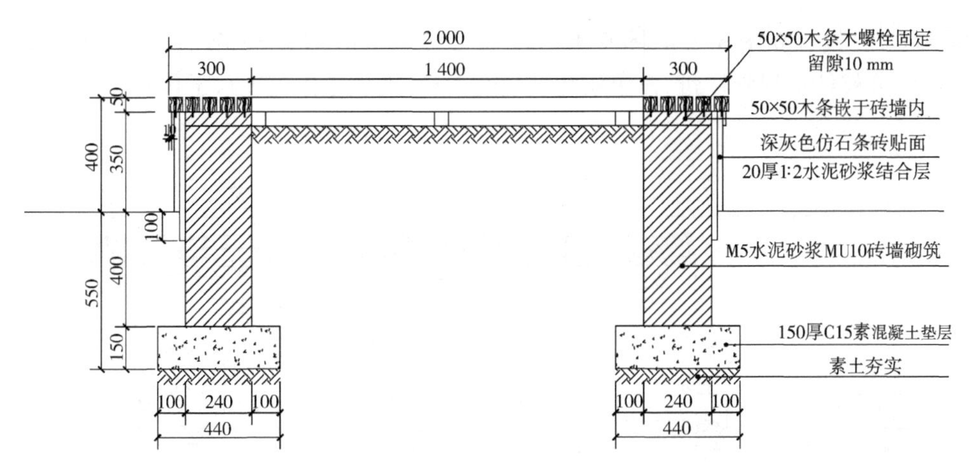

图 6.4.3 树池剖面图

解:1) 根据工程量清单规范,编制花池分部分项工程量清单如下表。

表 6.4.10 花池分部分项工程量清单

序号	项目编码	项目名称	项 目 特 征	计量单位	工程数量
1	050307016001	花池	1. 土质类别:三类 2. 池壁材料种类、规格:标准砖 3. 混凝土、砂浆强度等级、配合比:C15 混凝土垫层 4. 饰面材料:石条砖、防腐木	个	1

2) 清单计价

(1) 计价表定额子目的套用见表 6.4.6 中的定额编号栏。

(2) 计价表条件下的工程量计算如下:

挖基础土方:$0.84\times1.7\times4\times0.55=3.14(m^3)$

素土夯实:$0.84\times1.7\times4=5.71(m^2)$

混凝土垫层:$0.44\times1.7\times4\times0.15=0.45(m^3)$

砖砌体:$0.24\times0.75\times1.64\times4=1.18(m^3)$

块料贴面:$0.45\times1.9\times4=3.42(m^2)$

方木搁栅:$0.05\times0.05\times(0.25\times3\times4+2\times4+1.7\times4\times4)=0.096(m^3)$

(3) 计价过程及清单项目的清单综合单价详见下表。

表 6.4.11 分部分项工程量清单综合单价分析表

序号	定额编号	定 额 名 称	单位	工程量	金 额	
					综合单价	合价
1	050307016001	花池	个	1	1 143.62	1 143.62
	1-22	人工挖三类干土地槽、地沟深度在 2 m 以内	m³	3.140	29.02	91.12
	1-123	基(槽)坑原土打底夯	10 m²	0.571	10.56	6.03
	1-170	C15 混凝土自拌混凝土垫层	m³	0.450	261.88	117.85
	1-238	M5 标准砖小型砌体	m³	1.180	344.58	406.6
	1-919	文化石砂浆粘贴墙面	10 m²	0.342	845.28	289.09
	1-685	方木搁栅厚度 110 mm 以内	m³	0.096	2 426.39	232.93

例 6.4.3 试计算图 6.4.4、图 6.4.5、图 6.4.6 中所示的景墙工程的清单工程量，编制清单并按江苏省计价规则计价（白色钢化玻璃暂不计，模板等措施项目不计）。

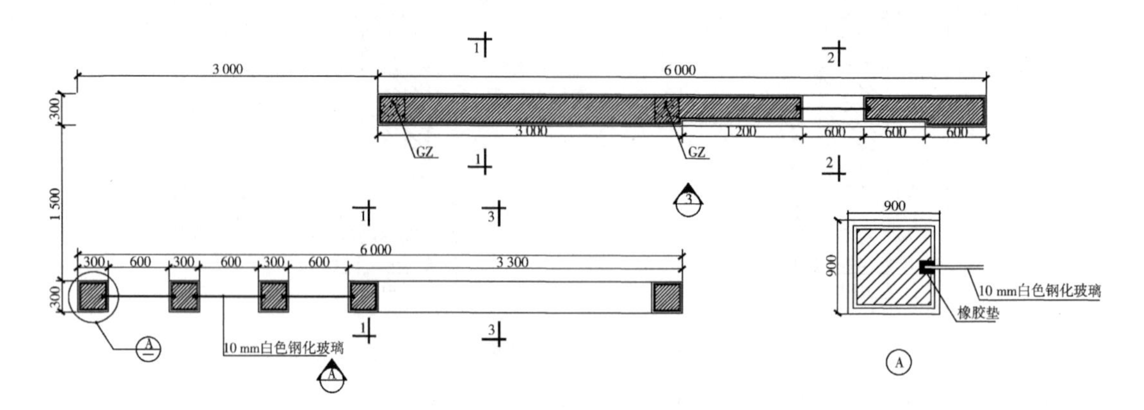

图 6.4.4 景墙平面图

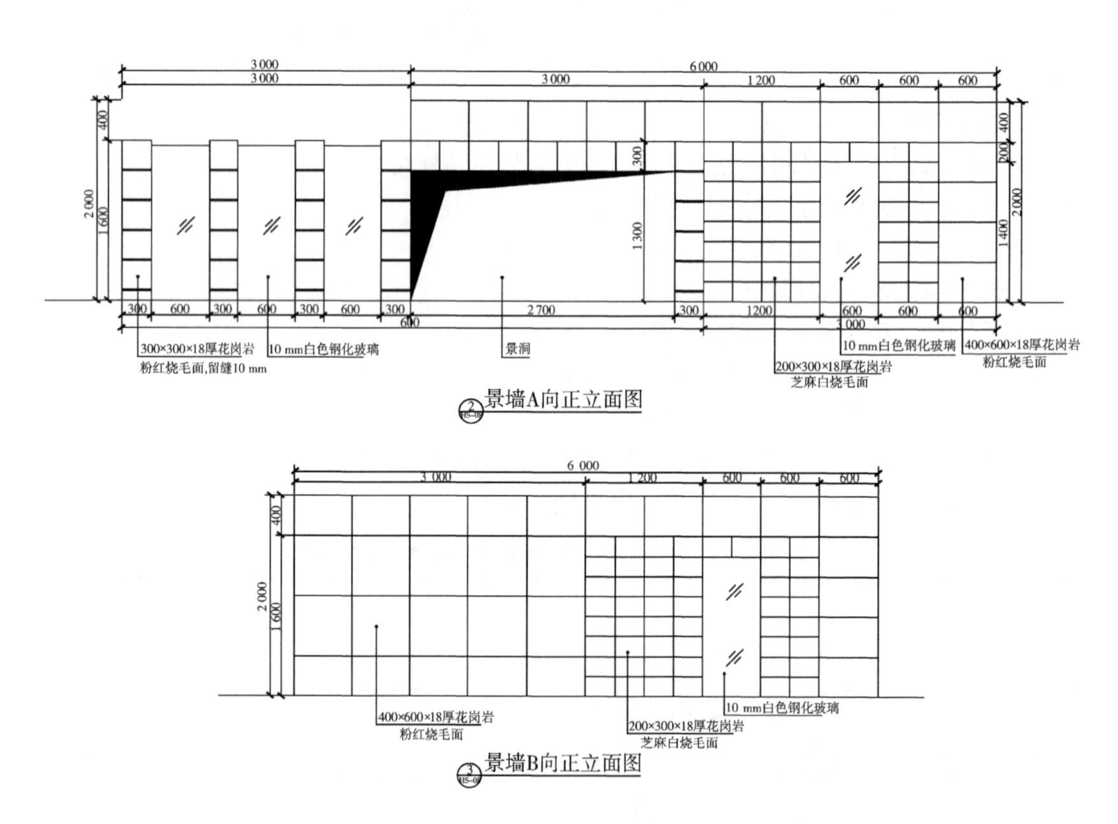

图 6.4.5 景墙立面图

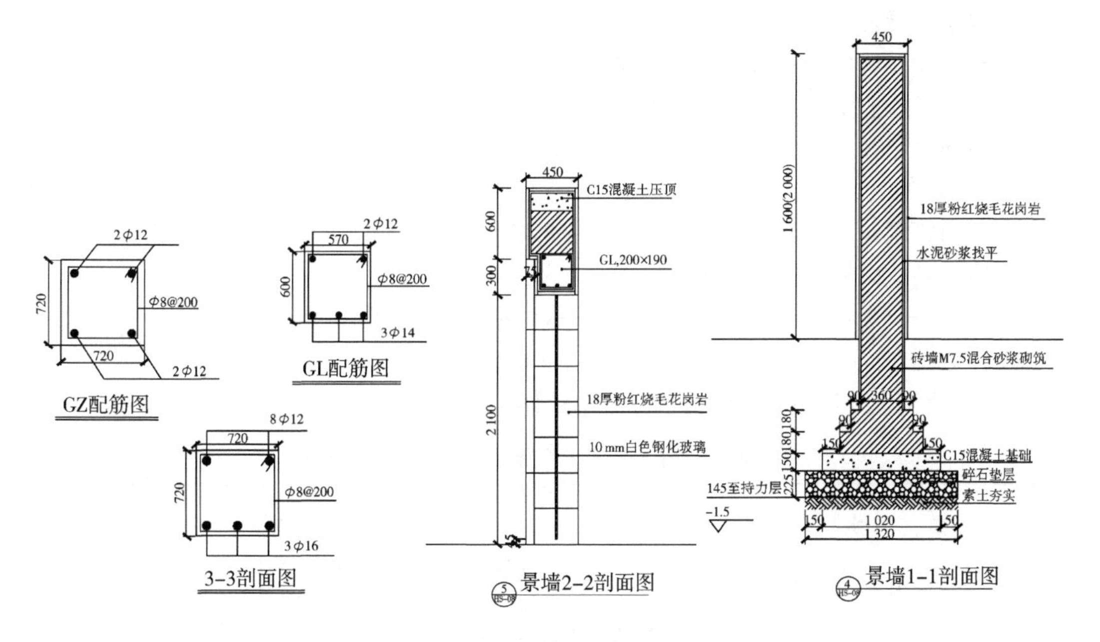

图 6.4.6 景墙剖面图

解:1) 根据工程量清单规范,编制景墙分部分项工程量清单如下表。

表 6.4.12 分部分项工程量清单

序号	项目编码	项目名称	项 目 特 征	计量单位	工程数量
1	050307010001	景墙	1. 土质类别:三类 2. 垫层材料种类:1∶1 砂石垫层 225 mm 厚,C15 混凝土垫层 150 mm 厚 3. 基础材料种类、规格:M7.5 混合砂浆砌标准砖 4. 墙体材料种类:标准砖 5. 墙体厚度:240 mm 6. 混凝土、砂浆强度等级、配合比	段	2

2) 清单计价

(1) 计价表定额子目的套用见“分部分项工程量清单综合单价分析表”中的定额编号栏。

(2) 计价表条件下的工程量计算如下:

① 挖地槽:(0.88+0.4)×1.5×6=11.52(m^3)

② 挖地坑:(0.88+0.4)×(0.88+0.4)×1.5×5=12.29(m^3)

③ 回填土:11.52+12.29−1.37−0.64−1.97=19.83(m^3)

④ 素土夯实:0.88×6+0.88×0.88×5=9.15(m^2)

⑤ 碎石垫层:0.88×0.15×6+0.88×0.88×0.15×5=1.37(m^3)

⑥ C15 混凝土垫层:0.68×0.1×6+0.68×0.68×0.1×5=0.64(m^3)

⑦ 砖基础:(0.12×0.12×2+0.24×1.25) ×6=1.97(m^3)

(0.48×0.48×0.12+0.36×0.36×0.12+0.24×0.24×1) ×5=0.5(m^3)

⑧ 墙体:(2×6−0.6×1.4) ×0.24−0.24×0.24×2×2=2.45(m^3)

⑨ 构造柱:0.24×0.24×3.25×2=0.37(m^3)

⑩ 混凝土梁：0.2×1.9×(0.6+0.5)+0.24×0.24×(2.7+0.6)=0.23(m^3)

⑪ 砖柱：0.24×0.24×1.6×5=0.46(m^3)

⑫ C15 混凝土压顶：0.3×0.12×1.1=0.04(m^3)

⑬ 墙面粉刷：2×2×6−0.6×1.4×2+0.3×(6+4)+(0.6+1.4)×2×0.2=26.12(m^2)

⑭ 柱面粉刷：0.3×4×1.6×5+0.3×0.3×5=10.05(m^2)

⑮ 墙面贴花岗岩：

2×2×6−0.6×1.4×2+0.3×(6+4)+(0.6+1.4)×2×0.2=26.12(m^2)

⑯ 柱面贴花岗岩：0.3×4×1.6×5+0.3×0.3×5=10.05(m^2)

(3) 计价过程及清单项目的清单综合单价详见下表。

表 6.4.13　分部分项工程量清单综合单价分析表

序号	定额编号	换	定额名称	单位	工程量	金额	
						综合单价	合价
1	050307010001		景墙	段	2	8 023.88	1 647.76
	1-22		人工挖三类干土地槽、地沟深度在 2 m 以内	m^3	11.520	29.02	334.31
	1-54		人工挖三类干土地坑深度在 2 m 以内	m^3	12.290	34.07	418.72
	1-127		夯填基(槽)坑回填土	m^3	19.830	19.68	390.25
	1-123		基(槽)坑原土打底夯	10 m^2	0.915	10.56	9.66
	1-165		1∶1 砂石垫层	m^3	1.370	108.94	149.25
	1-170		C15 混凝土自拌混凝土垫层	m^3	0.640	261.88	167.6
	1-189		M5 标准砖基础	m^3	2.470	260.71	643.95
	1-205		M5 标准砖 1 砖砌外墙	m^3	2.450	294.12	720.60
	1-288		C25 混凝土构造柱	m^3	0.370	449.36	166.26
	1-295		C25 混凝土矩形梁	m^3	0.230	315.21	72.50
	1-211		M5 矩形标准砖砖柱	m^3	0.460	333.43	153.38
	1-352		C25 混凝土压顶	m^3	0.040	390.68	15.63
	1-834		外砖墙面、墙裙抹水泥砂浆	10 m^2	2.612	176.99	462.30
	1-849		矩形砖柱、梁抹水泥砂浆	10 m^2	1.005	202.88	203.89
	1-893		挂贴花岗岩灌缝砂浆 50 mm 厚砖墙	10 m^2	2.612	3 338.0	8 718.86
	1-895		挂贴花岗岩灌缝砂浆 50 mm 厚砖柱面	10 m^2	1.005	3 403.58	3 420.6

6.5　措施项目与计价

6.5.1　措施项目清单工程量计算规则

1) 措施项目的清单项目

《计量规范》中关于措施项目的清单项目包括以下内容：

(1) 脚手架工程包括砌筑脚手架、抹灰脚手架、亭脚手架、满堂脚手架、堆砌(塑)假山脚手架、桥身脚手架、斜道等。

(2) 模板工程包括现浇混凝土垫层、现浇混凝土路面、现浇混凝土路牙、树池围牙、现浇混凝土花架柱、现浇混凝土花架梁、现浇混凝土花池、现浇混凝土桌凳、石桥拱券石、石券脸胎架等。

(3) 树木支撑架、草绳绕树干。

(4) 搭设遮阴(防寒)棚。

(5) 围堰。

(6) 排水。

(7) 安全文明施工。

(8) 夜间施工、非夜间施工照明。

(9) 二次搬运。

(10) 冬雨季施工。

(11) 反季节栽植影响措施。

(12) 地上、地下设施的临时保护设施。

(13) 已完工程及设备保护。

2) 措施项目的工程量计算规则

《计量规范》中关于措施项目的工程量计算规则有如下规定：

(1) 砌筑脚手架按墙的长度乘墙的高度以面积计算(硬山建筑山墙高算至山尖)。独立砖石柱高度在 3.6 m 以内时，以柱结构周长乘以柱高计算。独立砖石柱高度在 3.6 m 以上时，以柱结构周长加 3.6 m 乘以柱高计算。凡砌筑高度在 1.5 m 及以上的砌体，应计算脚手架。

(2) 抹灰脚手架按抹灰墙面的长度乘高度以面积计算(硬山建筑山墙高算至山尖)。独立砖石柱高度在 3.6 m 以内时，以柱结构周长乘以柱高计算。独立砖石柱高度在 3.6 m 以上时，以柱结构周长加 3.6 m 乘以柱高计算。

(3) 亭脚手架以座计量时，按设计图示数量计算；以平方米计量时，按建筑面积计算。

(4) 满堂脚手架按搭设的地面主墙间尺寸以面积计算。

(5) 堆砌(塑)假山脚手架，按外围水平投影外接矩形面积计算。

(6) 桥身脚手架按桥基础底面至桥面平均高度乘以河道两侧宽度以面积计算。

(7) 斜道按搭设数量计算。

(8) 围堰以立方米计量时，按围堰断面面积乘以堤顶中心线长度以体积计算；以米计量时，按围堰堤顶中心线长度以延长米计算。

(9) 排水以立方米计量时，按需要排水量以体积计算，围堰排水按堰内水面面积乘以平均水深计算；以天计量时，按需要排水日历天计算；以台班计算时，按水泵排水工作台班计算。

(10) 安全文明施工措施包括以下内容：

① 环境保护：现场施工机械设备降低噪声、防扰民措施；水泥、种植土和其他易飞扬细颗粒建筑材料密封存放或采取覆盖措施等；工程防扬尘洒水；土石方、杂草、种植遗弃物及建渣外运车辆防护措施等；现场污染源的控制、生活垃圾清理外运、场地排水排污措施；其他环境保护措施。

② 文明施工:“五牌一图”;现场围挡的墙面美化(包括内外粉刷、刷白、标语等)、压顶装饰;现场厕所便槽刷白、贴面砖,水泥砂浆地面或地砖,建筑物内临时便溺设施;其他施工现场临时设施的装饰装修、美化措施;现场生活卫生设施;符合卫生要求的饮水设备、淋浴、消毒等设施;生活用洁净燃料;防煤气中毒、防蚊虫叮咬等措施;施工现场操作场地的硬化;现场绿化、治安综合治理;现场配备医药保健器材、物品和急救人员培训;用于现场工人的防暑降温、电风扇、空调等设备及用电;其他文明施工措施等。

③ 安全施工:安全资料、特殊作业专项方案的编制,安全施工标志的购置及安全宣传;“三宝”(安全帽、安全带、安全网)、“四口”(楼梯口、管井口、通道口、预留洞口)、“五临边”(园桥围边、驳岸围边、跌水围边、槽坑围边、卸料平台两侧),水平防护架、垂直防护架、外架封闭等防护;施工安全用电,包括配电箱三级配电、两级保护装置要求、外电防护措施;起重设备(含起重机、井架、门架)的安全防护措施(含警示标志)及卸料平台的临边防护、层间安全门、防护棚等设施;园林工地起重机械的检验检测;施工机具防护棚及其围栏的安全保护设施;施工安全防护通道;工人的安全防护用品、用具购置;消防设施与消防器材的配置;电气保护、安全照明设施;其他安全防护措施等。

④ 临时设施:施工现场采用彩色、定型钢板,砖、混凝土砌块等围挡的安砌、维修、拆除;施工现场临时建筑物、构筑物的搭设、维修、拆除,如临时宿舍、办公室、食堂、厨房、厕所、诊疗所、临时文化福利用房、临时仓库、加工场、搅拌台、临时简易水塔、水池等;施工现场临时设施的搭设、维修、拆除,如临时供水管道、临时供电管线、小型临时设施等;施工现场规定范围内临时简易道路铺设,临时排水沟、排水设施安砌、维修、拆除;其他临时设施搭设、维修、拆除等。

(11) 夜间施工:夜间固定照明灯具和临时可移动照明灯具的设置、拆除;夜间施工时施工现场交通标志、安全标牌、警示灯等的设置、移动、拆除;夜间照明设备及照明用电、施工人员夜班补助、夜间施工劳动效率降低等。

(12) 模板工程:对于现浇混凝土垫层、现浇混凝土路面、现浇混凝土路牙、树池围牙、现浇混凝土花架柱、现浇混凝土花架梁、现浇混凝土花池的模板按混凝土与模板的接触面积计算;现浇混凝土桌凳,以平方米计量时,按设计图示混凝土体积计算;以个计量时,按设计图示数量计算;石桥拱券石、石券脸胎架的模板按拱券石、石券脸弧形底面展开尺寸以面积计算。

(13) 树木支撑架、草绳绕树干按设计图示数量计算。

(14) 搭设遮阴(防寒)棚以平方米计算时,按遮阴(防寒)棚外围覆盖层的展开尺寸以面积计算;以株计算时,按设计图示数量计算。

(15) 非夜间施工照明是为保证工程施工正常进行,在如假山石洞等特殊施工部位施工时所采用的照明设备的安拆、维护及照明用电等。

(16) 二次搬运指由于施工场地条件限制而发生的材料、植物、成品、半成品等一次运输不能到达堆放地点,必须进行的二次或多次搬运。

(17) 冬雨季施工包括:

① 冬雨(风)季施工时增加的临时设备(防寒保温、防雨、防风设施)的搭设、拆除。

② 冬雨(风)季施工时对植物、砌体、混凝土等采用的特殊加温、保温和养护措施。

③ 冬雨(风)季施工时施工现场的防滑处理,对影响施工的雨雪的清除。

④ 冬雨(风)季施工时增加的临时设施、施工人员的劳动保护用品、冬雨(风)季施工劳动效率降低等。

(18) 反季节栽植影响措施是因反季节栽植在增加材料、人工、防护、养护、管理等方面采取的种植措施及保证成活率措施。

(19) 地上、地下设施的临时保护设施指在工程施工过程中,对已建成的地上、地下设施和植物进行的遮盖、封闭、隔离等必要保护措施。

(20) 已完工程及设备保护指对已完工程及设备采取的覆盖、包裹、封闭、隔离等必要的保护措施。

6.5.2　措施项目计价表工程量计算规则

该部分内容见本书第二章相关的介绍。

6.5.3　措施项目清单计价实例

根据现行工程量清单计算规范规定,措施项目费分为单价措施项目费与总价措施项目费。

单价措施项目是指在现行工程量清单计算规范中有对应工程量计算规则,按人工费、材料费、施工机具使用费、管理费和利润形式组成综合单价的措施项目。单价措施项目根据专业不同,包括项目有所不同,其中园林绿化工程部分包括脚手架工程,模板工程,树木支撑架、草绳绕树干、搭设遮阴(防寒)棚工程,围堰、排水工程。单价措施项目中各措施项目的工程量清单项目设置、项目特征、计量单位、工程量计算规则及工作内容均按现行《计量规范》执行。

总价措施项目是指在现行工程量清单计算规范中无工程量计算规则,以总价(或计算基础乘费率)计算的措施项目。其中园林绿化工程专业可能涉及的总价措施项目有安全文明施工、夜间施工、二次搬运、冬雨季施工、地上、地下设施、建筑物的临时保护设施、已完工程及设备保护、临时设施等。

具体的措施项目清单计价此处不再详细阐述。

7 工程量清单计价与竣工结算

7.1 仿古建筑与园林绿化工程招标控制价

7.1.1 招标控制价概述

招标控制价是在工程招标发包过程中，招标人根据国家或省级、行业建设主管部门颁发的有关计价依据和办法，以及拟定的招标文件和招标工程量清单，结合工程具体情况编制的招标工程的最高投标限价。

国有资金投资的工程建设项目应实行工程量清单招标，招标人必须编制招标控制价。《招标投标法实施条例》第二十七条规定：招标人可以自行决定是否编制标底。一个招标项目只能有一个标底。标底必须保密。接受委托编制标底的中介机构不得参加受托编制标底项目的投标，也不得为该项目的投标人编制投标文件或者提供咨询。招标人设有最高投标限价的，应当在招标文件中明确最高投标限价或者最高投标限价的计算方法。国有资金投资的工程，招标人编制并公布的招标控制价相当于招标人的采购预算，同时要求其不能超过批准的概算，因此，招标控制价是招标人在工程招标时能接受投标人报价的最高限价。

招标控制价应由具有编制能力的招标人或受其委托具有相应资质的工程造价咨询人编制和复核。所谓具有相应工程造价咨询资质的工程造价咨询人是指依法取得工程造价咨询企业资质，并在其资质许可的范围内接受招标人的委托，编制招标控制价的工程造价咨询企业。

7.1.2 招标控制价作用

招标控制价作为招标工程的最高投标限价具有以下作用：

(1) 招标人有效控制项目投资，防止恶性投标带来的投资风险。

(2) 增强招标过程的透明度，有利于正常评标。

(3) 利于引导投标方投标报价，避免投标方无标底情况下的无序竞争。

(4) 招标控制价反映的是社会平均水平，为招标人判断最低投标价是否低于成本提供参考依据。

(5) 可为工程变更新增项目确定单价提供计算依据。

(6) 作为评标的参考依据，避免出现较大偏离。

(7) 投标人根据自己的企业实力、施工方案等报价，不必揣测招标人的标底，提高了市场交易效率。

(8) 减少了投标人的交易成本,使投标人不必花费人力、财力去套取招标人的标底。

(9) 招标人把工程投资控制在招标控制价范围内,提高了交易成功的可能性。

由招标控制价的作用决定了招标控制价不同于标底,无需保密。为体现招标的公开、公平、公正原则,防止招标人有意抬高或压低工程造价,招标人应在招标文件中如实公布招标控制价,同时招标人应将招标控制价及有关资料报送工程所在地工程造价管理机构备查。招标控制价超过批准的概算时,招标人应将其报原概算审批部门审核。投标人的投标报价高于招标控制价的,其投标应予以拒绝。

7.1.3 招标控制价编制依据与注意事项

1) 招标控制价编制与复核的依据

招标控制价编制与复核的依据是下列八项:

(1)《建设工程工程量清单计价规范》。

(2) 国家或省级、行业建设主管部门颁发的计价定额和计价办法。

(3) 建设工程设计文件及相关资料。

(4) 拟定的招标文件及招标工程量清单。

(5) 与建设项目相关的标准、规范、技术资料。

(6) 施工现场情况、工程特点及常规施工方案。

(7) 工程造价管理机构发布的工程造价信息,当工程造价信息没有发布时,参照市场价。

(8) 其他的相关资料。

2) 招标控制价编制的注意事项

招标控制价编制时应注意以下几点事项:

(1) 招标控制价中的分部分项工程和措施项目中的单价项目,应根据拟定的招标文件和招标工程量清单项目中的特征描述及有关要求确定综合单价计算。综合单价中应包括招标文件中划分的应由投标人承担的风险范围及其费用,招标文件中没有明确的,如是工程造价咨询人编制,应提请招标人明确;如是招标人编制,应予明确。招标文件提供了暂估单价的材料,按暂估的单价计入综合单价。

我国清单规范规定,建设工程发承包,必须在招标文件、合同中明确计价中的风险内容及其范围,不得采用无限风险、所有风险或类似语句规定计价中的风险内容及范围。由于下列因素出现,影响合同价款调整的,由发包人承担:

① 国家法律、法规、规章和政策发生变化。

② 省级或行业建设主管部门发布的人工费调整,但承包人对人工费或人工单价的报价高于发布的除外。

③ 由政府定价或政府指导价管理的原材料等价格进行了调整。

由于市场物价波动影响合同价款的,则由发承包双方合理分摊;当合同中没有规定,发承包双方发生争议时,应按规范相关的规定调整合同价款。

(2) 措施项目费应按招标文件中提供的措施项目清单确定,根据拟定的招标文件和常规施工方案按工程量清单计价规范中的规定计价。措施项目采用分部分项工程综合单价形式进行计价的工程量,应按措施项目清单中的工程量,并按规定确定综合单价;以“项”为单位的方式计价的,按规定确定除规费、税金以外的全部费用。措施项目费中的安全文明施工费应当按照国家或省级、行业建设主管部门的规定标准计价，招标人不得要求投标人对该项费用进行优惠，投标人也不得将该项费用参与市场竞争。

(3) 其他项目计价应按下列规定：

① 暂列金额应按招标工程量清单中列出的金额填写。暂列金额由招标人根据工程特点、工期长短，按有关计价规定进行估算确定，一般可以分部分项工程费的10%～15%为参考。

② 暂估价中的材料、工程设备单价应按招标工程量清单中列出的单价计入综合单价，暂估价中的材料单价应按照工程造价管理机构发布的工程造价信息或参考市场价格确定。

③ 暂估价中的专业工程金额应按招标工程量清单中列出的金额填写，专业工程暂估价分不同专业，按有关计价规定估算。

④ 计日工应按招标工程量清单中列出的项目根据工程特点和有关计价依据确定综合单价计算。

⑤ 总承包服务费应根据招标工程量清单列出的内容和要求估算。招标人应根据招标文件中列出的内容和向总承包人提出的要求参照下列标准计算：首先，招标人仅要求对分包的专业工程进行总承包管理和协调时，可按分包的专业工程估算造价的1.5%计算；其次，招标人要求对分包的专业工程进行总承包管理和协调并同时要求提供配合服务时，根据招标文件中列出的配合服务内容和提出的要求按分包的专业工程估算造价的3%～5%计算；再次，招标人自行供应材料的，按招标人供应材料价值的1%计算。

⑥ 规费和税金应按工程量清单计价规范中的规定计算。

7.1.4 投诉与处理

投标人经复核认为招标人公布的招标控制价未按照本规范的规定进行编制的，应在招标控制价公布后5天内向招投标监督机构和工程造价管理机构投诉。

投诉人投诉时，应当提交由单位盖章和法定代表人或其委托人签名或盖章的书面投诉书。投诉书应包括投诉人与被投诉人的名称、地址及有效联系方式；投诉的招标工程名称、具体事项及理由；投诉依据及有关证明材料；相关的请求及主张等内容。

投诉人不得进行虚假、恶意投诉，阻碍投标活动的正常进行。工程造价管理机构在接到投诉书后应在2个工作日内进行审查，对有下列情况之一的，不予受理：

(1) 投诉人不是所投诉招标工程招标文件的收受人。

(2) 投诉书提交的时间不符合本规范规定的。

(3) 投诉书不符合本规范规定的。

(4) 投诉事项已进入行政复议或行政诉讼程序的。

工程造价管理机构应在不迟于结束审查的次日将是否受理投诉的决定书面通知投诉人、被投诉人以及负责该工程招投标监督的招投标管理机构。

工程造价管理机构受理投诉后，应立即对招标控制价进行复查，组织投诉人、被投诉人或其委托的招标控制价编制人等单位人员对投诉问题逐一核对。有关当事人应当予以配合，并保证所提供资料的真实性。

工程造价管理机构应当在受理投诉的10天内完成复查，特殊情况下可适当延长，并作出书面结论通知投诉人、被投诉人及负责该工程招投标监督的招投标管理机构。

当招标控制价复查结论与原公布的招标控制价误差大于±3%时，应当责成招标人改正。

招标人根据招标控制价复查结论需要重新公布招标控制价的，其最终公布的时间至招标文件要求提交投标文件截止时间不足 15 天的，应相应延长提交投标文件的截止时间。

7.2 仿古建筑与园林绿化工程投标报价

7.2.1 投标报价概述

投标报价是在工程招标发包过程中，由投标人按照招标文件的要求，根据工程特点，并结合自身的施工技术、装备和管理水平，依据有关计价规定自主确定的工程造价，是投标人希望达到工程承包交易的期望价格。投标价不能高于招标人设定的招标控制价，同时投标人的投标报价不得低于工程成本。《评标委员会和评标办法暂行规定》第二十一条规定："在评标过程中，评标委员会发现投标人的报价明显低于其他投标报价或者在设有标底时明显低于标底的，使得其投标报价可能低于其个别成本的，应当要求该投标人作出书面说明并提供相关证明材料。投标人不能合理说明或者不能提供相关证明材料的，由评标委员会认定该投标人以低于成本报价竞标，其应当否决其投标。"

投标价应由投标人或受其委托具有相应资质的工程造价咨询人编制。实行工程量清单招标，招标人在招标文件中提供工程量清单，其目的是使各投标人在投标报价中具有共同的竞争平台。因此，投标人必须按招标工程量清单填报价格，投标人在投标报价中填写的工程量清单的项目编码、项目名称、项目特征、计量单位、工程数量必须与招标人招标文件中提供的一致。

7.2.2 投标报价编制依据与基本注意事项

1）投标报价编制与复核的依据

投标报价编制与复核的依据是以下九项：

(1)《建设工程工程量清单计价规范》。

(2) 国家或省级、行业建设主管部门颁发的计价办法。

(3) 企业定额，国家或省级、行业建设主管部门颁发的计价定额和计价方法。

(4) 招标文件、招标工程量清单及其补充通知、答疑纪要。

(5) 建设工程设计文件及相关资料。

(6) 施工现场情况、工程特点及投标时拟定的施工组织设计或施工方案。

(7) 与建设项目相关的标准、规范等技术资料。

(8) 市场价格信息或工程造价管理机构发布的工程造价信息。

(9) 其他的相关资料。

2）投标报价编制的注意事项

投标报价编制时应注意以下几点事项：

(1) 综合单价中应考虑招标文件中要求投标人承担的风险内容及其范围（幅度）产生的风险费用。招标文件中没有明确的，应提请招标人明确。在施工过程中，当出现的风险内容及其范围（幅度）在合同约定的范围内时，合同价款不作调整。由于承包人使用机械设备、施工技术以及组织管理水平等自身原因造成施工费用增加的，应由承包人全部承担。

(2) 分部分项工程和措施项目中的单价项目，应根据招标文件和招标工程量清单项目中的特征描述确定计算综合单价。这是投标人对分部分项工程和措施项目中的单价项目综合单价的确定依据和原则。

(3) 投标人对措施项目中的总价项目投标报价的原则是：

① 措施项目的内容应依据招标人提供的措施项目清单和投标人投标时拟定的施工组织设计或施工方案。

② 措施项目费由投标人自主确定，但其中安全文明施工费必须按国家或省级、行业建设主管部门的规定确定。

(4) 其他项目应按下列规定报价：

① 暂列金额应按招标工程量清单中列出的金额填写，不得变动。

② 暂估价不得变动和更改。暂估价中的材料、工程设备必须按照暂估价单价计入综合单价；专业工程暂估价必须按照其他项目清单中列出的金额填写。

③ 计日工应按照其他项目清单中列出的项目和估算的数量，自主确定各项综合单价并计算费用。

④ 总承包服务费应依据招标人在招标文件中列出的分包专业工程内容和供应材料、设备情况，按照招标人提出协调、配合与服务要求和施工现场管理需要自主确定。

(5) 规费和税金应按规定确定。

(6) 招标工程量清单与计价表中列明的所有需要填写单价和合价的项目，投标人均应填写且只允许有一个报价。未填写单价和合价的项目，可视为此项费用已包含在已标价工程量清单中其他项目的单价和合价之中。当竣工结算时，此项目不得重新组价予以调整。

(7) 实现工程量清单招标，投标人的投标总价应当与组成工程量清单的分部分项工程费、措施项目费、其他项目费和规费、税金的合计金额一致，即投标人在投标报价时，不能进行投标总价优惠(或降价、让利)，投标人对招标人的任何优惠(或降价、让利)均应反映在相应清单项目的综合单价中。

7.2.3 投标报价的工作程序

投标报价是投标人对招标工程作出的最终报价，是对招标工程的响应，这响应中蕴涵着投标人的无限期望。投标报价是正确进行投标决策的重要内容，其工作内容繁多，工作量大，而时间往往十分紧迫，因而必须周密地进行，统筹安排，遵照一定的工作程序，使投标报价工作能紧张而有序地进行，其主要工作环节可概括为询价、估价和报价。

(1) 询价

询价是投标报价非常重要的一个环节。建筑材料、施工机械设备(购置或租赁)的价格有时差异较大，“货比三家”对承包商总是有利的。询价时要注意两个问题：一要确保产品质量满足招标文件的有关规定，二是要关注供货方式、时间、地点、有无附加费用。如果承包商准备在工程所在地招募劳务，还必须进行劳务询价，报价人员应在对劳务市场充分了解的基础上进行估价；分包商的选择往往也需要通过询价决定。如果总包商或主包商在某一地区有长期稳定的任务来源，这时与一些可靠的分包商建立相对稳定的总分包关系，分包询价工作可以大大简化。

（2）估价

估价与报价是两个不同的概念。估价是指估价人员在施工进度计划、主要施工方法、分包计划和资源安排确定之后，根据本公司的工料机消耗标准以及询价结果，对本公司完成招标工程所需要支出的费用的估算。其原则是根据本公司的实际情况合理补偿成本。不考虑其他因素，不涉及投标决策问题。

（3）报价

报价是在估价的基础上，分析该招标工程以及竞争对手的情况，判断本公司在该招标工程上的竞争地位，拟定本公司的经营目标，确定在该工程上的预期利润水平。报价实质上是投标决策，要考虑运用适当的投标技巧或策略，与估价的任务和性质是不同的。因此，报价通常是由承包商主管经营管理的负责人作出。

7.3 仿古建筑与园林绿化工程合同价及其支付

7.3.1 合同价概述

根据我国招标投标法相关规定，实行招标的工程应在中标通知书发出之日起 30 日内，由发承包双方依据招标文件和中标人的投标文件订立书面合同，在合同中约定合同价款。承发包双方的合同约定不得违背招标、投标文件中关于工期、造价、质量等方面的实质性内容。招标文件与中标人投标文件不一致的地方，应以投标文件为准。而不实行招标的工程合同价款，应在发承包双方认可的工程价款基础上，由发承包双方在合同中约定。

建设工程施工合同根据计价方式的不同，可分为单价合同、总价合同和成本加酬金合同。单价合同是指承发包双方约定以工程量清单及其综合单价进行合同价款计算、调整和确认的建设工程施工合同；总价合同是承发包双方约定以施工图及其预算和有关条件进行合同价款计算、调整和确认的建设工程施工合同；成本加酬金合同是承发包双方约定以施工工程成本再加合同约定酬金进行合同价款计算、调整和确认的建设工程施工合同。实行工程量清单计价的工程，应采用单价合同；建设规模较小，技术难度较低，工期较短，且施工图设计已审查批准的建设工程可采用总价合同；紧急抢险、救灾以及施工技术特别复杂的建设工程可以采用成本加酬金合同。

承发包双方应在合同条款中对下列事项进行约定：

（1）预付工程款的数额、支付时间及抵扣方式。

（2）安全文明施工措施的支付计划，使用要求等。

（3）工程计量与支付工程进度款的方式、数额及时间。

（4）工程价款的调整因素、方法、程序、支付及时间。

（5）施工索赔与现场签证的程序、金额确认与支付时间。

（6）承担计价风险的内容、范围以及超出约定内容、范围的调整办法。

（7）工程竣工价款结算编制与核对、支付及时间。

（8）工程质量保证金的数额、预留方式及时间。

（9）违约责任以及发生合同价款争议的解决方法及时间。

(10) 与履行合同、支付价款有关的其他事项等。

7.3.2 合同价调整

合同订立后,合同价格便确定,只有发生诸如法律法规变化、工程变更、不可抗力等事项时,承发双方才应当按照合同约定调整合同价款。经发承包双方确认调整的合同价款,作为追加(减)合同价款,应与工程进度款或结算款同期支付。发包人与承包人对合同价款调整的不同意见不能达成一致的,只要对发承包双方履约不产生实质性影响,双方应继续履行合同义务,直到其按照合同约定的争议解决方式得到处理。

1) 法律法规变化

我国清单规范规定,招标工程以投标截止日前 28 天,非招标工程以合同签订前 28 天为基准日,其后因国家的法律、法规、规章和政策发生变化引起工程造价增减变化的,发承包双方应按照省级或行业建设主管部门或其授权的工程造价管理机构据此发布的规定调整合同价款。

但如果由于承包人原因导致工程延误,且按上述规定调整时间,在合同工程原定竣工时间之后,则按不利于承包人的原则调整合同价款,即合同价款调增的不予调整,合同价款调减的予以调整。

2) 工程变更

工程变更是合同工程实施过程中由发包人提出或由承包人提出经发包人批准的合同工程任何一项工作的增、减、取消或施工工艺、顺序、时间的改变,设计图纸的修改,施工条件的改变,招标工程量清单的错、漏从而引起合同条件的改变或工程量的增减变化。

(1) 因工程变更引起已标价工程量清单项目或其工程数量发生变化时,应按照下列规定调整:

① 已标价工程量清单中有适用于变更工程项目的,应采用该项目的单价;但当工程变更导致该清单项目的工程数量发生变化,且工程量偏差超过 15%时,则增加部分的工程量的综合单价应予调低;当工程量减少 15%以上时,减少后剩余部分的工程量的综合单价应予调高。

② 已标价工程量清单中没有适用但有类似于变更工程项目的,可在合理范围内参照类似项目的单价。

③ 已标价工程量清单中没有适用也没有类似于变更工程项目的,应由承包人根据变更工程资料、计量规则和计价办法、工程造价管理机构发布的信息价格和承包人报价浮动率提出变更工程项目的单价,并报发包人确认后调整。承包人报价浮动率可按下列方式计算:

招标工程:

$$承包人报价浮动率\ L = (1 - 中标价 / 招标控制价) \times 100\% \tag{7.3.1}$$

非招标工程:

$$承包人报价浮动率\ L = (1 - 报价 / 施工图预算) \times 100\% \tag{7.3.2}$$

④ 已标价工程量清单中没有适用也没有类似于变更工程项目,且工程造价管理机构发布的信息价格缺价的,应由承包人根据变更工程资料、计量规则、计价办法和通过市场调查等取得有合法依据的市场价格提出变更工程项目的单价,并报发包人确认后调整。

(2) 如果工程变更引起施工方案改变并使措施项目发生变化,承包人提出调整措施项目费的,应事先将拟实施的方案提交发包人确认,并详细说明与原方案措施项目相比的变化情况。拟实施的方案经发承包双方确认后执行。并应按照下列规定调整措施项目费:

① 安全文明施工费应按照实际发生变化的措施项目依据规定计算。

② 采用单价计算的措施项目费,应按照实际发生变化的措施项目,按规范规定确定单价。

③ 按总价(或系数)计算的措施项目费,按照实际发生变化的措施项目进行调整,同时应考虑承包人报价浮动因素(按照实际调整金额乘以公式 7.3.1 条确定的承包人报价浮动率计算)。

如果承包人未事先将拟实施的方案提交给发包人确认,则应视为工程变更不引起措施项目费的调整或承包人放弃调整措施项目费的权利。

(3) 当发包人提出的工程变更因非承包人原因删减了合同中的某项原定工作或工程,致使承包人发生的费用或得到的收益不能被包括在其他已支付或应支付的项目中,也未被包含在任何替代的工作或工程中时,承包人可有权提出并应得到合理的费用及利润补偿。

3) 项目特征不符

发包人在招标工程量清单中对项目特征的描述,应被认为是准确的和全面的,并且与实际施工要求相符合。承包人应按照发包人提供的招标工程量清单,根据项目特征描述的内容及有关要求实施合同工程,直到项目被改变为止。

承包人应按照发包人提供的设计图纸实施合同工程,若在合同履行期间出现设计图纸(含设计变更)与招标工程量清单任一项目的特征描述不符,且该变化引起该项目工程造价增减变化的,应按照实际施工的项目特征,按《建设工程工程量清单计价规范》第 9.3 节相关条款的规定重新确定相应工程量清单项目的综合单价,并调整合同价款。

4) 工程量清单缺项

合同履行期间,由于招标工程量清单中缺项,新增分部分项工程清单项目的,应按照规定确定单价,并调整合同价款。

新增分部分项工程清单项目后,引起措施项目发生变化的,也应按照规范规定,在承包人提交的实施方案被发包人批准后调整合同价款。

由于招标工程量清单中措施项目缺项,承包人应将新增措施项目实施方案提交发包人批准后,按照上述的规定调整合同价款。

5) 工程量偏差

施工过程中,由于施工条件、地质水文、工程变更等变化以及招标工程量清单编制人专业水平的差异,往往会造成实际工程量与招标工程量清单出现偏差,若工程量偏差过大,对综合成本的分摊带来影响。如突然增加太多,仍按原综合单价计价,对发包人不公平;如突然减少太多,仍按原综合单价计价,对承包人不公平。并且,这给有经验的承包人的不平衡报价打开了大门。因此,为维护合同的公平,清单规范规定:对于任一招标工程量清单项目,当因工程量偏差、工程变更等原因导致工程量偏差超过 15%时,可进行调整。当工程量增加 15%以上时,增加部分的工程量的综合单价应予调低;当工程量减少 15%以上时,减少后剩余部分的工程量的综合单价应予调高。可按下列公式调整:

(1) 当 $Q_1 > 1.15Q_0$ 时:

$$S = 1.15Q_0 \times P_0 + (Q_1 - 1.15Q_0) \times P_1 \quad (7.3.3)$$

(2) 当 $Q_1 < 0.85Q_0$ 时：

$$S = Q_1 \times P_1 \quad (7.3.4)$$

式中：S——调整后的某一分部分项工程量结算价；

Q_1——最终完成的工程量；

Q_0——招标工程量清单列出的工程量；

P_1——按照最终完成工程量重新调整后的综合单价；

P_0——承包人在工程量清单中填报的最终单价。

当工程量出现变化，且该变化引起相关措施项目相应发生变化时，如按系数或单一总价方式计价的，工程量增加的措施项目费调增，工程量减少的措施项目费调减。

6) 物价变化

合同履行期间，因人工、材料、工程设备、机械台班价格波动影响合同价款时，应根据合同约定，按照价格指数调整法或造价信息差额调整法调整合同价款。通常，由承包人采购材料和工程设备的，应在合同中约定主要材料、工程设备价格变化的范围或幅度，如没有约定，则材料、工程设备单价变化超过 5%，超过部分的价格需调整。

(1) 价格指数调整法

根据招标人与投标人的约定，按下式计算差额并调整合同条款：

$$\Delta P = P_0\left[A + \left(B_1 \times \frac{F_{t1}}{F_{01}} + B_2 \times \frac{F_{t2}}{F_{02}} + B_3 \times \frac{F_{t3}}{F_{03}} + \cdots + B_n \times \frac{F_{tn}}{F_{0n}}\right) - 1\right] \quad (7.3.5)$$

式中：ΔP——需调整的价格差额；

P_0——约定的付款证书中承包人应得到的已完成工程量的金额。此项金额应不包括价格调整、不计质量保证金的扣留和支付、预付款的支付和扣回。约定的变更及其他金额已按现行价格计价的，也不计在内；

A——定值权重(即不调部分的权重)；

B_1、B_2、B_3、…、B_n——各可调因子的变值权重(即可调部分的权重)，为各可调因子在投标函投标总报价中所占的比例；

F_{t1}、F_{t2}、F_{t3}、…、F_{tn}——各可调因子的现行价格指数，指约定的付款证书相关周期最后一天的前 42 天的各可调因子的价格指数；

F_{01}、F_{02}、F_{03}、…、F_{0n}——各可调因子的基本价格指数，指基准日期的各可调因子的价格指数。

以上价格调整公式中的各可调因子、定值和变值权重，以及基本价格指数及其来源在投标函附录价格指数和权重表中约定。价格指数应首先采用工程造价管理机构提供的价格指数，缺乏上述价格指数时，可采用工程造价管理机构提供的价格代替。

(2) 造价信息调整法

施工期内，因人工、材料和工程设备、施工机械台班价格波动影响合同价格时，人工、机械使用费按国家或省、自治区、直辖市建设行政管理部门、行业建设管理部门或其授权的工程造价管理机构发布的人工成本信息、机械台班单价或机械使用费系数进行调整；需要进行价格调整的材料，其单价和采购数应由发包人复核，发包人确认需调整的材料单价及数量，作为调整合同价款差额的依据。

人工单价发生变化且按规范是该由发包人承担的计价风险时，发承包双方应按省级或行业建设主管部门或其授权的工程造价管理机构发布的人工成本文件调整合同价款。

材料、工程设备价格变化按照合同，由发承包双方约定的风险范围按下列规定调整合同价款：

① 承包人投标报价中材料单价低于基准单价：施工期间材料单价涨幅以基准单价为基础超过合同约定的风险幅度值，或材料单价跌幅以投标报价为基础超过合同约定的风险幅度值时，其超过部分按实调整。

② 承包人投标报价中材料单价高于基准单价：施工期间材料单价跌幅以基准单价为基础超过合同约定的风险幅度值，或材料单价涨幅以投标报价为基础超过合同约定的风险幅度值时，其超过部分按实调整。

③ 承包人投标报价中材料单价等于基准单价：施工期间材料单价涨、跌幅以基准单价为基础超过合同约定的风险幅度值时，其超过部分按实调整。

④ 承包人应在采购材料前将采购数量和新的材料单价报送发包人核对，确认用于本合同工程时，发包人应确认采购材料的数量和单价。发包人在收到承包人报送的确认资料后3个工作日不予答复的视为已经认可，作为调整合同价款的依据。如果承包人未报经发包人核对即自行采购材料，再报发包人确认调整合同价款的，如发包人不同意，则不作调整。

施工机械台班单价或施工机械使用费发生变化超过省级或行业建设主管部门或其授权的工程造价管理机构规定的范围时，按其规定调整合同价款。

发生合同工程工期延误的，应按照下列规定确定合同履行期的价格调整：

① 因非承包人原因导致工期延误的，计划进度日期后续工程的价格，应采用计划进度日期与实际进度日期两者价格的较高者。

② 因承包人原因导致工期延误的，计划进度日期后续工程的价格，应采用计划进度日期与实际进度日期两者价格的较低者。

如果是发包人供应材料和工程设备的，则应由发包人按照实际变化调整，列入合同工程的工程造价内。

7）暂估价

(1) 发包人在招标工程量清单中给定暂估价的材料、工程设备属于依法必须招标的，应由发承包双方以招标的方式选择供应商，确定价格，并以此为依据取代暂估价，调整合同价款。

(2) 发包人在招标工程量清单中给定暂估价的材料、工程设备不属于依法必须招标的，应由承包人按照合同约定采购，经发包人确认单价后取代暂估价，调整合同价款。

(3) 发包人在工程量清单中给定暂估价的专业工程不属于依法必须招标的，应按照规范中工程变更的相关规定确定专业工程价款，并应以此为依据取代专业工程暂估价，调整合同价款。

(4) 发包人在招标工程量清单中给定暂估价的专业工程，依法必须招标的，应当由发承包双方依法组织招标选择专业分包人，并接受有管辖权的建设工程招标投标管理机构的监督，还应符合下列要求：

① 除合同另有约定外，承包人不参加投标的专业工程发包招标，应由承包人作为招标人，但拟定的招标文件、评标工作、评标结果应报送发包人批准。与组织招标工作有关的费用应当被认为已经包括在承包人的签约合同价(投标总报价)中。

② 承包人参加投标的专业工程发包招标，应由发包人作为招标人，与组织招标工作有关的费用由发包人承担。同等条件下，应优先选择承包人中标。

③ 应以专业工程发包中标价为依据取代专业工程暂估价，调整合同价款。

8) 不可抗力

所谓不可抗力是指发承包双方在工程合同签订时不能预见的，对其发生的后果不能避免，并且不能克服的自然灾害和社会性突发事件。因不可抗力事件导致的人员伤亡、财产损失及其费用增加，发承包双方应按下列原则分别承担并调整合同价款和工期：

① 合同工程本身的损害、因工程损害导致第三方人员伤亡和财产损失以及运至施工场地用于施工的材料和待安装的设备的损害，应由发包人承担。

② 发包人、承包人人员伤亡应由其所在单位负责，并应承担相应费用。

③ 承包人的施工机械设备损坏及停工损失，应由承包人承担。

④ 停工期间，承包人应发包人要求留在施工场地的必要的管理人员及保卫人员的费用应由发包人承担。

⑤ 工程所需清理、修复费用，应由发包人承担。

不可抗力解除后复工的，若不能按期竣工，应合理延长工期。发包人要求赶工的，赶工费用应由发包人承担。

9) 提前竣工与误期赔偿

(1) 提前竣工。《建设工程质量管理条例》规定："建设工程发包单位不得迫使承包方以低于成本的价格竞标，不得任意压缩合理工期。"因此，招标人应依据工期定额合理计算工期，压缩的工期天数不得超过定额工期的 20%，超过者，则应在招标文件中明示增加赶工费用。

发包人要求合同工程提前竣工的，应征得承包人同意后与承包人商定采取加快工程进度的措施，并应修订合同工程进度计划。发包人应承担承包人由此增加的提前竣工(赶工补偿)费用。

发承包双方应在合同中约定提前竣工每日历天应补偿额度，此项费用应作为增加合同价款列入竣工结算文件中，应与结算款一并支付。

(2) 误期赔偿。合同工程发生误期，承包人应赔偿发包人由此造成的损失，并应按照合同约定向发包人支付误期赔偿费。发承包双方应在合同中约定误期赔偿费，并应明确每日历天应赔额度。误期赔偿费应列入竣工结算文件中，并应在结算款中扣除。

在工程竣工之前，合同工程内的某单项(位)工程已通过了竣工验收，且该单项(位)工程接收证书中表明的竣工日期并未延误，而是合同工程的其他部分产生了工期延误时，误期赔偿费应按照已颁发工程接收证书的单项(位)工程造价占合同价款的比例幅度予以扣减。

10) 索赔

《中华人民共和国民法通则》规定："当事人一方不履行合同义务或履行合同义务不符合合同约定条件的，另一方有权要求履行或者采取补救措施，并有权要求赔偿损失。"因此，索赔是合同双方依据合同约定维护自身合法利益的行为，其性质属于经济补偿行为，而非惩罚。

建设工程施工中的索赔是发承包双方行使正当权利的行为，承包人可向发包人索赔，发包人也可向承包人索赔。索赔事件发生后，在造成费用损失时，往往会造成工期的变动。当承包人的费用索赔与工期索赔要求相关联时，发包人在作出费用索赔的批准决定时，应结合工程延期综合做出费用赔偿和工程延期的决定。

11）现场签证

现场签证是指发包人现场代表(或其授权的监理人、工程造价咨询人)与承包人现场代表就施工过程中涉及的责任事件所作的签认证明。由于施工生产的特殊性，施工过程中往往会出现一些与合同工程或合同约定不一致或未约定的事项，这时就需要发承包双方用书面形式记录下来，现场签证也称为工程签证、施工签证、技术核定单等。

签证有多种情形：一是发包人的口头指令，需要承包人将其提出，由发包人转换成书面签证；二是发包人的书面通知如涉及工程实施，需要承包人就完成此通知需要的人工、材料、机械设备等内容向发包人提出，取得发包人的签证确认；三是合同工程招标工程量清单中已有，但施工中发现与其不符，比如土方类别，出现流沙等，需承包人及时向发包人提出签证确认，以便调整合同价款；四是由于发包人原因未按合同约定提供场地、材料、设备或停水、停电等造成承包人停工，需承包人及时向发包人提出签证确认，以便计算索赔费用；五是合同中约定材料、设备等价格，由于市场发生变化，需承包人向发包人提出采纳数量及其单价，以便发包人核对后取得发包人的签证确认；六是其他由于施工条件、合同条件变化需现场签证的事项等。

承包人在收到需签证事项指令后，应及时向发包人提出现场签证要求，及时向发包人提交现场签证报告，发包人收到现场签证报告后对报告内容进行核实，予以确认或提出修改意见。

现场签证的工作如已有相应的计日工单价，现场签证中应列明完成该类项目所需的人工、材料、工程设备和施工机械台班的数量。如现场签证的工作没有相应的计日工单价，应在现场签证报告中列明完成该签证工作所需的人工、材料设备和施工机械台班的数量及单价。

合同工程发生现场签证事项，未经发包人签证确认，承包人便擅自施工的，除非征得发包人书面同意，否则发生的费用应由承包人承担。

现场签证工作完成后，承包人应及时按照现场签证内容计算价款，报送发包人确认后，作为增加合同价款，与进度款同期支付。

在施工过程中，当发现合同工程内容因场地条件、地质水文、发包人要求等不一致时，承包人应提供所需的相关资料，并提交发包人签证认可，作为合同价款调整的依据。

12）暂列金额

已签约合同价中的暂列金额只能按照发包人的指示使用。暂列金额虽然列入合同价款，但并不属于承包人所有，也不必然发生。只有按照合同约定实际发生后，才能成为承包人的应得金额，纳入工程合同结算价款中，扣除发包人按照规定所作支付后，暂列金额余额(如果有)归发包人所有。

7.3.3 合同价款的期中支付

建设工程的交易过程和工程的实施过程相互重叠，在工程合同履行过程中，会产生工程预付款、工程进度款等款项的支付与结算。工程价款结算是承发包双方根据合同约定，对合同工程在实施中、终止时、已完工后进行的合同价款计算、调整和确认。包括期中结算、终止结算和竣工结算。

1）预付款

预付款是发包人为解决承包人在施工准备阶段资金周转问题提供的协助，承包人应将预付款专用于合同工程，如为合同工程施工购置材料、工程设备，购置或租赁施工设备以及组织施工人员进场等。

我国清单规范规定，包工包料工程的预付款的支付比例不得低于签约合同价(扣除暂列金额)的10%，不宜高于签约合同价(扣除暂列金额)的30%。预付款可以形成工程实体的材料的需要量及其储备的时间长短计算，其计算公式为

$$\text{工程预付款额度} = \frac{\text{预付款数额}}{\text{工作量}} \times 100\% \tag{7.3.6}$$

假设某施工企业承建某建设单位的仿古建筑，双方签订的合同中规定，工程预付款额度按25%计算，当年计划工作量为200万元，则

$$\text{预付款} = 2\,000\,000 \times 25\% = 500\,000(\text{元})$$

随着工程的进展，预付款应从每一个支付期应支付给承包人的工程进度款中扣回，直到扣回的金额达到合同约定的预付款金额为止。确定预收备料款开始扣还的时间，应该以未施工工程所需主要材料及构件的耗用额度刚好同备料款相等为原则。扣还的办法如下：

① 按公式计算起扣点及扣抵额

$$\text{起扣时已完价值} = \text{当年施工合同总值} - \frac{\text{预付款}}{\text{全部材料比重}} \tag{7.3.7}$$

如在上例中，假定全部材料比重为62.5%，则预付款起扣时已完工程价值，即起扣点为

$$200 - \frac{50}{62.5\%} = 120(\text{万元})$$

未完工程为

$$200 - 120 = 80(\text{万元})$$

此时所需主要材料费为

$$80 \times 62.5\% = 50(\text{万元})$$

应扣还的预付款，可按下列方式计算：

$$\text{第一次扣抵额} = (\text{累计已完工程价值} - \text{起扣点已完工程价值}) \times \text{全部材料比重}$$

$$\text{以后每次扣抵额} = \text{每次完成工程价值} \times \text{全部材料比重}$$

如在上例中，当截至某次结算日期时，累计已完工程价值140万元，超过起扣点则

$$第一次扣抵额 = (140 - 120) \times 62.5\% = 12.5(万元)$$

$$若再完成 40 万元工作量，则扣抵额 = 40 \times 62.5\% = 25(万元)$$

② 按规定办法扣还备料款

由于按公式计算起扣点和扣抵额，理论上虽较为合理，但使用较繁，所以在工程价款结算中常采用固定的比例扣还备料款。如有的地区规定在工程进度到达60%左右，以后每完成10%进度，扣还预付备料款总额度的25%。

③ 竣工后结算

这种方法适用于投资不大、工程简单、工期短的工程。预付款不分次扣还，而是当备料款和工程进度款累计达到工程合同总值的95%时便停付工程进度款，待工程竣工验收后一并计算。

2) 安全文明施工费

根据《建筑工程安全防护、文明施工措施费及使用管理规定》，安全文明施工费包括的内容和使用范围，应符合国家有关文件和计量规范的规定。

发包人应在工程开工后的28天内预付不低于当年施工进度计划的安全文明施工费总额的60%，其余部分应按照提前安排的原则进行分解，并应与进度款同期支付。如果发包人没有按时支付安全文明施工费的，承包人可催告发包人支付；发包人在付款期满后的7天内仍未支付的，若发生安全事故，发包人应承担相应责任。

承包人对安全文明施工费应专款专用，在财务账目中单独列项备查，不得挪作他用，否则发包人有权要求其限期改正；逾期未改正的，造成的损失和延误的工期应由承包人承担。

3) 进度款

进度款是在合同工程施工过程中，发包人按照合同约定对付款周期内承包人完成的合同价款给予支付的款项，也是合同价款期中结算支付。承发包双方应按照合同约定的时间、程序和方法，根据工程计量结果，办理期中价款结算，支付进度款。工程计量是指发承包双方根据合同约定，对承包人完成合同工程的数量进行的计算和确认。

进度款支付周期应与合同约定的工程计量周期一致。已标价工程量清单中的单价项目，承包人应按工程计量确认的工程量与综合单价计算；综合单价发生调整的，以发承包双方确认调整的综合单价计算进度款。

已标价工程量清单中的总价项目和按照规范规定形成的总价合同，承包人应按合同中约定的进度款支付分解，分别列入进度款支付申请中的安全文明施工费和本周期应支付的总价项目的金额中。发包人提供的甲供材料金额，应按照发包人签约提供的单价和数量从进度款支付中扣除，列入本周期应扣减的金额中。承包人现场签证和得到发包人确认的索赔金额应列入本周期应增加的金额中。

进度款的支付比例按照合同约定，按期中结算价款总额计，不低于60%，不高于90%。承包人应在每个计量周期到期后向发包人提交已完工程进度款支付申请，承发包双方按约定的程序及规范规定进行进度款的支付。

发包人未按照本规范规定支付进度款的，承包人可催告发包人支付，并有权获得延迟支付的利息；发包人在付款期满后的7天内仍未支付的，承包人可在付款期满后的第8天起暂停施工。发包人应承担由此增加的费用和延误的工期，向承包人支付合理利润，并应承担违约责任。

如果发现已签发的任何支付证书有错、漏或重复的数额，发包人有权予以修正，承包人也有权提出修正申请。经发承包双方复核同意修正的，应在本次到期的进度款中支付或扣除。

7.4 仿古建筑与园林绿化工程竣工结算与竣工决算

7.4.1 竣工结算

竣工结算是工程价款结算的一种，但它是反映工程造价计价规定执行情况的最终文件，因而也具有特别意义。竣工结算书是工程竣工验收备案、交付使用的必备条件，同时承发包双方竣工结算办理完毕后应由发包人向工程造价管理机构备案，以便工程造价管理机构对本规定的执行情况进行监督和检查。竣工结算由承包人编制，发包人核对；实行总承包的工程，由总承包人对竣工结算的编制负总责。

承包人、发包人均可委托具有工程造价咨询资质的工程造价咨询企业编制或核对竣工结算。

1）竣工结算编制依据

竣工结算编制依据有以下七项：

(1)《建设工程工程量清单计价规范》及相关计量规范。

(2) 工程合同。

(3) 承发包双方实施过程中已确认的工程量及其结算的合同价款。

(4) 承发包双方实施过程中已确认调整后追加(减)的合同价款。

(5) 建设工程设计文件及相关资料。

(6) 投标文件。

(7) 其他依据。

采用合同履行过程被发承包双方计量、计价、签证认可的资料，竣工结算时不必全部重新计量、计价。

竣工结算与合同工程实施工程中的工程计量及其价款结算、进度款支付合同价款调整等具有内在联系，除有争议的外，均应直接进入竣工结算，从而可简化竣工结算流程。

2）质量保证金

质量保证金是承发包双方在工程合同中约定，从应付合同价款中预留，用以保证承包人在缺陷责任期内履行缺陷修复义务的金额。

缺陷责任期是指承包人对已交付使用的合同工程承担合同约定的缺陷修复责任的期限，为发包人有效监督承包人完成缺陷修复提供了资金保证。缺陷责任期内，如果承包人未按照合同约定履行属于自身责任的工程缺陷修复义务的，发包人有权从质量保证金中扣除用于缺陷修复的各项支出。当然，如果经查验工程缺陷属于发包人原因造成的，则应由发包人承担查验和缺陷修复的费用。

在合同约定的缺陷责任期终止后，发包人应按照规定，将剩余的质量保证金返还给承包人。

3）价款结算案例

某园林绿化工程承包合同价 600 万元，合同规定 2 月开工，5 月完工，预付款是合同价的 25%，竣工结算时留 5%尾款。资料表明，该类型工程主要材料金额占工程价款的 62.5%。该工程实际完成工程情况、工程变更等原因造成合同价款调整情况已经双方确认，工程实际进度及期中结算情况如表 7.4.1 所示。试根据预付款起扣点理论公式计算按月结算工程价款及竣工结算。

表 7.4.1 某园林绿化工程实际进度及合同价款调整 单位：万元

月份	2 月	3 月	4 月	5 月
工程进度	100	140	180	180
合同价款调整增加额	—	10	15	5

解：(1) 预付款数额为

$$600 \times 25\% = 150(万元)$$

(2) 预付款起扣点为

$$600 - \frac{150}{62.5\%} = 360(万元)$$

(3) 按月结算情况

① 2 月份

已确认完成工程产值 100 万元，应按实结算 100 万元。

② 3 月份

已确认完成工程产值 140 万元，累计完成工程产值 240 万元，低于预付款起扣点 360 万元，应按实结算；合同价款调整增加额 10 万元。

本月应结算：140＋10＝150(万元)。

③ 4 月份

已确认完成工程产值 180 万元，此时完成工程产值累计是 100＋140＋180＝420(万元)，已超过预付款起扣点 360 万元。因此，此时应开始扣预付款：

其中直接结算部分：360－100－140＝120(万元)。

扣除预付款再结算部分：(420－360)×(1－62.5%)＝22.5(万元)。

本月合同价款调整增加额 15 万元，合计应结算：120＋22.5＋15＝157.5(万元)。

④ 5 月份

已确认完成工程产值 180 万元，应扣除预付款再结算：180×(1－62.5%)＝67.5(万元)。

本月合同价款调整增加额 5 万元，应直接结算。

留尾数：(600＋10＋15＋5)×5%＝31.5(万元)。

合计应结算(也是竣工结算)：67.5＋5－31.5＝41(万元)。

7.4.2 竣工决算

工程竣工决算是单项工程或建设项目完工后，以竣工结算资料为基础编制的，是反映整个工程项目从筹建到全部竣工的各项建设费用文件。由建设单位财务及有关部门编制。

1）竣工决算的作用

工程竣工后，及时编制工程竣工决算有以下几方面的作用：

(1) 正确校核固定资产价值，考核和分析投资效果。

(2) 及时办理竣工决算，并依此办理新增固定资产移交转账手续，可以缩短建设周期，节约基建投资。如不及时办理移交手续，不仅不能提取固定资产折旧，而且所发生的维修费、职工工资等都要在基建投资中支出。

(3) 办理竣工决算后，工厂企业可以正确计算投入使用的固定资产折旧费，合理计算生产成本和企业利润。

(4) 通过编制竣工决算，可全面清理基本建设财务，便于及时总结基本建设经验，积累各项技术经济资料。

(5) 正确编制竣工决算，有利于正确地进行设计概算、施工图预算、竣工决算之间的“三算”对比。

2）竣工决算的主要内容

工程竣工决算的内容包括文字说明和决算报表两部分。

(1) 文字说明

文字说明包括工程概况、设计概算和基建计划执行情况，各项技术经济指标完成情况，各项拨款使用情况，建设成本和投资效果分析，建设过程中的主要经验、存在问题和解决意见等。

(2) 决算报表

① 大中型项目包括竣工工程概况表、竣工财务决算表、交付使用财产总表及明细表。

② 小型项目包括竣工决算总表和交付使用财产明细表。

表格的详细内容及具体做法按地方基建主管部门的规定填报。

附录一　仿古建筑工程计价示例

×××水榭工程为仿古歇山建筑，设计文件详见附图 1.1～附图 1.11。试按工程量清单规则编制本工程中仿古部分项目工程量清单并计价。

一、工程量清单编制总说明

1. 工程概况：本工程为×××水榭工程，建筑面积为 104.88 m^2。建筑类型为仿古歇山建筑，计划工期为××天。现场施工具备三通一平的条件，施工过程中要注意文明施工，防尘、降噪，不影响周边环境。

2. 工程招标和分包范围：仿古水榭单体建筑。

3. 工程量清单编制依据：

(1) 工程方案图及施工图纸。

(2) 招标文件。

(3)《建设工程工程量清单计价规范》(GB 50500—2013)、《仿古建筑工程工程量计算规范》(GB 50855—2013)。

(4) 古建筑相关规范及其他相关要求。

4. 工程质量、材料、施工等的特殊要求：工程质量为合格，瓦作、木作、油漆材料均以图纸要求或规范要求为准。

5. 招标人自行采购材料的名称、规格型号、数量、单价、金额等；本工程材料均由投标人采购，招标人无自行采购的材料

6. 预留金：本工程不设预留金。

7. 其他需说明的问题：

(1) 本工程按图纸要求，只编制地面以上仿古部分项目工程量清单。

(2) 木雕构件如角牙、撑牙，因为计价表缺项，没有对应的定额项目使用，在专业工程暂估价中以木雕专业工程暂估价列入，实际施工时以甲乙双方共同确认的价格计算。

二、工程量清单成果文件

1. 工程量清单封面、总说明、其他项目清单与计价汇总表、暂列金额明细表、材料(工程设备)暂估单价及调整表等表格此处略。

2. 分部分项工程和单价措施项目清单与计价表，总价措施项目清单与计价表，规费、税金项目计价表等工程量清单成果文件详见附表 1.1.1～1.1.5。

3. 清单工程量计算表见附表 1.2。

三、招标控制价编制说明

1. 工程概况：建筑面积为 104.88 m^2。计划工期为××天。工程质量等级：合格。

2. 工程招标和分包范围：仿古水榭单体建筑。

3. 工程量清单编制依据：

(1) 工程方案图及施工图纸。

(2) 招标文件。

(3)《建设工程工程量清单计价规范》(GB 50500—2013)、《仿古建筑工程工程量计算规范》(GB 50855—2013)。

(4) 古建筑相关规范及其他相关要求。

4.《江苏省仿古建筑与园林工程计价表》(2007)及其交底材料。

5. 工程质量、材料、施工等的特殊要求:工程质量为合格,瓦作、木作、油漆材料均以图纸要求或规范要求为准。

6. 本工程所有材料价格、人工单价、机械台班单价暂按《江苏省仿古建筑与园林工程计价表》(2007)中价格计算。

7. 工程费用计算规则按《江苏省建设工程费用定额》(2014)执行。

8. 现场安全文明施工费按"省级标化工地"标准计取。

9. 措施项目费中夜间施工增加费按 0.05%、冬雨季施工增加费按 0.125%、已完工程及设备保护按 0.05%、临时设施按 2.0%、工程按质论价按 1.75%计算。

10. 本工程为水榭,应按照二类工程计取管理费与利润,本例题为了更便于与计价表组价相对应,工程取费类别暂不调整,仍按计价表中三类计取。

11. 招标控制价调整系数不考虑。

四、招标控制价成果文件

1. 招标控制价封面、总说明、其他项目清单与计价汇总表、暂列金额明细表、材料(工程设备)暂估单价及调整表等表格此处略。

2. 单位工程招标控制价表,分部分项工程和单价措施项目清单与计价表,分部分项工程费综合单价表,总价措施项目清单与计价表,规费、税金项目计价表等工程量清单成果文件详见附表 1.3.1~1.3.6 和其后各表。

图纸说明

一、总则

本图纸为×××扩建工程水榭设计图纸。

1. 图中所注尺寸均以毫米为单位,标高均以米为单位。
2. 凡施工及验收规范(如屋面、砌体、地面等)对建筑所用材料规格、施工要求及验收规则等有规定者,本说明不再重复,均按现行有关规范执行。
3. 设计中采用标准图、通用图或重复利用图者,不论利用其局部节点或全部详图,均应按照各图纸要求全面配合施工。

二、设计标高

本工程以室内地坪为±0.000,建筑相对标高尺寸见总图。

三、瓦作工程

1. 制作安装新麻石阶沿、石磉、石鼓。
2. 铺设砖细方砖地面。
3. 蝴蝶瓦花脊,砖细山花。

四、木作工程

木构架采用优质老杉木。

五、油漆工程

1. 木结构采用国漆,一底三度,柱采用一布五灰地仗。
2. 内、外墙刷白乳胶漆腻子二遍,白乳胶漆二遍。

六、其他工程

门窗安装 3 mm 厚浮法玻璃。

附图 1.1　设计图纸说明

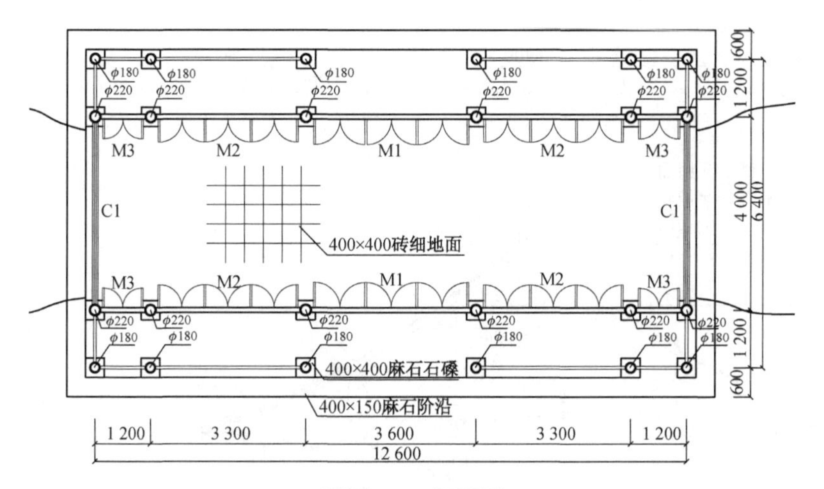

附图 1.2　平面图

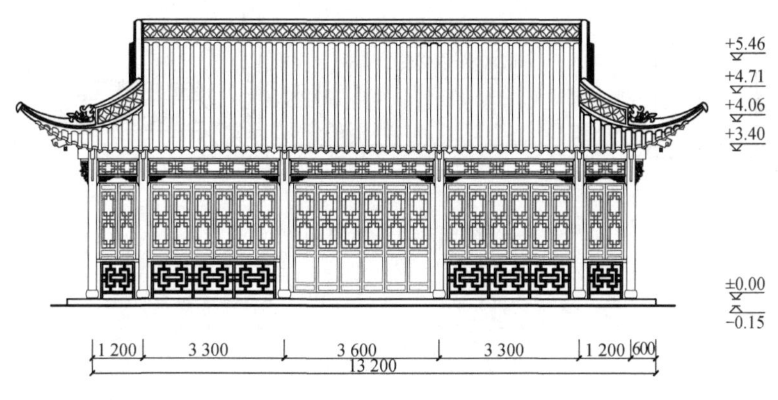

附图 1.3　东西立面图

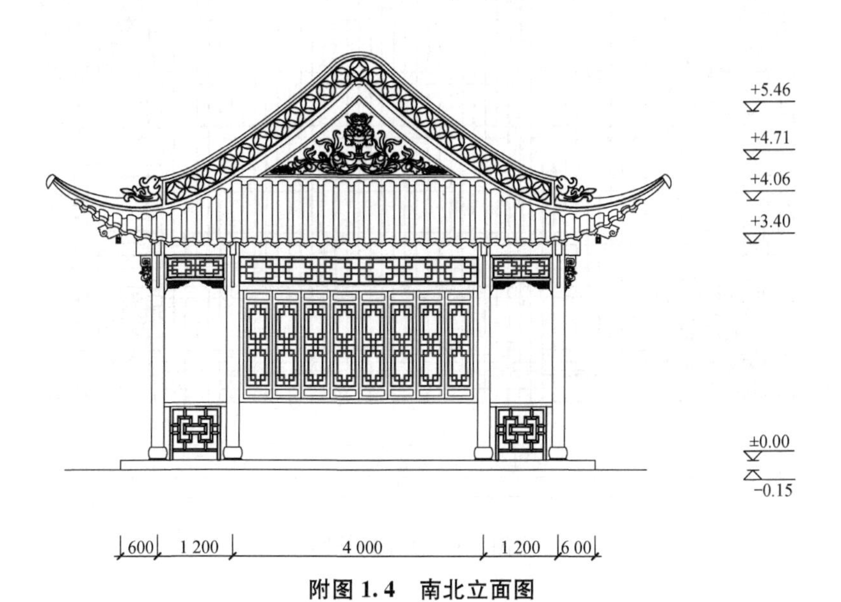

附图 1.4　南北立面图

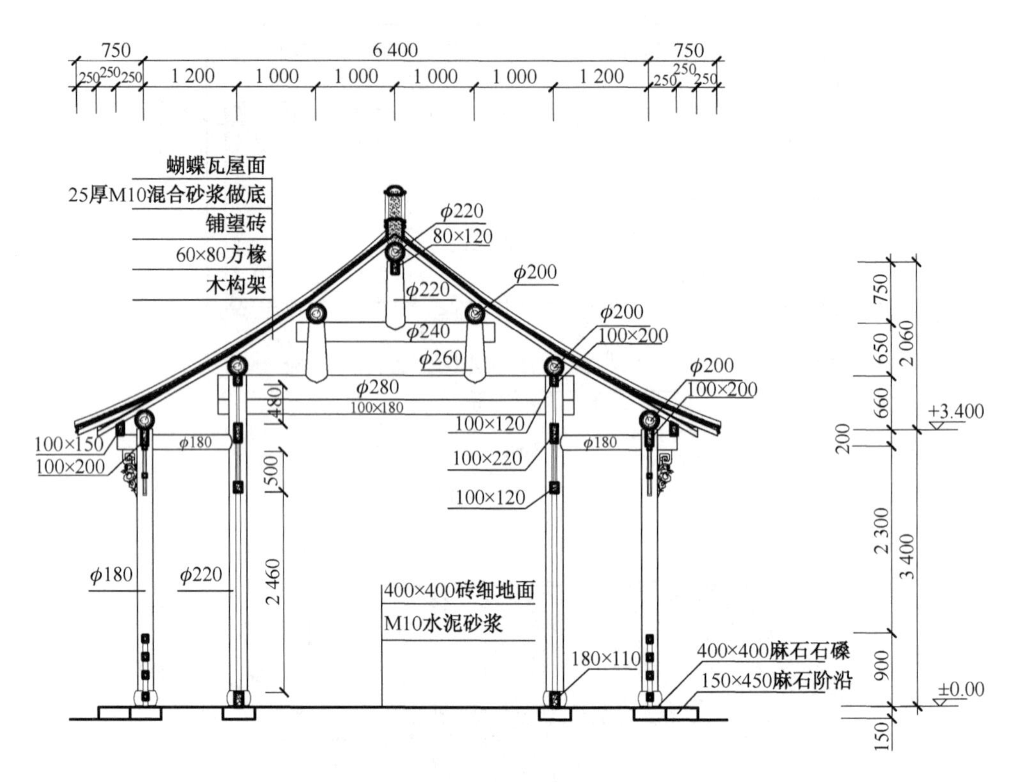

附图 1.5　剖面图

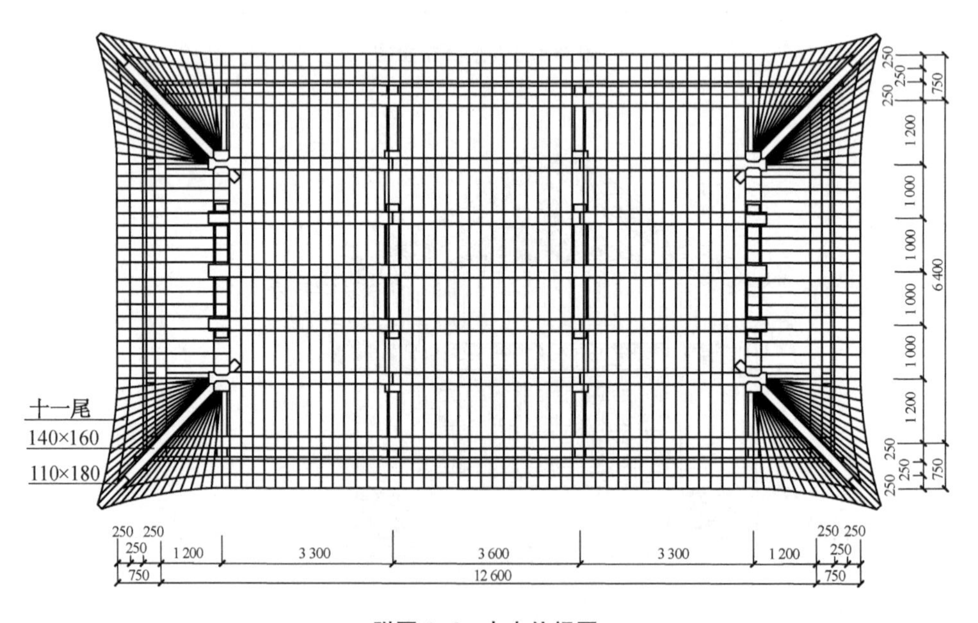

附图 1.6　大木俯视图

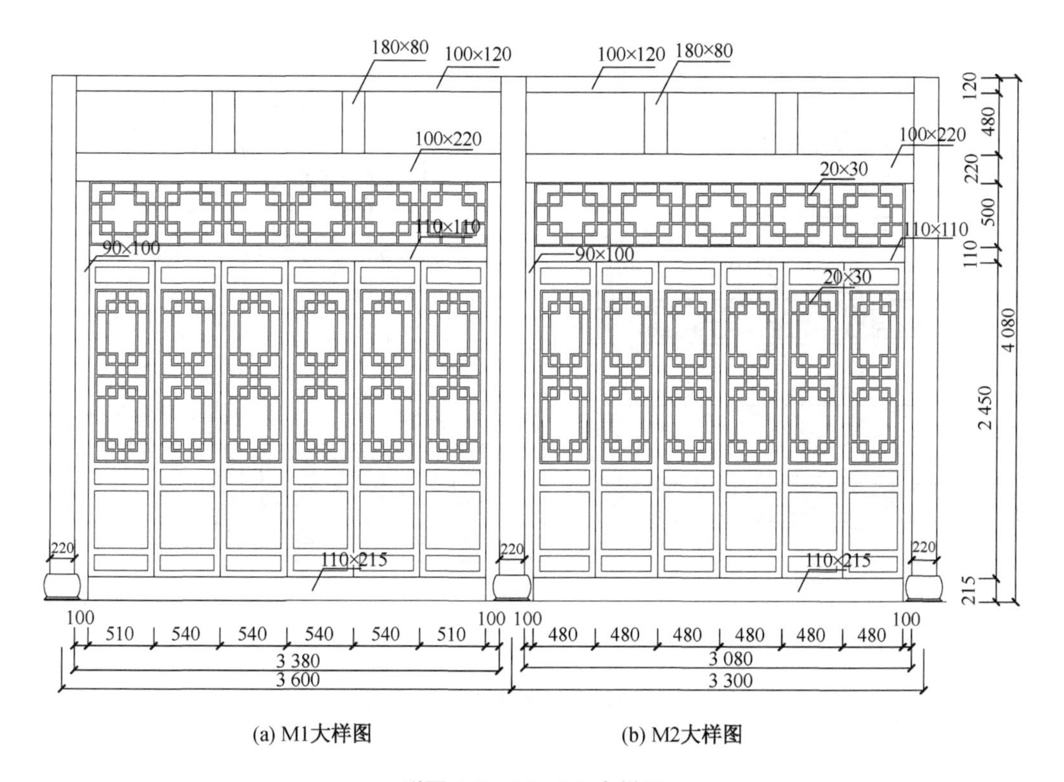

(a) M1大样图　　(b) M2大样图

附图 1.7　M1、M2 大样图

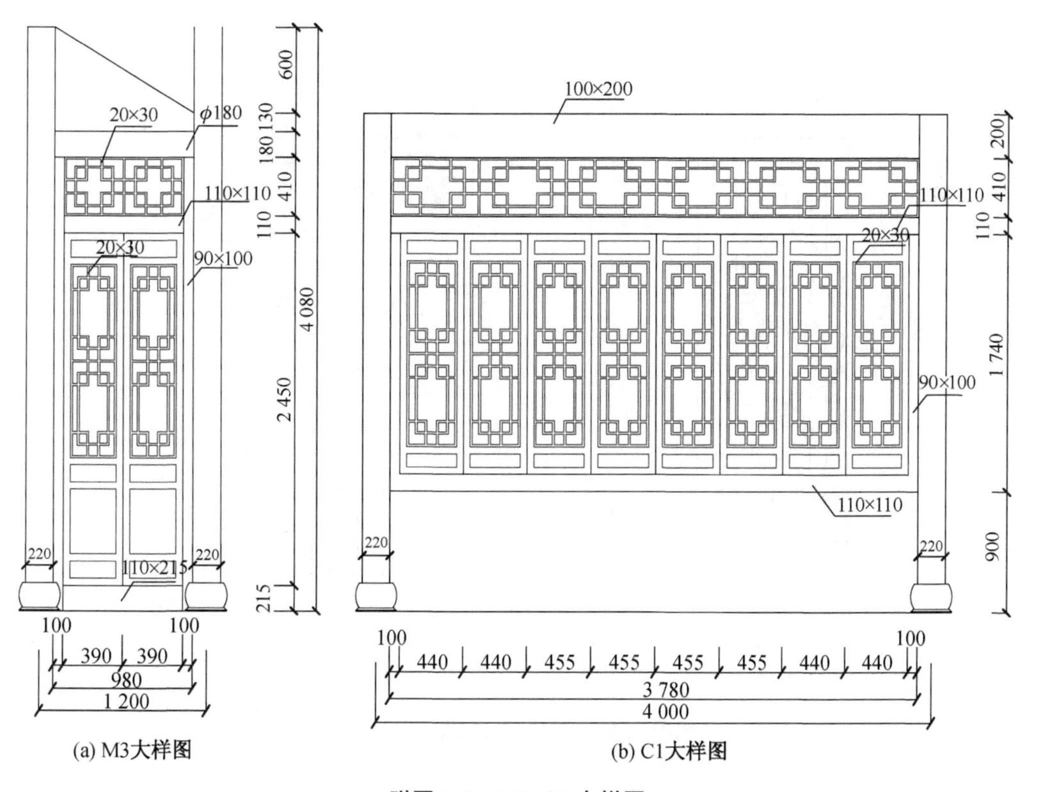

(a) M3大样图　　(b) C1大样图

附图 1.8　M3、C1 大样图

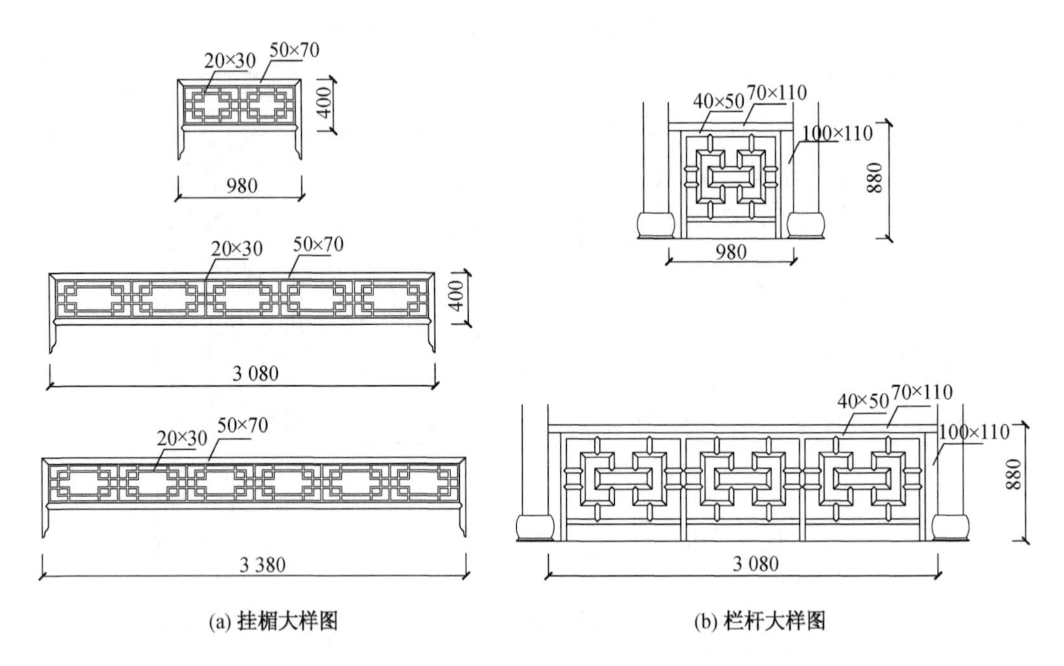

(a) 挂楣大样图　　(b) 栏杆大样图

附图 1.9　挂楣、栏杆大样图

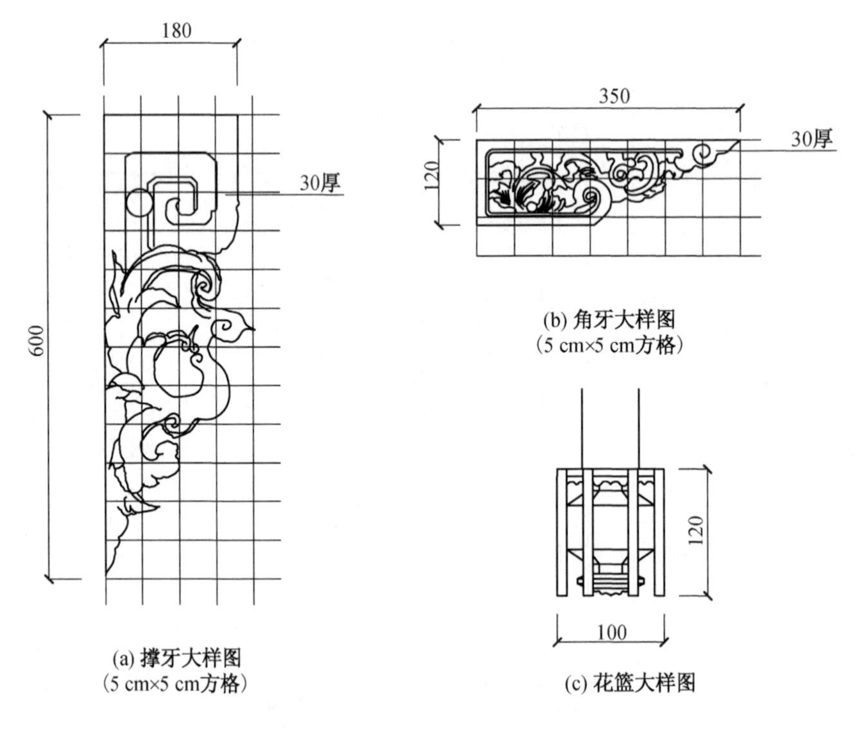

(a) 撑牙大样图
(5 cm×5 cm方格)

(b) 角牙大样图
(5 cm×5 cm方格)

(c) 花篮大样图

附图 1.10　撑牙、角牙、花篮大样图

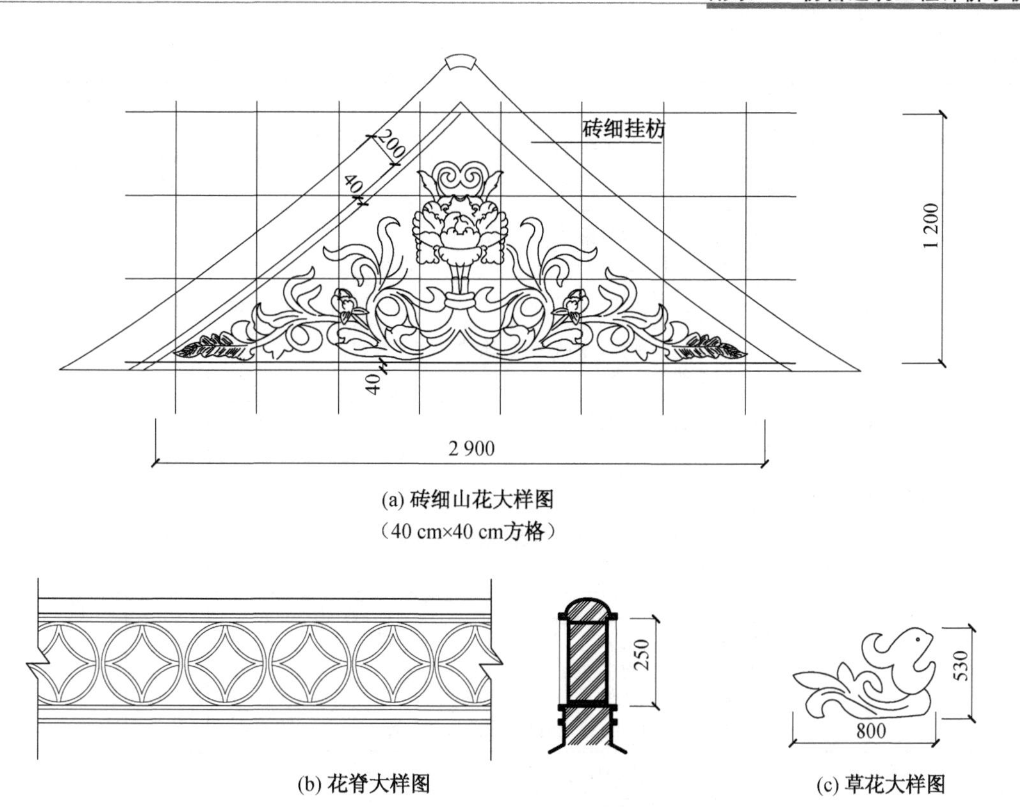

(a) 砖细山花大样图
（40 cm×40 cm方格）

(b) 花脊大样图

(c) 草花大样图

附图 1.11　山花、花脊、草花大样图

附表 1.1.1　分部分项工程和单价措施项目清单与计价表

工程名称:水榭

序号	项目编码	项目名称	项目特征描述	计量单位	工程量	金额(元)		
						综合单价	合价	其中 暂估价
1	020701001001	细墁方砖	1. 铺设部位:地面 2. 方砖规格:400 mm×400 mm×40 mm 3. 结合层材料种类、厚度:50 mm 厚水泥砂浆 4. 嵌缝材料种类:油灰	m^2	88.400			
2	020201001001	阶条石	1. 粘结层材料种类、厚度、砂浆强度等级:30 mm厚水泥砂浆 2. 石料种类、构件规格:麻石 400 mm×150 mm	m^2	16.480			
3	020206003001	磉墩	1. 石材种类、构件规格:麻石 400 mm×400 mm×150 mm	只	24			
4	020206001001	柱顶石	1. 石料种类、构件规格:麻石,高 20 cm 2. 式样:圆形	只	24			
5	020501001001	圆柱	1. 构件名称类别:檐柱 2. 木材品种:杉木 3. 构件规格:直径 180 mm 4. 刨光要求:全部 5. 防护材料种类、涂刷遍数:地仗一布五灰,国漆明光三遍	m^3	1.220			

续表

序号	项目编码	项目名称	项目特征描述	计量单位	工程量	金额(元)		
						综合单价	合价	其中 暂估价
6	020501001004	圆柱	1. 构件名称类别:檐柱 2. 木材品种:杉木 3. 构件规格:直径 220 mm 4. 刨光要求:全部 5. 防护材料种类、涂刷遍数:地仗一布五灰,国漆明光三遍	m^3	0.600			
7	020501001003	圆柱	1. 构件名称类别:步柱 2. 木材品种:杉木 3. 构件规格:直径 220 mm 4. 刨光要求:全部 5. 防护材料种类、涂刷遍数:地仗一布五灰,国漆明光三遍	m^3	1.020			
8	020502001001	圆梁	1. 构件名称、类别:大梁 2. 木材品种:杉木 3. 构件规格:直径 280 mm 4. 刨光要求:全部 5. 防护材料种类、涂刷遍数:国漆一底三度	m^3	1.420			
9	020502001002	圆梁	1. 构件名称、类别:山界梁 2. 木材品种:杉木 3. 构件规格:直径 240 mm 4. 刨光要求:全部 5. 防护材料种类、涂刷遍数:国漆一底三度	m^3	0.550			
10	020502001003	圆梁	1. 构件名称、类别:廊川 2. 木材品种:杉木 3. 构件规格:直径 180 mm 4. 刨光要求:全部 5. 防护材料种类、涂刷遍数:国漆一底三度	m^3	0.830			
11	020502001004	圆梁	1. 构件名称、类别:童柱 2. 木材品种:杉木 3. 构件规格:直径 320 mm 4. 刨光要求:全部 5. 防护材料种类、涂刷遍数:国漆一底三度	m^3	0.610			
12	020502001005	圆梁	1. 构件名称、类别:脊童柱 2. 木材品种:杉木 3. 构件规格:直径 280 mm 4. 刨光要求:全部 5. 防护材料种类、涂刷遍数:国漆一底三度	m^3	0.250			
13	020503006001	随梁枋	1. 构件名称类别:随梁枋 2. 木材品种:杉木 3. 刨光要求:两面 4. 防护材料种类、涂刷遍数:国漆一底三度	m^3	0.150			
14	020503004001	额枋	1. 构件名称类别:枋 2. 木材品种:杉木 3. 刨光要求:两面 4. 防护材料种类、涂刷遍数:国漆一底三度	m^3	2.300			

续表

序号	项目编码	项目名称	项目特征描述	计量单位	工程量	金额(元)		
						综合单价	合价	其中 暂估价
15	020503004002	额枋	1. 构件名称类别:枋 2. 木材品种:杉木 3. 刨光要求:两面 4. 防护材料种类、涂刷遍数:国漆一底三度	m^3	0.220			
16	020503001001	圆桁(檩)	1. 构件名称类别:脊桁 2. 木材品种:杉木 3. 刨光要求:全部 4. 防护材料种类、涂刷遍数:国漆一底三度	m^3	0.510			
17	020503001002	圆桁(檩)	1. 构件名称类别:桁条 2. 木材品种:杉木 3. 刨光要求:全部 4. 防护材料种类、涂刷遍数:国漆一底三度	m^3	3.290			
18	020505002001	矩形椽	1. 构件截面尺寸:60 mm×80 mm,椽间距 220 mm 2. 木材品种:杉木 3. 刨光要求:全部 4. 防护材料种类、涂刷遍数:国漆一底三度	m^3	2.500			
19	020505007001	矩形飞椽	1. 构件截面尺寸:60 mm×80 mm,椽间距 220 mm 2. 木材品种:杉木 3. 刨光要求:全部 4. 防护材料种类、涂刷遍数:国漆一底三度	m^3	0.550			
20	020508016001	大连檐(里口木)	1. 断面尺寸:60 mm×65 mm 2. 木材品种:杉木 3. 刨光要求:全部 4. 防护材料种类、涂刷遍数:国漆一底三度	m	28.400			
21	020508017001	小连檐	1. 断面尺寸:20 mm×60 mm 2. 木材品种:杉木 3. 刨光要求:全部 4. 防护材料种类、涂刷遍数:国漆一底三度	m	69.200			
22	020508020001	闸挡板	1. 断面尺寸:10 mm×70 mm 2. 木材品种:杉木 3. 刨光要求:全部	m	40.000			
23	020508021001	椽碗板	1. 断面尺寸:10 mm×80 mm 2. 木材品种:杉木 3. 刨光要求:全部 4. 防护材料种类、涂刷遍数:国漆一底三度	m	28.400			
24	020508022001	垫板(夹堂板)	1. 断面尺寸:18 mm×600 mm 2. 木材品种:杉木 3. 刨光要求:两面 4. 防护材料种类、涂刷遍数:国漆一底三度	m	20.400			
25	020506001001	老角梁、由戗	1. 木材品种:杉木 2. 角度和刨光要求:全部刨光 3. 雕刻要求:老戗头简单雕刻 4. 防护材料种类、涂刷遍数:国漆一底三度	m^3	0.270			

续表

序号	项目编码	项目名称	项目特征描述	计量单位	工程量	金额(元)		
						综合单价	合价	其中 暂估价
26	020506002001	仔角梁	1. 木材品种:杉木 2. 角度和刨光要求:全部 3. 雕刻要求:无 4. 防护材料种类、涂刷遍数:国漆一底三度	m^3	0.080			
27	020506006001	戗山木	1. 木材品种:杉木 2. 角度和刨光要求:全部 3. 雕刻要求:无 4. 防护材料种类、涂刷遍数:国漆一底三度	m^3	0.040			
28	020506005001	菱角木	1. 木材品种:杉木 2. 角度和刨光要求:全部 3. 雕刻要求:无 4. 防护材料种类、涂刷遍数:国漆一底三度	m^3	0.040			
29	020505010001	圆形翼角椽	1. 构件截面尺寸:直径 7 cm,平均长 2.4 m 2. 木材品种:杉木 3. 刨光要求:全部 4. 防护材料种类、涂刷遍数:国漆一底三度	m^3	1.140			
30	020505008001	翘飞椽	1. 构件截面尺寸:60 mm×80 mm,1 m 2. 木材品种:杉木 3. 刨光要求:全部 4. 防护材料种类、涂刷遍数:国漆一底三度	m^3	0.420			
31	020506008001	弯大连檐、里口木	1. 板宽度、厚度:140 mm×180 mm 2. 木材品种:杉木 3. 刨光要求:全部 4. 防护材料种类、涂刷遍数:国漆一底三度	m	15.200			
32	020506009001	弯小连檐	1. 板宽度、厚度:60 mm×25 mm 2. 木材品种:杉木 3. 刨光要求:全部 4. 防护材料种类、涂刷遍数:国漆一底三度	m	26.000			
33	020506011001	翼角檐椽望板	1. 板厚:15 mm 2. 木材品种:杉木 3. 刨光要求:一面 4. 防护材料种类、涂刷遍数:国漆一底三度 5. 望板接缝形式:平口	m^2	3.500			
34	020506012001	翼角飞椽望板	1. 板厚:10 mm 2. 木材品种:杉木 3. 刨光要求:一面 4. 防护材料种类、涂刷遍数:国漆一底三度 5. 望板接缝形式:平口	m^2	2.500			
35	020506013001	鳖壳板	1. 板厚:25 mm 2. 木材品种:杉木 3. 刨光要求:一面 4. 望板接缝形式:平口	m^2	3.000			
36	020506007001	千斤销	1. 边长,长度:70 mm×60 mm×700 mm 2. 木材品种:硬木 3. 雕刻要求:简单雕刻	个	4			

续表

序号	项目编码	项目名称	项目特征描述	计量单位	工程量	金额(元)		
						综合单价	合价	其中
								暂估价
37	020509001001	槅扇(制作)	1. 窗芯类型、式样:宫式长窗 2. 框边挺、装芯截面尺寸:50 mm×70 mm 3. 木材品种:杉木 4. 玻璃品种、厚度:普通白玻,3 mm 5. 摇梗、楹子做法:有 6. 雕刻类型:无	m^2	51.140			
38	020509007001	门窗框、槛、抱框	1. 截面尺寸:上槛 110 mm×110 mm,下槛 110 mm×215 mm,抱柱 90 mm×100 mm 2. 木材品种:杉木 3. 防护材料种类、涂刷遍数:国漆一底三度	m	101.200			
39	020509001003	槅扇(安装)	1. 窗芯类型、式样:宫式长窗 2. 框边挺、装芯截面尺寸:50 mm×70 mm 3. 木材品种:杉木 4. 玻璃品种、厚度:普通白玻,3 mm 5. 摇梗、楹子做法:有 6. 雕刻类型:无 7. 防护材料种类、涂刷遍数:国漆一底三度	m^2	63.480			
40	020509001004	槅扇(制作)	1. 窗芯类型、式样:宫式短窗 2. 框边挺、装芯截面尺寸:50 mm×70 mm 3. 木材品种:杉木 4. 玻璃品种、厚度:普通白玻,3 mm 5. 摇梗、楹子做法:有 6. 雕刻类型:无	m^2	11.740			
41	020509007002	门窗框、槛、抱框	1. 截面尺寸:上槛 110 mm×110 mm,下槛 110 mm×110 mm,抱柱 90 mm×100 mm 2. 木材品种:杉木 3. 防护材料种类、涂刷遍数:国漆一底三度	m	22.560			
42	020509001005	槅扇(安装)	1. 窗芯类型、式样:宫式短窗 2. 框边挺、装芯截面尺寸:50 mm×70 mm 3. 木材品种:杉木 4. 玻璃品种、厚度:普通白玻,3 mm 5. 摇梗、楹子做法:有 6. 雕刻类型:无 7. 防护材料种类、涂刷遍数:国漆一底三度	m^2	14.060			
43	020509001007	槅扇	1. 窗芯类型、式样:宫式楣窗 2. 框边挺、装芯截面尺寸:50 mm×70 mm 3. 木材品种:杉木 4. 玻璃品种、厚度:普通白玻,3 mm 5. 摇梗、楹子做法:有 6. 雕刻类型:无 7. 防护材料种类、涂刷遍数:国漆一底三度	m^2	14.250			
44	020509001008	槅扇	1. 窗芯类型、式样:宫式挂楣 2. 框边挺、装芯截面尺寸:50 mm×70 mm 3. 木材品种:杉木 4. 玻璃品种、厚度:普通白玻,3 mm 5. 摇梗、楹子做法:有 6. 雕刻类型:无 7. 防护材料种类、涂刷遍数:国漆一底三度	m^2	10.770			

续表

序号	项目编码	项目名称	项目特征描述	计量单位	工程量	金额(元)		
						综合单价	合价	其中 暂估价
45	020510002001	花栏杆	1. 构件栏芯类型式样:灯景式 2. 木材品种:杉木 3. 刨光要求:全部 4. 雕刻纹样:无 5. 防护材料种类、涂刷遍数:国漆一底三度	m^2	17.740			
46	020508010001	雀替(角牙)	1. 构件尺寸:120 mm×350 mm 2. 木材品种:杉木 3. 刨光要求:全部 4. 雕刻纹样:草花 5. 防护材料种类、涂刷遍数:国漆一底三度	块(只)	28			
47	020508010002	雀替(撑牙)	1. 构件尺寸:180 mm×600 mm 2. 木材品种:杉木 3. 刨光要求:全部 4. 雕刻纹样:草花 5. 防护材料种类、涂刷遍数:国漆一底三度	块(只)	20			
48	020601001001	铺望砖	1. 望砖规格尺寸:21 cm×10 cm×1.7 cm 2. 铺设位置:屋面	m^2	131.350			
49	020601003001	小青瓦屋面	1. 屋面类型:歇山 2. 瓦件规格尺寸:盖瓦 16 cm×17 cm	m^2	132.550			
50	020602009001	檐头(口)附件	1. 窑制瓦件类型:花边滴水	m	44.000			
51	020602002001	屋面窑制正脊	1. 脊类型、位置:蝴蝶瓦花脊(正脊) 2. 高度:40 mm	m	10.200			
52	020602002002	屋面窑制正脊(垂脊)	1. 脊类型、位置:蝴蝶瓦花脊(垂脊) 2. 高度:40 mm	m	9.520			
53	020602005001	滚筒戗脊	1. 戗脊长度:3 m	条	4			
54	020602011001	屋脊头、吞头		只	4			
55	020101003001	糙砖实心墙	1. 砌墙厚度:120 mm(歇山部位) 2. 用砖品种规格:标准砖 3. 灰浆品种及配合比:M5 混合砂浆	m^3	0.640			
56	020803009001	零星项目抹灰	1. 基体类型:歇山部位外墙	m^2	5.330			
57	020803009002	零星项目抹灰	1. 基体类型:歇山部位内墙	m^2	5.330			
58	020111002001	博风	1. 博风宽度:25 cm 2. 方砖品种、规格、强度等级:30 cm×30 cm×3 cm 砖细方砖	m	9.520			
59	020102002001	贴墙面	1. 贴面分块尺寸:400 mm×400 mm 歇山雕刻部位 2. 用砖品种、规格、强度等级:400 mm×400 mm	m^2	3.480			
60	020112001001	砖雕刻	1. 方砖雕刻形式:复杂浅浮雕 2. 雕刻深度:3 cm	m^2	3.480			

续表

序号	项目编码	项目名称	项目特征描述	计量单位	工程量	金额(元)		
						综合单价	合价	其中 暂估价
61	020101003002	糙砖实心墙	1. 砌墙厚度:120 mm(窗下墙) 2. 用砖品种规格:标准砖 3. 灰浆品种及配合比:M5 混合砂浆	m³	0.820			
62	011201001001	墙面一般抹灰	1. 墙体类型:外墙	m²	6.800			
63	011201001002	墙面一般抹灰	1. 墙体类型:内墙	m²	6.800			
64	011407001001	墙面喷刷涂料	1. 喷刷涂料部位:外墙 2. 刮腻子要求:2 遍 3. 涂料品种、喷刷遍数:乳胶漆 2 遍	m²	6.800			
65	011407001002	墙面喷刷涂料	1. 喷刷涂料部位:内墙 2. 刮腻子要求:2 遍 3. 涂料品种、喷刷遍数:乳胶漆 2 遍	m²	6.800			
		分部分项合计						
1	050401001001	砌筑脚手架		m²	1.000			
2	050401002001	抹灰脚手架		m²	1.000			
3	050401004001	满堂脚手架		m²	1.000			
		单价措施合计						

附表 1.1.2　总价措施项目清单与计价表

工程名称:水榭　　　　　　　　　　标段:

序号	项目编码	项目名称	计算基础	费率(%)	金额(元)	调整费率(%)	调整后金额(元)	备注
		通用措施项目						
1	050405001001	安全文明施工费		100.000				
1.1		基本费	分部分项合计＋单价措施项目合计－设备费	2.500				
1.2		增加费	分部分项合计＋单价措施项目合计－设备费	0.500				
2	050405002001	夜间施工	分部分项合计＋单价措施项目合计－设备费	0.050				
5	050405005001	冬雨季施工	分部分项合计＋单价措施项目合计－设备费	0.125				
8	050405008001	已完工程及设备保护	分部分项合计＋单价措施项目合计－设备费	0.050				
9	050405009001	临时设施	分部分项合计＋单价措施项目合计－设备费	2.000				
11	050405011001	工程按质论价	分部分项合计＋单价措施项目合计－设备费	1.750				

附表 1.1.3　其他项目清单与计价汇总表

工程名称:水榭　　　　　　　　　　　　标段:

序号	项目名称	金额(元)	结算金额(元)	备注
1	暂列金额			
2	暂估价	7 780.00		
2.1	材料暂估价			
2.2	专业工程暂估价	7 780.00		
3	计日工			
4	总承包服务费			
合　计			7 780.00	

附表 1.1.4　专业工程暂估价及结算价表

工程名称:水榭　　　　　　　　　　　　标段:

序号	工程名称	工程内容	暂估金额(元)	结算金额(元)	差额±(元)	备注
1	古建木雕工程	撑牙、角牙等木雕构件	7 780.00			
合　计			7 780.00			

附表 1.1.5　规费、税金项目计价表

工程名称:水榭　　　　　　　　　　　　标段:

序号	项目名称	计 算 基 础	计算基数(元)	计算费率(%)	金额(元)
1	规费	工程排污费+社会保险费+住房公积金		100.000	
1.1	工程排污费	分部分项工程费+措施项目费+其他项目费-工程设备费		0.100	
1.2	社会保险费			3.000	
1.3	住房公积金			0.500	
2	税金	分部分项工程费+措施项目费+其他项目费+规费-按规定不计税的工程设备金额		3.477	
合　计					

附表 1.2　清单工程量计算表

序号	清单项目名称（清单编号）	计 算 公 式	单位	合计
1	细墁方砖 020701001001	(12.6+0.2×2)×(6.4+0.2×2)= 88.4	m²	88.40
2	阶条石 020201001001	[(12.6+0.2×2+0.4)+(6.4+0.2×2+0.4)]×2×0.4=16.48	m²	16.480 0
3	磉墩 020206003001	24	只	24
4	柱顶石 020206001001	24	只	24
5	圆柱 020501001001	檐柱直径 180，高 3.2+0.045 0.102×12=1.224	m³	1.22
		地仗、油漆(扣榫长度，柱按 3.2 算) 0.101×12×22.24=26.954	m²	26.954
6	圆柱 020501001002	檐柱直径 220，高 3.2+0.055 0.15×4=0.6	m³	0.60
		地仗(扣榫长度) 0.147×4×18.18=10.689 8	m²	10.69
		油漆(扣榫长、扣墙内部分) 10.69−0.12×0.9×4=10.26	m²	10.26
7	圆柱 020501001003	步柱直径 220，高 3.86+0.055 0.128×8=1.024	m³	1.02
		地仗、油漆(扣榫长度) 0.126×8×18.18=18.325	m²	18.33
8	圆梁 020502001001	直径 280，长 4+0.3×2 0.354×4=1.416	m³	1.420 0
		油漆扣除柱梁相交部位 1.416×14.286−0.22×3.14×0.14×2×8=18.68	m²	18.68
9	圆梁 020502001002	直径 240，长 2+0.3×2 0.137×4=0.548	m³	0.55
		油漆扣除童柱梁相交部位 0.548×16.67−0.22×3.14×0.12×2×8=7.81	m²	7.81
10	圆梁 020502001003	直径 180，长 1.2+0.11+0.35 0.048×12=0.576 直径 180，长 1.68+0.11+0.35 0.063×4=0.252 小计：0.828	m³	0.83
		油漆扣除柱梁相交部位及榫长 0.041×12×22.24−0.18×3.14×0.09×2×12=9.721 0.056×4×22.24−0.18×3.14×0.09×2×4=4.575 小计：14.296	m²	14.3
11	圆梁 020502001004	直径 320，长 0.65+0.08+0.14+0.02 0.076×2×4=0.608	m³	0.61
		油漆扣除榫长 0.054×2×4×12.5=5.4	m²	5.4

续表

序号	清单项目名称 (清单编号)	计算公式	单位	合计
12	圆梁 020502001005	直径280,长0.75+0.07+0.12+0.02 0.063×4=0.252	m³	0.25
		油漆扣除榫长 0.048×4×14.29=2.743	m²	2.74
13	随梁枋 020503006001	大梁下 0.1×0.08×4.6×4=0.147	m³	0.15
		油漆扣除柱梁相交部位 (0.1×2+0.08)×(4.6−0.22×2)×4=4.659	m²	4.66
14	额枋 020503004001	檐枋 0.1×0.2×[(3.6+0.09×2)×2+(3.3+0.09×2)×4+(4+0.11×2)×2+(1.2+0.09+0.35)×8]=0.86 步枋 0.1×0.12×[(3.6+0.11×2)×2+(3.3+0.11×2+0.2)×4]=0.270 0.1×0.22×[(3.6+0.11×2)×2+(3.3+0.11×2+0.2)×4]=0.495 挑檐枋 0.1×0.15×[(3.6+0.09×2)×2+(3.3+0.09×2)×4+(4+0.11×2)×2+(1.2+0.09+0.35+0.25)×8]=0.676 小计:2.3	m³	2.3
		油漆 檐枋(0.1+2×0.2)×[(3.6+0.09×2)×2+(3.3−0.09×2)×4+(4−0.11×2)×2+(1.2−0.09×2+0.35)×8]=19.28 步枋(0.1+2×0.12)×[(3.6−0.11×2)×2+(3.3−0.11×2+0.2)×4]=6.76 (0.1+2×0.22)×[(3.6−0.11×2)×2+(3.3−0.11×2+0.2)×4]=10.735 挑檐枋(0.1+0.15)×2×[(3.6−0.09×2)×2+(3.3−0.09×2)×4+(4−0.11×2)×2+(1.2−0.09×2+0.35+0.25)×8]=19.92 小计:56.69	m²	56.69
15	额枋 020503004002	脊枋 0.08×0.12×[(3.6+0.11×2)×2+(3.3+0.11×2+0.2)×4]=0.216	m³	0.22
		油漆(0.08+2×0.12)×[(3.6−0.11×2)×2+(3.3−0.11×2+0.2)×4]=6.361	m²	6.36
16	圆桁(檩) 020503001001	正贴,直径220,长3.6+0.15:0.177×1=0.177 边贴,直径220,长3.3+0.2: 0.164×2=0.328 小计:0.51 其中:原木长度超过3.6 m的部分0.177	m³	0.51
		油漆扣除榫长和墙内部分: 正贴,直径220,长3.6: 0.169×1×18.18=3.072 边贴,直径220,长3.3: 0.153×2×18.18=5.563 小计:8.64	m²	8.64

续表

序号	清单项目名称（清单编号）	计 算 公 式	单位	合计
17	圆桁(檩) 020503001002	正贴，直径200，长3.6+0.15： 0.148×6=0.888 边贴，直径200，长3.3+0.2： 0.137×2×4=1.096 边贴，直径200，长3.3+0.15： 0.134×2×2=0.536 直径200，长4+0.15： 0.167×2=0.334 直径200，长1.2+0.35： 0.054×2×4=0.432 小计：3.29 其中：原木长度超过3.6 m的部分0.888+0.334=1.222	m^3	3.29
		油漆扣除榫长和墙内部分 正贴，直径200，长3.6：0.141×6×20=16.92 直径200，长4：0.16×2×20=6.40 边贴，直径200，长3.3： 0.127×2×4×20=20.32 边贴，直径200，长3.3+0.15： 0.134×2×2×20=10.720 直径200，长1.2+0.35： 0.054×2×4×20=8.640 小计：63	m^2	63
18	矩形椽 020505002001	脊桁-金桁，坡度系数为1.25 0.06×0.08×(1×1.25+0.08)×48×2=0.613 金桁-步桁，坡度系数为1.19 0.06×0.08×(1×1.19+0.08)×48×2=0.585 步桁-檐桁，坡度系数为1.14 0.06×0.08×(1.7×1.14+0.08)×(48+19)×2=1.298 小计：2.5	m^3	2.5
		油漆 脊桁-金桁：(0.06×2+0.08)×(1×1.25)×48×2=24.00 金桁-步桁：(0.06×2+0.08)×(1×1.19)×48×2=22.848 步桁-檐桁：(0.06×2+0.08)×(1.7×1.14)×(48+19)×2=51.938 小计：98.79	m^2	98.79
19	矩形飞椽 020505007001	坡度系数为1.14 0.06×0.08×0.75×1.14×(48+19)×2=0.549 9	m^3	0.55
		油漆只算露明部分 (0.06×2+0.08)×0.25×1.14×(48+19)×2=7.638	m^2	7.64
20	大连檐(里口木) 020508016001	(3.6+3.3×2+4)×2=28.4	m	28.4
		油漆28.4×0.45=12.78	m^2	12.78
21	小连檐 020508017001	(3.6+3.3×2+4)×2+(3.6+3.3×2)×4=69.2	m	69.2
		油漆69.2×0.45=31.14	m^2	31.14
22	闸挡板 020508020001	(3.6+3.3×2+4)×2+(1.2+0.25)×2×4=40.00	m	40.00

续表

序号	清单项目名称（清单编号）	计 算 公 式	单位	合计
23	椽碗板 020508021001	(3.6+3.3×2+4)×2=28.40	m	28.40
		油漆 28.4×0.45=12.780	m^2	12.780
24	垫板(夹堂板) 020508022001	(3.6+3.3×2)×2=20.40	m	20.40
		油漆 20.40	m	
25	老角梁、由戗 020506001001	0.14×0.16×3×4=0.268 8	m^3	0.27
		油漆(0.14+0.16)×2×3×4=7.2	m	7.2
26	仔角梁 020506002001	0.11×0.18×1×4=0.079 2	m^3	0.08
		油漆(0.11+0.18)×2×1×4=2.32	m^2	2.32
27	戗山木 020506006001	0.08×0.11×1.2×2/2 ×4=0.042	m^3	0.04
		油漆 0.11×1.2×2/2 ×4×2=1.056	m^2	1.06
28	菱角木 020506005001	0.08×0.18×1.5/2 ×4=0.043	m^3	0.04
		油漆 0.18×1.5/2 ×4×2=1.08	m^2	1.08
29	圆形翼角椽 020505010001	70,2.4 m,11 尾： 0.012 9×11×2×4=1.14	m^3	1.14
		油漆 1.135 2×57.14=64.865	m^2	64.87
30	翘飞椽 020505008001	0.06×0.08×1×11×2×4=0.422	m^3	0.42
		油漆(0.06×2+0.08)×0.3×11×2×4=5.28	m	5.28
31	弯大连檐、里口木 020506008001	1.9×2×4=15.2	m	15.2
		关刀里口木<14×18 0.14×0.18×15.2=0.383	m^3	0.383
		油漆 15.2×0.45=6.840	m^2	6.84
32	弯小连檐 020506009001	6.5×4=26	m	26.00
		油漆 26×2=52	m^2	52.00
33	翼角檐椽望板 020506011001	3.5	m^2	3.50
		油漆 3.5×0.83=2.905	m^2	2.91
34	翼角飞椽望板 020506012001	2.5	m^2	2.5
		油漆只刷露明部分 0.25×1.5×2×4×0.83=2.49	m^2	2.49
35	鳖壳板 020506013001	3	m^2	3.00
36	千斤销 020506007001	4	个	4
37	槅扇(制作) 020509001001	M1：3.18×2.435×2=15.486 6 M2：2.88×2.435×4=28.051 M3：0.78×2.435×4=7.597 小计：51.14	m^2	51.14
38	门窗框、槛、抱框 020509007001	M1：(3.38+2.76)×2×2=24.560 M2：(3.08+2.76)×2×4=46.720 M3：(0.98+2.76)×2×4=29.920 小计：101.20	m^2	101.20

续表

序号	清单项目名称（清单编号）	计 算 公 式	单位	合计
39	槅扇（安装） 020509001003	M1：3.38×2.76×2=18.658 M2：3.08×2.76×4=34.003 M3：0.98×2.76×4=10.819 小计：63.48	m^2	63.48
		油漆 63.48×2.15=136.48	m^2	136.48
40	槅扇（制作） 020509001004	C1：1.64×3.58×2=11.742	m^2	11.74
41	门窗框、槛、抱框 020509007002	C1：(1.86+3.78)×2×2=22.56	m	22.56
42	槅扇（安装） 020509001005	C1：1.86×3.78×2=14.061 6	m^2	14.06
		油漆：14.06×1.95=27.417	m^2	27.42
43	槅扇 020509001007	0.98×0.41×4+3.08×0.5×4+3.38×0.5×2+3.78×0.41×2=14.25	m^2	14.25
		油漆 14.25×1.95=27.787	m^2	27.79
44	槅扇 020509001008	0.4×0.98×8+0.4×3.08×4+0.4×3.38×2=10.77	m^2	10.77
		油漆 10.77×1.95=21.002	m^2	21.00
45	花栏杆 020510002001	0.98×0.88×8+3.08×0.88×4=17.740	m^2	17.74
		油漆 17.74×1.45=25.723	m^2	25.72
46	雀替（角牙） 020508010001	10×2+4×2=28	块（只）	28
		油漆 0.12×0.35×1.95×28=2.293	m^2	2.293
47	雀替（撑牙） 020508010002	6×2+4×2=20	块（只）	20
		油漆 0.18×0.6×1.95×20=4.212	m^2	4.21
48	铺望砖 020601001001	平均坡度系数 1.19 三间：(6.4+0.75×2+0.5×2)×(3.3×2+3.6)×1.19=108.028 两侧：(1.2+0.75+0.5)×4×1.19×2=23.324 小计：131.350	m^2	131.350
		铺望砖浇刷披线： 三间：(6.4+0.75×2)×(3.3×2+3.6)×1.19=95.890 两侧：(1.2+0.75)×4×1.19×2=18.564 小计：114.454	m^2	114.45
		铺望砖糙望 三间：(0.5×2)×(3.3×2+3.6)×1.19=12.138 两侧：(0.5)×4×1.19×2=4.760 小计：16.9	m^2	16.9
49	小青瓦屋面 020601003001	(12.6+0.75×2)×(6.4+0.75×2)×1.19=132.554	m^2	132.55
50	檐头（口）附件 020601003001	[(12.6+0.75×2)+(6.4+0.75×2)]×2=44.0	m	44.0
51	屋面窑制正脊 020602002001	3.3×2+3.6=10.20	m	10.20
		矩形漏窗全张瓦片 10.2×0.25=2.550	m^2	2.55

续表

序号	清单项目名称（清单编号）	计 算 公 式	单位	合计
52	屋面窑制正脊(垂脊) 020602002002	4×1.19×2=9.52	m	9.52
		矩形漏窗全张瓦片(弧形)9.52×0.25=2.38		2.38
53	滚筒戗脊 020602005001	4	条	4
54	屋脊头、吞头 020602011001	4	只	4
55	糙砖实心墙 020101003001	歇山(0.65+0.75−0.28+0.22)×4×0.12/2 ×2=0.643	m^3	0.643
56	零星项目抹灰 020803009001	歇山砖外墙面抹混合砂浆 0.64/0.12=5.333	m^2	5.33
57	零星项目抹灰 020803009002	砖内墙面抹混合砂浆 5.33	m^2	5.33
58	博风 020111002001	4×1.19×2=9.52	m^2	9.52
59	贴墙面 020102002001	2.9×1.2/2 ×2=3.48	m^2	3.48
60	砖雕刻 020112001001	2.9×1.2/2 ×2=3.48	m^2	3.48
61	糙砖实心墙 020101003002	窗下墙 3.78×0.9×0.12×2=0.817	m^2	0.82
62	墙面一般抹灰 020101003002	窗下墙外墙面 3.78×0.9×2=6.804	m^2	6.8
63	墙面一般抹灰 011201001001	窗下墙内墙面 6.8	m^2	6.8
64	墙面喷刷涂料 011407001001	外墙面乳胶漆 6.8	m^2	6.8
65	墙面喷刷涂料 011407001002	内墙面乳胶漆 6.8	m^2	6.8
66	砌墙脚手架	山墙(6.4+0.11×2)×(3.4+0.15+2.06/2)×2=60.64	m^2	60.64
67	抹灰脚手架	前、后檐高在 3.6 m 以内 (3.4+0.15)×(12.6+0.85×2)×2=101.53	m^2	101.53
68	满堂脚手架	满堂脚手架，高 5 m 以内 (12.6+0.6×2)×(6.4+0.6×2)=104.88	m^2	

附表 1.3.1　单位工程招标控制价表

工程名称：水榭　　　　　　　　　　标段：

序号	汇 总 内 容	金额(元)	其中：暂估价(元)
1	分部分项工程费	296 584.08	
2	措施项目费	23 300.32	
3	其他项目费	7 780.00	
4	规费	11 795.91	
5	税金	11 803.03	
6	招标控制价合计=1+2+3+4+5	351 263.34	

附表 1.3.2　分部分项工程和单价措施项目清单与计价表

工程名称：水榭　　　　　　　　　　　　　　标段：

<table>
<tr><th rowspan="3">序号</th><th rowspan="3">项目编码</th><th rowspan="3">项目名称</th><th rowspan="3">项目特征描述</th><th rowspan="3">计量单位</th><th rowspan="3">工程量</th><th colspan="3">金额(元)</th></tr>
<tr><th rowspan="2">综合单价</th><th rowspan="2">合价</th><th>其中</th></tr>
<tr><th>暂估价</th></tr>
<tr><td>1</td><td>020701001001</td><td>细墁方砖</td><td>1. 铺设部位：地面
2. 方砖规格：400 mm×400 mm×40 mm
3. 结合层材料种类、厚度：50 mm厚水泥砂浆
4. 嵌缝材料种类：油灰</td><td>m^2</td><td>88.400</td><td>217.02</td><td>19 184.57</td><td></td></tr>
<tr><td>2</td><td>020201001001</td><td>阶条石</td><td>1. 粘结层材料种类、厚度、砂浆强度等级：30 mm厚水泥砂浆
2. 石料种类、构件规格：麻石400 mm×150 mm</td><td>m^2</td><td>16.480</td><td>597.93</td><td>9 853.89</td><td></td></tr>
<tr><td>3</td><td>020206003001</td><td>磉墩</td><td>1. 石材种类、构件规格：麻石400 mm×400 mm×150 mm</td><td>只</td><td>24</td><td>107.50</td><td>2 580.00</td><td></td></tr>
<tr><td>4</td><td>020206001001</td><td>柱顶石</td><td>1. 石料种类、构件规格：麻石，高20 cm
2. 式样：圆形</td><td>只</td><td>24</td><td>103.35</td><td>2 480.40</td><td></td></tr>
<tr><td>5</td><td>020501001001</td><td>圆柱</td><td>1. 构件名称类别：檐柱
2. 木材品种：杉木
3. 构件规格：直径 180 mm
4. 刨光要求：全部
5. 防护材料种类、涂刷遍数：地仗一布五灰，国漆明光三遍</td><td>m^3</td><td>1.220</td><td>7 684.97</td><td>9 375.66</td><td></td></tr>
<tr><td>6</td><td>020501001004</td><td>圆柱</td><td>1. 构件名称类别：檐柱
2. 木材品种：杉木
3. 构件规格：直径 220 mm
4. 刨光要求：全部
5. 防护材料种类、涂刷遍数：地仗一布五灰，国漆明光三遍</td><td>m^3</td><td>0.600</td><td>6 615.47</td><td>3 969.28</td><td></td></tr>
<tr><td>7</td><td>020501001003</td><td>圆柱</td><td>1. 构件名称类别：步柱
2. 木材品种：杉木
3. 构件规格：直径 220 mm
4. 刨光要求：全部
5. 防护材料种类、涂刷遍数：地仗一布五灰，国漆明光三遍</td><td>m^3</td><td>1.020</td><td>6 763.30</td><td>6 898.57</td><td></td></tr>
<tr><td>8</td><td>020502001001</td><td>圆梁</td><td>1. 构件名称、类别：大梁
2. 木材品种：杉木
3. 构件规格：直径 280 mm
4. 刨光要求：全部
5. 防护材料种类、涂刷遍数：国漆一底三度</td><td>m^3</td><td>1.420</td><td>5 126.70</td><td>7 279.91</td><td></td></tr>
<tr><td>9</td><td>020502001002</td><td>圆梁</td><td>1. 构件名称、类别：山界梁
2. 木材品种：杉木
3. 构件规格：直径 240 mm
4. 刨光要求：全部
5. 防护材料种类、涂刷遍数：国漆一底三度</td><td>m^3</td><td>0.550</td><td>4 964.88</td><td>2 730.68</td><td></td></tr>
</table>

续表

序号	项目编码	项目名称	项目特征描述	计量单位	工程量	金额(元)		
						综合单价	合价	其中 暂估价
10	020502001003	圆梁	1. 构件名称、类别:廊川 2. 木材品种:杉木 3. 构件规格:直径 180 mm 4. 刨光要求:全部 5. 防护材料种类、涂刷遍数:国漆一底三度	m^3	0.830	5 131.34	4 259.01	
11	020502001004	圆梁	1. 构件名称、类别:童柱 2. 木材品种:杉木 3. 构件规格:直径 320 mm 4. 刨光要求:全部 5. 防护材料种类、涂刷遍数:国漆一底三度	m^3	0.610	4 801.54	2 928.94	
12	020502001005	圆梁	1. 构件名称、类别:脊童柱 2. 木材品种:杉木 3. 构件规格:直径 280 mm 4. 刨光要求:全部 5. 防护材料种类、涂刷遍数:国漆一底三度	m^3	0.250	4 918.35	1 229.59	
13	020503006001	随梁枋	1. 构件名称类别:随梁枋 2. 木材品种:杉木 3. 刨光要求:两面 4. 防护材料种类、涂刷遍数:国漆一底三度	m^3	0.150	6 283.40	942.51	
14	020503004001	额枋	1. 构件名称类别:枋 2. 木材品种:杉木 3. 刨光要求:两面 4. 防护材料种类、涂刷遍数:国漆一底三度	m^3	2.300	5 624.17	12 935.59	
15	020503004002	额枋	1. 构件名称类别:枋 2. 木材品种:杉木 3. 刨光要求:两面 4. 防护材料种类、涂刷遍数:国漆一底三度	m^3	0.220	6 165.57	1 356.43	
16	020503001001	圆桁(檩)	1. 构件名称类别:脊桁 2. 木材品种:杉木 3. 刨光要求:全部 4. 防护材料种类、涂刷遍数:国漆一底三度	m^3	0.510	3 083.05	1 572.36	
17	020503001002	圆桁(檩)	1. 构件名称类别:桁条 2. 木材品种:杉木 3. 刨光要求:全部 4. 防护材料种类、涂刷遍数:国漆一底三度	m^3	3.290	3 535.11	11 630.51	

续表

序号	项目编码	项目名称	项目特征描述	计量单位	工程量	金额(元)		
						综合单价	合价	其中 暂估价
18	020505002001	矩形椽	1. 构件截面尺寸：60 mm × 80 mm，椽间距 220 mm 2. 木材品种：杉木 3. 刨光要求：全部 4. 防护材料种类、涂刷遍数：国漆一底三度	m^3	2.500	6 632.49	16 581.23	
19	020505007001	矩形飞椽	1. 构件截面尺寸：60 mm × 80 mm，椽间距 220 mm 2. 木材品种：杉木 3. 刨光要求：全部 4. 防护材料种类、涂刷遍数：国漆一底三度	m^3	0.550	5 045.54	2 775.05	
20	020508016001	大连檐（里口木）	1. 断面尺寸：60 mm×65 mm 2. 木材品种：杉木 3. 刨光要求：全部 4. 防护材料种类、涂刷遍数：国漆一底三度	m	28.400	36.22	1 028.65	
21	020508017001	小连檐	1. 断面尺寸：20 mm×60 mm 2. 木材品种：杉木 3. 刨光要求：全部 4. 防护材料种类、涂刷遍数：国漆一底三度	m	69.200	13.15	909.98	
22	020508020001	闸挡板	1. 断面尺寸：10 mm×70 mm 2. 木材品种：杉木 3. 刨光要求：全部	m	40.000	7.24	289.60	
23	020508021001	椽碗板	1. 断面尺寸：10 mm×80 mm 2. 木材品种：杉木 3. 刨光要求：全部 4. 防护材料种类、涂刷遍数：国漆一底三度	m	28.400	17.75	504.10	
24	020508022001	垫板（夹堂板）	1. 断面尺寸：18 mm×600 mm 2. 木材品种：杉木 3. 刨光要求：两面 4. 防护材料种类、涂刷遍数：国漆一底三度	m	20.400	66.77	1 362.11	
25	020506001001	老角梁、由戗	1. 木材品种：杉木 2. 角度和刨光要求：全部刨光 3. 雕刻要求：老戗头简单雕刻 4. 防护材料种类、涂刷遍数：国漆一底三度	m^3	0.270	7 658.43	2 067.78	
26	020506002001	仔角梁	1. 木材品种：杉木 2. 角度和刨光要求：全部 3. 雕刻要求：无 4. 防护材料种类、涂刷遍数：国漆一底三度	m^3	0.080	11 442.92	915.43	

续表

序号	项目编码	项目名称	项目特征描述	计量单位	工程量	金额(元)		
						综合单价	合价	其中
								暂估价
27	020506006001	戗山木	1. 木材品种:杉木 2. 角度和刨光要求:全部 3. 雕刻要求:无 4. 防护材料种类、涂刷遍数:国漆一底三度	m^3	0.040	7 930.73	317.23	
28	020506005001	菱角木	1. 木材品种:杉木 2. 角度和刨光要求:全部 3. 雕刻要求:无 4. 防护材料种类、涂刷遍数:国漆一底三度	m^3	0.040	7 787.05	311.48	
29	020505010001	圆形翼角椽	1. 构件截面尺寸:直径 7 cm,平均长 2.4 m 2. 木材品种:杉木 3. 刨光要求:全部 4. 防护材料种类、涂刷遍数:国漆一底三度	m^3	1.140	7 056.68	8 044.62	
30	020505008001	翘飞椽	1. 构件截面尺寸:60 mm×80 mm 2. 木材品种:杉木 3. 刨光要求:全部 4. 防护材料种类、涂刷遍数:国漆一底三度	m^3	0.420	6 400.62	2 688.26	
31	020506008001	弯大连檐、里口木	1. 板宽度、厚度:140 mm×180 mm 2. 木材品种:杉木 3. 刨光要求:全部 4. 防护材料种类、涂刷遍数:国漆一底三度	m	15.200	173.76	2 641.15	
32	020506009001	弯小连檐	1. 板宽度、厚度:60 mm×25 mm 2. 木材品种:杉木 3. 刨光要求:全部 4. 防护材料种类、涂刷遍数:国漆一底三度	m	26.000	47.76	1 241.76	
33	020506011001	翼角檐椽望板	1. 板厚:15 mm 2. 木材品种:杉木 3. 刨光要求:一面 4. 防护材料种类、涂刷遍数:国漆一底三度 5. 望板接缝形式:平口	m^2	3.500	79.67	278.85	
34	020506012001	翼角飞椽望板	1. 板厚:10 mm 2. 木材品种:杉木 3. 刨光要求:一面 4. 防护材料种类、涂刷遍数:国漆一底三度 5. 望板接缝形式:平口	m^2	2.500	72.93	182.33	

续表

序号	项目编码	项目名称	项目特征描述	计量单位	工程量	金额(元)		
						综合单价	合价	其中 暂估价
35	020506013001	鳖壳板	1. 板厚:25 mm 2. 木材品种:杉木 3. 刨光要求:一面 4. 望板接缝形式:平口	m²	3.000	85.06	255.18	
36	020506007001	千斤销	1. 边长,长度:70 mm×60 mm×700 mm 2. 木材品种:硬木 3. 雕刻要求:简单雕刻	个	4	130.49	521.96	
37	020509001001	槅扇(制作)	1. 窗芯类型、式样:宫式长窗 2. 框边挺、装芯截面尺寸:50 mm×70 mm 3. 木材品种:杉木 4. 玻璃品种、厚度:普通白玻,3 mm 5. 摇梗、楹子做法:有 6. 雕刻类型:无	m²	51.140	754.81	38 600.98	
38	020509007001	门窗框、槛、抱框	1. 截面尺寸:上槛 110 mm×110 mm,下槛 110 mm×215 mm,抱柱 90 mm×100 mm 2. 木材品种:杉木 3. 防护材料种类、涂刷遍数:国漆一底三度	m	101.200	91.14	9 223.37	
39	020509001003	槅扇(安装)	1. 窗芯类型、式样:宫式长窗 2. 框边挺、装芯截面尺寸:50 mm×70 mm 3. 木材品种:杉木 4. 玻璃品种、厚度:普通白玻,3 mm 5. 摇梗、楹子做法:有 6. 雕刻类型:无 7. 防护材料种类、涂刷遍数:国漆一底三度	m²	63.480	228.05	14 476.61	
40	020509001004	槅扇(制作)	1. 窗芯类型、式样:宫式短窗 2. 框边挺、装芯截面尺寸:50 mm×70 mm 3. 木材品种:杉木 4. 玻璃品种、厚度:普通白玻,3 mm 5. 摇梗、楹子做法:有 6. 雕刻类型:无	m²	11.740	787.12	9 240.79	
41	020509007002	门窗框、槛、抱框	1. 截面尺寸:上槛 110 mm×110 mm,下槛 110 mm×110 mm,抱柱 90 mm×100 mm 2. 木材品种:杉木 3. 防护材料种类、涂刷遍数:国漆一底三度	m	22.560	76.96	1 736.22	
42	020509001005	槅扇(安装)	1. 窗芯类型、式样:宫式短窗 2. 框边挺、装芯截面尺寸:50 mm×70 mm 3. 木材品种:杉木 4. 玻璃品种、厚度:普通白玻,3 mm 5. 摇梗、楹子做法:有 6. 雕刻类型:无 7. 防护材料种类、涂刷遍数:国漆一底三度	m²	14.060	214.11	3 010.39	

续表

序号	项目编码	项目名称	项目特征描述	计量单位	工程量	金额(元)		
						综合单价	合价	其中 暂估价
43	020509001007	槅扇	1. 窗芯类型、式样:宫式榻窗 2. 框边挺、装芯截面尺寸:50 mm×70 mm 3. 木材品种:杉木 4. 玻璃品种、厚度:普通白玻,3 mm 5. 摇梗、楹子做法:有 6. 雕刻类型:无 7. 防护材料种类、涂刷遍数:国漆一底三度	m²	14.250	214.11	3 051.07	
44	020509001008	槅扇	1. 窗芯类型、式样:宫式挂楣 2. 框边挺、装芯截面尺寸:50 mm×70 mm 3. 木材品种:杉木 4. 玻璃品种、厚度:普通白玻,3 mm 5. 摇梗、楹子做法:有 6. 雕刻类型:无 7. 防护材料种类、涂刷遍数:国漆一底三度	m²	10.770	214.11	2 305.96	
45	020510002001	花栏杆	1. 构件栏芯类型式样:灯景式 2. 木材品种:杉木 3. 刨光要求:全部 4. 雕刻纹样:无 5. 防护材料种类、涂刷遍数:国漆一底三度	m²	17.740	905.22	16 058.60	
46	020601001001	铺望砖	1. 望砖规格尺寸:21 cm×10 cm×1.7 cm 2. 铺设位置:屋面	m²	131.350	36.69	4 819.23	
47	020601003001	小青瓦屋面	1. 屋面类型:歇山 2. 瓦件规格尺寸:盖瓦 16 cm×17 cm	m²	132.550	117.14	15 526.91	
48	020602009001	檐头(口)附件	1. 窑制瓦件类型:花边滴水	m	44.000	20.49	901.56	
49	020602002001	屋面窑制正脊	1. 脊类型、位置:蝴蝶瓦花脊(正脊) 2. 高度:40 mm	m	10.200	132.75	1 354.05	
50	020602002002	屋面窑制正脊(垂脊)	1. 脊类型、位置:蝴蝶瓦花脊(垂脊) 2. 高度:40 mm	m	9.520	140.76	1 340.04	
51	020602005001	滚筒戗脊	1. 戗脊长度:3 m	条	4	1 454.79	5 819.16	
52	020602011001	屋脊头、吞头		只	4	280.33	1 121.32	
53	020101003001	糙砖实心墙	1. 砌墙厚度:120 mm(歇山部位) 2. 用砖品种规格:标准砖 3. 灰浆品种及配合比:M5 混合砂浆	m³	0.640	289.80	185.47	
54	020803009001	零星项目抹灰	1. 基体类型:歇山部位外墙	m²	5.330	15.39	82.03	

续表

序号	项目编码	项目名称	项目特征描述	计量单位	工程量	金额(元)		
						综合单价	合价	其中 暂估价
55	020803009002	零星项目抹灰	1. 基体类型:歇山部位内墙	m²	5.330	13.73	73.18	
56	020111002001	博风	1. 博风宽度:25 cm 2. 方砖品种、规格、强度等级:30 cm×30 cm×3 cm砖细方砖	m	9.520	193.91	1 846.02	
57	020102002001	贴墙面	1. 贴面分块尺寸:400 mm×400 mm歇山雕刻部位 2. 用砖品种、规格、强度等级:400 mm×400 mm	m²	3.480	261.78	910.99	
58	020112001001	砖雕刻	1. 方砖雕刻形式:复杂浅浮雕 2. 雕刻深度:3 cm	m²	3.480	5 786.57	20 137.26	
59	020101003002	糙砖实心墙	1. 砌墙厚度:120 mm(窗下墙) 2. 用砖品种规格:标准砖 3. 灰浆品种及配合比:M5 混合砂浆	m³	0.820	289.80	237.64	
60	011201001001	墙面一般抹灰	1. 墙体类型:外墙	m²	6.800	15.39	104.65	
61	011201001002	墙面一般抹灰	1. 墙体类型:内墙	m²	6.800	13.73	93.36	
62	011407001001	墙面喷刷涂料	1. 喷刷涂料部位:外墙 2. 刮腻子要求:2 遍 3. 涂料品种、喷刷遍数:乳胶漆2遍	m²	6.800	16.93	115.12	
63	011407001002	墙面喷刷涂料	1. 喷刷涂料部位:内墙 2. 刮腻子要求:2 遍 3. 涂料品种、喷刷遍数:乳胶漆2遍	m²	6.800	12.86	87.45	
		分部分项合计					296 584.08	
1	050401001001	砌筑脚手架		m²	1.000	1 047.72	1 047.72	
2	050401002001	抹灰脚手架		m²	1.000	37.16	37.16	
3	050401004001	满堂脚手架		m²	1.000	1 358.29	1 358.29	
		单价措施合计					2 443.17	
本页小计							2 443.17	
合　　计							299 027.25	

附表 1.3.3 分部分项工程费综合单价表

序号	定额编号	定额名称	单位	工程量	金额	
					综合单价	合价
1	020701001001	细墁方砖	m^2	88.400	217.02	19 184.57
2	2-76 换备注 1	地面铺方砖 40 cm×40 cm	10 m^2	8.840	2 170.22	19 184.74
3	020201001001	阶条石	m^2	16.480	597.93	9 853.89
4	2-160	踏步、阶沿石安装	10 m^2	1.648	5 979.14	9 853.62
5	020206003001	磉墩	只	24	107.50	2 580.00
6	2-176	磉石安装	10 块	2.400	1 075.00	2 580.00
7	020206001001	柱顶石	只	24	103.35	2 480.40
8	2-174	石鼓磴安装	10 只	2.400	1 033.53	2 480.47
9	020501001001	圆柱	m^3	1.220	7 684.97	9 375.66
10	2-351	立帖式圆柱直径小于 18 cm	m^3	1.220	3 993.25	4 871.77
11	2-685	地仗一布五灰 23 cm 以下	10 m^2	2.696	1 120.78	3 021.06
12	2-592	柱,梁,架,枋,桁古式木构件广漆明光 3 遍	10 m^2	2.696	550.12	1 482.85
13	020501001004	圆柱	m^3	0.600	6 615.47	3 969.28
14	2-352	立帖式圆柱直径小于 22 cm	m^3	0.600	3 678.09	2 206.85
15	2-685	地仗一布五灰 23 cm 以下	10 m^2	1.069	1 120.78	1 198.11
16	2-592	柱,梁,架,枋,桁古式木构件广漆明光 3 遍	10 m^2	1.026	550.12	564.31
17	020501001003	圆柱	m^3	1.020	6 763.30	6 898.57
18	2-352 备注 2	立帖式圆柱直径小于 22 cm	m^3	1.020	3 761.42	3 836.65
19	2-685	地仗一布五灰 23 cm 以下	10 m^2	1.833	1 120.78	2 053.83
20	2-592	柱,梁,架,枋,桁古式木构件广漆明光 3 遍	10 m^2	1.833	550.12	1 008.09
21	020502001001	圆梁	m^3	1.420	5 126.70	7 279.91
22	2-368 备注 2	圆梁大梁、山界梁、双步、川、矮柱直径大于 24 cm	m^3	1.420	4 402.94	6 252.17
23	2-592	柱,梁,架,枋,桁古式木构件广漆明光 3 遍	10 m^2	1.868	550.12	1 027.73
24	020502001002	圆梁	m^3	0.550	4 964.88	2 730.68
25	2-367	圆梁大梁、山界梁、双步、川、矮柱直径小于 24 cm	m^3	0.550	4 183.81	2 301.10
26	2-592	柱,梁,架,枋,桁古式木构件广漆明光 3 遍	10 m^2	0.781	550.12	429.59
27	020502001003	圆梁	m^3	0.830	5 131.34	4 259.01
28	2-367	圆梁大梁、山界梁、双步、川、矮柱直径小于 24 cm	m^3	0.830	4 183.81	3 472.56
29	2-592	柱,梁,架,枋,桁古式木构件广漆明光 3 遍	10 m^2	1.430	550.12	786.45
30	020502001004	圆梁	m^3	0.610	4 801.54	2 928.94
31	2-368	圆梁大梁、山界梁、双步、川、矮柱直径大于 24 cm	m^3	0.610	4 314.54	2 631.87
32	2-592	柱,梁,架,枋,桁古式木构件广漆明光 3 遍	10 m^2	0.540	550.12	297.06
33	020502001005	圆梁	m^3	0.250	4 918.35	1 229.59
34	2-368	圆梁大梁、山界梁、双步、川、矮柱直径大于 24 cm	m^3	0.250	4 314.54	1 078.64
35	2-592	柱,梁,架,枋,桁古式木构件广漆明光 3 遍	10 m^2	0.274	550.12	150.95
36	020503006001	随梁枋	m^3	0.150	6 283.40	942.51
37	2-371	枋子夹底厚小于 8 cm	m^3	0.150	4 574.72	686.21
38	2-592	柱,梁,架,枋,桁古式木构件广漆明光 3 遍	10 m^2	0.466	550.12	256.30

续表

序号	定额编号	定 额 名 称	单位	工程量	金　额	
					综合单价	合价
39	020503004001	额枋	m^3	2.300	5 624.17	12 935.59
40	2-372	枋子夹底厚小于 12 cm	m^3	2.300	4 268.14	9 816.72
41	2-592	柱,梁,架,枋,桁古式木构件广漆明光 3 遍	10 m^2	5.669	550.12	3 118.85
42	020503004002	额枋	m^3	0.220	6 165.57	1 356.43
43	2-371	枋子夹底厚小于 8 cm	m^3	0.220	4 574.72	1 006.44
44	2-592	柱,梁,架,枋,桁古式木构件广漆明光 3 遍	10 m^2	0.636	550.12	349.99
45	020503001001	圆桁(樽)	m^3	0.510	3 083.05	1 572.36
46	2-378 换备注 2	圆木桁条直径小于 24 cm	m^3	0.177	2 225.62	393.93
47	2-378	圆木桁条直径小于 24 cm	m^3	0.328	2 144.30	703.33
48	2-592	柱,梁,架,枋,桁古式木构件广漆明光 3 遍	10 m^2	0.864	550.12	475.08
49	020503001002	圆桁(樽)	m^3	3.290	3 535.11	11 630.51
50	2-377 换备注 2	圆木桁条直径小于 20 cm	m^3	1.222	2 541.67	3 105.92
51	2-377	圆木桁条直径小于 20 cm	m^3	2.064	2 450.99	5 058.84
52	2-592	柱,梁,架,枋,桁古式木构件广漆明光 3 遍	10 m^2	6.300	550.12	3 465.76
53	020505002001	矩形椽	m^3	2.500	6 632.49	16 581.23
54	2-406	矩形椽子周长小于 30 cm	m^3	2.500	4 071.88	10 179.70
55	2-593	斗拱、牌科、云头、戗角、椽子等零星木构件广漆明光 3 遍	10 m^2	9.879	648.02	6 401.53
56	020505007001	矩形飞椽	m^3	0.550	5 045.54	2 775.05
57	2-427	矩形飞椽周长小于 35 cm	m^3	0.550	4 145.61	2 280.09
58	2-593	斗拱、牌科、云头、戗角、椽子等零星木构件广漆明光 3 遍	10 m^2	0.764	648.02	494.96
59	020508016001	大连檐(里口木)	m	28.400	36.22	1 028.65
60	2-501	里口木小于 6 cm×6.5 cm	10 m	2.840	299.46	850.47
61	2-590	木扶手(不带托板)广漆明光 3 遍	10 m	1.278	139.14	177.82
62	020508017001	小连檐	m	69.200	13.15	909.98
63	2-504	眠檐、勒望小于 2 cm×6 cm	10 m	6.920	68.86	476.51
64	2-590	木扶手(不带托板)广漆明光 3 遍	10 m	3.114	139.14	433.28
65	020508020001	闸挡板	m	40.000	7.24	289.60
66	2-506	闸椽、安椽头小于 1 cm×7 cm	10 m	4.000	72.42	289.68
67	020508021001	椽碗板	m	28.400	17.75	504.10
68	2-505	椽碗板小于 1 cm×8 cm	10 m	2.840	114.93	326.40
69	2-590	木扶手(不带托板)广漆明光 3 遍	10 m	1.278	139.14	177.82
70	020508022001	垫板(夹堂板)	m	20.400	66.77	1 362.11
71	2-510 换	夹堂板门肚板厚度 18 mm	10 m	2.040	528.49	1 078.12
72	2-590	木扶手(不带托板)广漆明光 3 遍	10 m	2.040	139.14	283.85
73	020506001001	老角梁、由戗	m^3	0.270	7 658.43	2 067.78
74	2-432	老戗木周长小于 60 cm	m^3	0.270	5 930.38	1 601.20

续表

序号	定额编号	定 额 名 称	单位	工程量	金 额	
					综合单价	合价
75	2-593	斗拱、牌科、云头、戗角、椽子等零星木构件广漆明光3遍	10 m²	0.720	648.02	466.57
76	020506002001	仔角梁	m³	0.080	11 442.92	915.43
77	2-436	嫩戗木周长小于58 cm	m³	0.080	9 563.66	765.09
78	2-593	斗拱、牌科、云头、戗角、椽子等零星木构件广漆明光3遍	10 m²	0.232	648.02	150.34
79	020506006001	戗山木	m³	0.040	7 930.73	317.23
80	2-440	戗木小于120 cm×11 cm×(8÷2) cm	m³	0.040	6 219.96	248.80
81	2-593	斗拱、牌科、云头、戗角、椽子等零星木构件广漆明光3遍	10 m²	0.106	648.02	68.43
82	020506005001	菱角木	m³	0.040	7 787.05	311.48
83	2-470	菱角木,龙径木小于8 cm×18 cm	m³	0.040	6 037.40	241.50
84	2-593	斗拱、牌科、云头、戗角、椽子等零星木构件广漆明光3遍	10 m²	0.108	648.02	69.99
85	020505010001	圆形翼角椽	m³	1.140	7 056.68	8 044.62
86	2-444	半圆荷包形摔网椽直径小于7 cm	m³	1.135	3 383.76	3 841.24
87	2-593	斗拱、牌科、云头、戗角、椽子等零星木构件广漆明光3遍	10 m²	6.487	648.02	4 203.38
88	020505008001	翘飞椽	m³	0.420	6 400.62	2 688.26
89	2-452	立脚飞椽小于6 cm×8 cm	m³	0.420	5 585.97	2 346.11
90	2-593	斗拱、牌科、云头、戗角、椽子等零星木构件广漆明光3遍	10 m²	0.528	648.02	342.15
91	020506008001	弯大连檐、里口木	m	15.200	173.76	2 641.15
92	2-456	关刀里口木小于14 cm×18 cm	m³	0.383	6 647.41	2 545.96
93	2-590	木扶手(不带托板)广漆明光3遍	10 m	0.684	139.14	95.17
94	020506009001	弯小连檐	m	26.000	47.76	1 241.76
95	2-460	关刀弯眠檐小于6 cm×2.5 cm	10 m	2.600	199.28	518.13
96	2-590	木扶手(不带托板)广漆明光3遍	10 m	5.200	139.14	723.53
97	020506011001	翼角檐椽望板	m²	3.500	79.67	278.85
98	2-467	摔网板厚小于1.5 cm	10 m²	0.350	749.92	262.47
99	2-614	斗拱、云头、戗角、椽子等零星木构件每+1遍调和漆	10 m²	0.291	56.42	16.39
100	020506012001	翼角飞椽望板	m²	2.500	72.93	182.33
101	2-468	卷戗板厚小于1 cm	10 m²	0.250	673.07	168.27
102	2-614	斗拱、云头、戗角、椽子等零星木构件每+1遍调和漆	10 m²	0.249	56.42	14.05
103	020506013001	鳖壳板	m²	3.000	85.06	255.18
104	2-469	鳖角壳板厚小于2.5 cm	10 m²	0.300	850.60	255.18

续表

序号	定额编号	定额名称	单位	工程量	金额	
					综合单价	合价
105	020506007001	千斤销	个	4	130.49	521.96
106	2-474	硬木千斤销小于 7 cm×6 cm×70 cm	个	4	130.49	521.96
107	020509001001	槅扇(制作)	m²	51.140	754.81	38 600.98
108	2-513	宫式古式木长窗扇断面 58 cm×78 cm 制作(枋板材)	10 m²	5.114	7 548.01	38 600.52
109	020509007001	门窗框、槛、抱框	m	101.200	91.14	9 223.37
110	2-533	长窗框冒断面 53 cm×73 cm 制作(含摇梗楹子)	10 m	10.120	911.40	9 223.37
111	020509001003	槅扇(安装)	m²	63.480	228.05	14 476.61
112	2-538	长窗框扇安装(含摇梗楹子)	10 m²	6.348	739.44	4 693.97
113	2-589	单层木窗广漆明光 3 遍	10 m²	13.648	716.74	9 782.21
114	020509001004	槅扇(制作)	m²	11.740	787.12	9 240.79
115	2-517	宫式古式木短窗扇断面 58 cm×78 cm 制作(枋板材)	10 m²	1.174	7 871.08	9 240.65
116	020509007002	门窗框、槛、抱框	m	22.560	76.96	1 736.22
117	2-535	短宽窗框冒断面 53 cm×73 cm 制作(含摇梗楹子)	10 m	2.256	769.44	1 735.86
118	020509001005	槅扇(安装)	m²	14.060	214.11	3 010.39
119	2-540	短窗框扇安装(含摇梗楹子)	10 m²	1.406	743.39	1 045.21
120	2-589	单层木窗广漆明光 3 遍	10 m²	2.742	716.74	1 965.09
121	020509001007	槅扇	m²	14.250	214.11	3 051.07
122	2-540	短窗框扇安装(含摇梗楹子)	10 m²	1.425	743.39	1 059.33
123	2-589	单层木窗广漆明光 3 遍	10 m²	2.779	716.74	1 991.68
124	020509001008	槅扇	m²	10.770	214.11	2 305.96
125	2-540	短窗框扇安装(含摇梗楹子)	10 m²	1.077	743.39	800.63
126	2-589	单层木窗广漆明光 3 遍	10 m²	2.100	716.74	1 505.30
127	020510002001	花栏杆	m²	17.740	905.22	16 058.60
128	2-555	古式栏杆断面 58 cm×78 cm 制作灯景式	10 m²	1.774	8 012.95	14 214.97
129	2-589	单层木窗广漆明光 3 遍	10 m²	2.572	716.74	1 843.67
130	020601001001	铺望砖	m²	131.350	36.69	4 819.23
131	2-187	铺望砖浇刷披线	10 m²	11.445	383.42	4 388.40
132	2-186	铺望砖糙望	10 m²	1.690	254.87	430.68
133	020601003001	小青瓦屋面	m²	132.550	117.14	15 526.91
134	2-192	M5 蝴蝶瓦屋面厅堂	10 m²	13.255	1 171.43	15 527.30
135	020602009001	檐头(口)附件	m	44.000	20.49	901.56
136	2-239	蝴蝶瓦檐口花边滴水花边	10 m	4.400	79.46	349.62
137	2-240	M5 蝴蝶瓦檐口花边滴水花边	10 m	4.400	125.38	551.67
138	020602002001	屋面窑制正脊	m	10.200	132.75	1 354.05

续表

序号	定额编号	定 额 名 称	单位	工程量	金 额	
					综合单价	合价
139	2-204 换	M7.5 蝴蝶瓦脊一瓦条筑脊盖头灰	10 m	1.020	685.06	698.76
140	2-69	矩形漏窗全张瓦片	10 m^2	0.255	2 569.65	655.26
141	020602002002	屋面窑制正脊(垂脊)	m	9.520	140.76	1 340.04
142	2-204 换	M7.5 蝴蝶瓦脊一瓦条筑脊盖头灰	10 m	0.952	685.06	652.18
143	2-69 换备注 1	矩形漏窗全张瓦片	10 m^2	0.238	2 890.08	687.84
144	020602005001	滚筒戗脊	条	4	1 454.79	5 819.16
145	2-218	M7.5 滚筒戗脊长小于 6 m	条	4	1 454.79	5 819.16
146	020602011001	屋脊头、吞头	只	4	280.33	1 121.32
147	2-260	M5 屋脊头戗根吞头	只	4	280.33	1 121.32
148	020101003001	糙砖实心墙	m^3	0.640	289.80	185.47
149	1-205	M5 标准砖 1 砖砌外墙	m^3	0.640	289.80	185.47
150	020803009001	零星项目抹灰	m^2	5.330	15.39	82.03
151	1-852	砖外墙面抹混合砂浆	10 m^2	0.533	153.83	81.99
152	020803009002	零星项目抹灰	m^2	5.330	13.73	73.18
153	1-853	砖内墙面抹混合砂浆	10 m^2	0.533	137.37	73.22
154	020111002001	博风	m	9.520	193.91	1 846.02
155	2-5	砖细抛方平面、台口抛方高小于 30 cm	10 m	0.952	1 120.35	1 066.57
156	2-82	挂落三飞砖，砖细墙门上下托浑线脚	10 m	0.952	818.76	779.46
157	020102002001	贴墙面	m^2	3.480	261.78	910.99
158	2-11	砖细贴面勒脚细小于 40 cm×40 cm	10 m^2	0.348	2 617.79	910.99
159	020112001001	砖雕刻	m^2	3.480	5 786.57	20 137.26
160	2-124	复杂方砖雕刻剔地起突(浅浮雕)	m^2	3.480	5 786.57	20 137.26
161	020101003002	糙砖实心墙	m^3	0.820	289.80	237.64
162	1-205	M5 标准砖 1 砖砌外墙	m^3	0.820	289.80	237.64
163	011201001001	墙面一般抹灰	m^2	6.800	15.39	104.65
164	1-852	砖外墙面抹混合砂浆	10 m^2	0.680	153.83	104.60
165	011201001002	墙面一般抹灰	m^2	6.800	13.73	93.36
166	1-853	砖内墙面抹混合砂浆	10 m^2	0.680	137.37	93.41
167	011407001001	墙面喷刷涂料	m^2	6.800	16.93	115.12
168	2-668	外墙面乳胶漆 2 遍	10 m^2	0.680	169.27	115.10
169	011407001002	墙面喷刷涂料	m^2	6.800	12.86	87.45
170	2-666	内墙面乳胶漆 2 遍混合腻子	10 m^2	0.680	128.50	87.38
合计			296 584.08			

附表 1.3.4 综合单价分析表(节选)

工程名称:水榭　　　　　　　　　　标段:

项目编码	020701001001	项目名称	细墁方砖	计量单位			m^2		工程量		88.4		
清单综合单价组成明细													
定额编号	定额项目名称	定额单位	数量	单价(元)					合价(元)				
				人工费	材料费	机械费	管理费	利润	人工费	材料费	机械费	管理费	利润
2-76 备注 1	地面铺方砖 40 cm×40 cm	10 m^2	0.1	612	1 206.93	34.5	239.21	77.58	61.2	120.69	3.45	23.92	7.76
综合人工工日		小计							61.2	120.69	3.45	23.92	7.76
1.36 工日		未计价材料费											
清单项目综合单价									217.02				

材料费明细	主要材料名称、规格、型号	单位	数量	单价(元)	合价(元)	暂估单价(元)	暂估合价(元)
	刨面方砖 40 cm×40 cm×4 cm	百块	0.069	1 500	103.5		
	细灰	kg	0.5	5	2.5		
	桐油	kg	0.2	22	4.4		
	中砂	t	0.085 383	36.5	3.12		
	水泥 32.5 级	kg	21.624	0.3	6.49		
	水	m^3	0.015 9	4.1	0.07		
	其他材料费			—	0.61	—	
	材料费小计			—	120.69	—	

附表 1.3.5　总价措施项目清单与计价表

工程名称:水榭　　　　　　　　　　　　　　标段:

序号	项目编码	项目名称	计算基础	费率(%)	金额(元)	调整费率(%)	调整后金额(元)	备注
		通用措施项目			20 857.15			
1	050405001001	安全文明施工费		100.000	8 970.82			
1.1		基本费	分部分项合计+单价措施项目合计一设备费	2.500	7 475.68			
1.2		增加费	分部分项合计+单价措施项目合计一设备费	0.500	1 495.14			
2	050405002001	夜间施工	分部分项合计+单价措施项目合计一设备费	0.050	149.51			
3	050405003001	非夜间施工照明	分部分项合计+单价措施项目合计一设备费					
4	050405004001	二次搬运	分部分项合计+单价措施项目合计一设备费					
5	050405005001	冬雨季施工	分部分项合计+单价措施项目合计一设备费	0.125	373.78			
6	050405006001	反季节栽植影响措施	分部分项合计+单价措施项目合计一设备费					
7	050405007001	地上、地下设施的临时保护设施	分部分项合计+单价措施项目合计一设备费					
8	050405008001	已完工程及设备保护	分部分项合计+单价措施项目合计一设备费	0.050	149.51			
9	050405009001	临时设施	分部分项合计+单价措施项目合计一设备费	2.000	5 980.55			
10	050405010001	赶工措施	分部分项合计+单价措施项目合计一设备费					
11	050405011001	工程按质论价	分部分项合计+单价措施项目合计一设备费	1.750	5 232.98			

附表 1.3.6　规费、税金项目计价表

工程名称:水榭　　　　　　　　　　　　　　标段:

序号	项目名称	计 算 基 础	计算基数(元)	计算费率(%)	金额(元)
1	规费	工程排污费+社会保险费+住房公积金	11 795.91	100.000	11 795.91
1.1	工程排污费	分部分项工程费+措施项目费+其他项目费一工程设备费	327 664.40	0.100	327.66
1.2	社会保险费		327 664.40	3.000	9 829.93
1.3	住房公积金		327 664.40	0.500	1 638.32
2	税金	分部分项工程费+措施项目费+其他项目费+规费一按规定不计税的工程设备金额	339 460.31	3.477	11 803.03
合 计					23 598.94

附录二　景观工程计价示例

1. 某小区景观工程的平面、立面、剖面设计如附图 2.1～附图 2.8 所示，试按工程量清单计价方式进行工程计价。

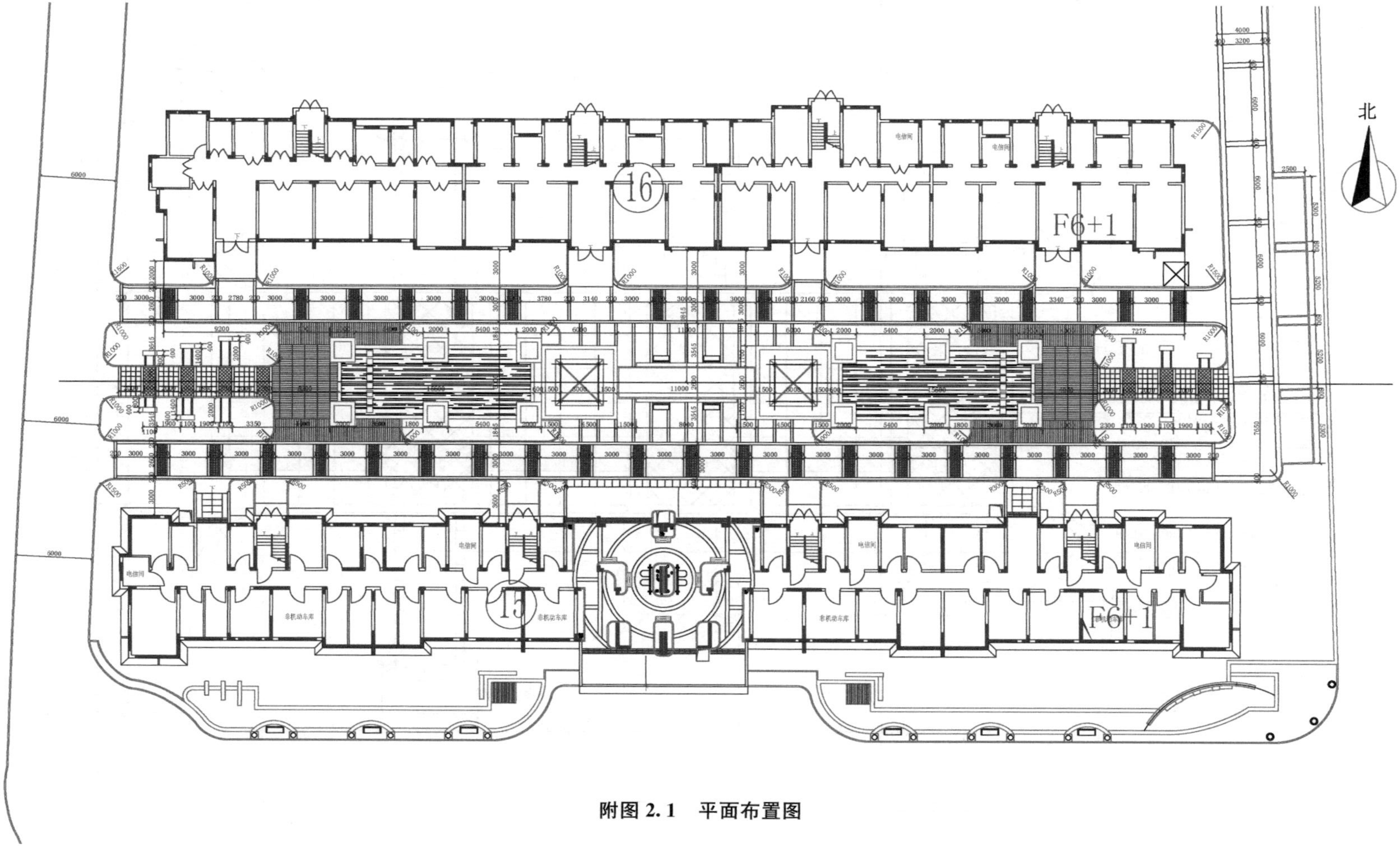

附图 2.1　平面布置图

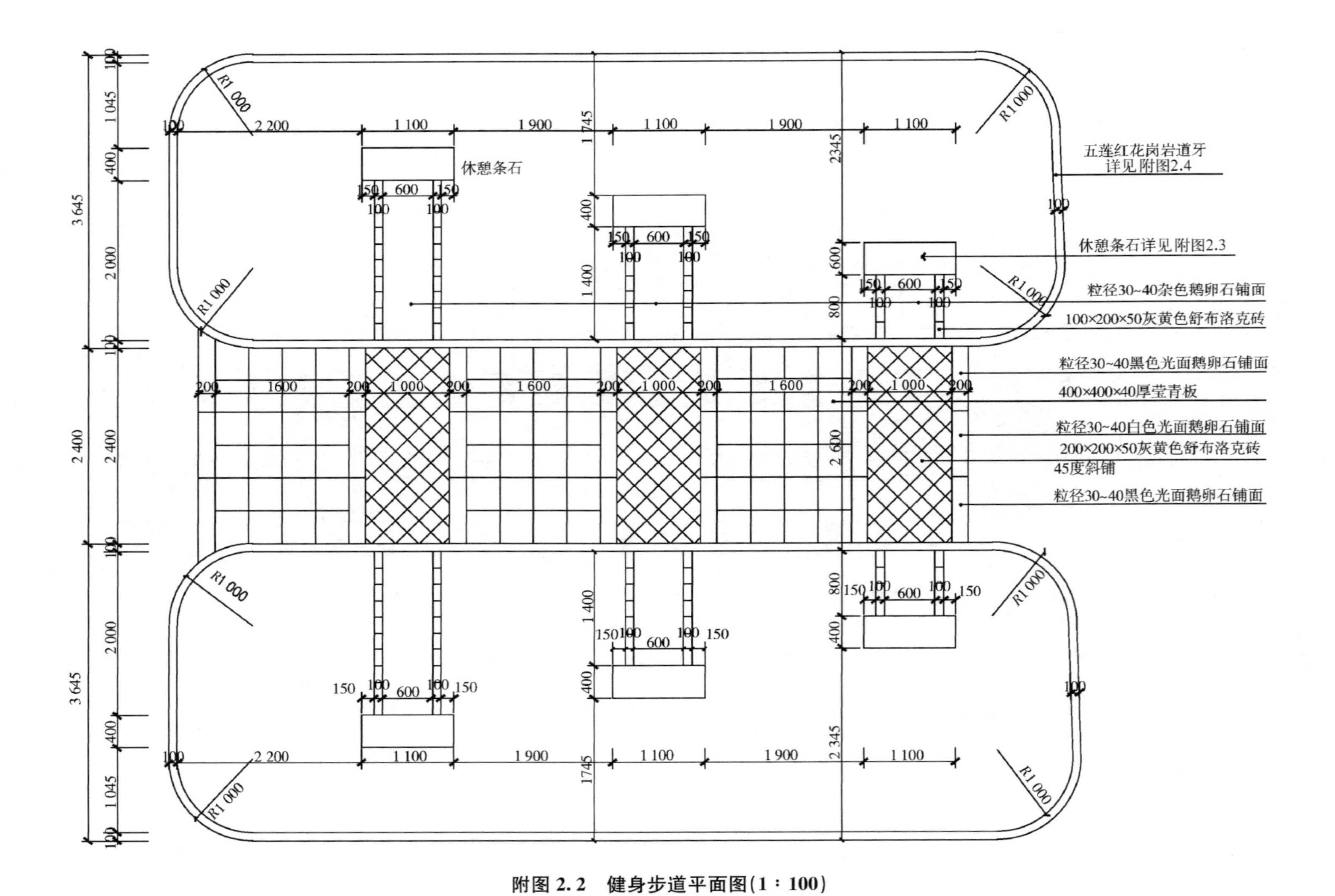

附图 2.2　健身步道平面图(1：100)

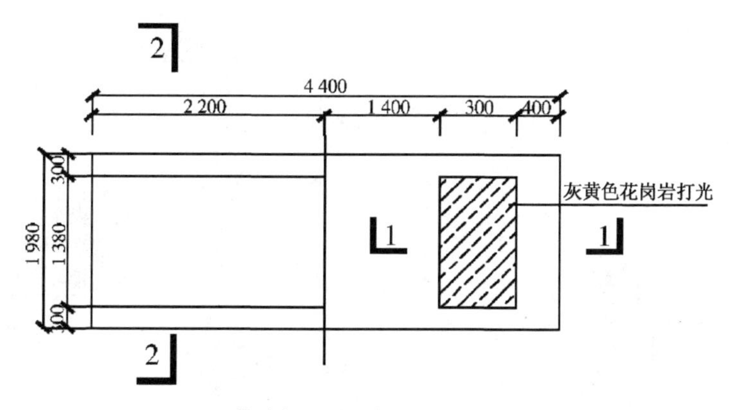

(a) 休憩条石平面图

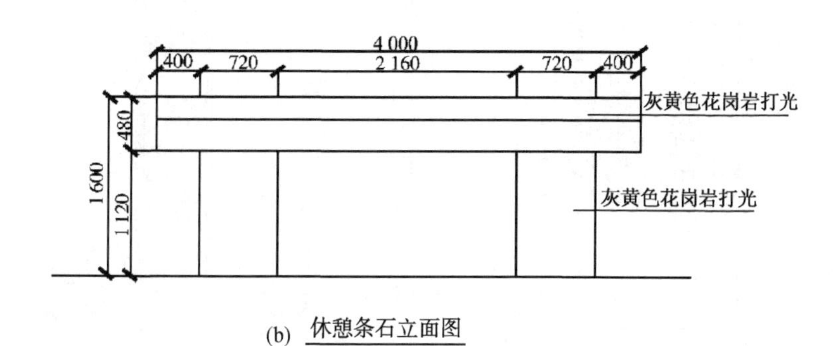

(b) 休憩条石立面图

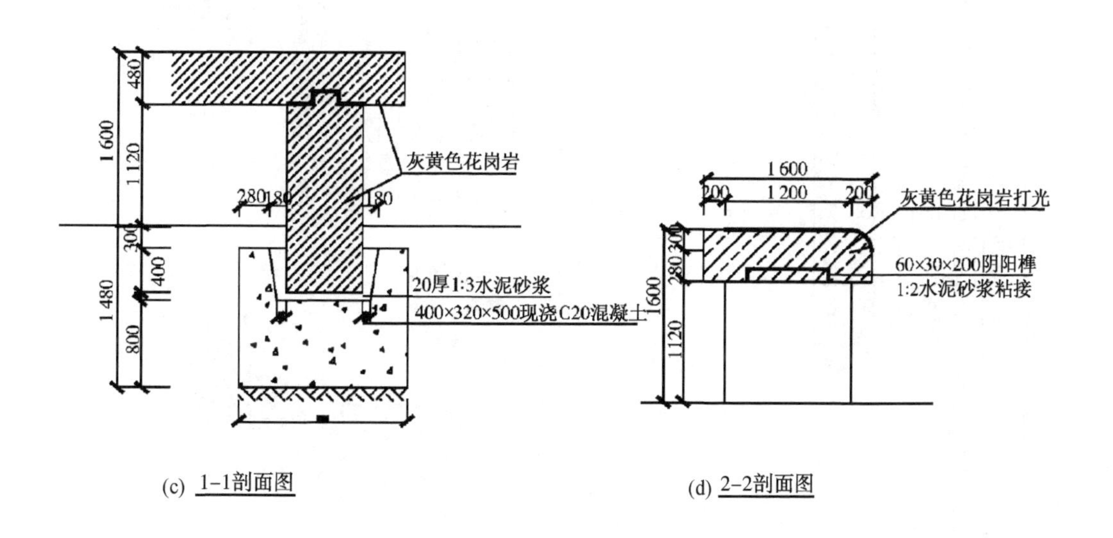

(c) 1-1剖面图　　(d) 2-2剖面图

附图 2.3　休憩条石图

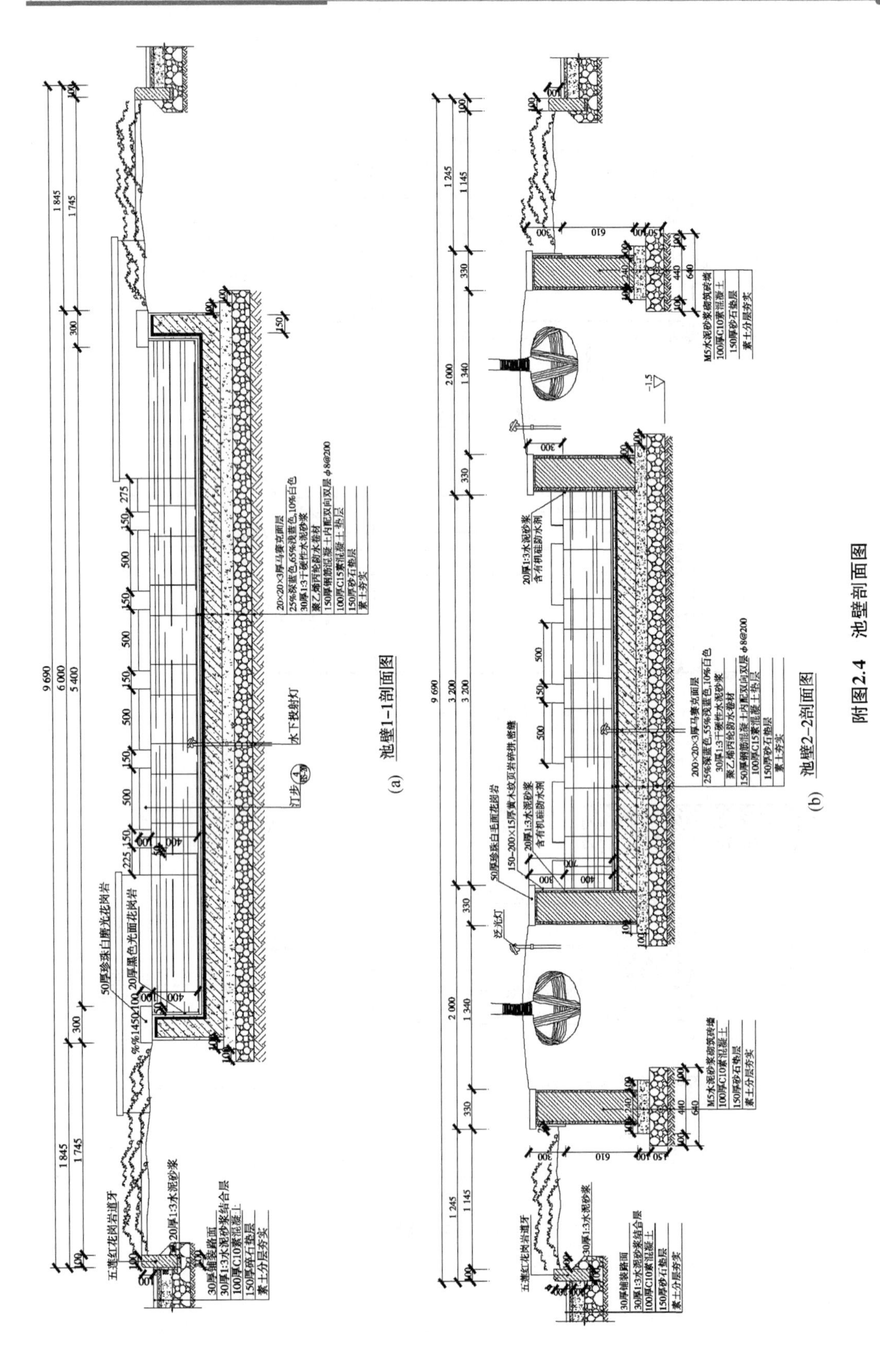

(a) 池壁1-1剖面图

(b) 池壁2-2剖面图

附图2.4 池壁剖面图

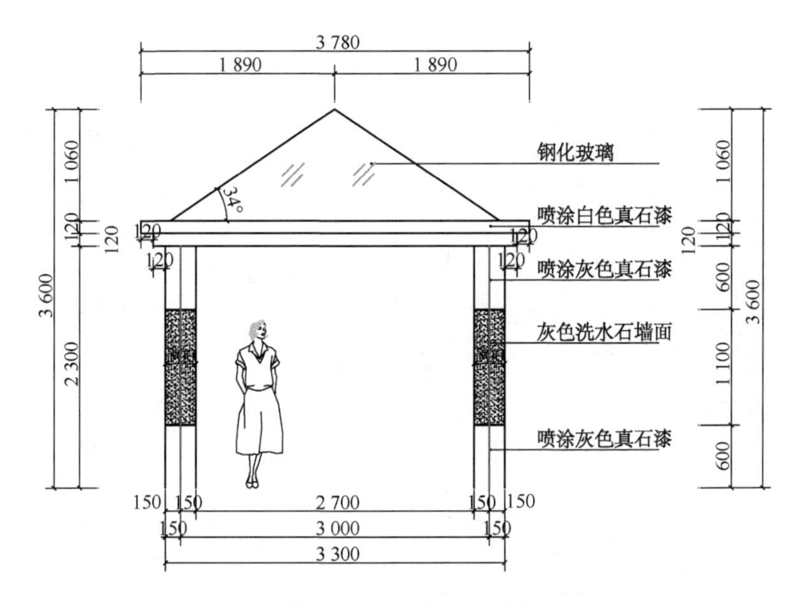

附图 2.5　景观亭立面图

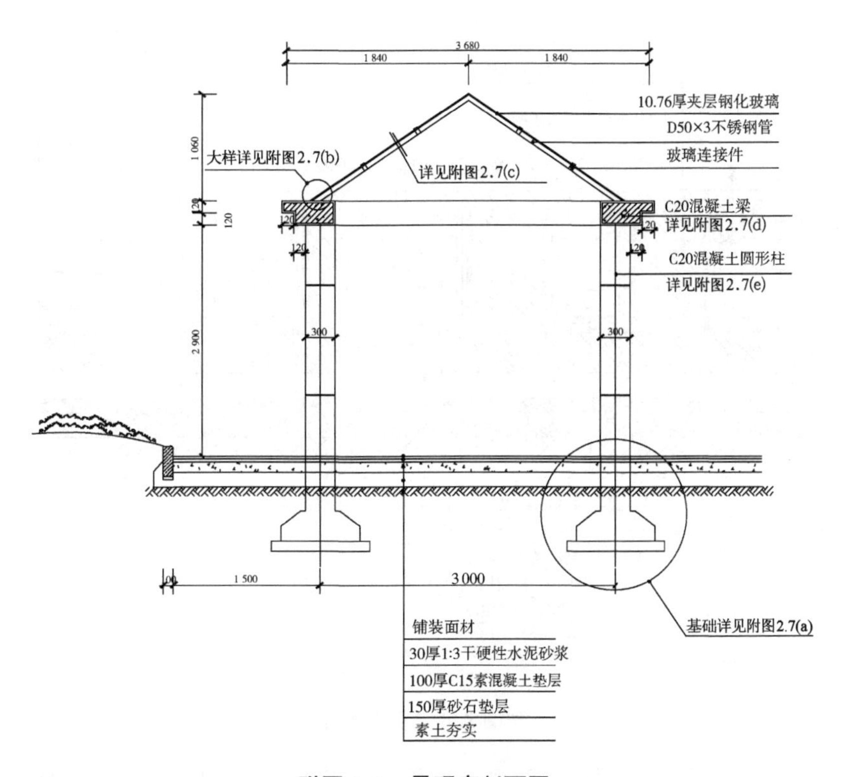

附图 2.6　景观亭剖面图

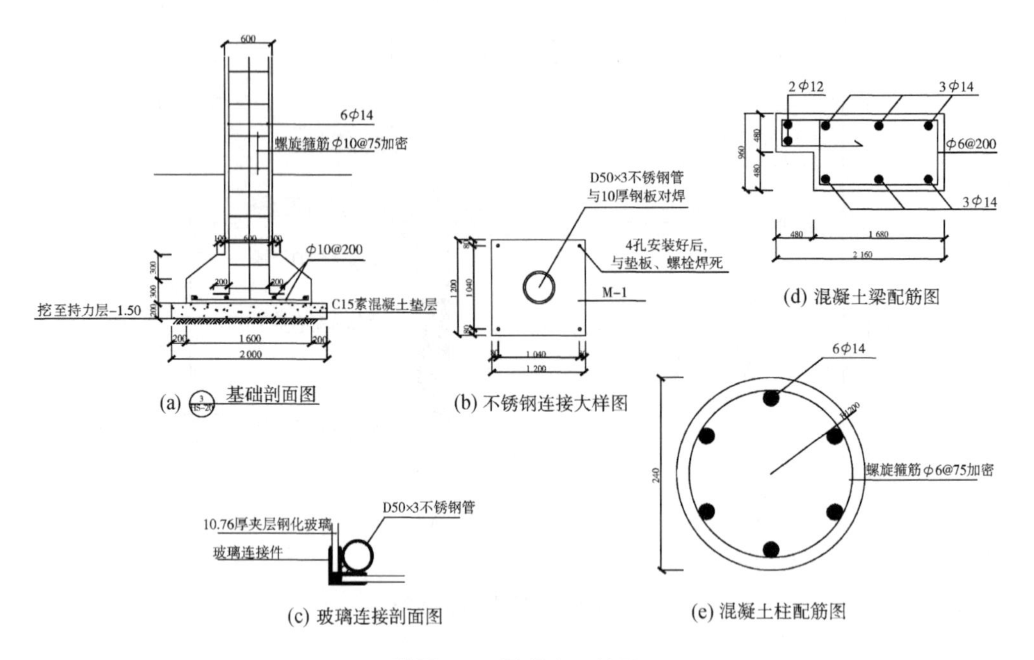

附图 2.7　景观亭配筋图

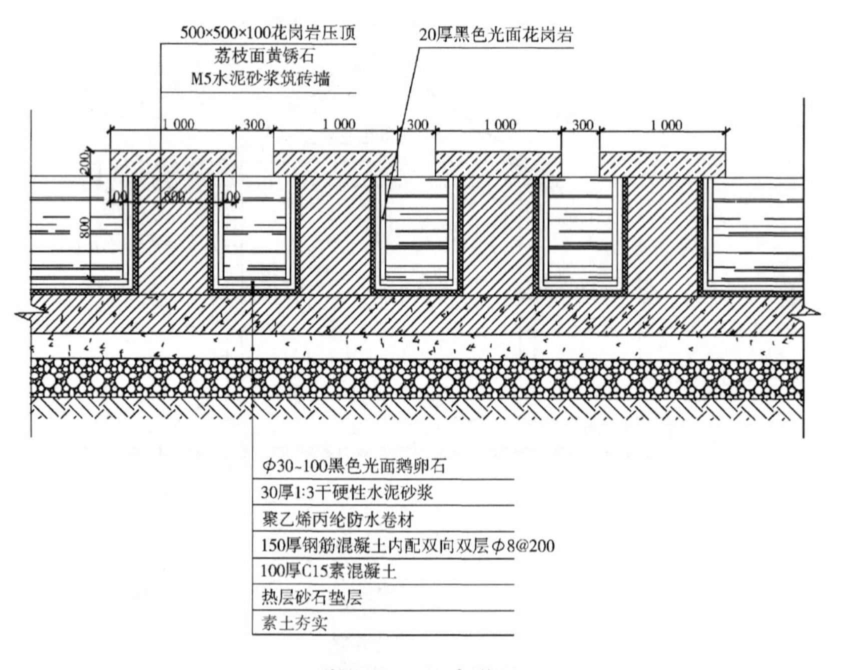

附图 2.8　汀步详图

解：1）熟悉、识读图纸，根据《房屋建筑与装饰工程工程量计算规范》、《园林绿化工程工程量计算规范》、《构筑物工程工程量计算规范》列出该工程的工程量清单，见附表 2.1。

附表 2.1 分部分项工程量清单

工程名称:小区景观工程　　　　　　标段:

序号	项目编码	项目名称	项目特征描述	计量单位	工程量
1	010101004001	挖基坑土方	1. 土壤类别:人工挖三类干土地坑深度在 2 m 以内	m^3	6.000
2	010501003001	独立基础	1. 基(槽)坑原土打底夯 2. (C15 混凝土 40 mm 厚 32.5 级)自拌混凝土垫层 3. (C20 混凝土 40 mm 厚 32.5 级)柱承台、独立基础	m^3	1.010
3	010502003001	异形柱	1. 柱形状:圆形 2. 混凝土种类:(C25 混凝土 31.5 mm 厚 32.5 级)圆形柱	m^3	0.960
4	010503003001	异形梁	1. 混凝土强度等级:(C25 混凝土 31.5 mm 厚 32.5 级)异形梁,挑梁	m^3	1.580
5	010516002001	预埋铁件	1. 铁件尺寸:铁件制作;铁件安装	t	0.010
6	011202002001	柱、梁面装饰抹灰	柱面水刷石 1. 15 mm 厚 1∶3 水泥砂浆 2. 10 mm 厚 1∶1.5 水泥砂浆	m^2	4.140
7	011407001001	墙面喷刷涂料	外墙面真石漆	m^2	13.880
8	011102001001	石材楼地面	地面原土打底夯 楼地面 1∶1 砂石垫层 楼地面(C15 混凝土 20 mm 厚 32.5 级)不分格垫层 水泥砂浆花岗岩楼地面	m^2	36.000
9	010404001001	垫层	1∶1 砂石垫层	m^3	15.680
10	010404001002	垫层	C15 混凝土 40 mm 厚 32.5 级自拌混凝土	m^3	10.080
11	070101001001	池底板	C30P10 抗渗混凝土 20 mm 厚 42.5 级池底,平底	m^3	12.020
12	070101002001	池壁	C30P10 抗渗混凝土 20 mm 厚 42.5 级钢筋混凝土池壁(矩形)15 cm 厚自拌	m^3	1.680
13	010101002001	挖一般土方	人工挖三类干土深度在 2 m 以内	m^3	188.400
14	010902001001	屋面卷材防水	SBS 卷材防水层(冷粘法)	m^2	95.560
15	011102003001	块料楼地面	水泥砂浆马赛克	m^2	80.160
16	010401012001	零星砌砖	花池侧墙	m^3	5.530
17	011108001001	石材零星项目	花池水泥砂浆粘贴花岗岩零星项目 防水砂浆防潮层 零星项目	m^2	13.230
18	050307018001	砖石砌小摆设		个	8
19	050201003001	路牙铺设	基(槽)坑原土打底夯 园路碎石基础垫层 园路(C10 混凝土)基础垫层 园路花岗石路牙 100 mm×200 mm	m	55.600
20	050201001001	园路	基(槽)坑原土打底夯 园路碎石基础垫层 园路(C10 混凝土)基础垫层 园路冰纹六角式卵石面	m^2	73.360
21	050201001002	园路	基(槽)坑原土打底夯 园路碎石基础垫层 园路(C10 混凝土)基础垫层 园路地砖	m^2	7.200

续表

序号	项目编码	项目名称	项目特征描述	计量单位	工程量
22	050201001003	园路	基(槽)坑原土打底夯 园路碎石基础垫层 园路(C10 混凝土)基础垫层 园路青石板	m^2	11.520
23	050305006001	石桌石凳	(C20 混凝土 40 mm 厚 32.5 级)柱承台、独立基础 黄色花岗岩制作安装	个	6

2) 根据工程量计算规范的计算规则,计算清单工程量。其工程量计算如下:

(1) 挖基坑:$1.0\times1.0\times1.5\times4=6.0(m^3)$

(2) 混凝土基础:$1.01\ m^3$

$$\left[0.8\times0.8\times0.15+\frac{1}{3}\times0.15\times(0.4\times0.4+0.8\times0.8+\sqrt{0.4\times0.4\times0.8\times0.8})\right]\times4$$

$=0.61(m^3)$

混凝土垫层:$1\times1\times0.1\times4=0.4(m^3)$

(3) 钢筋混凝土柱:$3.14\times0.15\times0.15\times(2.3+1.5-0.4)\times4=0.96(m^3)$

(4) 钢筋混凝土梁:$(0.42\times0.24+0.12\times0.12)\times3.42\times4=1.58(m^3)$

(5) 铁件:10 厚钢板 $0.15\times0.15\times4\times78.5=7.06(kg)$

$\phi10$ 钢筋 $0.25\times4\times4\times0.617=2.47(kg)$

(6) 柱面水刷石:$2\times3.14\times0.15\times1.1\times4=4.14(m^2)$

(7) 柱面真石漆:$2\times3.14\times0.15\times1.2\times2+(0.24+0.54)\times3\times4=13.88(m^2)$

(8) 花岗岩地面:$6\times6=36(m^2)$

(9) 水池挖土方:$(6+0.4)\times(15.6+0.4)\times1.5+1.2\times2.8\times5\times1.5=188.4(m^3)$

(10) 钢筋混凝土水池:$13.7\ m^3$

其中池底:$(6\times15.6-1.4\times2\times2-1.4\times1.4\times4)\times0.15=12.02(m^3)$

池壁:$0.4\times0.15\times(15.6\times2+6\times2-2\times2-1.4\times8)=1.68(m^3)$

(11) 卷材防水:$(6\times15.6-1.4\times2\times2-1.4\times1.4\times4)+(0.4+0.15)\times28=95.36(m^2)$

(12) 马赛克贴面:$6\times15.6-1.4\times2\times2-1.4\times1.4\times4=80.16(m^2)$

(13) 砖砌体:$0.24\times0.6\times1.6\times4\times6=5.53(m^3)$

(14) 花岗岩贴面:$0.33\times1.67\times4\times6=13.23(m^2)$

(15) 砖砌汀步:8 个

(16) 五莲红花岗岩路牙:$(6+4.4+3.5)\times2\times2=55.6(m)$

(17) 卵石铺面:$3.5\times10\times2+0.2\times2.4\times7=73.36(m^2)$

(18) 地砖铺面:$1\times2.4\times3=7.2(m^2)$

(19) 青石板铺面:$2.4\times1.6\times3=11.52(m^2)$

(20) 休息条石:6 个

3) 依据《江苏省仿古建筑与园林工程计价表》进行组价。

(1) 进行计价表子目的选套,其选套结果见附表 2.2。

(2) 计算计价表规则下的工程量,计算结果如下:

挖基坑：1.4×1.4×1.5×4=11.76(m^3)

花岗岩地面面层：6×6=36(m^2)

100 厚 C15 混凝土垫层 6×6×0.1=3.6(m^3)

150 厚砂石垫层 6×6×0.15=5.4(m^3)

素土夯实 6×6=36(m^2)

水池挖土方：(6+0.4+0.4)×(15.6+0.4+0.4)×1.5+1.2×2.8×5×1.5=192.48(m^3)

钢筋混凝土水池：

100 厚 C15 混凝土垫层(6.2×15.8−2×2×3+0.62×2×12) ×0.1=10.08(m^3)

150 厚砂石垫层(6.4×16−2.2×2×3+0.64×2×12)×0.15=15.68(m^3)

素土夯实 6.8×16.4−2.6×2.4×3+0.64×2×6=100.48(m^2)

砖砌汀步：

汀步砖砌体：0.4×0.4×0.4×8=0.51(m^3)

黄锈石饰面：0.5×0.67×8=2(m^2)

黑色花岗岩贴面：0.4×0.4×4×8=5.12(m^2)

路面基层：100 厚混凝土垫层(73.36+7.2+11.52+55.6×0.1)×0.1=9.761 4.65(m^3)

150 厚碎石垫层(73.36+7.2+11.52+55.6×0.1)×0.15=(m^3)

素土夯实 73.36+7.2+11.52+55.6×0.1=97.64(m^2)

路基整理 73.36+7.2+11.52+55.6×0.1=97.64(m^2)

休息条石：

现浇混凝土块：0.4×0.32×0.5×12=0.77(m^3)

灰黄色花岗岩板制安：(180 厚) 0.5×0.3×12=1.8(m^2)

(120 厚) 0.4×1.1×6=2.64(m^2)

(3) 利用造价软件进行综合单价的计算，计算结果见附表 2.2 分部分项工程费综合单价表和附表 2.3 分部分项工程工程量清单综合单价分析表。

附表 2.2 分部分项工程费综合单价

工程名称：小区景观工程　　　　　　　　标段：

序号	定额编号	换	定 额 名 称	单位	工程量	金 额	
						综合单价	合价
1	05		园林绿化工程		1.000	109 802.57	109 802.57
2			0502 园路、园桥工程		1.000	109 802.57	109 802.57
3	010101004001		挖基坑土方	m^3	6.000	25.27	151.62
4	1-3		人工挖一般土方 土壤类别 三类土	m^3	6.000	25.27	151.62
5	010501003001		独立基础	m^3	1.010	647.01	653.48
6	1-100		原土打底夯 基(槽)坑	10 m^2	1.010	13.90	14.04
7	6-1	换	现浇构件 C15 现浇垫层	m^3	0.500	436.95	218.48

续表

序号	定额编号	换	定 额 名 称	单位	工程量	金 额	
						综合单价	合价
8	6-8		现浇构件 C20 现浇桩承台独立柱基	m³	1.010	416.81	420.98
9	010502003001		异形柱	m³	0.960	560.75	538.32
10	6-15		现浇构件 C30 现浇圆形多边形柱	m³	0.960	560.75	538.32
11	010503003001		异形梁	m³	1.580	498.28	787.28
12	6-20	换	现浇构件 C25 现浇异形梁 挑梁	m³	1.580	498.28	787.28
13	010516002001		预埋铁件	t	0.010	11 383.41	113.83
14	5-27		铁件制作	t	0.010	8 260.29	82.60
15	5-28		铁件安装	t	0.010	3 123.12	31.23
16	011202002001		柱、梁面装饰抹灰	m²	4.140	59.53	246.45
17	14-62		水刷石 柱、梁面	10 m²	0.414	595.26	246.44
18	011407001001		墙面喷刷涂料	m²	13.880	299.90	4 162.61
19	17-218		外墙真石漆 胶带分格	10 m²	1.388	2 999.01	4 162.63
20	011102001001		石材楼地面	m²	36.000	373.60	13 449.60
21	1-99		原土打底夯 地面	10 m²	3.600	11.19	40.28
22	13-4		垫层 1∶1 砂石	m³	3.600	238.17	857.41
23	13-11		C15 现浇混凝土 不分格垫层	m³	3.600	433.40	1 560.24
24	13-44		石材块料面板 干硬性水泥砂浆 楼地面	10 m²	3.600	3 053.28	10 991.81
25	050307		水池	个	1	42 572.34	42 572.34
26	010404001001		垫层	m³	15.680	238.17	3 734.51
27	13-4		垫层 1∶1 砂石	m³	15.680	238.17	3 734.51
28	010404001002		垫层	m³	10.080	433.40	4 368.67
29	13-11		C15 现浇混凝土 不分格垫层	m³	10.080	433.40	4 368.67
30	070101001001		池底板	m³	12.020	535.60	6 437.91
31	6-140		构筑物 C30 贮水(油)池 混凝土池底 平底	m³	12.020	535.60	6 437.91
32	070101002001		池壁	m³	1.680	566.50	951.72
33	6-144		构筑物 C30 贮水(油)池 钢筋混凝土池壁 圆形壁 壁厚 15 cm 以内	m³	1.680	566.50	951.72
34	010101002001		挖一般土方	m³	188.400	25.27	4 760.87
35	1-3		人工挖一般土方 土壤类别 三类土	m³	188.400	25.27	4 760.87

续表

序号	定额编号	换	定 额 名 称	单位	工程量	金　额	
						综合单价	合价
36	010902001001		屋面卷材防水	m^2	95.560	70.32	6 719.78
37	10-30		卷材屋面 SBS 改性沥青防水卷材 冷粘法单层	10 m^2	9.556	703.11	6 718.92
38	011102003001		块料楼地面	m^2	80.160	103.30	8 280.53
39	13-73		马赛克 楼地面 水泥砂浆	10 m^2	8.016	1 032.97	8 280.29
40	010401012001		零星砌砖	m^3	5.530	508.37	2 811.29
41	4-57		M5 墙基防潮及其他 零星砌砖 标准砖	m^3	5.530	508.37	2 811.29
42	011108001001		石材零星项目	m^2	13.230	340.67	4 507.06
43	14-119		水泥砂浆粘贴石材块料面板 零星项目	10 m^2	1.323	3 406.58	4 506.91
44	050307		零星项目	组	1	47 127.04	47 127.04
45	050307018001		砖石砌小摆设	个	8	846.56	6 772.48
46	3-590		园林砖砌小摆设标准砖	m^3	8.000	846.56	6 772.48
47	050201003001		路牙铺设	m	55.600	102.08	5 675.65
48	3-491		园路土基(整理路床)	10 m^2	1.112	43.69	48.58
49	3-495		园路碎石基础垫层	m^3	1.112	242.03	269.14
50	3-496		C10 混凝土园路基础垫层	m^3	1.112	483.58	537.74
51	3-525		园路花岗石路牙 100 mm×200 mm	10 m	5.560	867.06	4 820.85
52	050201001001		园路	m^2	73.360	305.84	22 436.42
53	3-491		园路土基(整理路床)	10 m^2	1.467	43.69	64.10
54	3-495		园路碎石基础垫层	m^3	1.467	242.03	355.11
55	3-496		C10 混凝土园路基础垫层	m^3	1.467	483.58	709.51
56	3-513		园路冰纹六角式卵石面	10 m^2	7.336	2 904.80	21 309.61
57	050201001002		园路	m^2	7.200	108.32	779.90
58	3-491		园路土基(整理路床)	10 m^2	0.144	43.69	6.29
59	3-495		园路碎石基础垫层	m^3	0.144	242.03	34.85
60	3-496		C10 混凝土园路基础垫层	m^3	0.144	483.58	69.64
61	3-517		园路广场砖无图案	10 m^2	0.720	929.45	669.20
62	050201001003		园路	m^2	11.520	156.85	1 806.91
63	3-491		园路土基(整理路床)	10 m^2	0.230	43.69	10.07
64	3-495		园路碎石基础垫层	m^3	0.230	242.03	55.76
65	3-496		C10 混凝土园路基础垫层	m^3	0.230	483.58	111.42
66	3-515	换	园路文化石平铺	10 m^2	1.152	1 414.78	1 629.83
67	050305006001		石桌石凳	个	6	1 609.28	9 655.68
68	3-568		石桌、石凳安装 700 mm 以内	10 组	0.6	16 092.76	9 655.66
69							
70							
合　计							109 802.57

附表 2.3　分部分项工程量清单综合单价分析表

工程名称：小区景观工程　　　　　　　　标段：

定额编号	定 额 名 称	单位	工程量	金额(元)		综合单价分析(元)				
				综合单价	合价	人工费	材料费	机械费	管理费	利润
010101004001	挖基坑土方	m³	6.000	25.27	151.62	19.00			3.61	2.66
1-3	人工挖一般土方 土壤类别 三类土	m³	6.000	25.27	151.62	19.00			3.61	2.66
010501003001	独立基础	m³	1.010	647.01	653.48	117.66	454.11	36.41	22.35	16.48
1-100	原土打底夯 基(槽)坑	10 m²	1.010	13.90	14.04	9.12		1.77	1.73	1.28
6-1	现浇构件 C15 现浇垫层	m³	0.500	436.95	218.48	104.12	291.33	7.14	19.78	14.58
6-8	现浇构件 C20 现浇桩承台独立柱基	m³	1.010	416.81	420.98	57.00	309.89	31.11	10.83	7.98
010502003001	异形柱	m³	0.960	560.75	538.32	156.56	341.60	10.92	29.75	21.92
6-15	现浇构件 C30 现浇圆形多边形柱	m³	0.960	560.75	538.32	156.56	341.60	10.92	29.75	21.92
010503003001	异形梁	m³	1.580	498.28	787.28	112.48	338.32	10.36	21.37	15.75
6-20	现浇构件 C25 现浇异形梁 挑梁	m³	1.580	498.28	787.28	112.48	338.32	10.36	21.37	15.75
010516002001	预埋铁件	t	0.010	11 383.41	113.83	3 918.56	4 976.94	1 194.78	744.53	548.60
5-27	铁件制作	t	0.010	8 260.29	82.60	2 128.00	4 642.51	787.54	404.32	297.92
5-28	铁件安装	t	0.010	3 123.12	31.23	1 790.56	334.43	407.24	340.21	250.68
011202002001	柱、梁面装饰抹灰	m²	4.140	59.53	246.45	38.46	8.06	0.32	7.31	5.38
14-62	水刷石 柱、梁面	10 m²	0.414	595.26	246.44	384.56	80.57	3.22	73.07	53.84
011407001001	墙面喷刷涂料	m²	13.880	299.90	4 162.61	5.85	290.56	1.56	1.11	0.82
17-218	外墙真石漆 胶带分格	10 m²	1.388	2 999.01	4 162.63	58.52	2 905.55	15.63	11.12	8.19
011102001001	石材楼地面	m²	36.000	373.60	13 449.60	44.15	312.93	1.95	8.39	6.18
1-99	原土打底夯 地面	10 m²	3.600	11.19	40.28	7.60		1.09	1.44	1.06
13-4	垫层 1∶1 砂石	m³	3.600	238.17	857.41	47.12	174.44	1.06	8.95	6.60
13-11	C15 现浇混凝土 不分格垫层	m³	3.600	433.40	1 560.24	98.04	295.68	7.32	18.63	13.73
13-44	石材块料面板 干硬性水泥砂浆 楼地面	10 m²	3.600	3 053.28	10 991.81	288.80	2 659.15	10.03	54.87	40.43
010404001001	垫层	m³	15.680	238.17	3 734.51	47.12	174.44	1.06	8.95	6.60
13-4	垫层 1∶1 砂石	m³	15.680	238.17	3 734.51	47.12	174.44	1.06	8.95	6.60

续表

定额编号	定额名称	单位	工程量	金额(元)		综合单价分析(元)				
				综合单价	合价	人工费	材料费	机械费	管理费	利润
010404001002	垫层	m^3	10.080	433.40	4368.67	98.04	295.68	7.32	18.63	13.73
13-11	C15 现浇混凝土 不分格垫层	m^3	10.080	433.40	4368.67	98.04	295.68	7.32	18.63	13.73
070101001001	池底板	m^3	12.020	535.60	6437.91	114.76	352.01	30.96	21.80	16.07
6-140	构筑物 C30 贮水(油)池 混凝土池底 平底	m^3	12.020	535.60	6437.91	114.76	352.01	30.96	21.80	16.07
070101002001	池壁	m^3	1.680	566.50	951.72	135.28	351.09	35.49	25.70	18.94
6-144	构筑物 C30 贮水(油)池 钢筋混凝土 池壁 圆形壁 壁厚 15 cm 以内	m^3	1.680	566.50	951.72	135.28	351.09	35.49	25.70	18.94
010101002001	挖一般土方	m^3	188.400	25.27	4760.87	19.00			3.61	2.66
1-3	人工挖一般土方 土壤类别 三类土	m^3	188.400	25.27	4760.87	19.00			3.61	2.66
010902001001	屋面卷材防水	m^2	95.560	70.32	6719.78	4.56	64.25		0.87	0.64
10-30	卷材屋面 SBS 改性沥青防水卷材 冷粘法 单层	$10\ m^2$	9.556	703.11	6718.92	45.60	642.47		8.66	6.38
011102003001	块料楼地面	m^2	80.160	103.30	8280.53	31.77	60.51	0.53	6.04	4.45
13-73	马赛克 楼地面 水泥砂浆	$10\ m^2$	8.016	1032.97	8280.29	317.68	605.12	5.33	60.36	44.48
010401012001	零星砌砖	m^3	5.530	508.37	2811.29	169.48	277.76	5.20	32.20	23.73
4-57	M5 墙基防潮及其他零星砌砖标准砖	m^3	5.530	508.37	2811.29	169.48	277.76	5.20	32.20	23.73
011108001001	石材零星项目	m^2	13.230	340.67	4507.06	51.60	271.30	0.73	9.81	7.23
14-119	水泥砂浆粘贴石材块料面板 零星项目	$10\ m^2$	1.323	3406.58	4506.91	516.04	2712.98	7.26	98.05	72.25
050307018001	砖石砌小摆设	个	8	846.56	6772.48	328.50	401.97	7.68	62.42	45.99
3-590	园林砖砌小摆设标准砖	m^3	8.000	846.56	6772.48	328.50	401.97	7.68	62.42	45.99
050201003001	路牙铺设	m	55.600	102.08	5675.65	12.57	83.29	2.09	2.37	1.76
3-491	园路土基(整理路床)	$10\ m^2$	1.112	43.69	48.58	32.85			6.24	4.60
3-495	园路碎石基础垫层	m^3	1.112	242.03	269.14	53.29	169.95	1.20	10.13	7.46
3-496	C10 混凝土园路基础垫层	m^3	1.112	483.58	537.74	132.86	291.65	15.23	25.24	18.60

续表

定额编号	定 额 名 称	单位	工程量	金额(元)		综合单价分析(元)				
				综合单价	合价	人工费	材料费	机械费	管理费	利润
3-525	园路花岗石路牙 100 mm×200 mm	10 m	5.560	867.06	4 820.85	81.76	740.59	17.73	15.53	11.45
050201001001	园路	m²	73.360	305.84	22 436.42	178.13	58.21	10.74	33.83	24.93
3-491	园路土基(整理路床)	10 m²	1.467	43.69	64.10	32.85			6.24	4.60
3-495	园路碎石基础垫层	m³	1.467	242.03	355.11	53.29	169.95	1.20	10.13	7.46
3-496	C10 混凝土园路基础垫层	m³	1.467	483.58	709.51	132.86	291.65	15.23	25.24	18.60
3-513	园路冰纹六角式卵石面	10 m²	7.336	2 904.80	21 309.61	1 737.40	489.81	104.24	330.11	243.24
050201001002	园路	m²	7.200	108.32	779.90	27.53	69.43	2.29	5.22	3.85
3-491	园路土基(整理路床)	10 m²	0.144	43.69	6.29	32.85			6.24	4.60
3-495	园路碎石基础垫层	m³	0.144	242.03	34.85	53.29	169.95	1.20	10.13	7.46
3-496	C10 混凝土园路基础垫层	m³	0.144	483.58	69.64	132.86	291.65	15.23	25.24	18.60
3-517	园路广场砖无图案	10 m²	0.720	929.45	669.20	231.41	601.97	19.70	43.97	32.40
050201001003	园路	m²	11.520	156.85	1 806.91	40.31	100.32	2.94	7.64	5.64
3-491	园路土基(整理路床)	10 m²	0.230	43.69	10.07	32.85			6.24	4.60
3-495	园路碎石基础垫层	m³	0.230	242.03	55.76	53.29	169.95	1.20	10.13	7.46
3-496	C10 混凝土园路基础垫层	m³	0.230	483.58	111.42	132.86	291.65	15.23	25.24	18.60
3-515	园路文化石平铺	10 m²	1.152	1414.78	1 629.83	359.16	910.91	26.19	68.24	50.28
050305006001	石桌石凳	个	6	1 609.28	9 655.68	121.47	1 445.75	1.97	23.08	17.01
3-568	石桌、石凳安装 700 mm以内	10 组	0.6	16 092.76	9 655.66	1 214.72	14 457.49	19.69	230.80	170.06

4) 分析主要材料用量,结果见附表 2.8。

5) 进行其他相关费用计算,结果见附表 2.4、附表 2.5、附表 2.6。

6) 进行取费计算,结果见附表 2.7。

7) 编制封面。

附表 2.4　总价措施项目清单计价表

工程名称：小区景观工程　　　　　　　　标段：

序号	项目编码	项目名称	计 算 基 础	费率(%)	金额(元)
1	050405001001	安全文明施工费		100.000	988.22
1.1		基本费	分部分项合计＋单价措施项目合计－设备费	0.900	988.22
1.2		增加费	分部分项合计＋单价措施项目合计－设备费		
2	050405002001	夜间施工	分部分项合计＋单价措施项目合计－设备费	0.050	54.90
3	050405003001	非夜间施工照明	分部分项合计＋单价措施项目合计－设备费	0.300	329.41
4	050405004001	二次搬运	分部分项合计＋单价措施项目合计－设备费		
5	050405005001	冬雨季施工	分部分项合计＋单价措施项目合计－设备费	0.125	137.25
6	050405006001	反季节栽植影响措施	分部分项合计＋单价措施项目合计－设备费		
7	050405007001	地上、地下设施的临时保护设施	分部分项合计＋单价措施项目合计－设备费		
8	050405008001	已完工程及设备保护	分部分项合计＋单价措施项目合计－设备费	0.050	54.90
9	050405009001	临时设施	分部分项合计＋单价措施项目合计－设备费	0.500	549.01
10	050405010001	赶工措施	分部分项合计＋单价措施项目合计－设备费	1.250	1 372.53
11	050405011001	工程按质论价	分部分项合计＋单价措施项目合计－设备费	1.750	1 921.54

附表 2.5　其他项目清单与计价汇总表

工程名称：小区景观工程　　　　　　　　标段：

序号	项目名称	金额(元)	结算金额(元)	备注
1	暂列金额			
2	暂估价			
2.1	材料暂估价			
2.2	专业工程暂估价			
3	计日工			
4	总承包服务费			
合　计				

附表 2.6　规费、税金项目计价表

工程名称：小区景观工程　　　　标段：　　　　第1页 共1页

序号	项目名称	计 算 基 础	计算基数(元)	计算费率(%)	金额(元)
1	规费	工程排污费＋社会保险费＋住房公积金	4 147.57	100.000	4 147.57
1.1	工程排污费	分部分项工程费＋措施项目费＋其他项目费－工程设备费	115 210.33	0.100	115.21
1.2	社会保险费		115 210.33	3.000	3 456.31
1.3	住房公积金		115 210.33	0.500	576.05
2	税金	分部分项工程费＋措施项目费＋其他项目费＋规费－按规定不计税的工程设备金额	119 357.90	3.477	4 150.07
合 计					8 297.64

附表 2.7　单位工程造价汇总表

工程名称：小区景观工程　　　　标段：　　　　第1页 共1页

序号	项目名称	计 算 公 式	金额(元)
1	分部分项工程费	分部分项工程费	109 802.57
2	人工费	分部分项人工费	31 731.48
3	材料费	分部分项材料费	65 801.97
4	施工机具使用费	分部分项机械费	1 799.52
5	企业管理费	分部分项管理费	6 027.32
6	利润	分部分项利润	4 442.30
7	措施项目费	措施项目合计	5 407.76
8	单价措施项目费	单价措施项目合计	
9	总价措施项目费	总价措施项目合计	5 407.76
10	其中：安全文明施工措施费	安全文明施工费	988.22
11	其他项目费	其他项目费	
12	其中：暂列金额	暂列金额	
13	其中：专业工程暂估	专业工程暂估价	
14	其中：计日工	计日工	
15	其中：总承包服务费	总承包服务费	
16	规费	工程排污费＋社会保险费＋住房公积金	4 147.57
17	工程排污费	(分部分项工程费＋措施项目费＋其他项目费－工程设备费)×0.1%	115.21
18	社会保险费	(分部分项工程费＋措施项目费＋其他项目费－工程设备费)×3%	3 456.31
19	住房公积金	(分部分项工程费＋措施项目费＋其他项目费－工程设备费)×0.5%	576.05
20	税金	(分部分项工程费＋措施项目费＋其他项目费＋规费－按规定不计税的工程设备金额)×3.477%	4 150.07
21	工程造价	分部分项工程费＋措施项目费＋其他项目费＋规费＋税金	123 507.97

附表 2.8　材料汇总表

工程名称:小区景观工程　　　　标段:　　　　第1页 共2页

材料编号	材料名称	单位	材料用量	单价	合价
01270100	型钢	t	0.011	3 700.00	39.24
0130070	钢筋(综合)	t	0.320	3 058.00	978.56
02090101	塑料薄膜	m^2	44.567	0.80	35.65
03410205	电焊条 J422	kg	0.663	8.00	5.30
03510201	钢钉	kg	0.287	9.00	2.58
03652403	合金钢切割锯片	片	0.508	80.00	40.67
04010132	水泥 42.5 级	kg	6 247.254	0.36	2 249.01
04010611	水泥 32.5 级	kg	6 648.824	0.29	1 928.16
04010701	白水泥	kg	29.238	0.76	22.22
04030100	黄沙	t	18.894	93.00	1 757.18
04030107	中砂	t	33.905	93.00	3 153.21
04050204	碎石 5～20 mm	t	32.316	103.00	3 328.60
04050205	碎石 5～31.5 mm	t	3.233	104.00	336.26
04050207	碎石 5～40 mm	t	17.438	103.00	1 796.13
04051000	白石子	t	0.058	128.00	7.46
04090120	石灰膏	m^3	0.093	220.00	20.54
04135500	标准砖 240 mm×115 mm×53 mm	百块	30.194	42.00	1 268.14
0430080	水泥 32.5 级	kg	2 957.088	0.29	857.56
05030600	普通木成材	m^3	0.001	1 975.00	1.64
05250502	锯(木)屑	m^3	0.216	55.00	11.88
0530140	本色卵石	t	5.575	220.00	1 226.58
0530142	彩色卵石	t	2.421	220.00	532.59
0530150	标准砖 240 mm×115 mm×53 mm	百块	42.480	42.00	1 784.16
0530250	广场砖	m^2	7.344	50.00	367.20
0530540	碎石 5～16 mm	t	0.249	102.00	25.39
0530543	碎石 5～40 mm	t	10.087	103.00	1 039.00
0530611	望砖 21 cm×10 cm×1.7 cm	百块	11.004	80.00	880.32
0530620～1	青石板	m^2	11.750	80.00	940.03
0530720	中砂	t	11.449	92.00	1 053.29
0630290	合金钢切割锯片	片	2.854	61.75	176.25
06530100	玻璃马赛克	m^2	83.767	50.00	4 188.36
07112130	石材块料面板	m^2	50.215	250.00	12 553.65
10031503	钢压条	kg	4.969	5.00	24.85
11010319	仿石型外墙涂料	kg	62.460	60.00	3 747.60
11010323	水性封底漆	kg	4.858	25.00	121.45
11030303	防锈漆	kg	0.024	18.00	0.44
11112512	透明罩光漆	kg	5.552	25.00	138.80
11570552	SBS 聚酯胎乙烯膜卷材 δ3 mm	m^2	119.450	40.00	4 778.00
11592505	SBS 封口油膏	kg	5.925	7.00	41.47

材料汇总表

工程名称:小区景观工程　　　　标段:　　　　第 2 页 共 2 页

材料编号	材 料 名 称	单位	材料用量	单价	合价
12030107	油漆溶剂油	kg	0.808	14.00	11.31
12330505	APP 及 SBS 基层处理剂	kg	33.924	8.00	271.39
12333539	木质素磺酸钙	kg	13.357	3.71	49.56
12370305	氧气	m^3	0.439	3.30	1.45
12370336	乙炔气	m^3	0.191	16.38	3.13
12410108	粘结剂 YJ-Ⅲ	kg	6.165	11.50	70.90
12410142	改性沥青粘结剂	kg	128.050	7.90	1 011.60
12413518	901 胶	kg	2.624	3.00	7.87
2030320	花岗石路牙 100 mm×200 mm	m	56.156	70.00	3 930.92
2030480	石桌 700 mm 以内	个	6.120	800.00	4 896.00
2330009	石凳	个	24.480	150.00	3 672.00
2330360	棉纱头	kg	0.144	5.30	0.76
2330420	砂轮片 ϕ110 mm	片	0.011	11.60	0.13
2330450	水	m^3	7.969	4.52	36.02
2359300	其他材料费	元	50.549	1.00	50.55
2359999	其他材料费(调整)	元	0.015	1.00	0.02
31110301	棉纱头	kg	2.109	6.50	13.71
31130106	其他材料费	元	93.202	1.00	93.20
31150101	水	m^3	49.169	4.52	222.25

某小区景观　　　　工程

工程量清单计价表
（招标控制价）

招　标　人：某房屋开发有限公司（单位签字盖章）

法定代表人：李××（签字盖章）

中 介 机 构：某工程造价咨询公司（单位盖章）

法定代表人：孙××（签字盖章）

造价工程师及注册证号：张××（签字盖章）

编 制 时 间：×年×月×日

参 考 文 献

1. 中华人民共和国建设部. 建设工程工程量清单计价规范(GB 50500—2013). 北京:中国计划出版社,2013
2. 中华人民共和国建设部. 仿古建筑工程工程量计算规范(GB 50855—2013). 北京:中国计划出版社,2013
3. 中华人民共和国建设部. 园林绿化工程工程量计算规范(GB 50858—2013). 北京:中国计划出版社,2013
4. 江苏省建设厅. 江苏省仿古建筑与园林工程计价表. 南京:江苏人民出版社,2007
5. 王效清. 中国古建筑术语辞典. 太原:山西人民出版社,1996
6. 姚承祖原著,张志刚增编,刘敦桢校阅. 营造法原. 北京:中国建筑工业出版社,1980
7. 王其钧. 中国建筑图解词典. 北京:机械工业出版社,2007
8. 田永复. 中国仿古建筑构造精解. 北京:化学工业出版社,2013
9. 刘全义. 中国古建筑定额与预算. 北京:中国建材工业出版社,2008
10. 田永复.《仿古建筑工程量计算规范》(GB 50855—2013)解读与应用示例. 北京:中国建筑工业出版社,2013
11. 张柏. 新版仿古建筑工程量清单计价及实例. 北京:化学工业出版社,2013
12. 胡锐. 绿化庭园工程预算定额操作规范释义. 北京:机械工业出版社,2004
13. 上官子昌. 园林工程造价速学快算. 北京:机械工业出版社,2012
14. 张舟. 园林景观工程工程量清单计价编制实例与技巧. 北京:中国建筑工业出版社,2005
15. 刘钟莹. 工程估价. 2 版. 南京:东南大学出版社,2012
16. 全国造价工程师执业资格考试培训教材编审委员会. 建设工程造价管理. 北京:中国计划出版社,2013